普通高等教育"十一五"国家级规划教材

高等院校计算机基础教育规划教材·精品系列

# 大学计算机基础教程

## （第13版）

DAXUE JISUANJI JICHU JIAOCHENG

（Windows 10 + Office 2016）

主　编◎柴　欣　史巧硕　么　炜
副主编◎张江梅　夏　磊　张艳君

中国铁道出版社有限公司
CHINA RAILWAY PUBLISHING HOUSE CO., LTD.

## 内 容 简 介

本书是大学计算机基础课程的教材。全书共分 10 章，系统论述了计算机的诞生与发展，计算机中的数制与编码，计算机系统知识，操作系统的基础知识及 Windows 操作系统的使用，Word、Excel、PowerPoint 的使用，网络技术与网络应用，人工智能基础知识，计算机素质教育等内容。为帮助读者直观地学习书中与操作相关的内容，本书第 5～7 章还提供相应知识点的微视频，扫描书中二维码即可观看。

本书加强基础知识的介绍，注重实践，在内容讲解上循序渐进、逐步深入、突出重点，注意将难点分开讲解，使读者易学易懂。此外，还配合本书出版了集实验指导和典型试题讲解于一体的《大学计算机基础实验教程》（第 13 版），并配套建设了上机练习系统软件。

本书适合作为高等院校计算机公共课程的教材，也可作为专科及成人教育的教材或教学参考书。

**图书在版编目（CIP）数据**

大学计算机基础教程 / 柴欣，史巧硕，么炜主编.
13 版. -- 北京：中国铁道出版社有限公司，2024.8（2024.9重印）.
（普通高等教育"十一五"国家级规划教材）（高等院校计算机基础教育规划教材）. -- ISBN 978-7-113-31394-4

Ⅰ. TP3
中国国家版本馆 CIP 数据核字第 202432SK66 号

| | |
|---|---|
| 书　　名：大学计算机基础教程 | |
| 作　　者：柴　欣　史巧硕　么　炜 | |
| 策　　划：魏　娜 | 编辑部电话：（010）63549508 |
| 责任编辑：陆慧萍 | |
| 封面设计：付　巍 | |
| 封面制作：刘　颖 | |
| 责任校对：刘　畅 | |
| 责任印制：樊启鹏 | |

出版发行：中国铁道出版社有限公司（100054，北京市西城区右安门西街 8 号）
网　　址：https://www.tdpress.com/51eds/
印　　刷：天津嘉恒印务有限公司
版　　次：2006 年 8 月第 1 版　2024 年 8 月第 13 版　2024 年 9 月第 2 次印刷
开　　本：880 mm × 1 230 mm　1/16　印张：18.25　字数：564 千
书　　号：ISBN 978-7-113-31394-4
定　　价：56.00 元

**版权所有　侵权必究**

凡购买铁道版图书，如有印制质量问题，请与本社教材图书营销部联系调换。电话：（010）63550836
打击盗版举报电话：（010）63549461

# 前言

随着计算机技术和网络技术的飞速发展,计算机已深入社会的各个领域,并深刻地改变了人们的工作、学习和生活方式。尤其是近几年,人工智能技术呈爆发性发展,不断催生和引领新一轮科技革命和产业变革,并正在成为推动全球经济和社会发展的新引擎。习近平总书记敏锐洞察了这一新趋势,强调要加快发展新质生产力,扎实推进高质量发展。习近平总书记关于新质生产力的重要论述,要求我们牢牢把握科技革命新趋势,发展新质生产力,通过科技创新发展新质生产力的"硬实力"。作为当代大学生应当对计算机和人工智能相关的知识有所了解并认真学习,这是时代发展对大学生的基本要求。因此,作为面向大学非计算机专业学生的公共必修课程,计算机基础课程有着非常重要的地位。本书是计算机基础课程的教材,通过本书的学习,可以使学生了解计算机的基础知识和基本理论,掌握计算机的基本操作和网络的使用方法,并为后续计算机课程的学习奠定较为扎实的基础。同时,计算机基础课程对于激发学生的创新意识、培养自学能力、锻炼动手实践的本领也起着极为重要的作用。

本书是面向大学非计算机专业学生的计算机基础课程的教材,本版是第 13 版。前 12 版累计印刷 70 次以上,得到高校教师和学生的认可和欢迎。经过近二十年的教学实践,编者对教材有了新的认识和思考,在本次修订的过程中,除了继续将立德树人融入课堂教学,秉承素质为本、能力为重的教育理念之外,在加强基础、注重实践、突出应用的同时,也力求将最前沿的计算机和人工智能技术融入教材。特别是近十几年来,我国在计算机、互联网、物联网及人工智能领域都获得了飞速发展,在全球科技竞争的大舞台上,我国已经接近前沿。编者更是希望将我国近年来这些最新的发展成果介绍给读者,让读者能够更深入地了解我国取得的巨大成就。

本书共分 10 章。第 1 章介绍了计算机的诞生与发展;第 2 章介绍了计算机中的数制与编码;第 3 章介绍了计算机系统的知识;第 4 章介绍了操作系统的基本知识及 Windows 操作系统的使用;第 5~7 章介绍了办公自动化软件,包括 Word、Excel 和 PowerPoint 的使用;第 8 章介绍了计算机网络的基础知识、因特网的基本技术与应用;第 9 章介绍了人工智能的相关知识;第 10 章对计算机素质教育的有关内容进行了阐述。

为了更好地帮助读者进行学习,编者对第 5~7 章办公自动化软件的内容按知识点进行了分类,并制作了相应知识点的微视频。读者在阅读教材的过程中,可以直接扫描对应知识点的二维码观看视频,更直观地学习书中与操作相关的内容。

为了实现理论联系实际,我们还配合本书编写了《大学计算机基础实验教程》(第 13 版)。实验教程与本书计算机基本操作内容相呼应,安排了相应的上机实验内容,以方便师生有计划有目的地进行上机实验练习,从而达到事半功倍的教学效果。

为了帮助学生更好地进行上机练习,我们还配合实验教程开发了计算机上机练习系统软件,学生上机时可以选择操作模块进行操作练习,操作结束后可以由系统给出评分。这样可以使学生在学习、练习、自测及综合测试等各个环节都能进行有目的的自主学习,进而达到课程的要求。教师也可以利用测试系统对各个单元的教学效果进行检查,随时了解教学情况,进行针对性教学。

本书由柴欣、史巧硕、么炜任主编,张江梅、夏磊、张艳君任副主编,崔芳、王宝莹、王丹妹、刘平参与编写。各章编写分工如下:第 1 章由张艳君编写,第 2 章由柴欣编写,第 3 章由史巧硕编写,第 4 章由张江梅编写,第 5 章由夏磊编写,第 6 章由刘平编写,第 7 章由崔芳编写,第 8 章由王宝莹编写,第 9 章由么炜编写,第 10 章由王丹妹编写。全书由柴欣、史巧硕总体策划、统稿和定稿。书中二维码对应的微视频由董伟、张静主讲制作。

  本书在编写过程中,参考了大量文献资料,在此向这些文献资料的作者深表感谢。由于时间仓促,编者水平有限,书中难免存在疏漏和不妥之处,敬请各位专家、读者不吝批评指正。

编 者<br>2024 年 4 月

# 目 录

## 第1章 计算机的诞生与发展 … 1
### 1.1 电子计算机的诞生 … 1
### 1.2 计算机的发展 … 2
#### 1.2.1 电子计算机的发展历程 … 2
#### 1.2.2 微型计算机的发展 … 4
#### 1.2.3 我国计算机技术的发展 … 6

## 第2章 计算机中的数制与编码 … 8
### 2.1 数制与数制转换 … 8
#### 2.1.1 数制 … 8
#### 2.1.2 各类数制间的转换 … 10
#### 2.1.3 二进制的运算 … 13
#### 2.1.4 数据存储单位及存储方式 … 16
### 2.2 计算机中的数值数据 … 17
#### 2.2.1 机器数与真值数 … 17
#### 2.2.2 原码、反码、补码 … 17
#### 2.2.3 数的定点和浮点表示 … 19
### 2.3 字符的编码 … 20
#### 2.3.1 ASCII 码 … 20
#### 2.3.2 Unicode 编码 … 22
#### 2.3.3 BCD 码 … 22
#### 2.3.4 汉字的编码 … 22
### 2.4 多媒体数据的编码 … 24
#### 2.4.1 声音的编码 … 24
#### 2.4.2 图形和图像的编码 … 27

## 第3章 计算机系统 … 29
### 3.1 计算机系统构成 … 29
### 3.2 计算机硬件系统 … 29
#### 3.2.1 计算机硬件的组成 … 30
#### 3.2.2 计算机的工作原理 … 31
### 3.3 微型计算机及其硬件系统 … 32
#### 3.3.1 微型计算机概述 … 32
#### 3.3.2 微型计算机的主机 … 33
#### 3.3.3 微型计算机的外存储器 … 37
#### 3.3.4 微型计算机的输入设备 … 40
#### 3.3.5 微型计算机的输出设备 … 41
#### 3.3.6 微型计算机的主要性能指标 … 43
### 3.4 计算机软件系统 … 44
#### 3.4.1 系统软件 … 44
#### 3.4.2 应用软件 … 45
#### 3.4.3 办公软件概述 … 46

## 第4章 操作系统及其应用 … 47
### 4.1 操作系统概述 … 47
#### 4.1.1 操作系统的概念 … 47
#### 4.1.2 操作系统的功能 … 47
#### 4.1.3 操作系统的分类 … 48
#### 4.1.4 常用的操作系统 … 48
### 4.2 Windows 10 概述 … 50
#### 4.2.1 Windows 10 的启动与退出 … 50
#### 4.2.2 Windows 10 的桌面 … 51
#### 4.2.3 Windows 10 的窗口 … 54
#### 4.2.4 Windows 10 的菜单 … 56
#### 4.2.5 Windows 10 中文输入 … 56
#### 4.2.6 Windows 10 的帮助系统 … 57
### 4.3 Windows 10 的文件管理 … 58
#### 4.3.1 文件管理的基本概念 … 58
#### 4.3.2 Windows 10 的文件管理和操作 … 59
#### 4.3.3 文件和文件夹操作 … 62
#### 4.3.4 文件的搜索 … 65
#### 4.3.5 Windows 10 中的快速访问和库 … 66
### 4.4 Windows 10 中程序的运行 … 68
#### 4.4.1 "开始"菜单中运行程序 … 68
#### 4.4.2 在文件资源管理器中直接运行程序或打开文档 … 70
#### 4.4.3 创建和使用快捷方式 … 71
#### 4.4.4 Windows 10 提供的若干附件程序 … 72
### 4.5 磁盘管理 … 74
#### 4.5.1 磁盘的相关基本概念 … 74
#### 4.5.2 磁盘的基本操作 … 75
#### 4.5.3 磁盘的高级操作 … 76
### 4.6 Windows 10 控制面板 … 77
#### 4.6.1 系统和安全 … 78
#### 4.6.2 外观和个性化 … 79

4.6.3 时钟和区域设置 ………………… 81
4.6.4 程序 …………………………… 82
4.6.5 硬件和声音 …………………… 82
4.6.6 用户账户 ……………………… 83
4.7 Windows 任务管理器 ……………… 84
　4.7.1 Windows 任务管理器概述 …… 84
　4.7.2 Windows 任务管理器功能介绍 …… 84

## 第 5 章　文字处理软件 Word 2016 …… 87
5.1 Word 2016 的基本知识 …………… 87
5.2 Word 2016 的基本操作 …………… 88
　5.2.1 文档的创建、录入及保存 …… 88
　5.2.2 文档的视图方式及视图功能 … 92
　5.2.3 文本的选定及操作 …………… 94
　5.2.4 文本的查找与替换 …………… 95
　5.2.5 公式操作 ……………………… 97
5.3 文档的排版 ………………………… 98
　5.3.1 设置字符格式 ………………… 98
　5.3.2 设置段落格式 ………………… 98
　5.3.3 设置页面格式 ……………… 101
　5.3.4 文档页面修饰 ……………… 103
　5.3.5 样式和模板的使用 ………… 106
5.4 表格处理 ………………………… 109
　5.4.1 表格的创建 ………………… 109
　5.4.2 表格的调整 ………………… 111
　5.4.3 表格的编辑 ………………… 113
　5.4.4 表格的格式化 ……………… 114
　5.4.5 表格和文本的互换 ………… 116
　5.4.6 表格数据的计算 …………… 117
5.5 图 文 处 理 ……………………… 119
　5.5.1 插入图片 …………………… 119
　5.5.2 图片的编辑 ………………… 121
　5.5.3 绘制自选图形 ……………… 123
　5.5.4 文本框操作 ………………… 125
　5.5.5 艺术字 ……………………… 126

## 第 6 章　电子表格处理软件 Excel 2016 …… 128
6.1 Excel 2016 的基本知识 ………… 128
　6.1.1 Excel 2016 的基本概念及术语 … 128
　6.1.2 Excel 2016 窗口的组成 …… 129
6.2 Excel 2016 的基本操作 ………… 130
　6.2.1 工作簿的新建、打开与保存 … 130
　6.2.2 工作表数据的输入 ………… 131
　6.2.3 工作表的编辑操作 ………… 134
　6.2.4 工作表的格式化 …………… 136

　6.2.5 工作表的管理操作 ………… 138
6.3 公式和函数 ……………………… 141
　6.3.1 公式 ………………………… 141
　6.3.2 函数 ………………………… 143
6.4 数据图表 ………………………… 150
　6.4.1 创建图表 …………………… 150
　6.4.2 图表的编辑与格式化 ……… 152
6.5 数据的管理 ……………………… 157
　6.5.1 数据清单 …………………… 157
　6.5.2 数据排序 …………………… 159
　6.5.3 数据筛选 …………………… 161
　6.5.4 数据分类汇总 ……………… 165
　6.5.5 数据透视表和数据透视图 … 166

## 第 7 章　演示文稿制作软件 PowerPoint 2016 … 170
7.1 PowerPoint 基本知识 …………… 170
　7.1.1 PowerPoint 的基本概念及术语 … 170
　7.1.2 PowerPoint 2016 的窗口与视图 … 171
　7.1.3 演示文稿的创建 …………… 173
7.2 演示文稿的编辑与格式化 ……… 174
　7.2.1 幻灯片的基本操作 ………… 174
　7.2.2 幻灯片的外观设计 ………… 177
7.3 幻灯片的放映设置 ……………… 180
　7.3.1 设置动画效果 ……………… 180
　7.3.2 设置切换效果 ……………… 182
　7.3.3 演示文稿中的超链接 ……… 183
　7.3.4 在幻灯片中运用多媒体技术 … 184
7.4 演示文稿的放映 ………………… 186
　7.4.1 设置放映方式 ……………… 186
　7.4.2 设置放映时间 ……………… 187
　7.4.3 使用画笔 …………………… 187
　7.4.4 演示文稿放映和打包 ……… 187

## 第 8 章　计算机网络 …………………… 189
8.1 计算机网络概述 ………………… 189
　8.1.1 计算机网络的发展 ………… 189
　8.1.2 计算机网络的组成与分类 … 191
　8.1.3 计算机网络的功能与特点 … 193
8.2 计算机网络的通信协议 ………… 194
　8.2.1 网络协议 …………………… 194
　8.2.2 计算机网络体系结构 ……… 195
8.3 计算机网络的硬件设备 ………… 197
　8.3.1 计算机设备 ………………… 197
　8.3.2 网络传输介质 ……………… 198
　8.3.3 网络互连设备 ……………… 199

- 8.4 因特网的基本技术 200
  - 8.4.1 因特网的概念与特点 200
  - 8.4.2 TCP/IP 协议簇 202
  - 8.4.3 IP 地址与域名地址 204
- 8.5 因特网应用 207
  - 8.5.1 因特网信息浏览 207
  - 8.5.2 网上信息的检索 208
  - 8.5.3 利用 FTP 进行文件传输 209
  - 8.5.4 电子邮件的使用 210
- 8.6 移动互联网 211
  - 8.6.1 移动互联网的概念 211
  - 8.6.2 移动互联网的发展历程 212
  - 8.6.3 移动互联网的组成 213
  - 8.6.4 移动互联网的主要特征 214
  - 8.6.5 移动互联网的应用领域 215
- 8.7 云计算与大数据 216
  - 8.7.1 云计算 216
  - 8.7.2 大数据 218
- 8.8 物联网 222
  - 8.8.1 物联网的基本概念 222
  - 8.8.2 物联网的原理与应用 223
  - 8.8.3 物联网的典型应用 224

### 第9章 人工智能基础知识 226
- 9.1 人工智能概述 226
  - 9.1.1 人类智能与人工智能 226
  - 9.1.2 人工智能的定义 227
  - 9.1.3 人工智能三大学派 229
  - 9.1.4 人工智能的发展历史 230
  - 9.1.5 各国人工智能的发展计划 232
  - 9.1.6 人工智能产业链 234
- 9.2 人工智能主要应用技术 235
  - 9.2.1 计算机视觉 235
  - 9.2.2 智能语音 237
  - 9.2.3 自然语言处理及应用 239
  - 9.2.4 智能机器人 241
- 9.3 机器学习与深度学习 244
  - 9.3.1 人工神经网络 245
  - 9.3.2 机器学习 246
  - 9.3.3 深度学习 249
  - 9.3.4 主流深度学习框架 251
- 9.4 人工智能在现实中的应用 254
  - 9.4.1 人工智能的行业应用 254
  - 9.4.2 人工智能的产品应用 257
  - 9.4.3 人工智能最新成果与应用 259

### 第10章 计算机素质教育 266
- 10.1 信息与信息化 266
  - 10.1.1 信息的概念和特征 266
  - 10.1.2 信息技术的概念及其发展历程 267
  - 10.1.3 信息化与信息化社会 268
  - 10.1.4 信息素养 269
- 10.2 计算机文化 269
- 10.3 计算思维 270
  - 10.3.1 计算思维的提出 270
  - 10.3.2 科学方法与科学思维 271
  - 10.3.3 计算思维的内容 271
  - 10.3.4 计算思维能力的培养 274
- 10.4 信息安全与网络安全 274
  - 10.4.1 计算机病毒及防治 274
  - 10.4.2 黑客及黑客的防范 276
  - 10.4.3 信息安全技术 277
  - 10.4.4 信息安全法规 280
- 10.5 计算机伦理及道德教育 280
  - 10.5.1 计算机伦理学 281
  - 10.5.2 计算机与网络道德规范 282

参考文献 284

# 第1章 计算机的诞生与发展

诞生于20世纪40年代的电子计算机是人类最伟大的发明之一,并且一直以飞快的速度发展。进入21世纪的现代社会,计算机已经走入各行各业,并成为各行业必不可少的工具。掌握计算机的基本知识和使用,已成为人们学习和工作所必需的基本技能之一。

本章重点介绍了计算机的发展历程,讲解了微型计算机发展的特点,以及我国计算机发展的情况,使读者对计算机的发展情况有初步的认识。

## 学习目标

- 了解计算机的诞生及发展历程。
- 了解微型计算机的发展。
- 了解我国计算机技术的发展。

## 1.1 电子计算机的诞生

在人类文明发展的历史长河中,计算工具经历了从简单到复杂、从低级到高级的发展过程,例如,绳结、算筹、算盘、计算尺、手摇机械计算机、电动机械计算机等。它们在不同的历史时期发挥了各自的作用,同时也孕育了电子计算机的雏形。

1946年2月,世界上第一台数字电子计算机ENIAC(Electronic Numerical Integrator and Computer,电子数字积分计算机)在美国的宾夕法尼亚大学诞生,如图1-1所示。设计这台计算机主要用于解决第二次世界大战时军事上弹道课题的高速计算。虽然它的运算速度仅为每秒完成5 000次加、减法运算,但它把一个有关发射弹道导弹的运算题目的计算时间从台式计算器所需的7~10 h缩短到30 s以下,这在当时是了不起的进步。制造这台计算机使用了18 800个电子管、1 500多个继电器、7 000个电阻器,占地面积约170 m²,质量达30 t,功率为150 kW。它的存储容量很小,只能存储20个字长为10位的十进制数;另外,它采用线路连接的方法来编排程序,因此每次解题都要靠人工改接连线,准备时间大大超过实际计算时间。

虽然这台计算机的性能在今天看来微不足道,但在当时确实是一种创举。ENIAC的研制成功为以后计算机科学的发展奠定了基础,具有划时代的意义。它的成功,使人类的计算工具由手工到自动化产生了质的飞跃,为以后计算机的发展提供了契机,开创了计算机的新时代。

ENIAC采用十进制进行计算,它的存储量很小,程序是用线路连接的方式来表示的。由于程序与计算两相分离,程序指令存放在机器的外部电路中,每当需要计算某个题目时,首先必须人工接通数百条线路,往往为了进行几分钟的计算要很多人工作好几天的时间做准备。针对ENIAC的这些缺陷,美籍匈牙利数学家冯·诺依曼(John von Neumann)提出了把指令和数据一起存储在计算机的存储器中,让机器能自动地执行程序,即"存储程序"的思想。

冯·诺依曼指出计算机内部应采用二进制进行运算,应将指令和数据都存储在计算机中,由程序控制计算机自动执行,这就是著名的存储程序原理。"存储程序式"计算机结构为后人普遍接受,此结构又称为冯·诺依曼体系结构,此后的计算机系统基本上都采用了冯·诺依曼体系结构。冯·诺依曼还依据该原理设计出了"存储程序式"计算机 EDVAC(Electronic Discrete Variable Automatic Computer,离散变量自动电子计算机),并于 1950 年研制成功,如图 1-2 所示。这台计算机总共采用了 2 300 个电子管,运算速度却比 ENIAC 提高了 10 倍,冯·诺依曼的设想在这台计算机上得到了圆满的体现。

图 1-1　第一台电子计算机 ENIAC

图 1-2　冯·诺依曼设计的计算机 EDVAC

世界上首台"存储程序式"电子计算机是 1949 年 5 月在英国剑桥大学研制成功的 EDSAC(Electronic Delay Storage Automatic Calculator,电子延迟存储自动计算器),它是剑桥大学的威尔克斯(Wilkes)教授于 1946 年接受了冯·诺依曼的存储程序计算机结构后开始设计研制的。

## 1.2　计算机的发展

### 1.2.1　电子计算机的发展历程

计算机界传统的观点是将计算机的发展大致分为四代,这种划分是以构成计算机的基本逻辑部件所用的电子元器件的变迁为依据的。从电子管到晶体管,再由晶体管到中小规模集成电路,再到大规模集成电路,直至现今的超大规模集成电路,元器件的制造技术发生了几次重大的革命,芯片的集成度不断提高,这些使计算机的硬件得以迅猛发展。

从第一台计算机诞生以来的 70 余年时间里,计算机的发展过程可以划分如下:

**1. 第一代计算机**(1946—1954 年):**电子管计算机时代**

第一代计算机是电子管计算机,其基本元件是电子管,内存储器采用水银延迟线,外存储器有纸带、卡片、磁带和磁鼓等。受当时电子技术的限制,运算速度仅为每秒几千次到几万次,而且内存储器容量也非常小,仅为 1 000~4 000 B。

此时的计算机程序设计语言还处于最低阶段,要用二进制代码表示的机器语言进行编程,工作十分烦琐,直到 20 世纪 50 年代末才出现了稍微方便一点的汇编语言。

第一代计算机体积庞大,造价昂贵,因此基本上局限于军事研究领域,主要用于数值计算。UNIVAC(Universal Automatic Computer,通用自动计算机)是第一代计算机的代表,于 1951 年首次交付使用。它的交付使用标志着计算机从实验室进入了市场,从军事应用领域转入数据处理领域。

**2. 第二代计算机**(1955—1964 年):**晶体管计算机时代**

晶体管的发明标志着一个新的电子时代的到来。1947 年,贝尔实验室的两位科学家布拉顿(W. Brattain)和巴丁(J. Bardeen)发明了点触型晶体管,1950 年科学家肖克利(W. Shockley)又发明了面结型晶体管。比起电子管,晶体管具有体积小、质量小、寿命长、功耗低、发热少、速度快等特点,使用晶体管的计算机,其电子线路结构变得十分简单,运算速度大幅度提高。

第二代计算机是晶体管计算机,以晶体管为主要逻辑元件,内存储器使用磁芯,外存储器有磁盘和磁带,运算速度从每秒几万次提高到几十万次,内存储器容量也扩大到了几十万字节。

1955年，美国贝尔实验室研制出了世界上第一台全晶体管计算机 TRADIC，如图1-3所示。它装有800个晶体管，功率仅为100 W。1959年，IBM公司推出了晶体管化的7000系列计算机，其典型产品 IBM 7090 是第二代计算机的代表，在1960—1964年间占据着计算机领域的统治地位。

此时，计算机软件也有了较大的发展，出现了监控程序并发展为后来的操作系统，高级程序设计语言也相继推出。1957年，IBM公司研制出公式语言 FORTRAN；1959年，美国数据系统语言委员会推出了商用语言 COBOL；1964年，Dartmouth 大学的凯梅尼（J. Kemeny）和克兹（T. Kurtz）提出了 BASIC。高级语言的出现，使得人们不必学习计算机的内部结构就可以编程使用计算机，为计算机的普及提供了可能。

图1-3　全晶体管计算机 TRADIC

第二代计算机与第一代计算机相比，体积小、成本低、质量小、功耗低、速度快、功能强且可靠性高，使用范围也由单一的科学计算扩展到数据处理和事务管理等其他领域。

**3. 第三代计算机**（1965—1971年）：**中小规模集成电路计算机时代**

1958年，美国物理学家基尔比（J. Kilby）和诺伊斯（N. Noyce）同时发明了集成电路。集成电路是用特殊的工艺将大量完整的电子线路制作在一个硅片上。与晶体管电路相比，集成电路计算机的体积、质量、功耗都进一步减小，而运算速度、运算功能和可靠性则进一步提高。

第三代计算机的主要元件采用小规模集成电路（small scale integrated，SSI）和中规模集成电路（medium scale integrated，MSI），主存储器开始采用半导体存储器，外存储器使用磁盘和磁带。

IBM公司1964年研制出的 IBM S/360 系列计算机是第三代计算机的代表产品，它包括6个型号的大、中、小型计算机和44种配套设备，从功能较弱的 360/51 小型机，到功能超过它500倍的 360/91 大型机。IBM为此耗时3年，投入50亿美元的研发费，超过了第二次世界大战时期原子弹的研制费用。IBM S/360 系列计算机是当时最成功的计算机，5年之内售出32 300台，创造了计算机销售中的奇迹，奠定了"蓝色巨人"在当时计算机业的统治地位。此后，IBM公司又研制出与 IBM S/360 兼容的 IBM S/370，其中最高档的 370/168 机型的运算速度已达每秒250万次。

软件在这个时期形成了产业，操作系统在种类、规模和功能上发展很快，通过分时操作系统，用户可以共享计算机资源。结构化、模块化的程序设计思想被提出，而且出现了结构化的程序设计语言 Pascal。

**4. 第四代计算机**（1972—　）：**大规模和超大规模集成电路计算机时代**

随着集成电路技术的不断发展，单个硅片可容纳电子线路的数目也在迅速增加。20世纪70年代初期出现了可容纳数千个至数万个晶体管的大规模集成电路（large scale integrated，LSI），20世纪70年代末期又出现了一个芯片上可容纳几万个到几十万个晶体管的超大规模集成电路（very large scale integrated，VLSI）。利用 VLSI 技术，能把计算机的核心部件甚至整个计算机都做在一个硅片上。一个芯片显微结构如图1-4所示。

第四代计算机的主要元件采用大规模集成电路和超大规模集成电路。集成度很高的半导体存储器完全代替了磁芯存储器，外存磁盘的存取速度和存储容量大幅度上升，计算机的速度可达每秒几百万次至上亿次，而其体积、质量和耗电量却进一步减少，计算机的性能价格比基本上以每18个月翻一番的速度上升，此即著名的摩尔定律。

图1-4　芯片显微结构

美国 ILLIAC-IV 计算机是第一台全面使用大规模集成电路作为逻辑元件和存储器的计算机，它标志着计算机的发展已进入了第四代。1975年，美国阿姆尔公司研制成 470V/6 型计算机，随后日本富士通公司生产出 M-190 计算机，是比较有代表性的第四代计算机。英国曼彻斯特大学1968年开始研制第四代计算机，1974年研制成功 DAP 系列计算机。1973年，德国西门子公司、法国国际信息公司与荷兰飞利浦公司联合成立了统一数据公司，研制出 Unidata 7710 系列计算机。

这一时期的计算机软件也有了飞速发展，软件工程的概念开始提出，操作系统向虚拟操作系统发展，计算机应用也从最初的数值计算演变为信息处理，各种应用软件丰富多彩，在各行各业中都有应用，大大拓展了计算机的应用领域。

从第一代到第四代,计算机的体系结构都是采用冯·诺依曼的体系结构,科学家试图突破冯·诺依曼的体系结构,研制新一代的更高性能的计算机。1982 年以后,许多国家开始研制第五代计算机,其特点是以人工智能原理为基础,希望突破原有的计算机体系结构模式。之后,又提出了第六代计算机——生物计算机、神经网络计算机等新概念,这些计算机都属于新一代计算机。

**5. 第五代计算机:智能计算机**

第五代计算机指具有人工智能的新一代计算机,它具有推理、联想、判断、决策、学习等功能。日本在 1981 年首先宣布进行第五代计算机的研制,并为此投入上千亿日元。

第五代计算机的系统设计中考虑了编制知识库管理软件和推理机,机器本身能根据存储的知识进行判断和推理。同时,多媒体技术得到广泛应用,使人们能用语音、图像、视频等更自然的方式与计算机进行信息交互。智能计算机的主要特征是具备人工智能,能像人一样思维,并且运算速度极快。其硬件系统支持高度并行和推理,其软件系统能够处理知识信息。神经网络计算机(也称神经元计算机)是智能计算机的重要代表。

第五代计算机系统结构将突破传统的冯·诺依曼的体系结构。这方面的研究课题应包括逻辑程序设计机、函数机、相关代数机、抽象数据型支援机、数据流机、关系数据库机、分布式数据库系统、分布式信息通信网络等。

**6. 第六代计算机:生物计算机**

半导体硅晶片的电路密集、散热问题难以彻底解决,影响了计算机性能的进一步发挥与突破。研究人员发现,脱氧核糖核酸(DNA)的双螺旋结构能容纳巨量信息,其存储量相当于半导体芯片的数百万倍。一个蛋白质分子就是存储体,而且阻抗低、能耗小、发热量极低。

基于此,利用蛋白质分子制造出基因芯片,研制生物计算机(也称分子计算机、基因计算机),已成为当今计算机技术的最前沿。生物计算机比硅晶片计算机在速度、性能上有质的飞跃,被视为极具发展潜力的"第六代计算机"。

生物计算机的主要原材料是借助生物工程技术(特别是蛋白质工程)生产的蛋白质分子,以它作为生物集成电路——生物芯片。在生物芯片中,信息以波的形式传递。当波沿着蛋白质分子链传播时,会引起蛋白质分子链单键、双键结构顺序的改变。因此,当一列波传播到分子链的某一部位时,它们就像硅集成电路中的载流子(电流的载体称作载流子)那样传递信息。由于蛋白质分子比硅芯片上的电子元件要小得多,彼此相距很近,因此,生物元件可小到几十亿分之一米,元件的密集度可达每平方厘米 10 万亿~100 万亿个,甚至 1 000 万亿个门电路。

与普通计算机不同的是,由于生物芯片的原材料是蛋白质分子,所以,生物计算机芯片既有自我修复的功能,又可直接与生物活体结合。同时,生物芯片具有发热少、功耗低、电路间无信号干扰等优点。

生物计算机与以逻辑处理为主的第五代计算机不同,它本身可以判断对象的性质与状态,并能采取相应的行动,而且它可同时并行处理实时变化的大量数据,并引出结论。以往的信息处理系统只能处理条理清晰、经络分明的数据。而人的大脑具有处理零碎、含糊不清信息的灵活性,第六代计算机将具有类似人脑的智慧和灵活性。

## 1.2.2 微型计算机的发展

在计算机的飞速发展过程中,20 世纪 70 年代出现了微型计算机。微型计算机开发的先驱是两个年轻的工程师,美国英特尔(Intel)公司的霍夫(Hoff)和意大利的弗金(Fagin)。霍夫首先提出了可编程通用计算机的设想,即把计算机的全部电路制作在 4 个集成电路芯片上。这个设想首先由弗金实现,他在 4.2 mm × 3.2 mm 的硅片上集成了 2 250 个晶体管构成中央处理器,即 4 位微处理器 Intel 4004,再加上一片随机存储器、一片只读存储器和一片寄存器,通过总线连接就构成了一台 4 位微型电子计算机。

凡由集成电路构成的中央处理器(central processing unit,CPU),人们习惯上称为微处理器(micro processor)。由不同规模的集成电路构成的微处理器,形成了微型计算机的几个发展阶段。从 1971 年世界上出现第一个 4 位的微处理器 Intel 4004 算起,至今微型计算机的发展经历了六个阶段。

**1. 第一代微型计算机**

第一代微型计算机是以 4 位微处理器和早期的 8 位微处理器为核心的微型计算机。4 位微处理器的典型产品是 Intel 4004/4040,芯片集成度为 1 200 个晶体管/片,时钟频率为 1 MHz。第一代产品采用了 PMOS 工艺,基本指令执行时间为 10～20 μs,字长 4 位或 8 位,指令系统简单,速度慢。微处理器的功能不全,实用价值不大。早期的 8 位微处理器的典型产品是 Intel 8008。

**2. 第二代微型计算机**

1973 年 12 月,Intel 8080 的研制成功,标志着第二代微型计算机的开始。其他型号的典型微处理器产品是 Intel 公司的 Intel 8085、Motorola 公司的 M6800,以及 Zilog 公司的 Z80 等,它们都是 8 位微处理器,集成度为 4 000～7 000 个晶体管/片,时钟频率为 4 MHz。其特点是采用了 NMOS 工艺,集成度比第一代产品提高了一倍,基本指令执行时间为 1～2 μs。

1976—1977 年,高档 8 位微处理器以 Z80 和 Intel 8085 为代表,使运算速度和集成度又提高了一倍,已具有典型的计算机体系结构及中断、直接存储器访问(direct memory access,DMA)等控制功能,指令系统比较完善。它们所构成的微型计算机的功能显著增强,最著名的是 Apple 公司的 Apple Ⅱ,软件可以使用高级语言,进行交互式会话操作,此后微型计算机的发展开始进入全盛时期。

**3. 第三代微型计算机**

1978 年,Intel 公司推出第三代微处理器代表产品 Intel 8086,集成度为 29 000 个晶体管/片。1979 年又推出了 Intel 8088,同年 Zilog 公司推出了 Z8000,集成度为 17 500 个晶体管/片。这些微处理器都是 16 位微处理器,采用 HMOS 工艺,基本指令执行时间为 0.5 μs,各方面的性能比第二代又提高了一个数量级。由它们构成的微型计算机具有丰富的指令系统,采用多级中断、多重寻址方式、段式寄存器结构,并且配有强有力的系统软件。

1982 年,Intel 公司在 8086 的基础上又推出了性能更为优越的 80286,集成度为 13.4 万个晶体管/片。其内部和外部数据总线均为 16 位,地址总线为 24 位。由 Intel 公司微处理器构成的微型计算机首次采用了虚拟内存的概念。Intel 80286 微处理器芯片的问世,使 20 世纪 80 年代后期 286 微型计算机风靡全球。

**4. 第四代微型计算机**

1985 年 10 月,Intel 公司推出了 32 位字长的微处理器 Intel 80386,标志着第四代微型计算机的开始。80386 芯片内集成了 27.5 万个晶体管/片,其内部、外部数据总线和地址总线均为 32 位,随着内存芯片制造技术的发展和成本的下降,内存容量已达到 16 MB 和 32 MB。1989 年,研制出的 80486,集成度为 120 万个晶体管/片,把 80386 的浮点运算处理器和 8 KB 的高速缓存(Cache)集成到一个芯片,并支持二级 Cache,极大地提高了内存访问的速度。用该微处理器构成的微型计算机的功能和运算速度完全可以与 20 世纪 70 年代的大中型计算机相匹敌。

**5. 第五代微型计算机**

1993 年,Intel 公司推出了更新的微处理器芯片 Pentium,中文名为"奔腾",Pentium 微处理器芯片内集成了 310 万个晶体管/片。随后 Intel 公司又陆续推出了 Classic Pentium(经典奔腾)、Pentium Pro(高能奔腾)、Pentium MMX(多能奔腾,1997 年初)、Pentium Ⅱ(奔腾二代,1997 年 5 月)、Pentium Ⅲ(奔腾三代,1999 年)和 Pentium 4(奔腾四代,2001 年)的微型计算机。在 Intel 公司各阶段推出微处理器的同时,各国厂家也相继推出与奔腾微处理器结构和性能相近的微型计算机。

**6. 第六代微型计算机**

2004 年,AMD 公司推出了 64 位芯片 Athlon 64,2005 年初 Intel 公司推出了 64 位奔腾系列芯片。2005 年 4 月,Intel 公司第一款双核处理器平台产品的问世,标志着一个新时代来临。所谓双核和多核处理器是在一个处理器中集成两个或多个完整执行内核,以支持同时管理多项活动。2006 年,Intel 公司推出了酷睿系列的 64 位双核微处理器 Core 2,AMD 公司也相继推出了 64 位双核微处理器,之后 Intel 和 AMD 公司又相继推出了四核的处理器。2008 年 11 月,Intel 公司推出了第一代智能酷睿 Core i 系列,Core i 系列是具有革命性的全新一代 PC 处理器,其性能相较之前的产品提升了 20%～30%。2012 年,Intel 发布 22 nm 工艺和第三代处理器,使用 22 nm 工艺的处理器其功率普遍小于 77 W,使得处理器的散热需求大幅下降,提升了大规模数据运算的可靠性,并降低了散热功耗。以 Core i7-3770 处理器为例,处理器具备了睿频功能,即在运算负载较大的环境下,自动提升处理器主频,从而加速完成运算。在运算完成时,又可以及时降低主频,从而降低计算机功耗。2014 年,Intel 首发桌面级 8 核心 16 线程处理器,Core i7-5960X 处理器是第一款基于 22 nm 工艺的 8 核心桌面级处理器,拥有高达 20 MB 的三级缓存,主频达到 3.5 GHz,功率为 140 W。此处理器的处理能力超群,浮点数计算能力是普通办公计算机的 10 倍以上。2015 年是微电子的新时代——14 nm 工艺产品上市,Intel 14 nm 处理器第五代 Core 系列处理器正式登场。新处理器除了拥有更强的性能且功耗降低外,同时还支持一些全新的人机交互模式,为用户带来更好的体验。

2020 年 9 月,Intel 推出了代号为 Tiger Lake 的处理器,它采用了 10 nm 制程工艺,首次引入了革命性的 SuperFin 晶体管结构,将增强型 FinFET 晶体、Super MIM(金属-绝缘体-金属)电容器相结合,能够提供增强的外延源极/漏极、改进的栅极工艺,额外的栅极间,性能相比初代 10 nm 可以提升超过 15%。Tiger Lake 集成全新的 CPU 架构、Xe GPU 架构,并大幅拓展 AI 支持。

随着人工智能的发展,对 CPU 的性能提出了更高的要求,传统的 CPU 也在紧跟时代的脚步,全方位拥抱 AI。2023 年初,Intel 发布了第四代至强(Sapphire Rapids),年底就升级为第五代至强(Emerald Rapids),主要就是为了跟上 AI 的需求,并且很多指标也是为此而优化的。包括更多的核心数量、更高的频率、更丰富的 AI 加速器,还有多达 3 倍的三级缓存,内存带宽的进一步提升等,这些都带来了性能和能效的提升。

到了 2025 年,Intel 还会带来再下一代的至强产品,代号为 Clearwater Forest,无论制程工艺还是技术特性抑或性能能效,都会再次飞跃。

从第一代 CPU 到最新一代 CPU,CPU 的晶体管数量、运行速度和最大存储容量都有了巨大的提升。CPU 的发展历程也充满了曲折和挑战,每一代 CPU 都面临着不同的技术难点和挑战。但是,随着技术的不断进步和创新,CPU 的性能和功能也在不断提升,为计算机技术的发展作出了重要的贡献。

CPU 作为一种能够进行大规模数据处理的集成电路,在信息技术领域中占有非常重要的核心地位,芯片产业已经成为各个发达国家发展的战略重点。西方的一些国家如美国为了确保自身领先地位,制定了很多违反世界贸易公平交易的规定,限制先进芯片进口我国,以便打压我国高新技术的发展。

为了确保我国在芯片领域加快赶超世界先进水平,并且能够实现自主可控,我国实施了积极的产业政策,国家和地方对集成电路产业的发展进行了大量的投入。随着国家的支持和投资,我国的 CPU 设计制造在近些年有了快速的发展,CPU 制造商开始在硬件和软件方面进行大量的研究和开发,在服务器处理器、AI 芯片、移动处理器等领域都取得了一定的成果,从事高性能 CPU 设计的公司数量也在不断增长。其中比较有代表性的如中兴微电子的"申威"系列处理器,其性能已经在一些领域达到了国际领先水平。另外,中国的研究机构和企业也在其他领域进行了不少的研究和开发,如华为的麒麟处理器、紫光展锐的手机芯片、寒武纪的 AI 芯片等。

### 1.2.3　我国计算机技术的发展

我国计算机的发展起步较晚,1956 年国家制定 12 年科学规划时,把发展计算机、半导体等技术学科作为重点,相继筹建了中国科学院计算机研究所、中国科学院半导体研究所等机构。1958 年组装调试成功第一台电子管计算机(103 机),1959 年研制成功大型通用电子管计算机(104 机),1960 年研制成功第一台自己设计的通用电子管计算机(107 机)。其中,104 机运算速度为每秒 10 000 次,主存为 2 048B(2KB)。

1964 年,我国开始推出第一批晶体管计算机,如 109 机、108 机及 320 机等,其运算速度为每秒 10 万次～20 万次。

1971 年,研制成第三代集成电路计算机,如 150 机。1974 年后,DJS-130 晶体管计算机小批量生产。1982 年,采用大、中规模集成电路研制成 16 位的 DJS-150 机。

1983 年,长沙国防科技大学推出运算速度达每秒 1 亿次的银河Ⅰ巨型计算机。1992 年,运算速度达到每秒 10 亿次的银河Ⅱ投入运行。1997 年,银河Ⅲ投入运行,速度为每秒 130 亿次,内存容量为 9.15 GB。

进入 20 世纪 90 年代，我国的计算机开始步入高速发展阶段，不论是大型计算机、巨型计算机，还是微型计算机，都取得长足的发展。其中，作为代表国家综合实力的巨型计算机领域，我国已经处在世界的前列。

超级计算机是一个国家综合实力的体现，在国家经济建设、国防建设、科学研究等方面均具有巨大作用。由于超级计算机的极快运算速度，可以应用于各种尖端科技行业，比如天气预测、弹道计算、人工智能推演、天文物理计算、地震模型建立、各种实验模拟（包括核爆炸模拟）等，是各个国家的战略级项目。超级计算机 500 强，是国际 TOP500 组织发布的，主要基于超级计算机基准程序 Linpack 测试值进行的排名，是目前世界上比较权威的评测排行榜。超级计算机 500 强每年进行两次评比，一般在每年的 6 月及 11 月发布评比结果。

在最新的 2023 年 11 月发布世界超级计算机 TOP500 排名中，中国算力最强的是中国国家并行计算机工程与技术研究中心开发的"神威·太湖之光"超算，排在了第 11 的位置，我国国防科技大学研发的"天河二号"超算排在第 14 名。

我国上榜 TOP500 的超级计算机数量总量居第二位，达到了 104 台。从超算供应商角度来看，中国厂商联想、曙光、浪潮是全球前三的超算供应商，中国部署的超级计算机数量也位列全球第一。从这些数据可以看出，不论从我国超级计算机上榜数量，还是排名位次仍然处在世界领先的地位，由此也说明了我国经济科技的实力及发展速度。

目前，我国已经将重心放到了更为先进的量子计算领域。中国科学院院士、中国科学技术大学常务副校长潘建伟教授带领的团队所研发的"九章"系列超算，一次次刷新了光量子信息技术水平，根据公开的数据显示，九章三号处理最复杂的样本仅需要百万分之一秒，而利用超算却需要两百亿年才能处理完成。在量子计算领域，中国已经问鼎世界。

在软件方面，软件产业作为国家的基础性、战略性产业，在促进国民经济和社会发展、转变经济增长方式、提高经济运行效率、推进信息化与工业化融合等方面具有重要的地位和作用，是国家重点支持和鼓励的行业。1992 年我国的软件产业销售额仅为 43 亿元，为了促进我国软件产业的发展，国家出台了很多相关政策，其中 2000 年国务院就印发了《新时期促进集成电路产业和软件产业高质量发展的若干政策》，这为发展软件提供了有力的政策支持。多年来，在国家高度重视和大力扶持下，软件行业相关产业促进政策不断细化，资金扶持力度不断加大，知识产权保护措施逐步加强，软件行业在国民经济中的战略地位不断提升，行业规模不断扩大。一大批优秀的国产应用软件在办公自动化、财税、金融电子化建设等电子政务、企业信息化方面以及国民经济和社会生活中得到广泛应用，我国的软件产业实现了飞跃式的发展。到 2023 年，我国软件和信息技术服务业规模以上企业超 3.8 万家，累计完成软件业务收入 123 258 亿元，软件业利润总额 14 591 亿元，软件业务出口 514.2 亿美元。全国软件和信息技术服务业从业人数近八百万人。信息技术服务收入 81 226 亿元，信息安全产品和服务收入 2 232 亿元，嵌入式系统软件收入 10 770 亿元。软件产品实现收入 29 030 亿元，占全行业比重为 23.6%，其中，工业软件产品实现收入 2 824 亿元，为支撑工业领域的自主可控发展发挥重要作用。可以看出，软件产业得到了飞速的发展，软件行业在国民经济中的地位得到了极大的提升，相信我国的软件行业将会随着我国不断深化的信息化建设得到更大的发展。

# 第 2 章　计算机中的数制与编码

计算机处理的数据包括数值、字符、图形图像、声音等。在计算机系统中,这些数据都要转换成 0 或 1 的二进制形式进行存储,也就是进行二进制编码。所以,学习计算机中的数制及编码是非常重要的,它是进一步学习计算机知识的基础。

本章首先介绍了数制及数制转换的知识,然后分别介绍了计算机中的数值数据、字符的编码及多媒体数据的编码,力图使读者对计算机中如何表示数据有一个明确的认识。

学习目标

- 理解计算机中的数制,掌握各类数制间的转换。
- 学习计算机中数值数据的表示,理解原码、反码、补码,掌握数的定点和浮点表示。
- 学习字符编码的知识,掌握 ASCII 码、汉字编码等常用字符编码。
- 学习多媒体数据的编码知识,了解声音及图形图像编码的知识。

## 2.1　数制与数制转换

信息在现实世界中无处不在,它们的表现形式也是多种多样,如数字、字母、符号、图表、图像、声音等。而任何形式的信息都可以通过一定的转换方式变成计算机能直接处理的数据。这种计算机能直接处理的数据是用二进制来表示的。

也就是说,在计算机内部无论是存储数据还是进行数据运算,一律采用二进制。虽然为了书写、阅读方便,用户可以使用十进制或其他进制形式表示一个数,但不管采用哪种形式,计算机都要把它们变成二进制数存入计算机并以二进制方式进行运算。当要输出运算结果时,也必须把运算结果转换成人们所习惯的十进制或相应的符号、图像、声音等形式通过输出设备进行输出。

那么,为什么计算机要采用二进制数形式呢？第一是由于二进制数在电器元件中最容易实现,而且稳定、可靠,二进制数只要求识别"0"和"1"两个符号,计算机就是利用电路输出电压的高或低分别表示数字"1"或"0"的;第二是二进制数运算法则简单,可以简化硬件结构;第三是便于逻辑运算,逻辑运算的结果称为逻辑值,逻辑值只有"0"和"1"。这里的"0"和"1"并不是表示数值,而是代表问题的结果有两种可能:真或假、正确或错误等。

### 2.1.1　数制

**1. 数制的基本概念**

人们在生产实践和日常生活中,创造了多种表示数的方法,这些数的表示规则称为数制,其中按照进位方式计数的数制称为进位计数制。例如,人们常用的十进制,钟表计时中使用的 1 小时等于 60 分、1 分等于 60 秒的六十进制,早年我国曾使用过 1 市斤等于 16 两的十六进制,计算机中使用的二进制等。

(1) 十进制计数制

从最常用和最熟悉的十进制计数制可以看出,其计数规则是"逢十进一"。任意一个十进制数值都可用 0、1、2、3、4、5、6、7、8、9 共 10 个数字符号组成的字符串来表示,这些数字符号称为数码;数码处于不同的位置(数位)代表不同的数值。例如,819.18 这个数中,第 1 个数 8 处于百位数,代表 800;第 2 个数 1 处于十位数,代表 10;第 3 个数 9 处于个位数,代表 9;第 4 个数 1 处于十分位,代表 0.1;而第 5 个数 8 处于百分位,代表 0.08。也就是说,十进制数 819.18 可以写成:

$$819.18 = 8 \times 10^2 + 1 \times 10^1 + 9 \times 10^0 + 1 \times 10^{-1} + 8 \times 10^{-2}$$

上式称为数值的按位权展开式,其中 $10^i$($10^2$ 对应百位,$10^1$ 对应十位,$10^0$ 对应个位,$10^{-1}$ 对应十分位,$10^{-2}$ 对应百分位)称为十进制数位的位权,10 称为基数。

(2) $R$ 进制计数制

从对十进制计数制的分析可以得出,任意 $R$ 进制计数制同样有基数 $R$、位权和按位权展开表达式。其中,$R$ 可以为任意正整数,如二进制的 $R$ 为 2,十六进制的 $R$ 为 16 等。

① 基数:一种计数制所包含的数字符号的个数称为该数制的基数(radix),用 $R$ 表示。

- 十进制(decimal system):任意一个十进制数可用 0、1、2、3、4、5、6、7、8、9 共 10 个数字符号表示,它的基数 $R = 10$。
- 二进制(binary system):任意一个二进制数可用 0、1 两个数字符号表示,它的基数 $R = 2$。
- 八进制(octal system):任意一个八进制数可用 0、1、2、3、4、5、6、7 共 8 个数字符号表示,它的基数 $R = 8$。
- 十六进制(hexadecimal system):任意一个十六进制数可用 0、1、2、3、4、5、6、7、8、9、A、B、C、D、E、F 共 16 个数字符号表示,它的基数 $R = 16$。

为区分不同进制的数,约定对于任一 $R$ 进制的数 $N$,记作 $(N)_R$。例如,$(1010)_2$、$(703)_8$、$(AE05)_{16}$ 分别表示二进制数 1010、八进制数 703 和十六进制数 AE05。不用括号及下标的数,默认为十进制数,如 256。人们也习惯在一个数的后面加上字母 D(十进制)、B(二进制)、O(八进制)、H(十六进制)来表示其前面的数用的是哪种进制,如 1010B 表示二进制数 1010,AE05H 表示十六进制数 AE05。

② 位权:任何一个 $R$ 进制的数都是由一串数码表示的,其中每一位数码所表示的实际值的大小,除与数字本身的数值有关外,还与它所处的位置有关。该位置上的基准值就称为位权(或位值)。位权用基数 $R$ 的 $i$ 次幂表示。对于 $R$ 进制数,小数点前第 1 位的位权为 $R^0$,小数点前第 2 位的位权为 $R^1$,小数点后第 1 位的位权为 $R^{-1}$,小数点后第 2 位的位权为 $R^{-2}$,依此类推。

假设一个 $R$ 进制数具有 $n$ 位整数,$m$ 位小数,那么其位权为 $R^i$,其中 $i = -m, -(m-1), \cdots, n-1$。

显然,对于任一 $R$ 进制数,其最右边数码的位权最小,最左边数码的位权最大。

③ 数的按位权展开:类似十进制数值的表示。任一 $R$ 进制数的值都可表示为:各位数码本身的值与其所在位位权的乘积之和。例如:

十进制数 256.16 的按位权展开式为

$$256.16D = 2 \times 10^2 + 5 \times 10^1 + 6 \times 10^0 + 1 \times 10^{-1} + 6 \times 10^{-2}$$

二进制数 101.01 的按位权展开式为

$$101.01B = 1 \times 2^2 + 0 \times 2^1 + 1 \times 2^0 + 0 \times 2^{-1} + 1 \times 2^{-2}$$

八进制数 307.4 的按位权展开式为

$$307.4O = 3 \times 8^2 + 0 \times 8^1 + 7 \times 8^0 + 4 \times 8^{-1}$$

十六进制数 F2B 的按位权展开式为

$$F2BH = 15 \times 16^2 + 2 \times 16^1 + 11 \times 16^0$$

**2. 常用的进位计数制**

根据上述计数制的规律,下面对二、八、十和十六进制数进行具体的讲解。

(1) 十进制

基数为 10,即"逢十进一"。它含有 10 个数字符号:0、1、2、3、4、5、6、7、8、9,位权为 $10^i$,($i = -m, -(m-1), \cdots, n-1$,其中 $m$、$n$ 为自然数)。

> **注意：**
> 下列各种进位计数制中的位权均以十进制数为底的幂表示。

(2) 二进制

二进制基数为 2，即"逢二进一"。它含有两个数字符号：0、1。位权为 $2^i$ ($i = -m, -(m-1), \cdots, n-1$，其中 $m$、$n$ 为自然数)。

二进制是计算机中采用的计数方式，具有以下特点：

① 简单可行：二进制仅有两个数码"0"和"1"，可以用两种不同的稳定状态（如高电位和低电位）来表示。这不仅容易实现，而且稳定可靠。

② 运算规则简单：二进制的运算规则非常简单。以加法为例，二进制加法规则仅有 4 条，即 $0+0=0$；$1+0=1$；$0+1=1$；$1+1=10$（逢二进一）。例如，$11+101=1000$。

但是，二进制的明显缺点是数字冗长、书写量过大，容易出错、不便阅读。所以，在计算机技术文献中，常用八进制或十六进制数表示。

(3) 八进制

八进制基数为 8，即"逢八进一"。它含有 8 个数字符号：0、1、2、3、4、5、6、7。位权为 $8^i$ ($i = -m, -(m-1), \cdots, n-1$，其中 $m$、$n$ 为自然数)。

(4) 十六进制

十六进制基数为 16，即"逢十六进一"。它含有 16 个数字符号：0、1、2、3、4、5、6、7、8、9、A、B、C、D、E、F，其中 A、B、C、D、E、F 分别表示十进制数 10、11、12、13、14、15。位权为 $16^i$ ($i = -m, -(m-1), \cdots, n-1$，其中 $m$、$n$ 为自然数)。

应当指出，二、八、十六和十进制都是计算机中常用的数制，所以在一定数值范围内直接写出它们之间的对应表示，也是经常遇到的。表 2-1 列出了 0~15 这 16 个十进制数与其他 3 种数制的对应关系。

表 2-1 各数制之间对应关系

| 十 进 制 | 二 进 制 | 八 进 制 | 十 六 进 制 |
| --- | --- | --- | --- |
| 0 | 0000 | 0 | 0 |
| 1 | 0001 | 1 | 1 |
| 2 | 0010 | 2 | 2 |
| 3 | 0011 | 3 | 3 |
| 4 | 0100 | 4 | 4 |
| 5 | 0101 | 5 | 5 |
| 6 | 0110 | 6 | 6 |
| 7 | 0111 | 7 | 7 |
| 8 | 1000 | 10 | 8 |
| 9 | 1001 | 11 | 9 |
| 10 | 1010 | 12 | A |
| 11 | 1011 | 13 | B |
| 12 | 1100 | 14 | C |
| 13 | 1101 | 15 | D |
| 14 | 1110 | 16 | E |
| 15 | 1111 | 17 | F |

### 2.1.2 各类数制间的转换

**1. 非十进制数转换成十进制数**

利用按位权展开的方法，可以把任意数制的一个数转换成十进制数。下面是将二、八、十六进制数转换为十进制数的例子。

【例2-1】将二进制数101.101转换成十进制数。

$$101.101B = 1 \times 2^2 + 0 \times 2^1 + 1 \times 2^0 + 1 \times 2^{-1} + 0 \times 2^{-2} + 1 \times 2^{-3} = 4 + 0 + 1 + 0.5 + 0 + 0.125$$
$$= 5.625D$$

【例2-2】将二进制数110101转换成十进制数。

$$110101B = 1 \times 2^5 + 1 \times 2^4 + 0 \times 2^3 + 1 \times 2^2 + 0 \times 2^1 + 1 \times 2^0 = 32 + 16 + 4 + 1 = 53D$$

【例2-3】将八进制数777转换成十进制数。

$$777O = 7 \times 8^2 + 7 \times 8^1 + 7 \times 8^0 = 448 + 56 + 7 = 511D$$

【例2-4】将十六进制数BA转换成十进制数。

$$BAH = 11 \times 16^1 + 10 \times 16^0 = 176 + 10 = 186D$$

由上述例子可见,只要掌握了数制的概念,将任意R进制数转换成十进制数时,只要将此数按位权展开即可。

**2. 十进制数转换成二进制数**

通常,一个十进制数包含整数和小数两部分,并且将十进制数转换成二进制数时,对整数部分和小数部分处理的方法是不同的。下面分别进行讨论。

(1)将十进制整数转换成二进制整数

其方法是采用"除2取余"法。具体步骤是:把十进制整数除以2得一商数和一余数;再将所得的商除以2,又得到一个新的商数和余数;这样不断地用2去除所得的商数,直到商等于0为止。每次相除所得的余数便是对应的二进制整数的各位数码。第一次得到的余数为最低有效位,最后一次得到的余数为最高有效位。可以理解为:除2取余,自下而上。

【例2-5】将十进制整数215转换成二进制整数。

按上述方法得:

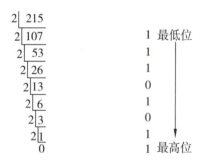

所以,215 = 11010111B。

所有的运算都是除2取余,只是本次除法运算的被除数需用上次除法所得的商来取代,这是一个重复过程。

(2)将十进制小数转换成二进制小数

其方法是采用"乘2取整,自上而下"法。具体步骤是:把十进制小数乘以2得一整数部分和一小数部分;再用2乘所得的小数部分,又得到一整数部分和一小数部分;这样不断地用2去乘所得的小数部分,直到所得小数部分为0或达到要求的精度为止。每次相乘后所得乘积的整数部分就是相应二进制小数的各位数字,第一次相乘所得的整数部分为最高有效位,最后一次得到的整数部分为最低有效位。

> 说明:
>
> 每次乘2后,取得的整数部分是1或0,若0是整数部分,也应取。并且,不是任意一个十进制小数都能完全精确地转换成二进制小数,一般根据精度要求截取到某一位小数即可。这就是说,不能用有限个二进制数字来精确地表示一个十进制小数。所以,将一个十进制小数转换成二进制小数通常只能得到近似表示。

**【例 2-6】** 将十进制小数 0.687 5 转换成二进制小数。

```
              0.6875
          ×     2
最高位  1  ─────────
              1.3750
          ×     2
        0  ─────────
              0.7500
          ×     2
        1  ─────────
              1.5000
          ×     2
最低位  1  ─────────
              1.0000
```

所以,0.687 5 = 0.1011B。

**【例 2-7】** 将十进制小数 0.2 转换成二进制小数(取小数点后 5 位)。

```
              0.2
          ×    2
最高位  0  ────────
              0.4
          ×    2
        0  ────────
              0.8
          ×    2
        1  ────────
              1.6
          ×    2
        1  ────────
              1.2
          ×    2
最低位  0  ────────
              0.4
```

所以,0.2 = 0.00110B。

综上所述,要将任意一个十进制数转换为二进制数,只需将其整数、小数部分分别进行转换,然后用小数点连接起来即可。

上述将十进制数转换成二进制数的方法,同样适用于十进制与八进制、十进制与十六进制数之间的转换,只是使用的基数不同。

**3. 二进制数与八进制数或十六进制数间的转换**

用二进制数编码,存在这样一个规律:$n$ 位二进制数最多能表示 $2^n$ 种状态,分别对应 $0,1,2,3,\cdots,2^{n-1}$。可见,用 3 位二进制数就可对应表示 1 位八进制数。同样,用 4 位二进制数就可对应表示 1 位十六进制数。其对照关系见表 2-1。

(1)二进制数转换成八进制数

将一个二进制数转换成八进制数的方法很简单,只要从小数点开始分别向左、向右按每 3 位一组划分,不足 3 位的组以"0"补足,然后将每组 3 位二进制数用与其等值的 1 位八进制数字代替即可。

**【例 2-8】** 将二进制数 11101010011.10111B 转换成八进制数。

按上述方法,从小数点开始向左、右方向按每 3 位二进制数一组分隔,得:

011  101  010  011 . 101  110

在所划分的二进制位组中,第一组和最后一组是不足 3 位经补"0"而成的。再以 1 位八进制数字代替每组的 3 位二进制数字,得:

3  5  2  3 . 5  6

故原二进制数转换为 3523.56O。

(2)八进制数转换成二进制数

将八进制数转换成二进制数,其方法与二进制数转换成八进制数相反,即将每 1 位八进制数字用等值的 3 位二进制数表示即可。

**【例 2-9】** 将 477.563O 转换成二进制数。

4　 7　 7 .　 5　 6　 3
↓　 ↓　 ↓　　 ↓　 ↓　 ↓
100 111 111 . 101 110 011

故原八进制数转换为 100111111.101110011B。

(3)二进制数转换成十六进制数

将一个二进制数转换成十六进制数的方法,与将一个二进制数转换成八进制数的方法类似,只要从小数点开始分别向左、向右按每4位二进制数一组划分,不足4位的组以"0"补足,然后将每组4位二进制数代之以1位十六进制数字表示即可。

【例2-10】将二进制数1111101011011.10111B转换成十六进制数。
按上述方法分组,得:

$$0001\quad 1111\quad 0101\quad 1011.1011\quad 1000$$

在所划分的二进制位组中,第一组和最后一组是不足4位经补"0"而成的。再以1位十六进制数字代替每组的4位二进制数字,得:

$$1\quad F\quad 5\quad B\ .\ B\quad 8$$

故原来二进制数转换为1F5B.B8H。

(4)十六进制数转换成二进制数

将十六进制数转换成二进制数,其方法与二进制数转换成十六进制数相反,只要将每1位十六进制数字用等值的4位二进制数表示即可。

【例2-11】将6AF.C5H转换成二进制数。

$$\begin{array}{cccccc}6 & A & F & . & C & 5 \\ \downarrow & \downarrow & \downarrow & & \downarrow & \downarrow \\ 0110 & 1010 & 1111 & . & 1100 & 0101\end{array}$$

故原十六进制数转换为二进制数为11010101111.11000101B。

所以,十进制与八进制及十六进制之间的转换可以通过"除基(8或16)取余"的方法直接进行(其方法同十进制到二进制的转换方法),也可以借助二进制作为桥梁来完成。

### 2.1.3 二进制的运算

**1. 算术运算**

二进制数的算术运算包括:加、减、乘、除四则运算,下面分别予以介绍。

(1)二进制数的加法

根据"逢二进一"规则,二进制数加法的法则为:

$$0 + 0 = 0$$
$$0 + 1 = 1 + 0 = 1$$
$$1 + 1 = 0(按照"逢二进一"规则,向高位进位1)$$

【例2-12】二进制数1110B和1011B相加过程如下.

$$\begin{array}{rl}被加数 & 1\ 1\ 1\ 0\ B\ \cdots(14D)\\ 加数 & 1\ 0\ 1\ 1\ B\ \cdots(11D)\\ 进位\ +)\ & 1\ 1\ 1\ 0\ \\ \hline 和数 & 1\ 1\ 0\ 0\ 1\ B\ \cdots(25D)\end{array}$$

从上述执行加法可以看出,两个二进制数相加,每位上有3个数相加,即本位的被加数、加数和来自低位的进位(进位为1,否则为0)。

(2)二进制数的减法

根据"借一有二"的规则,二进制数减法的法则为:

$$0 - 0 = 0$$
$$1 - 1 = 0$$
$$1 - 0 = 1$$
$$0 - 1 = 1(向高位借位)$$

【例2-13】二进制数11001B减去1110B的相减过程如下:

```
被减数        1  1  0  0  1 B  …（25D）
减数              1  1  1  0 B  …（14D）
借位  －）   1  1  1  0
─────────────────────────────
和数          0  1  0  1  1 B  …（11D）
```

与加法类似,减法运算执行时,两个二进制数相减,每位上有 3 个数参与减法运算,即本位的被减数、减数和向高位的借位(借位为 1,否则为 0)。

(3)二进制数的乘法

二进制数乘法过程可仿照十进制数乘法进行。但由于二进制数只有 0 或 1 两种可能的乘数位,导致二进制乘法更为简单。二进制数乘法的法则为:

$$0 \times 0 = 0$$
$$0 \times 1 = 1 \times 0 = 0$$
$$1 \times 1 = 1$$

【例 2-14】二进制数 1001B 和 1010B 相乘的过程如下:

```
被乘数            1  1  0  0 B  …（12D）
乘数   ×）        1  0  1  0 B  …（10D）
─────────────────────────────
部分积            0  0  0  0
               1  1  0  0
            0  0  0  0
         1  1  0  0
─────────────────────────────
乘积     1  1  1  1  0  0  0 B  …（120D）
```

由低位到高位,用乘数的每位去乘被乘数,若乘数的某位为 1,则该次部分积为被乘数;若乘数的某位为 0,则该次部分积为 0。某次部分积的最低位必须和本位乘数对齐,所有部分积相加的结果则为相乘得到的乘积。可以看出,两个二进制数相乘时,实质是进行移位相加。

(4)二进制数的除法

二进制数的除法运算法则也只有 4 条:

$$0 \div 0 = 0$$
$$0 \div 1 = 0$$
$$1 \div 1 = 1$$
$$1 \div 0 （无意义）$$

二进制数除法与十进制数除法类似,可先从被除数的最高位开始,将被除数(或中间余数)与除数相比较,若被除数(或中间余数)大于除数,则用被除数(或中间余数)减去除数,商为 1,并得相减之后的中间余数,否则商为 0。再将被除数的下一位移下补充到中间余数的末位,重复以上过程,就可得到所要求的各位商数和最终的余数。

【例 2-15】二进制数 100110B ÷ 110B 的过程如下:

```
                        1  1  0 B      …… 商（6D）
                    ────────────
除数（6D）…… 110 ╱ 1  0  0  1  1  0 B  …… 被除数（38D）
                    1  1  0
                    ────────
                       1  1  1  0
                       1  1  0
                       ─────────
                          1  0            …… 余数（2D）
```

其实,在计算机内部,二进制的加法是最基本的运算,乘法、除法可以通过加法、减法和移位来实现,而减法实质上是加上一个负数,即通过补码运算将减法转化为了加法运算(见下节介绍),这样就可使计算机的运算结构更加简单,稳定性更好。

**2. 逻辑运算**

逻辑是指条件与结论之间的关系。因此,逻辑运算是指对因果关系进行分析的一种运算,运算结果并不表示数值大小,而是表示逻辑概念,即成立还是不成立。

计算机的逻辑关系是一种二值逻辑,二值逻辑可以用二进制的1或0来表示,例如,1表示"成立""是""真",0表示"不成立""否""假"等。若干位二进制数组成逻辑数据,位与位之间不像加减运算那样有进位或借位的联系,即位与位之间无"权"的内在联系。对两个逻辑数据进行运算时,每位之间相互独立,运算是按位进行的,运算结果仍是逻辑数据。

逻辑运算主要包括3种基本的运算:逻辑乘法(又称"与"运算)、逻辑加法(又称"或"运算)和逻辑否定(又称"非"运算),简称与、或、非运算。其他复杂的逻辑关系均可由这3种基本逻辑运算组合而成。

(1)逻辑与运算(逻辑乘法)

逻辑与所表达的含义是:当做一件事情取决于多种因素时,当且仅当所有因素都满足时才去做,否则就不做,这种逻辑关系称为逻辑与。用来表达逻辑与关系的运算称为与运算,逻辑与运算符常用∧、×或AND表示,逻辑与运算的运算法则如下:

$$0 \wedge 0 = 0$$
$$0 \wedge 1 = 0$$
$$1 \wedge 0 = 0$$
$$1 \wedge 1 = 1$$

不难看出,在逻辑与运算中,只有当参与运算的逻辑值都同时取值为1时,其逻辑与的结果才等于1。如果是两个二进制数进行与运算,它们是按位进行的。

【例2-16】求 10111001 ∧ 11110011 的结果。

```
    1 0 1 1 1 0 0 1
∧   1 1 1 1 0 0 1 1
    _____
    1 0 1 1 0 0 0 1
```

则 10111001 ∧ 11110011 = 10110001。

(2)逻辑或运算(逻辑加法)

逻辑或所表达的含义是:当做一件事情取决于多种因素时,只要其中有一个因素得到满足就去做,这种逻辑关系称为逻辑或。用来表达逻辑或关系的运算称为逻辑或运算,逻辑或运算符常用∨、+或OR表示,逻辑或运算的运算法则如下:

$$0 \vee 0 = 0$$
$$0 \vee 1 = 1$$
$$1 \vee 0 = 1$$
$$1 \vee 1 = 1$$

可以看出,在逻辑或运算中,在参与运算的逻辑值中,只要有一个为1,其逻辑或的结果就为1。如果是两个二进制数进行或运算,它们是按位进行的。

【例2-17】求 10100001 ∨ 10011011 的结果。

```
    1 0 1 0 0 0 0 1
∨   1 0 0 1 1 0 1 1
    _____
    1 0 1 1 1 0 1 1
```

则 10100001 ∨ 10011011 = 10111011。

(3)逻辑非运算(逻辑否定)

逻辑非所表达的含义是:对一件事进行否定,即实现逻辑否定,它进行的是求反运算。非运算符常在逻

辑量上面加一横线表示,其运算规则为:

$$\overline{0} = 1$$
$$\overline{1} = 0$$

如果是对某个二进制数进行逻辑非运算,就是对它的各位按位求反。

【例 2-18】求 $\overline{10111001}$ 的结果。

$$\overline{10111001} = 01000110。$$

### 2.1.4 数据存储单位及存储方式

**1. 数据的存储单位**

(1) 位(bit)

计算机只识别二进制数,即在计算机内部,运算器运算的是二进制数。因此,计算机中数据的最小单位就是二进制的一位数,简称为位,英文名称是 bit,音译为"比特",它是表示信息量的最小单位,只有 0、1 两种二进制状态。

(2) 字节(byte)

由于 bit 太小,一个比特只能表示两种状态(0 或 1),两个比特能表示 4 种状态(00、01、10、11)。而对于人们平时常用的字母、数字和符号,只需要用 8 位二进制进行编码就能将它们区分开。因此,将 8 个二进制位的集合称作"字节",英文名称是 Byte(简写为 B),它是计算机存储和运算的基本单位。通常,一个数字、字母或字符就可以用 1 字节来表示。例如字符 A 就表示成 01000001。由于汉字不像英文那样可以由 26 个字母组合而成,为了区分不同的汉字,每个汉字需要用 2 字节来表示。

除了字节(B)外,计算机常用的存储单位还有千字节(KB)、兆字节(MB)等,它们之间的换算关系如下:

| 1 024 B | = 1 KB | 千字节 | 1 024 EB | = 1 ZB | 泽字节 |
| 1 024 KB | = 1 MB | 兆字节 | 1 024 ZB | = 1 YB | 尧字节 |
| 1 024 MB | = 1 GB | 吉字节 | 1 024 YB | = 1 BB | 珀字节 |
| 1 024 GB | = 1 TB | 太字节 | 1 024 BB | = 1 NB | 诺字节 |
| 1 024 TB | = 1 PB | 拍字节 | 1 024 NB | = 1 DB | 刀字节 |
| 1 024 PB | = 1 EB | 艾字节 | | | |

(3) 字长(word length)

在计算机内部的数据传送过程中,数据通常是按字节的整数倍数传送的,将计算机一次能同时传送数据的位数称为字长。字长是由 CPU 本身的硬件结构所决定的,它与数据总线的数目是对应的。不同的计算机系统内的字长是不同的。计算机中常用的字长有 8 位、16 位、32 位、64 位等。图 2-1 所示为组成计算机字长的位数。

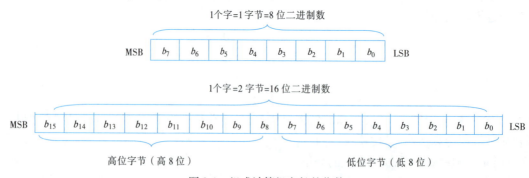

图 2-1 组成计算机字长的位数

一个字长最右边的一位称为最低有效位,最左边的一位称最高有效位。在 8 位字长中,自右而左,依次为 $b_0 \sim b_7$,为 1 字节。在 16 位字长中,自右而左,依次为 $b_0 \sim b_{15}$,为 2 字节,左边 8 位为高位字节,右边 8 位为低位字节。

## 2. 内存地址和数据的存取

在计算机处理数据时,数据是存放在内存储器中的,简称为内存。实际上,内存储器是由许许多多个二进制位的线性排列构成的,为了存取到指定位置的数据,通常将每8位二进制位(即1字节)组成的存储空间称为基本的存储单元,并给每个单元编上一个号码,称为地址(address),图2-2所示为这种内存概念的模型。计算机需要存取数据时,只要指定该数据的地址,即可到对应的存储单元对数据进行存取操作,就像人们在旅馆中根据门牌号码找房间一样。因此,可将内存描述为由若干行组成的一个矩阵,每一行就是一个存储单元(字节)且有一个编号,称为存储单元地址。每行中有8列,每列代表一个存储元件,它可存储1位二进制数("0"或"1")。

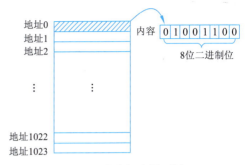

图2-2 内存概念模型图

## 2.2 计算机中的数值数据

### 2.2.1 机器数与真值数

在计算机中,因为只有"0"和"1"两种形式,所以数的正、负号,也必须以"0"和"1"表示。通常把一个数的最高位定义为符号位,用"0"表示正,"1"表示负,称为数符,其余位表示数值。

例如,一个8位二进制数 –0101100,它在计算机中表示为10101100,如图2-3所示。

这种把在机器内存放的正、负号数码化的数称为"机器数",而它代表的数值称为此机器数的"真值"。例如,上面10101100为机器数,而 –0101100 为此机器数的真值。

图2-3 机器数

数值在计算机内采用符号数字化后,计算机就可以识别和表示数符。但若将符号位同时和数值参与运算,由于两操作数符号的问题,有时会产生错误的结果,而要考虑计算结果的符号问题,将增加计算机实现的难度。

例如,(–6)+5 的结果应为 –1,但在计算机中,若按上述机器数的表示方法,符号位与数值同时参与运算,则运算如下:

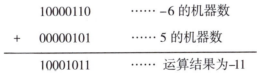

显然,结果是错误的。但是,如果要考虑符号位的处理(确定正数或负数以决定做加或减的操作),则将使运算变得复杂,从而增加计算机实现的难度。为解决此类问题,在计算机中对符号数采用了三种编码方法,即原码、反码和补码,其实质就是对负数表示的不同编码。

### 2.2.2 原码、反码、补码

原码、反码和补码这三种表示方法的符号位都是用 0 表示"正",用 1 表示"负",而数值位,三种表示方法各不相同。为了简便,这里只以整数为例,而且假定字长为 8 位。

#### 1. 原码

整数 $X$ 的原码指其符号位用 0 表示正数、1 表示负数,其数值部分就是 $X$ 绝对值的二进制表示。$X$ 的原码可以用 $[X]_{原}$ 表示。

例如:

$[+1]_{原} = 00000001$      $[+127]_{原} = 01111111$

$[-1]_{原} = 10000001$      $[-127]_{原} = 11111111$

可以看出,8 位原码表示的最大值为 $2^7-1$,即 127,最小值为 –127,即 8 位原码表示的数的范围为 –127 ~ 127。

采用原码表示方法,编码简单,与真值转换方便。但原码也存在如下的问题:

(1) 0 有两种表示形式

在原码表示中,0 有两种表示形式,即

$$[+0]_{原} = 00000000 \qquad [-0]_{原} = 10000000$$

零的二义性,给机器判断带来了麻烦。

(2) 符号需要单独处理

用原码做四则运算时,符号位需要单独处理,增加了运算规则的复杂性。例如,当两个数做加法运算时,如果两数码符号相同,则数值相加,符号不变;如果两数码符号不同,则数值部分实际上是相减的,这时还必须比较两个数哪个绝对值大,才能决定运算结果的符号,所以不便于运算。

原码的不足之处促使人们寻找更好的编码方法。

**2. 反码**

对于整数 $X$,正数的反码就是其原码;负数的反码是将原码中除符号位以外的每一位取反。$X$ 的反码可以用 $[X]_{反}$ 表示。

例如:

$$[+1]_{反} = 00000001 \qquad [+127]_{反} = 01111111$$
$$[-1]_{反} = 11111110 \qquad [-127]_{反} = 10000000$$

反码运算也不方便,因此很少直接使用。一般情况下,反码都是用作求补码的中间码来使用的。

**3. 补码**

在计算机系统中,数值一律用补码来表示和存储。原因在于,使用补码,可以将符号位和数值域统一处理;同时,加法和减法也可以统一处理。此外,补码与原码相互转换,其运算过程是相同的,不需要额外的硬件电路。

(1) 模的概念

模的概念可以帮助理解补数和补码。"模"是指一个计量系统的计数范围,如时钟等。计算机也可以看成一个计量机器,它也有一个计量范围,即都存在一个"模"。例如:

① 时钟的计量范围是 0 ~ 11,模 = 12。

② 表示 $n$ 位的计算机计量范围是 $0 \sim 2^n - 1$,模 $= 2^n$。

"模"实质上是计量器产生"溢出"的量,它的值在计量器上表示不出来,计量器上只能表示出模的余数。任何有模的计量器,均可化减法为加法运算。

例如,假设当前时针指向 10 点,而准确时间是 6 点,调整时间可有以下两种拨法:一种是倒拨 4 小时,即 10 - 4 = 6;另一种是顺拨 8 小时:10 + 8 = 12 + 6 = 6。

在以 12 为模的系统中,加 8 和减 4 效果是一样的,因此凡是减 4 运算,都可以用加 8 来代替。对"模"而言,8 和 4 互为补数。实际上以 12 为模的系统中,11 和 1、10 和 2、9 和 3、7 和 5、6 和 6 都有这个特性。共同的特点是两者相加等于模。

对于计算机,其概念和方法完全一样。$n$ 位计算机,设 $n = 8$,所能表示的最大数是 11111111,若再加 1 成为 100000000(9 位),但因只有 8 位,最高位 1 自然丢失。又回了 00000000,所以 8 位二进制系统的模为 $2^8$。在这样的系统中减法问题也可以化成加法问题,只需把减数用相应的补数表示即可。把补数用到计算机对数的处理上,就是补码。

(2) 补码的表示

正数的补码就是其原码;对于负数补码,其符号位为 1,对数值位取反 +1 即可求得其补码。或者说,负数补码就是其反码 +1。通常用 $[X]_{补}$ 表示补码。

例如:

$$[+1]_{补} = 00000001 \qquad [+127]_{补} = 01111111$$
$$[-1]_{补} = 11111111 \qquad [-127]_{补} = 10000001$$

在补码中,0 有唯一的编码,即

$$[+0]_{补} = 00000000$$
$$[-0]_{补} = [-0]_{反} + 1 = 11111111 + 1 = 00000000$$

因此,可以用多出来的一个编码 10000000 来扩展补码所能表示的数值范围,即将负数最小值从 -127 扩大到 -128。这里的最高位"1"既可以看作是符号位负数,又可以表示为数值位,其值为 -128。这就是补码与原码最小值不同的原因。

(3) 补码转换为原码

已知一个数的补码,求原码的操作其实就是对该补码再求补码。如果补码的符号位为"0",表示是一个正数,其原码就是补码;如果补码的符号位为"1",表示是一个负数,那么求给定的这个补码的补码就是要求的原码。

【例 2-19】已知一个补码为 11111001,求其对应的原码。

因为符号位为"1",表示是一个负数,所以该位不变,仍为"1",其余 7 位 1111001 取反后为 0000110;再加 1,所以是 10000111。

利用补码,可以很方便地进行运算。

【例 2-20】求(-8) + 3 的运算如下:

```
    11111000    ……-8 的补码
+   00000011    ……3 的补码
    ────────
    11111011    ……运算结果(补码)
```

运算结果的补码为 11111011,对其求补码可以得到原码。其符号位为"1",表示是一个负数,所以该位不变,其余 7 位 1111011 取反后为再加 1,即求得最终结果的原码是 10000101,即 -5。

【例 2-21】求(-8) + (-5)的运算如下:

```
    11111000    ……-8 的补码
+   11111011    ……-5 的补码
    ────────
   111110011    …… 运算结果(补码)
```

丢弃高位 1,运算结果的补码为 11110011,按照上面例 2-20 求法,对该补码继续求补码,得到原码为 10001101,即 -13。

由此可见,利用补码可以方便地实现正负数的加法运算,规则简单,在数的有效表示范围内,符号位如同数值一样参加运算,也允许产生最高位的进位(被丢弃),所以使用很广泛。

如果两个数运算的结果超出了该类型可表示的范围(有符号的 8 位二进制位,可表现的最大值是 127),会出现什么问题呢?

【例 2-22】计算 58 + 75 的运算结果。

```
    00111010    ……58 的补码
+   01001011    ……75 的补码
    ────────
    10000101    …… 运算结果(补码)
```

上面例子两个正数相加,从结果的符号位可以看出是一个负数,结果显然是错误的。出现这个错误的原因就是运算的结果超出了该数的有效存放范围(127),这种情况称为"溢出"。

为了避免溢出情况的发生,当要存放一个很大或很小的数时,通常会采用浮点数的形式存放。

### 2.2.3 数的定点和浮点表示

计算机内表示的数,主要有定点小数、整数与浮点数三种类型。

**1. 定点小数的表示法**

定点小数是指小数点准确固定在数据某一个位置上的小数。一般把小数点固定在最高位的左边,小数点前边再设一位符号位。按此规则,任何一个小数都可以写成:

$$N = N_S N_{-1} N_{-2} \cdots N_{-M}$$

式中,$N_S$ 为符号位。

如图 2-4 所示,即在计算机中用 $M+1$ 个二进制位表示一个小数,最高(最左)一个二进制位表示符号(通常用"0"表示正号,"1"表示负号),后面的 $M$ 个二进制位表示该小数的数值。小数点不用明确表示出来,因为它总是定在符号位与最高数值位之间。对用 $M+1$ 个二进制位表示的小数来说,其值的范围为 $|N| \leq 1 - 2^{-M}$。

**2. 整数的表示法**

整数所表示的数据的最小单位为 1,可以认为它是小数点定在数值最低位(最右)右边的一种表示法。整数分为带符号整数和无符号整数两类。对于带符号整数,符号位放在最高位。可以表示为:

$$N = N_S N_{M-1} N_{M-2} \cdots N_2 N_1 N_0$$

式中,$N_S$ 为符号位。

如图 2-5 所示,对于用 $M+1$ 个二进制位表示的带符号整数,其值的范围为 $|N| \leq 2^M$。对于无符号整数,所有的 $M+1$ 个二进制位均看成数值,此时数值表示范围为 $0 \leq N \leq 2^{M+1} - 1$。在计算机中,一般用 8 位、16 位和 32 位等表示数据。一般定点数表示的范围都较小,在数值计算时,大多采用浮点数。

图 2-4 定点小数    图 2-5 整数

**3. 浮点数的表示法**

浮点数表示法对应于科学(指数)计数法,如 110.011 可表示为

$$N = 110.011 = 1.10011 \times 10^{10} = 11001.1 \times 10^{-10} = 0.110011 \times 10^{+11}$$

在计算机中一个浮点数由两部分构成:阶码和尾数。阶码是指数,尾数是纯小数。其存储格式如图 2-6 所示。

阶码只能是一个带符号的整数,它用来指示尾数中的小数点应当向左或向右移动的位数,阶码本身的小数点约定在阶码最右面。尾数表示数值的有效数字,其本身的小数点约定在数

图 2-6 浮点数存储格式

符和尾数之间。在浮点数表示中,数符和阶符都各占一位,阶码的位数随数值表示的范围而定,尾数的位数则依数的精度要求而定。

> **注意:**
> 浮点数的正、负是由尾数的数符确定的,而阶码的正、负只决定小数点的位置,即决定浮点数的绝对值大小。

## 2.3 字符的编码

字符编码(character code)就是规定用怎样的二进制码来表示字母、汉字、数字,以及一些专用符号。

### 2.3.1 ASCII 码

在计算机系统中,有两种重要的字符编码方式:一种是美国国际商业机器公司(IBM)的扩充二进制码 EBCDIC,主要用于 IBM 的大型主机;另一种是微型计算机系统中用得最多最普遍的 ASCII 码(American standard code for information interchange,美国信息交换标准码)。该编码已被国际标准化组织(ISO)接收为国际标准,所以又称为国际 5 号码。因此,ASCII 码是目前国际上比较通用的信息交换码。

ASCII 码有 7 位 ASCII 码和 8 位 ASCII 码两种。7 位 ASCII 码称为基本 ASCII 码,是国际通用的。它包

含 10 个阿拉伯数字、52 个英文大小写字母、32 个字符和运算符,以及 34 个控制码,一共 128 个字符,具体编码见表 2-2。

**表 2-2 标准 ASCII 码字符集**

| 十进制 | 十六进制 | 字符 | 十进制 | 十六进制 | 字符 | 十进制 | 十六进制 | 字符 | 十进制 | 十六进制 | 字符 |
| --- | --- | --- | --- | --- | --- | --- | --- | --- | --- | --- | --- |
| 0 | 00 | NUL | 32 | 20 | SP | 64 | 40 | @ | 96 | 60 | ` |
| 1 | 01 | SOH | 33 | 21 | ! | 65 | 41 | A | 97 | 61 | a |
| 2 | 02 | STX | 34 | 22 | " | 66 | 42 | B | 98 | 62 | b |
| 3 | 03 | ETX | 35 | 23 | # | 67 | 43 | C | 99 | 63 | c |
| 4 | 04 | EOT | 36 | 24 | $ | 68 | 44 | D | 100 | 64 | d |
| 5 | 05 | ENQ | 37 | 25 | % | 69 | 45 | E | 101 | 65 | e |
| 6 | 06 | ACK | 38 | 26 | & | 70 | 46 | F | 102 | 66 | f |
| 7 | 07 | BEL | 39 | 27 | ' | 71 | 47 | G | 103 | 67 | g |
| 8 | 08 | BS | 40 | 28 | ( | 72 | 48 | H | 104 | 68 | h |
| 9 | 09 | HT | 41 | 29 | ) | 73 | 49 | I | 105 | 69 | i |
| 10 | 0A | LF | 42 | 2A | * | 74 | 4A | J | 106 | 6A | j |
| 11 | 0B | VT | 43 | 2B | + | 75 | 4B | K | 107 | 6B | k |
| 12 | 0C | FF | 44 | 2C | , | 76 | 4C | L | 108 | 6C | l |
| 13 | 0D | CR | 45 | 2D | - | 77 | 4D | M | 109 | 6D | m |
| 14 | 0E | SO | 46 | 2E | . | 78 | 4E | N | 110 | 6E | n |
| 15 | 0F | SI | 47 | 2F | / | 79 | 4F | O | 111 | 6F | o |
| 16 | 10 | DLE | 48 | 30 | 0 | 80 | 50 | P | 112 | 70 | p |
| 17 | 11 | DC1 | 49 | 31 | 1 | 81 | 51 | Q | 113 | 71 | q |
| 18 | 12 | DC2 | 50 | 32 | 2 | 82 | 52 | R | 114 | 72 | r |
| 19 | 13 | DC3 | 51 | 33 | 3 | 83 | 53 | S | 115 | 73 | s |
| 20 | 14 | DC4 | 52 | 34 | 4 | 84 | 54 | T | 116 | 74 | t |
| 21 | 15 | NAK | 53 | 35 | 5 | 85 | 55 | U | 117 | 75 | u |
| 22 | 16 | SYN | 54 | 36 | 6 | 86 | 56 | V | 118 | 76 | v |
| 23 | 17 | ETB | 55 | 37 | 7 | 87 | 57 | W | 119 | 77 | w |
| 24 | 18 | CAN | 56 | 38 | 8 | 88 | 58 | X | 120 | 78 | x |
| 25 | 19 | EM | 57 | 39 | 9 | 89 | 59 | Y | 121 | 79 | y |
| 26 | 1A | SUB | 58 | 3A | : | 90 | 5A | Z | 122 | 7A | z |
| 27 | 1B | ESC | 59 | 3B | ; | 91 | 5B | [ | 123 | 7B | { |
| 28 | 1C | FS | 60 | 3C | < | 92 | 5C | \ | 124 | 7C | \| |
| 29 | 1D | GS | 61 | 3D | = | 93 | 5D | ] | 125 | 7D | } |
| 30 | 1E | RS | 62 | 3E | > | 94 | 5E | ^ | 126 | 7E | ~ |
| 31 | 1F | US | 63 | 3F | ? | 95 | 5F | _ | 127 | 7F | DEL |

其中:NUL——空白　　　　SOH——序始　　　　STX——文始　　　　ETX——文终　　　　EOT——传输结束　　ENQ——询问
　　　ACK——应答　　　　BEL——告警　　　　BS——退格　　　　HT——横表　　　　LF——换行　　　　VT——垂直定位符
　　　FF——换页　　　　CR——回车　　　　SO——移出　　　　SI——移入　　　　SP——空格　　　　DLE——转义
　　　DC1——设备控制 1　DC2——设备控制 2　DC3——设备控制 3　DC4——设备控制 4　NAK——否认　　　SYN——同步
　　　ETB——信息组传送结束　CAN——作废　　EM——连接介质中断　SUB——减　　　　ESC——跳出　　　FS——文件分隔符
　　　GS——组分隔符　　　RS——记录分隔符　US——单元分隔符　DEL——删除

当微型机采用 7 位 ASCII 码作机内码时,每个字节的 8 位只占用了 7 位,而把最左边的那 1 位(最高位)置 0。

要注意的是,十进制数字字符的 ASCII 码与二进制值是有区别的。例如,十进制数值 3 的 7 位二进制数为$(0000011)_2$,而十进制数字字符"3"的 ASCII 码为$(0110011)_2$。很明显,它们在计算机中的表示是不一样的。数值 3 能表示数的大小,并且可以参与数值运算;而数字字符"3"只是一个符号,它不能参与数值运算。

8 位 ASCII 码称为扩充 ASCII 码。由于 128 个字符不够,就把原来的 7 位码扩展成 8 位码,因此它可以表示 256 个字符,前面的 ASCII 码部分不变,在编码的 128~255 范围内,增加了一些字符,比如一些法语字母。

### 2.3.2 Unicode 编码

扩展的 ASCII 码所提供的 256 个字符,用来表示世界各地的文字编码还显得不够,还需要表示更多的字符和意义,因此又出现了 Unicode 编码。

Unicode 是计算机科学领域里的一项业界标准,包括字符集、编码方案等。Unicode 是为了解决传统的字符编码方案的局限而产生的,它为每种语言中的每个字符设置了统一并且唯一的二进制编码,以满足跨语言、跨平台进行文本转换、处理的要求。

Unicode 是一种 16 位的编码,能够表示 65 000 多个字符或符号。目前,世界上的各种语言一般所使用的字母或符号都在 3 400 个左右,所以 Unicode 编码可以用于任何一种语言。Unicode 编码与现在流行的 ASCII 码完全兼容,二者的前 256 个符号是一样的。目前,Unicode 编码已经在许多系统或办公软件中使用。

### 2.3.3 BCD 码

BCD(binary coded decimal)码是二进制编码的十进制数,有 4 位 BCD 码、6 位 BCD 码和扩展 BCD 码三种。

**1. 8421 BCD 码**

8421 BCD 码是用 4 位二进制数表示一个十进制数字,4 位二进制数从左到右其位权依次为 8、4、2、1,它只能表示十进制数的 0~9 十个字符。为了能对一个多位十进制数进行编码,需要有与十进制数的位数一样多的 4 位组。

**2. 扩展 BCD 码**

由于 8421 BCD 码只能表示 10 个十进制数,所以在原来 4 位 BCD 码的基础上又产生了 6 位 BCD 码。它能表示 64 个字符,其中包括 10 个十进制数、26 个英文字母和 28 个特殊字符。但在某些场合,还需要区分英文字母的大小写,这就提出了扩展 BCD 码,它是由 8 位组成的,可表示 256 个符号,其名称为 Extended Binary Coded Decimal Interchange Code,缩写为 EBCDIC。EBCDIC 码是常用的编码之一,IBM 及 UNIVAC 计算机均采用这种编码。

### 2.3.4 汉字的编码

ACSII 码只对英文字母、数字和标点符号进行编码。为了在计算机内表示汉字,用计算机处理汉字,同样也需要对汉字进行编码。计算机对汉字信息的处理过程实际上是各种汉字编码间的转换过程。这些编码主要包括:汉字输入码、汉字内码、汉字字形码、汉字地址码及汉字信息交换码等。下面分别对各种汉字编码进行介绍。

**1. 汉字信息交换码**

汉字信息交换码是用于汉字信息处理系统之间或汉字信息处理系统与通信系统之间进行信息交换的汉字代码,简称交换码,又称国标码。它是为了使系统、设备之间信息交换时能够采用统一的形式而制定的。

我国 1981 年颁布了国家标准 GB 2312—1980(《信息交换用汉字编码字符集 基本集》),即国标码。了解国标码的下列概念,对使用和研究汉字信息处理系统十分有益。

(1) 常用汉字及其分级

国标码规定了进行一般汉字信息处理时所用的 7 445 个字符编码,其中 682 个非汉字图形符号(如序号、数字、罗马数字、英文字母、日文假名、俄文字母、汉语注音等)和 6 763 个汉字的代码。汉字代码中又有一级常用汉字 3 755 个,二级次常用汉字 3 008 个。一级常用汉字按汉语拼音字母顺序排列,二级次常用汉字按偏旁部首排列,部首按笔画多少排序。

(2) 两个字节存储一个国标码

由于一个字节只能表示 $2^8$(256)种编码,显然用一个字节不可能表示汉字的国标码,所以一个国标码必须用两个字节来表示。

(3) 国标码的编码范围

为了中英文兼容,GB 2312—1980 规定,国标码中所有字符(包括符号和汉字)的每个字节的编码范围与 ASCII 码表中的 94 个字符编码相一致,所以其编码范围是 2121H ~ 7E7EH(共可表示 94×94 个字符)。

(4) 国标码是区位码

类似于 ASCII 码表,国标码也有一张国标码表。简单地说,把 7 445 个国标码放置在一个 94 行×94 列的阵列中。阵列的每一行称为一个汉字的"区",用区号表示;每一列称为一个汉字的"位",用位号表示。显然,区号范围是 1 ~ 94,位号范围也是 1 ~ 94。这样,一个汉字在表中的位置可用它所在的区号与位号来确定。一个汉字的区号与位号的组合就是该汉字的"区位码"。区位码的形式是高两位为区号,低两位为位号。例如"中"字的区位码是 5448,即 54 区 48 位。区位码与每个汉字之间具有一一对应的关系。国标码在区位码表中的安排是:1 ~ 15 区是非汉字图形符区;16 ~ 55 区是一级常用汉字区;56 ~ 87 区是二级次常用汉字区;88 ~ 94 区是保留区,可用来存储自造字代码。实际上,区位码也是一种输入法,其最大优点是一字一码的无重码输入法,最大的缺点是难以记忆。

**2. 汉字输入码**

为将汉字输入计算机而编制的代码称为汉字输入码,又称外码。

目前,汉字主要是经标准键盘输入计算机的,所以汉字输入码都是由键盘上的字符或数字组合而成。例如,用全拼输入法输入"中"字,就要输入字符串 zhong(然后选字)。汉字输入码是根据汉字的发音或字形结构等多种属性及有关规则编制的,目前流行的汉字输入码的编码方案已有许多,如全拼输入法、双拼输入法、自然码输入法、五笔输入法等,可分为音码、形码、音形结合码三大类。全拼输入法和双拼输入法是根据汉字的发音进行编码的,称为音码;五笔输入法是根据汉字的字形结构进行编码的,称为形码;自然码输入法是以拼音为主,辅以字形字义进行编码的,称为音形结合码。

可以想象,对于同一个汉字,不同的输入法有不同的输入码。例如,"中"字的全拼输入码是 zhong,其双拼输入码是 vs,而五笔输入码是 kh。不管采用何种输入方法,输入的汉字都会转换成对应的机内码并存储在介质中。

**3. 汉字内码**

汉字内码是为在计算机内部对汉字进行存储、处理而设置的汉字编码,它应能满足在计算机内部存储、处理和传输的要求。当一个汉字输入计算机后就转换为内码,然后才能在机器内传输和处理。汉字内码的形式也是多种多样的,目前对应于国标码,一个汉字的内码也用两个字节存储,并把每个字节的最高二进制位置"1"作为汉字内码的标识,以免与单字节的 ASCII 码混淆产生歧义。也就是说,国标码的两个字节每个字节最高位置"1",即转换为内码。

**4. 汉字字形码**

目前,汉字信息处理系统中产生汉字字形的方式,大多以点阵的方式形成汉字,汉字字形码也就是指确定一个汉字字形点阵的编码,也叫字模或汉字输出码。

汉字是方块字,将方块等分成有 $n$ 行 $n$ 列的格子,简称为点阵。凡笔画所到的格子点为黑点,用二进制数"1"表示,否则为白点,用二进制数"0"表示。这样,一个汉字的字形就可用一串二进制数表示。例如,16×16 汉字点阵有 256 个点,需要 256 位二进制位来表示一个汉字的字形码。这样就形成了汉字字形码,即汉字点阵的二进制数字化。图 2-7 所示为"中"字的 16×16 点阵字形示意图。

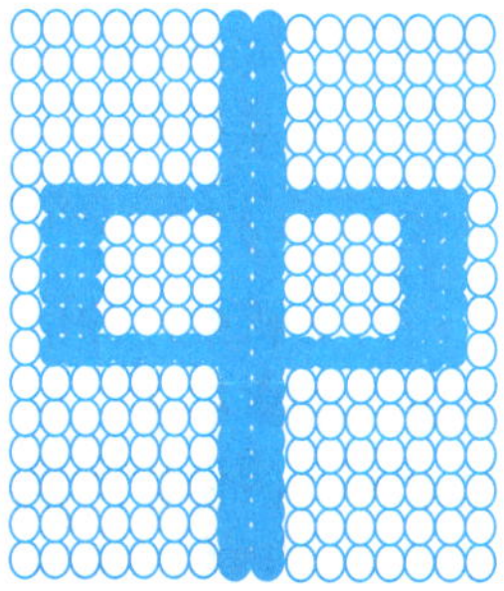

图 2-7 "中"字的 16×16 点阵字形示意图

在计算机中,8个二进制位组成一个字节,它是对存储空间编址的基本单位。可见一个16×16点阵的字形码需要16×16/8=32 B存储空间;同理,24×24点阵的字形码需要24×24/8=72 B存储空间;32×32点阵的字形码需要32×32/8=128 B存储空间。例如,用16×16点阵的字形码存储"中国"两个汉字,需占用2×16×16/8=64 B的存储空间。

显然,点阵中行、列数划分越多,字形的质量越好,锯齿现象也就越小,但存储汉字字形码所占用的存储空间也就越大。

汉字的点阵字形在汉字输出时要经常使用,所以要把各个汉字的字形码固定地存储起来。存放各个汉字字形码的实体称为汉字库。为满足不同需要,还出现了各种各样的字库,如宋体字库、仿宋体字库、楷体字库、黑体字库和繁体字库等。

汉字的点阵字形的缺点是放大后会出现锯齿现象,很不美观。中文Windows中广泛采用了TrueType类型的字形码,它采用了数学方法来描述一个汉字的字形码,可以实现无限放大而不产生锯齿现象。

**5. 汉字地址码**

汉字地址码是指汉字库(这里主要指字形的点阵式字模库)中存储汉字字形信息的逻辑地址码。汉字库中,字形信息都是按一定顺序(大多数按国标码中汉字的排列顺序)连续存放在存储介质中,所以汉字地址码也大多是连续有序的,而且与汉字内码间有着简单的对应关系,以简化汉字内码到汉字地址码的转换。

**6. 各种汉字代码之间的关系**

汉字的输入、处理和输出的过程,实际上是汉字的各种编码之间的转换过程,或者汉字编码在系统有关部件之间传输的过程。图2-8所示为这些代码在汉字信息处理系统中的位置及它们之间的关系。

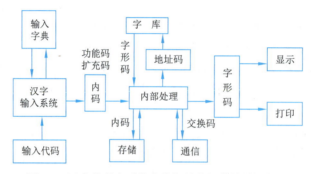

图2-8 汉字编码在系统有关部件之间传输的过程图

汉字输入码向内码的转换,是通过使用输入字典(或称索引表,即外码与内码的对照表)实现的。一般的系统具有多种输入方法,每种输入方法都有各自的索引表。

在计算机的内部处理过程中,汉字信息的存储和各种必要的加工以及向磁盘存储汉字信息,都是以汉字内码形式进行的。

汉字通信过程中,处理器将汉字内码转换为适合于通信用的交换码(国标码)以实现通信处理。

在汉字的显示和打印输出过程中,处理器根据汉字内码计算出汉字地址码,按地址码从字库中取出汉字字形码,实现汉字的显示或打印输出。

## 2.4 多媒体数据的编码

计算机处理的信息除了符号、数字外,还要处理诸如声音、图像这样的多媒体信息。为了在计算机内表示并处理多媒体信息,同样也需要对多媒体信息进行编码。计算机多媒体信息的处理过程实际上是将声音、图形、图像这些连续变化的模拟量数字化的过程。

### 2.4.1 声音的编码

**1. 声音的基本知识**

声音是人耳所感觉到的"弹性"介质中的振动,是压力迅速而微小的起伏变化。"声"产生于物体的振动,振动的传播形成"音"。从技术上来说,声音是物理能量(如拍手)到空气压力扰动的转换。空气压力中的这种改变通过空气以一连串振动(声波)的形式传播。声音振动也可以通过其他介质传播,如墙壁或地板。一般的声音(包括音乐、声响等)振动以周期形式传播,就是说声音具有波形。用一些播放软件播放声音文件,可以看到声音的波形,如图2-9所示。

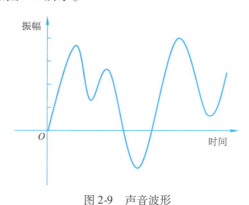

图2-9　声音波形

可以看出模拟声音的信号是个连续量,由许多具有不同振幅和频率的正弦波组成。模拟声音的主要参数是振幅和频率:

① 振幅:声音波形的振幅表示声音的大小(音量),振幅越大,声音就越响,反之声音就越轻。

② 频率:声音频率的高低表示声音音调的高低(平时称为高音、低音),两波峰之间的距离越近,声音越尖锐(高音),反之声音越低沉(低音)。

声音是模拟信号,要用计算机处理,需要将模拟信号转换成数字信号,这一转换过程称为模拟音频的数字化,模拟音频信号数字化过程涉及音频的采样、量化和编码。

**2. 声音的数字化**

(1)采样

为将模拟信号转换成数字信号(模/数转换,A/D转换),需要把模拟音频信号波形进行分割,这种方法称为采样。采样的过程是每隔一个时间间隔在模拟声音的波形上取一个幅度值,把时间上的连续信号变成时间上的离散信号。该时间间隔称为采样周期,其倒数为采样频率。采样频率是指计算机每秒采集多少个声音样本。显然采样频率越高,所得到的离散幅值的数据点就越逼近于连续的模拟音频信号曲线,但同时采样的数据量也越大。采样过程如图2-10所示。

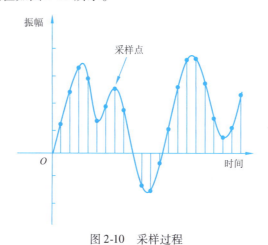

图2-10　采样过程

采样频率与声音频率之间有一定的关系,根据奈奎斯特(Nyquist)理论,只有采样频率高于声音信号最高频率的两倍时,才能把数字信号表示的声音还原成为原来的声音。

常用的音频采样率有:8 kHz、11.025 kHz、22.05 kHz、16 kHz、37.8 kHz、44.1 kHz、48 kHz。例如,话音信

号频率在 0.3~3.4 kHz 范围内,用 8 kHz 的采样频率,就可获得能取代原来连续话音信号的采样信号,而一般 CD 采集采样频率为 44.1 kHz。

(2) 量化

采样只解决了音频波形信号在时间坐标(即横轴)上把一个波形切成若干个等分的数字化问题,但是还需要用某种数字化的方法来反映某一瞬间声波幅度的电压值大小。该值的大小影响音量的高低。通常把对声波波形幅度的数字化表示称为"量化"。量化的过程是先将采样后的信号按整个声波的幅度划分成有限个区段的集合,把落入某个区段内的样值归为一类,并赋予相同的量化值。简单地说,量化就是把采样得到的声音信号幅度转换成数字值,用于表示信号强度。量化过程如图 2-11 所示。

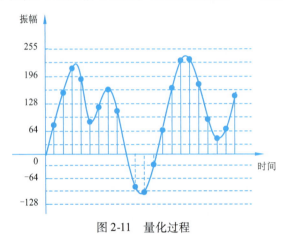

图 2-11 量化过程

用多少个二进制位来表示每一个采样值,称为量化位数(也称量化精度)。声音信号的量化位数一般是 8 位、16 位或 32 位。在相同的采样频率下,量化位数越大,采样精度越高,声音的质量也越好,信息的存储量也相应越大。

(3) 编码

编码是将采样和量化后的数字数据以一定的格式记录下来。编码的方式有很多,常用的编码方式是脉冲编码调制(pulse code modulation,PCM),其主要优点是抗干扰能力强、失真小、传输特性稳定,但编码后的数据量比较大。因此,为了降低传输或存储的费用,有时还必须对数字音频信号进行编码压缩。

通过采样、量化及编码,即可将模拟音频信号转化为数字信号。图 2-12 所示为模拟音频信号的数字化过程。

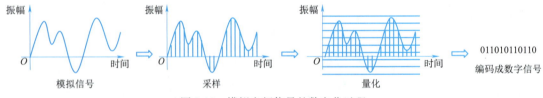

图 2-12 模拟音频信号的数字化过程

(4) 有损和无损

根据前面对采样和量化的介绍可以得知,相对自然界的信号,音频编码最多只能做到无限接近;相对自然界的信号,任何数字音频编码方案都是有损的,因而无法完全还原。在计算机应用中,能够达到最高保真水平的就是 PCM 编码,被广泛用于素材保存及音乐欣赏,在 CD、DVD 以及人们常见的 WAV 文件中均有应用。因此,PCM 约定俗成为无损编码,它代表了数字音频中最佳的保真水准。当然,这并不意味着 PCM 就能够确保信号绝对保真,它只能做到最大限度地无限接近。而人们习惯性地把 MP3 列入有损音频编码范畴,是相对 PCM 编码的。

(5) 音频压缩技术

采用 PCM 编码后的数据量是比较大的,比如存储一秒采样频率为 44.1 kHz,量化精度为 16 位,双声道的 PCM 编码的音频信号,需要 176.4 KB 的空间,1 分钟则约为 10.34 MB。这对大部分用户是不能接受的,尤其是喜欢在计算机上听音乐的用户,要降低磁盘占用,只有两种方法:降低采样指标或者进行压缩。降低采样指标是不可取的,因此专家们研发了各种压缩方案。由于用途和针对的目标市场不一样,各种音频压缩编码所达到的音质和压缩比都不一样。

> **说明:**
> 采样和量化的过程可由 A/D(模/数)转换器实现。A/D 转换器以固定的频率去采样,即每个周期测量和量化信号一次。经采样和量化后,声音信号经过编码就成为数字音频信号,可以将其以文件形式保存在计算机的存储介质中,这样的文件一般称为数字声波文件。需要将数字音频输出时,还要通过 D/A(数/模)转换,将数字信号转换成原始的模拟信号。

### 2.4.2 图形和图像的编码

**1. 计算机图形图像的基本概念**

数字图形与数字图像是数字媒体中常用的两个基本概念。计算机图形主要指可用于计算机处理的,以数字的形式记录的数字化图形。计算机产生的图像是数字化的图像,简单地说,数字图像是用数字或数学公式来描述的图像,它与传统图像有很大的不同。传统图像是用色彩来描述的,而色彩本身没有任何数字概念。传统电视屏幕上所见的图像,是模拟图像,它是用电频来描述的。计算机显示屏上的图像,是数字图像,它是使用数学算法将二维或三维图形转化为计算机显示器的栅格形式的图形。它不仅包含着诸如形、色、明暗等外在的信息显示属性,而且从产生、处理、传输、显示的过程看,还包含着诸如颜色模型、分辨率、像素深度、文件大小、真/伪彩色等计算机技术的内在属性。在数字媒体中,图形与图像主要是指静态的数字媒体形式,根据计算机对图像的处理原理以及应用软件和使用环境的不同,静态数字图像可以分为矢量图(形)和点阵图(像)两种类型。认识它们的特色和差异,有助于创建、输入、输出、编辑和应用数字图像。

(1)图形

计算图形通常指由外部轮廓线条构成的矢量图,它用一系列指令集合来描述图形的内容,如点、直线、曲线、圆、矩形等。一幅矢量图由线框形成的外框轮廓、外框轮廓的颜色,以及外框所封闭的颜色所决定。矢量图通常用画图程序编辑,可对矢量图形及图元独立进行移动、缩放、旋转和扭曲等变换操作。由于矢量图可以通过公式计算获得,所以矢量图文件体积一般较小,不会因图形尺寸大而占据较大的存储空间;同时,矢量图与分辨率无关,进行放大、缩小或旋转操作时图形不会失真,图形的大小和分辨率都不会影响打印清晰度。因此,矢量图形尤其适用于描述轮廓不是很复杂、色彩不是很丰富的对象,如文字、几何图形、工程图纸、图案等。

(2)图像

计算机图像通常指由像素构成的点阵图,也称位图或栅格图。点阵图与矢量图不同,它是用扫描仪、数码照相机等输入设备捕捉实际的画面或由图像处理软件绘制的数字图像。点阵图把一幅图像分成许多像素,每个像素用若干个二进制位来指定该像素的颜色、亮度和属性,因此一幅点阵图由众多描述每个像素的数据组成,在表现复杂的图像细节和丰富的色彩方面有着明显的优势,适合用于表现照片、绘画等具有复杂色彩的图像。由于一幅点阵图包含着固定数量的像素,因此它的精度和分辨率有关,分辨率越高即单位面积上的像素点越多,图像就越清晰,但同时该图像文件也就越大。当在屏幕上以较大的倍数显示,或以过低的分辨率打印时,点阵图会出现锯齿边缘或损失细节。另外,与矢量图相比,点阵图文件占用的存储空间比较大,计算机在处理过程中相对会慢一些。

从本质上讲,数字图形和图像虽有区别,但并不是本质区别,只是从图像显示内容类别的角度加以区分,与内容形式有直接关系。一般来说,图像所表现的显示内容是自然界的真实景物,或利用计算机技术绘制出的带有光照、阴影等特性的自然界景物。而图形实际上是对图像的抽象,组成图形的画面元素主要是点、线、面或简单文本图形等。

**2. 图像的数字化**

要在计算机中处理图像,必须先把真实的图像(照片、画报、图书、图纸等)通过数字化转变成计算机能够接受的显示和存储格式,然后再用计算机进行分析处理。图像的数字化过程主要分采样、量化与压缩编码三个步骤。

(1) 采样

采样的实质就是要用多少点来描述一幅图像,采样结果质量的高低就是用前面所说的图像分辨率来衡量的。简单来讲,将二维空间上连续的图像在水平和垂直方向上等间距地分割成矩形网状结构,所形成的微小方格称为像素点。一幅图像可被采样成有限个像素点构成的集合,例如,一幅 640×480 像素分辨率的图像,表示这幅图像是由 640×480 = 307 200 个像素点组成的。

采样频率是指一秒内采样的次数,它反映了采样点之间的间隔大小。采样频率越高,得到的图像样本越逼真,图像的质量越高,但要求的存储量也越大。

在进行采样时,采样点间隔大小的选取很重要,它决定了采样后的图像能真实地反映原图像的程度。一般来说,原图像中的画面越复杂,色彩越丰富,则采样间隔应越小。

(2) 量化

量化则是在图像离散化后,将表示图像色彩浓淡的连续变化值离散化为整数值的过程。量化需要确定使用多大范围的数值来表示图像采样之后的每一个点,其结果是图像能够容纳的颜色总数,它反映了采样的质量。例如,如果以 4 位存储一个点,就表示图像只能有 16 种颜色;若采用 16 位存储一个点,则有 $2^{16}$ = 65 536 种颜色。所以,量化位数越大,表示图像可以拥有的颜色越多,自然可以产生更为细致的图像效果。但是,也会占用更大的存储空间。两者的基本问题都是视觉效果和存储空间的取舍。

把量化时所确定的整数值取值个数称为量化级数,表示量化的色彩值(或亮度)所需的二进制位数称为量化字长。一般可用 8 位、16 位、24 位、32 位等来表示图像的颜色,24 位可以表示 $2^{24}$ = 16 777 216 种颜色,称为真彩色。

在多媒体计算机中,图像的色彩值称为图像的颜色深度。有多种表示色彩的方式:

① 黑白图:图像的颜色深度为 1,则用一个二进制位 1 和 0 表示纯白、纯黑两种情况。

② 灰度图:图像的颜色深度为 8,占用 1 字节,灰度级别为 256 级。通过调整黑白两色的程度(称为颜色灰度)来有效地显示单色图像。

③ RGB:24 位真彩色图像显示时,由红、绿、蓝三基色通过不同的强度混合而成,当强度分级成 256 级(值为 0~255),占 24 位,就构成了 $2^{24}$ = 16 777 216 种颜色的"真彩色"图像。

(3) 压缩编码

数字化后得到的图像数据量十分巨大,必须采用编码技术来压缩其信息量。在一定意义上讲,编码压缩技术是实现图像传输与存储的关键,已有许多成熟的编码算法应用于图像压缩。常见的有图像的预测编码、变换编码、分形编码、小波变换图像压缩编码等。

当需要对所传输或存储的图像信息进行高比率压缩时,必须采取复杂的图像编码技术。但是,如果没有一个共同的标准做基础,不同系统间不能兼容,除非每一种编码方法的各个细节完全相同,否则各系统间的连接十分困难。

为了使图像压缩标准化,20 世纪 90 年代后,国际电信联盟(ITU)、国际标准化组织(ISO)和国际电工委员会(IEC)已经制定并继续制定一系列静止和活动图像编码的国际标准,已批准的标准主要有 JPEG 标准、MPEG 标准、H.261 等。

# 第 3 章 计算机系统

计算机系统由硬件(hardware)系统和软件(software)系统两大部分组成。本章分别介绍组成计算机系统的硬件系统和软件系统,以及微型计算机硬件系统,使读者从整体上了解计算机系统的组成和一般工作原理,以及微型计算机硬件系统的各组成部件的有关知识。

**学习目标**

- 了解计算机的基本结构及硬件组成,理解计算机的工作原理。
- 了解微型计算机硬件系统的各组成部分及常用的微型计算机外围设备。
- 掌握计算机软件系统的分类,了解常用的系统软件与应用软件。

## 3.1 计算机系统构成

一个完整的计算机系统由硬件系统和软件系统两大部分组成,它们是计算机系统中相互依存、相互联系的组成部分。硬件系统指组成计算机的物理装置,是由各种有形的物理器件组成的,是计算机进行工作的物质基础。软件系统指运行在硬件系统之上的并且是管理、控制和维护计算机及外围设备(简称外设)的各种程序、数据,以及相关资料的总称。

通常,把不装备任何软件的计算机称为裸机,执行不了任何任务。普通用户所面对的一般都是在裸机之上配置若干软件之后所构成的计算机系统。计算机硬件是支撑软件工作的基础,没有足够的硬件支持,软件就无法正常工作。硬件的性能决定了软件的运行速度、显示效果等,而软件则决定了计算机可进行的工作种类。只有将这两者有效地结合起来,才能成为计算机系统。计算机系统的组成如图 3-1 所示。

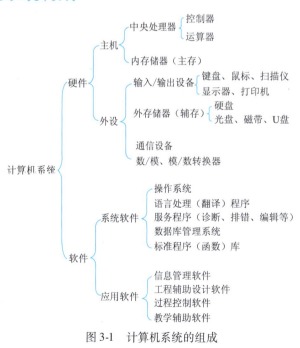

图 3-1 计算机系统的组成

## 3.2 计算机硬件系统

硬件是指肉眼看得见的机器部件,它就像是计算机的"躯体",是计算机工作的物质基础。不同种类计算机的硬件组成各不相同,但无论什么类型的计算机,都可以将其硬件划分为功能相近的几大部分。

### 3.2.1 计算机硬件的组成

根据冯·诺依曼设计思想,计算机硬件由运算器、存储器、控制器、输入设备和输出设备五个基本部件组成,如图3-2所示。图中空心的箭头代表数据信号流向,实心的单线箭头代表控制信号流向。从图中可以看出,由输入设备输入数据,运算器处理数据,在存储器中存取有用的数据,在输出设备中输出运算结果,整个运算过程由控制器进行控制协调。这种结构的计算机称为冯·诺依曼结构计算机。自计算机诞生以来,虽然计算机系统从性能指标、运算速度、工作方式和应用领域等方面都发生了巨大的变化,但其基本结构仍然延续着冯·诺依曼的计算机体系结构。

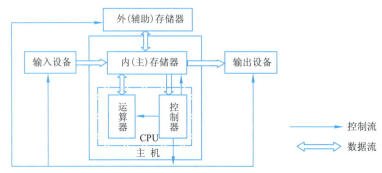

图 3-2 五个基本功能部件的相互关系

**1. 输入设备**

输入设备的主要作用是把准备好的数据、程序等信息转变为计算机能接收的电信号送入到计算机中。例如,用键盘输入信息时,按每个键位都能产生相应的电信号送入计算机;又如,模/数转换器,把控制现场采集到的温度、压力、流量、电压、电流等模拟量转换成计算机能接收的数字量,然后再传入计算机。目前,常用的输入设备有键盘、鼠标、扫描仪等。

**2. 输出设备**

输出设备的主要功能是把计算机处理后的数据、计算结果或工作过程等内部信息转换成人们习惯接受的信息形式(如字符、曲线、图像、表格、声音等)或能为其他机器所接受的形式输出。例如,在纸上打印出印刷符号或在屏幕上显示字符、图形等。常见的输出设备有显示器、打印机、绘图仪等,它们分别能把信息直观地显示在屏幕上或打印出来。

**3. 存储器**

存储器(memory unit)是计算机的记忆装置,其基本功能是存储二进制形式的数据和程序,所以存储器应该具备存数和取数功能。存数是指往存储器中"写入"数据;取数则是指从存储器中"读出"数据。对存储单元进行存入操作时,即将一个数存入或写入一个存储单元时,先删去其原来存储的内容,再写入新数据;从存储单元中读取数据时,其内容保持不变。读/写操作统称为对存储器的访问。

衡量一个存储器的指标通常有存储容量、存取周期。其中,存储容量是指存储器能够存储信息的总字节数,其基本单位是B(字节)。此外,常用的存储容量单位还有KB(千字节)、MB(兆字节)、GB(吉字节)和TB(太字节)等;而存取周期则是存储器的存取时间,即从启动一次存储器操作到完成该操作所经历的时间。一般是从发出读信号开始,到发出通知中央处理器(central processing unit,CPU)读出数据已经可用的信号为止的时间,存取周期愈短愈好。

(1)内存储器

内存储器可以与CPU直接进行信息交换,用于存放当前CPU要用的数据和程序,存取速度快、价格高、存储容量较小。内存储器又分为随机存储器(random access memory,RAM)和只读存储器(read only memory,ROM)两类。

①随机存储器(RAM):也叫随机存取存储器。目前,所有的计算机大都使用半导体RAM。半导体存储器是一种集成电路,其中有成千上万的存储元件。依据存储元件结构的不同,RAM又可分为静态RAM(Static RAM,SRAM)和动态RAM(dynamic RAM,DRAM)。静态RAM集成度低、价格高,但存取速度快,常

用作高速缓冲存储器(cache)。动态 RAM 集成度高、价格低,但存取速度慢,常做主存使用。

RAM 存储当前 CPU 使用的程序、数据、中间结果和与外存交换的数据,CPU 根据需要可以直接读/写 RAM 中的内容。RAM 有两个主要特点:一是其中的信息随时可以读出或写入;二是加电使用时其中的信息会完好无缺,但是一旦断电(关机或意外断电),RAM 中存储的数据就会消失,而且无法恢复。

② 只读存储器(ROM):顾名思义,对只读存储器只能进行读出操作而不能进行写入操作。ROM 中的信息是在制造时用专门设备一次写入的。只读存储器常用来存放固定不变、重复执行的程序,如各种专用设备的控制程序等。ROM 中存储的内容是永久性的,即使关机或断电也不会消失。

(2) 外存储器

外存储器用来存放要长期保存的程序和数据,属于永久性存储器,需要时应先调入内存。相对于内存而言,外存的容量大、价格低,但存取速度慢,它连在主机之外,故称为外存。常用的外存储器有硬盘、光盘、磁带、移动硬盘、U 盘等。

**4. 运算器**

运算器(arithmetic unit)是计算机的核心部件,是对信息进行加工和处理的部件,其速度几乎决定了计算机的计算速度。它的主要功能是对二进制数码进行算术运算或逻辑运算,所以也称其为算术逻辑部件(ALU)。参加运算的数(称为操作数)全部是在控制器的统一指挥下从内存储器中取到运算器里,绝大多数运算任务都由运算器完成。

由于在计算机内,各种运算均可归结为相加和移位这两个基本操作,所以运算器的核心是加法器(adder)。为了能将操作数暂时存放,能将每次运算的中间结果暂时保留,运算器还需要若干个寄存数据的寄存器(register)。若一个寄存器既保存本次运算的结果,又参与下次的运算,它的内容就是多次累加的和,这样的寄存器叫作累加器(accumulator,AL)。

运算器主要由一个加法器、若干个寄存器和一些控制线路组成。

**5. 控制器**

控制器(control unit)是指挥和协调计算机各部件有条不紊工作的核心部件,它控制计算机的全部动作。控制器主要由指令寄存器、译码器、时序节拍发生器、操作控制部件和指令计数器等组成。它的基本功能就是从存储器中读取指令、分析指令、确定指令类型,并对指令进行译码,产生控制信号控制各个部件完成各种操作。

它们的功能如下:

① 指令寄存器:存放由存储器取得的指令。
② 译码器:将指令中的操作码翻译成相应的控制信号。
③ 时序节拍发生器:产生一定的时序脉冲和节拍电位,使得计算机有节奏、有次序地工作。
④ 操作控制部件:将脉冲、电位和译码器的控制信号组合起来,有时间性地、有顺序地去控制各个部件完成相应的操作。
⑤ 指令计数器:指出下一条指令的地址。当顺序执行程序中的指令时,每取出一条指令,指令计数器就自动加"1"得到下一条指令的地址;当程序开始运行或改变依次执行的顺序时,就直接把初始地址或转移地址送入指令计数器。

控制器和运算器合在一起称为中央处理器,它是计算机的核心部件。

在计算机硬件系统的五个组成部件中,CPU 和内存(通常安放在机箱里)统称为主机,它是计算机系统的主体;输入设备和输出设备统称为 I/O 设备,通常把 I/O 设备和外存一起称为外围设备,它是人与主机沟通的桥梁。

### 3.2.2 计算机的工作原理

计算机能自动且连续地工作主要是因为在内存中装入了程序,通过控制器从内存中逐一取出程序中的每一条指令,分析指令并执行相应的操作。

**1. 指令系统和程序的概念**

(1) 指令和指令系统

指令是计算机硬件可执行的、完成一个基本操作所发出的命令。全部指令的集合就称为该计算机的指令系统。不同类型的计算机,由于其硬件结构不同,指令系统也不同。一台计算机的指令系统是否丰富完备,在很大程度上说明了该计算机对数据信息的运算和处理能力。

一条计算机指令是用一串二进制代码表示的,它由操作码和操作数两部分组成。操作码指明该指令要完成的操作,如加、减、传送、输入等;操作数是指参加运算的数或者数所在的单元地址。不同的指令,其长度一般不同。例如,有单字节地址和双字节地址。

由于各种 CPU 都有自己的指令系统,所以为某台计算机编写的程序有可能无法在另一台计算机上运行。例如,为苹果机编写的程序就无法在 IBM PC 上运行。如果一种计算机上编写的程序可以在另一种计算机上运行,则称两种计算机是相互兼容的。CPU 制造商一般都遵循这样一个原则:新推出的 CPU 能够执行以前生产的产品上的程序,一般称为向下兼容。

(2) 程序

计算机为完成一个完整的任务必须执行的一系列指令的集合,称为程序。用高级程序语言编写的程序称为源程序。能被计算机识别并执行的程序称为目标程序。

**2. 指令和程序在计算机中的执行过程**

通常,一条指令的执行分为取指令、分析指令、执行指令三个过程。

(1) 取指令

根据 CPU 中的程序计数器中所指出的地址,从内存中取出指令送到指令寄存器中,同时使程序计数器指向下一条指令的地址。

(2) 分析指令

将保存在指令寄存器中的指令进行译码,判断该条指令将要完成的操作。

(3) 执行指令

CPU 向各部件发出完成该操作的控制信号,并完成该指令的相应操作。

取指令→分析指令→执行指令→取下一条指令……,周而复始地执行指令序列的过程就是进行程序控制的过程。程序的执行就是程序中所有指令执行的全过程。

## 3.3 微型计算机及其硬件系统

近年来,由于大规模和超大规模集成电路技术的发展,微型计算机的性能大幅提高,价格不断降低,使个人计算机(personal computer,PC)全面普及,从实验室来到了家庭,成为计算机市场的主流。

### 3.3.1 微型计算机概述

**1. 微型计算机的硬件结构**

微型计算机(简称微机)的硬件结构亦遵循冯·诺依曼型计算机的基本思想,但其硬件组成也有自身的特点。微型计算机采用总线结构,其结构示意图如图 3-3 所示。由图可以看出微机硬件系统由 CPU、内存、外存、I/O 设备组成。其中,核心部件 CPU 通过总线连接内存构成微型计算机的主机。主机通过接口电路配上 I/O 设备就构成了微机系统的基本硬件结构。通常它们按照一定的方式连接在主板上,通过总线交换信息。

所谓总线就是一组公共信息传输线路,由三部分组成:数据总线(data bus,DB)、地址总线(address bus,AB)、控制总线(control bus,CB)。三者在物理上做在一起,工作时各司其职。总线可以单向传输数据,也可以双向传输数据,并能在多个设备之间选择出唯一的源地址和目的地址。早期的微型计算机是采用单总线结构,当前较先进的微型计算机是采用面向 CPU 或面向主存的双总线结构。

**2. 微型计算机的基本硬件配置**

现在常用微型计算机硬件系统的基本配置通常包含:CPU、主板、内存、硬盘、光驱、显示器、显卡、声卡、键盘、鼠标、机箱、电源等。根据需要还可以配置音箱、打印机、扫描仪和绘图仪等。

主机箱是微机的主要设备的封装设备,有卧式和立式两种。卧式机箱的主板水平安装在主机箱的底部;而立式机箱的主板垂直安装在主机箱的右侧。立式机箱具有更多的优势。

在主机箱内安装有CPU、内存、主板、硬盘及硬盘驱动器、光盘驱动器、机箱电源和各种接口卡等部件,如图3-4所示。主机箱面板上有一个电源开关(power)和一个重启动开关(reset)。按电源开关可启动计算机,当计算机在使用过程中无法正常运行,如死机时,按重启动开关可重新启动计算机。计算机主机箱的背面有许多专用接口,主机通过它可以与显示器、键盘、鼠标、打印机等输入/输出设备连接。

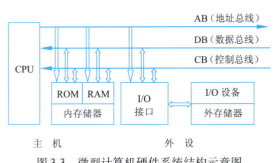
图3-3　微型计算机硬件系统结构示意图

图3-4　机箱内部结构图

主板也称系统板,是一块多层印制电路板,外面有两层印制信号电路,内层印制电源和地线。来自电源部件的直流(DC)电压和一个电源正常信号,一般通过两个6线插头送入主板中。

主板上插有中央处理器(CPU),它是微机的核心部分,还有用于插内存条的插槽等。另外,还有6~8个长条形扩展插槽,是主机通过系统总线与外围设备连接的通道,用来扩展系统功能的各种接口卡都插在扩展插槽上,如显卡、声卡、网卡、防病毒卡等。主板外形如图3-5所示。

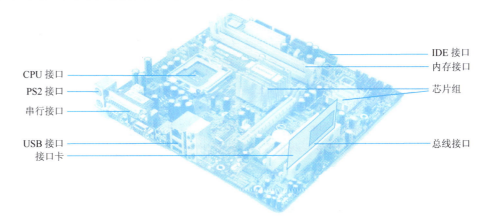

图3-5　主板外形

### 3.3.2　微型计算机的主机

随着集成电路制作工艺的不断进步,出现了大规模集成电路和超大规模集成电路,可以把计算机的核心部件——运算器和控制器集成在一块集成电路芯片内,称为中央处理器。CPU、内存、总线、I/O接口和主板构成了微型计算机的主机,被封装在主机箱内。

**1. 中央处理器**

CPU主要包括运算器和控制器两大部件,是计算机的核心部件。CPU是一个体积不大而元件集成度非常高、功能强大的芯片,一般由逻辑运算单元、控制单元和存储单元组成。在逻辑运算单元和控制单元中包括一些寄存器,用于CPU在处理数据过程中暂时保存数据。图3-6为个人计算机的CPU。

图3-6　个人计算机的CPU

CPU 主要的性能指标如下：

（1）主频

主频也称时钟频率，单位是 MHz（或 GHz），主频表示在 CPU 内数字脉冲信号振荡的速度，CPU 的主频 ＝外频×倍频系数。

主频和实际的运算速度是有关的，但主频仅仅是 CPU 性能表现的一方面，而不代表 CPU 的整体性能，CPU 的运算速度还要看 CPU 的流水线等各方面的性能指标。

（2）外频

外频是 CPU 的基准频率，单位也是 MHz。CPU 的外频决定着整块主板的运行速度。前面说到 CPU 决定着主板的运行速度，两者是同步运行的。目前绝大部分计算机系统中外频决定内存与主板之间同步运行的速度，在这种方式下，可以理解为 CPU 的外频直接与内存相连通，实现两者间的同步运行状态。

（3）前端总线频率

前端总线（FSB）频率（即总线频率）是直接影响 CPU 与内存直接交换数据的速度。有一个公式可以计算，即数据带宽 ＝（总线频率×数据位宽）/8，数据传输最大带宽取决于所有同时传输的数据的宽度和传输频率。

（4）CPU 字长

CPU 的字长表示 CPU 一次可以同时处理的二进制数据的位数，它是 CPU 最重要的一个性能标志。人们通常所说的 16 位机、32 位机、64 位机就是指该微机中的 CPU 可以同时处理 16 位、32 位、64 位的二进制数据。

CPU 的字长取决于 CPU 中寄存器、加法器和数据总线的位数。字长的长短直接影响计算机的计算精度、功能和速度。字长越长，CPU 性能越好，速度越快。

（5）倍频系数

倍频系数是指 CPU 主频与外频之间的相对比例关系。在相同的外频下，倍频越高 CPU 的频率也越高。但实际上，在相同外频的前提下，高倍频的 CPU 本身意义并不大，这是因为 CPU 与系统之间的数据传输速度是有限的，一味追求高倍频而得到高主频的 CPU 就会出现明显的"瓶颈"效应——CPU 从系统中得到数据的极限速度不能够满足 CPU 运算的速度。

（6）高速缓存

高速缓冲存储器，简称高速缓存（cache），其大小也是 CPU 的重要指标之一，而且缓存的结构和大小对 CPU 速度的影响也非常大。CPU 的速度在不断提高，已大大超过了内存的速度，使得 CPU 在进行数据存取时需要等待，从而降低了整个计算机系统的运行速度，为解决这一问题引入了 cache 技术。

cache 就是一个容量小、速度快的特殊存储器。系统按照一定的方式对 CPU 访问的内存数据进行统计，将内存中被 CPU 频繁存取的数据存入 cache，当 CPU 要读取这些数据时，则直接从 cache 中读取，加快了 CPU 访问这些数据的速度，从而提高了整体运行速度。

cache 分为一级、二级和三级，每级 cache 比前一级 cache 速度慢且容量大。cache 最重要的技术指标是它的命中率，它是指 CPU 在 cache 中找到有用的数据占数据总量的比率。

**2. 内存储器**

在微机系统内部，内存是仅次于 CPU 的最重要的器件之一，是影响微机整体性能的重要部分。内存一般按字节分成许许多多的存储单元，每个存储单元均有一个编号，称为地址。CPU 通过地址查找所需的存储单元。此操作称为读操作；把数据写入指定的存储单元称为写操作。读、写操作通常又称为"访问"或"存取"操作。

存储容量和存取时间是内存性能优劣的两个重要指标。存储容量指存储器可容纳的二进制信息量，在计算机的性能指标中，常说 2 GB、4 GB 等，即是指内存的容量。通常情况下，内存容量越大，程序运行速度相对就越快。存取时间是指存储器收到有效地址到其输出端出现有效数据的时间间隔，存取时间越短，性能越好。

根据功能,内存又可分为随机存储器(RAM)和只读存储器(ROM)。

(1)随机存储器

RAM 中的信息可以随时读出和写入,是计算机对程序和数据进行操作的工作区域,通常所说的微机的内存也指的是 RAM。在计算机工作时,只有将要执行的程序和数据放入 RAM 中,才能被 CPU 执行。由于 RAM 中存储的程序和数据在关机或断电后会丢失,不能长期存储,通常要将程序和数据存储在外存储器中(如硬盘),当要执行该程序时,再将其从硬盘中读入到 RAM 中,然后才能运行。目前,计算机中使用的内存均为半导体存储器,它是由一组存储芯片焊制在一印制电路板上而成的,因此通常又习惯称为内存条,如图 3-7 所示。

对于 RAM,人们总是希望其存储容量大一些、存取速度快一些,所以 RAM 的容量和存取时间是内存的一个重要指标。容量越大、存取速度越快,其价格也随之上升。在选配内存时,在满足容量要求的前提下,应尽量挑选与 CPU 时钟周期相匹配的内存条,将有利于最大限度地发挥其效率。

(2)只读存储器

ROM 中的内容只能读出、不能写入,它的内容是由芯片厂商在生产过程中写入的,并且断电后 ROM 中的信息也不会丢失,因此常用 ROM 来存放重要的、固定的并且反复使用的程序和数据。

众所周知,在计算机加电后,CPU 得到电能就开始准备执行指

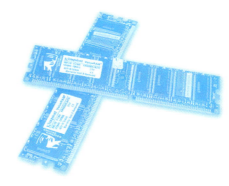

图 3-7　内存条

令,但由于刚开机,RAM 中还是空的,没有那些需要执行的指令,所以就需要 ROM 中保存一个称为 BIOS(基本输入/输出系统)小型指令集。BIOS 非常小,但是却非常重要。当打开计算机时,CPU 执行 ROM 中的 BI-OS 指令,首先对计算机进行自检,如果自检通过,便开始引导计算机从磁盘上读入、执行操作系统,最后把对计算机的控制权交给操作系统。而且 ROM 的只读性,保证了存于其中的程序、数据不遭到破坏。由此可见,ROM 是计算机系统中不可缺少的部分。

(3)CMOS 存储器

除了 ROM 之外,在计算机中还有一个称为 CMOS 的"小内存",它保存着计算机当前的配置信息,如日期和时间、硬盘格式和容量、内存容量等。这些也是计算机调入操作系统之前必须知道的信息。如果将这些文件保存在 ROM 中,这些信息就不能被修改,因此也就不能将硬盘升级,或者修改日期等信息。所以,计算机必须使用一种灵活的方式来保存这些引导数据,它保存的时间要比 RAM 长,但又不像 ROM 那样不能修改。当计算机系统设置发生变化时,可以在启动计算机时按【Delete】键进入 CMOS Setup 程序来修改其中的信息,这就是 CMOS 存储器的功能。

(4)虚拟存储器

任何一个程序都要调入内存才能执行,为了能够运行更大的程序,同时运行多道程序,就需要配置较大的内存,或对已有的计算机扩大内存。然而,内存的扩充终归有限,目前广泛采用的是"虚拟存储技术",它可以通过软件方法,将内存和一部分外存空间构成一个整体,为用户提供一个比实际物理存储器大得多的存储器,这称为"虚拟存储器"。

通常在一个程序运行时,某一时间段内并不会涉及它的全部指令,而仅仅是局限于一段程序代码之内。当一个程序需要执行时,只要将其调入虚拟存储器即可,而不必全部调入内存。程序进入虚拟存储器后,系统会根据一定的算法,将实际执行到的那段程序代码调入物理内存(称为页进)。如果内存已满,系统会将目前暂时不执行的代码送回到作为虚拟存储器的外存区域(称为页出)中,再将当前要执行的代码调入内存。这样,操作系统会通过页进、页出,保证要执行的程序段都在内存。

虚拟存储器的技术有效地解决了内存不足的问题。但是,程序执行过程中的页进、页出实际上是内外存数据的交换,而访问外存的时间比访问内存的时间要慢得多。所以,虚拟存储器实际上是用时间换取了空间。

### 3. 总线

总线(bus)是连接 CPU、存储器和外围设备的公共信息通道,各部件均通过总线连接在一起进行通信,CPU 与各部件的连接线路如图 3-8 所示。总线的性能主要由总线宽度和总线频率来表示。总线宽度为一次能并行传输的二进制位数,总线越宽,速度越快。总线频率即总线中数据传输的速度,单位仍用 MHz 表示。总线时钟频率越快,数据传输越快。根据总线连接的部件不同,总线又分为内部总线、系统总线和外部总线。

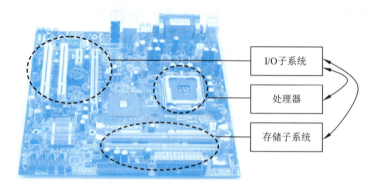

图 3-8　CPU 与各部件的连接线路

(1) 内部总线

内部总线用于同一部件内部的连接,如 CPU 内部连接各内部寄存器和运算器的总线。

(2) 系统总线

系统总线用于连接同一计算机的各部件,如 CPU、内存储器、I/O 设备等接口之间的互相连接的总线。系统总线按功能可分为:控制总线、数据总线和地址总线,分别用来传送控制信号、数据信息和地址信息。

① 控制总线(CB):用来传输各种控制信号和应答信号。具体分为两类:一类是由 CPU 向内存或外围设备发送的控制信号;另一类是由外围设备或有关接口电路向 CPU 送回的信号。对于每条具体的控制总线,信号的传递方向是固定的,不是输入 CPU,就是从 CPU 输出。

② 数据总线(DB):用于传送数据。DB 位数的多少,反映了 CPU 一次可以接收数据的能力。数据总线上传送的信息是双向的,数据既可以从 CPU 传送到其他部件,也可以从其他部件送入 CPU。

③ 地址总线(AB):用来传送存储单元或 I/O 接口地址信息,以便选择需要访问的存储单元和 I/O 接口电路。地址总线是单向的,它只能由 CPU 发出地址信息,地址总线的数目决定了可以直接访问的内存储器的范围。例如,寻址 1 MB 地址空间需要 20 条地址总线。

(3) 外部总线

外部总线是指与外围设备接口相连的,实际上是一种外围设备的接口标准,负责 CPU 与外围设备之间的通信。例如,目前计算机上流行的接口标准 IDE、SCSI、USB 和 IEEE 1394 等,前两种主要是与硬盘、光驱等 IDE 设备接口相连,后面两种新型外部总线可以用来连接多种外围设备。

总线连接的方式使机器各部件之间的联系比较规整,减少了连线,也使部件的增减方便易行。目前使用的微型计算机,都是采用总线连接,所以当需要增加一些部件时,只要这些部件发送与接收信息的方式能够满足总线规定的要求就可以与总线直接挂接。这给计算机各类外设的生产及应用都带来了极大的方便,拓展了计算机的应用领域。总线在发展过程中也形成了许多标准,如 ISA、PCI、AGP 等。

### 4. 输入/输出接口

CPU 与外围设备、存储器的连接和数据交换都需要通过接口设备来实现,前者被称为 I/O 接口,而后者则被称为存储器接口。存储器通常在 CPU 的同步控制下工作,接口电路比较简单;而 I/O 设备品种繁多,其相应的接口电路也各不相同,因此,习惯上说到接口只是指 I/O 接口,I/O 接口也称适配器或设备控制器。由于这些 I/O 接口一般制作成电路板的形式,所以常把它们称为适配器,简称××卡,如声卡、显卡、网卡等。

(1) 接口的功能

在微机中,当增加外围设备时,由于主机中的 CPU 和内存都是由大规模集成电路组成的,而 I/O 设备是由机电装置组合而成,它们之间在速度、时序、信息格式和信息类型等方面存在着不匹配,因此不能直接将外围设备挂在总线上,必须经过 I/O 接口电路才能连接到总线上。接口电路具有设备选择、信号转换及缓冲等功能,以确保设备与 CPU 工作协调一致。

（2）接口的类别

① 总线接口:主板一般提供多种总线类型,如 PCI、AGP 等,供插入相应的功能卡,如显卡、声卡、网卡等。

② 串行口:采用一次传输 1 位二进制位的传输方式。主板上提供 COM1 和 COM2 两个串行口。

③ 并行口:采用一次传送 8 位二进制位的传输方式。主板上提供 LPT1 和 LPT2 两个并行口。早期的打印机通常连接在并行口上。

④ USB 接口:通用串行总线(USB)是一种新型的接口标准。随着计算机应用技术的发展,外围设备使用越来越多,原来提供的有限接口已经不够使用。USB 接口只需一个就可以接 127 个 USB 外围设备,有效扩展了计算机的外接设备能力。另外,在硬件设置上也非常容易,支持即插即用,可以在不关闭电源的情况下做热插拔。现在采用 USB 接口的外设种类有很多,如鼠标、键盘、调制解调器(modem)、数码照相机、扫描仪、音箱、打印机、摄像头、U 盘和移动硬盘等。

**5. 主板**

主板是一个提供了各种插槽和系统总线及扩展总线的电路板,又称主机板或系统板。主板上的插槽用来安装组成微型计算机的各部件,主板上的总线可实现各部件之间的通信,所以主板是微机各部件的连接载体。

主板主要包括控制芯片组、CPU 插座、内存插槽、BIOS、CMOS、各种 I/O 接口、扩展插槽、键盘/鼠标接口、外存储器接口和电源插座等元器件,如图 3-9 所示。有些主板还集成了显卡、声卡和网卡等适配器。

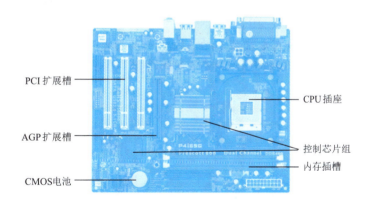

图 3-9　主板

主板在整个微机系统中起着很重要的作用,主板的类型和性能决定了系统可安装的各部件的类型和性能,从而影响整个系统的性能。

### 3.3.3　微型计算机的外存储器

外存属于外围设备。它既是输入设备,又是输出设备,是内存的后备与补充。与内存相比,外存容量较大,关机后信息不会丢失,但存取速度较慢,一般用来存放暂时不用的程序和数据。它只能与内存交换信息,不能被计算机系统中的其他部件直接访问。当 CPU 需要访问外存的数据时,需要先将数据读入内存中,然后 CPU 从内存中访问该数据,当 CPU 要输出数据时,也是先将数据写入内存,再由内存写入外存中。

在计算机发展过程中曾出现过许多种外存,目前微型计算机中最常用的外存有磁盘、光盘和移动存储设备等。

**1. 磁盘存储器**

磁盘存储器是目前各类计算机中应用最广泛的外存设备,它以铝合金或塑料为基体,两面涂有一层磁性胶体材料。通过电子方法可以控制磁盘表面的磁化,以达到记录信息(0 和 1)的目的。

磁盘的读/写是通过磁盘驱动器完成的。磁盘驱动器是一个电子机械设备,它的主要部件包括:一个安装磁盘片的转轴,一个旋转磁盘的驱动电动机,一个或多个读/写头,一个定位读/写头在磁盘位置的电动机,以及控制读/写操作并与主机进行数据传输的控制电路。

关于磁盘存储器有如下几个常用术语:

① 磁道(magnetic track):每个盘片的每一面都要划分为若干条形如同心圆的磁道,这些磁道就是磁头读/写数据的路径。磁盘的最外层是第 0 道,最内层是第 $n$ 道。每个磁道上记录的信息一样多,这样,内圈磁道上记录的密度,比外圈磁道上记录的密度大。

② 柱面(cylinder):一个硬盘由几个盘片组成,每个盘片又有两个盘面,每个盘面都有相同数目的磁道。所有盘面上相同位置的磁道组合在一起,称为一个柱面。例如,有一个硬盘组,一个盘片的盘面上有 256 个磁道,对于多个盘片组成的盘片组来说,就是有 256 个柱面。

③ 扇区(sector):为了记录信息方便,每个磁道又划分为许多称为扇区的小区段。每个磁道上的扇区数是一样的。通常扇区是磁盘地址的最小单位,与主机交换数据是以扇区为单位的。磁道上的每一个扇区记录等量的数据,一般为 512 B。小于或等于 512 B 的文件放在一个扇区内,大于 512 B 的文件存放于多个扇区中。

图 3-10 所示为磁盘的磁道、扇区和柱面的示意图。

在磁盘存储器的历史上,软盘曾经扮演过重要的角色,但是由于其存储容量小,数据保存不可靠,目前已被淘汰,现在提到的磁盘存储器一般是指硬盘存储器,简称硬盘,如图 3-11 所示。它安装在主机箱内,盘片与读/写驱动器均组合在一起,成为一个整体。硬盘的指标主要体现在容量和转速上。磁盘转速越快,存取速度就越快,但对磁盘读/写性能要求也就越高。硬盘的容量已从过去的几十兆字节(MB)、几百兆字节(MB),发展到现在的上百吉字节(GB)甚至太字节(TB)。微型计算机中的大量程序、数据和文件通常都保存在硬盘上,一般的计算机可配置不同数量的硬盘,且都有扩充硬盘的余地。

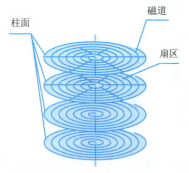

图 3-10 磁盘的磁道、扇区和柱面的示意图

图 3-11 硬盘及硬盘内部结构

硬盘的格式化分为低级格式化和高级格式化。低级格式化就是将硬盘划分磁道和扇区,这一般由厂家完成。只有当硬盘出现严重问题或被病毒感染无法清除时,用户才需要对硬盘重新进行低级格式化。进行低级格式化必须使用专门的软件。在系统安装前,还要对硬盘进行分区和高级格式化。分区是将一个硬盘划分为几个逻辑盘,分别标识出 C 盘、D 盘、E 盘等,并设置主分区(活动分区)。高级格式化的作用是建立文件的分配表和文件目录表。硬盘必须经过低级格式化、分区和高级格式化后才能使用。

**2. 光盘存储器**

光盘是利用激光原理进行读/写的设备,是近代发展起来不同于完全磁性载体的光学存储介质。光盘凭借大容量得以广泛使用,它可以存放各种文字、声音、图形、图像和动画等多媒体数字信息,如图 3-12 所示。光盘需要有光盘驱动器配合使用,如图3-13所示。

图3-12 光盘

图3-13 光盘驱动器

光盘只是一个统称,分成两类:一类是只读型光盘,其中包括CD-Audio、CD-Video、CD-ROM、DVD-Audio、DVD-Video、DVD-ROM等;另一类是可记录型光盘,其中包括CD-R、CD-RW、DVD-R、DVD+R、DVD+RW、DVD-RAM、Double layer DVD+R等各种类型。

根据光盘结构,光盘主要分为CD、DVD、BD等几种类型,这几种类型的光盘,在结构上有所区别,但主要结构原理是一致的。而只读的光盘和可记录的光盘在结构上没有区别,主要区别在于材料的应用和某些制造工序的不同,DVD也是同样的道理。

BD(blu ray disc,也称为"蓝光光盘")是DVD之后的下一代光盘格式之一,用以存储高品质的影音及高容量的数据。"蓝光光盘"这一称谓并非官方正式中文名称,它只是人们为了易记而起的中文名称。蓝光光盘是由SONY及松下电器等企业组成的"蓝光光盘联盟"策划的光盘规格,并以SONY为首于2006年开始全面推动相关产品。

一般CD的最大容量大约是700 MB;DVD盘片单面为4.7 GB,最多能刻录4.59 GB的数据(DVD的1 GB=1 000 MB,硬盘的1 GB=1 024 MB),双面为8.5 GB,最多约能刻录8.3 GB的数据;BD的单面单层为25 GB,双面为50 GB,三层达到75 GB,四层达到100 GB。

**3. 移动存储设备与活动硬盘**

随着通用串行总线(USB)开始在PC上出现并逐渐盛行,借助USB接口,移动存储产品已经逐步成为现在存储设备的主要成员,并作为随身携带的存储设备广泛使用。常用移动存储设备如图3-14所示。

(a) U盘

(b) 移动硬盘

(c) 存储卡

图3-14 移动存储设备

① U盘:U盘是一种采用内存(flash memory)技术并基于USB接口的移动存储设备,它可使用在不同的硬件平台,目前U盘的容量一般在几十吉字节甚至达到上百吉字节。U盘的价格便宜,体积很小,便于携带,使用极其方便,是非常适宜随身携带的存储设备。

② 移动硬盘:移动硬盘也是基于USB接口的存储产品。它可以在任何不同硬件平台(PC、MAC、笔记本计算机)上使用,容量在几百吉字节甚至达到太字节级别,有体积小、质量小、携带非常方便等优点。同时,移动硬盘具有极强的抗震性,称得上是一款实用、稳定的移动存储产品,得到越来越广泛的应用。

③ 存储卡:自从计算机应用变得越来越广泛之后,很多人都喜欢随身携带小巧的IT产品,例如数码照相机、数码摄像机、掌上计算机或MP3随身听等。而数码照相机和MP3均采用存储卡作为存储设备,将数据保存在存储卡中,可以方便地与计算机进行数据交换。现在存储卡的容量也越来越大。

### 3.3.4 微型计算机的输入设备

键盘和鼠标是计算机最常用的输入设备,其他输入设备还有扫描仪、磁卡读入机等,这里重点介绍键盘和鼠标。

**1. 键盘**

键盘(keyboard)是人机对话的最基本的设备,用于输入数据、命令和程序,如图 3-15 所示。键盘内部有专门的控制电路,当按下键盘上的某一个按钮时,键盘内部的控制电路就会产生一个相应的二进制代码,并将此代码输入计算机内部。现在的主流键盘大都采用 USB 接口。传统微机的键盘是 101 键/102 键,为了适应网络与其他计算机连接的需要,已增加到 104 键/106 键/108 键。键盘是通过键盘连线插入主板上的键盘接口与主机相连接的。键盘的主键盘区设置与英文打字机相同,另外还设置了一些专门键和功能键以便于操作和使用。

按各类按键的功能和位置将键盘划分为四部分:主键盘区、数字小键盘区、功能键区,以及编辑和光标控制键区。

图 3-15　键盘

除标准键盘外,还有各类专用键盘,它们是专门为某种特殊应用而设计的。例如,银行计算机管理系统中供储户使用的键盘,按键数不多,只是为了输入储户标识码、密码和选择操作之用。专用键盘的主要优点是简单,即使没有受过训练的人也能使用。

**2. 鼠标**

随着 Windows 操作系统的普及,鼠标(mouse)也成为微机必不可少的输入设备。鼠标是一种计算机的输入设备,它是计算机显示系统纵横坐标定位的指示器,因形似老鼠而得名"鼠标"。鼠标的使用代替了键盘烦琐指令的输入,使计算机的操作更加简便。

鼠标按其工作原理及其内部结构的不同可以分为机械式鼠标和光电式鼠标。

① 机械式鼠标下面有一个可以滚动的小球,当鼠标在桌面上移动时,小球与桌面摩擦转动,带动鼠标内的两个光盘转动,产生脉冲,测出 $X$—$Y$ 方向的相对位移量,从而反映出屏幕上鼠标的位置。由于是采用纯机械结构,导致定位精度难如人意,加上使用过程中磨损得较为厉害,直接影响了机械式鼠标的使用寿命,目前机械式鼠标基本已经被淘汰。

② 光电式鼠标在鼠标底部的小洞里有一个小型感光头,面对感光头的是一个发射红外线的发光管,这个发光管每秒向外发射 1 500 次,然后感光头就将这 1 500 次的反射回馈给鼠标的定位系统,以此来实现准确的定位。所以,这种鼠标可在任何地方无限制地移动。目前鼠标基本都会选用光电式鼠标,如图 3-16(a)所示。

鼠标按接口类型可分为串行鼠标、PS/2 鼠标、总线鼠标、USB 鼠标(多为光电鼠标)四种。其中,USB 鼠标通过一个 USB 接口,直接插在计算机的 USB 口上。目前鼠标基本都是 USB 接口的鼠标。

鼠标按使用的形式又分为有线鼠标和无线鼠标两种。

① 有线鼠标通过连线将鼠标插在 USB 接口上。由于直接用线与计算机连接,受外界干扰非常小,因此在稳定性方面有着巨大的优势,比较适合对鼠标操作要求较高的游戏与设计使用。

② 无线鼠标是指无线缆直接连接到主机的鼠标。一般采用 27 MHz、2.4 GHz、蓝牙技术实现与主机的无线通信。无线鼠标简单,无线的束缚,可以实现较远地方的计算机操作,比较适合家庭用户以及追求极致的无线体验用户。无线鼠标的另外一个优点是携带方便,并且可以保证计算机桌面简洁,省却了线路连接的杂乱。无线鼠标如图 3-16(b)所示。

（a）光电式鼠标

（b）无线鼠标

图 3-16　鼠标

### 3. 其他输入设备

键盘和鼠标是微型计算机中最常用的输入设备,此外,还有一些常用的输入设备,下面简要说明这些输入设备的功能和基本原理。

① 图形扫描仪:一种图形、图像输入设备,它可以直接将图形、图像、照片或文本输入计算机中,例如可以把照片、图片经扫描仪(见图3-17)输入计算机中。随着多媒体技术的发展,扫描仪的应用将会更加广泛。

图 3-17　扫描仪

② 条形码阅读器:一种能够识别条形码的扫描装置,连接在计算机上使用。当阅读器从左向右扫描条形码时,就把不同宽窄的黑白条纹翻译成相应的编码供计算机使用。许多自选商场和图书馆里都用它管理商品和图书。

③ 光学字符阅读器(OCR):一种快速字符阅读装置,用许许多多的光电管排成一个矩阵,当光源照射被扫描的一页文件时,文件中空白的白色部分会反射光线,使光电管产生一定的电压;而有字的黑色部分则把光线吸收,光电管不产生电压。这些有、无电压的信息组合形成一个图案,并与OCR系统中预先存储的模板匹配,若匹配成功就可确认该图案是何字符。有些机器一次可阅读一整页的文件,称为读页机,有的则一次只能读一行。

④ 汉字语音输入设备和手写输入设备:可以直接将人的声音或手写的文字输入计算机中,使文字输入变得更为方便、容易。

#### 3.3.5　微型计算机的输出设备

显示器和打印机是计算机最基本的输出设备,其他常用输出设备还有绘图仪等。

### 1. 显示器

计算机的显示系统由显示器、显卡和相应的驱动软件组成。

（1）显示器

显示器用来显示计算机输出的文字、图形或影像,如图3-18所示。早期主流的显示器是阴极射线管显示器(CRT显示器),目前已经逐渐被液晶显示器(liquid crystal display,LCD)所取代。液晶显示器的特点是轻、薄、耗电少,并且无辐射,目前台式机和笔记本计算机大部分以液晶显示器作为基本的配置,因此已成为最主流的显示器产品。

LCD显示器主要有五个技术参数,分别是亮度、对比度、可视角度、信号反应时间和色彩。

① 亮度的单位是坎每平方米($cd/m^2$)。亮度值越高,画面越亮丽。

② 对比度越高,色彩越鲜艳饱和,立体感越强;对比度低,颜色显得贫瘠,影像也变得平板。

③ 可视角度是在屏幕前用户观看画面可以看得清楚的范围。可视范围越大,浏览越轻松;而可视范围越小,稍微变动观看位置,画面可能就会看不全面,甚至看不清楚。

④ 信号反应时间(响应时间),是指系统接收键盘或鼠标的指示,经CPU计算处理后,反应至显示器的时间。信号反应时间关系到用LCD观察文本及视频(例如VCD/DVD)时,画面是否会出现拖尾现象。

⑤ 大多数LCD的真正色彩为26万色左右($262 \times 144$色),彼此之间差距不大。色彩越多,图像色彩还原就越好。

（a）液晶显示器　　　　　　　（b）触摸屏显示器

图 3-18　显示器

除了液晶显示器，目前触摸屏（touch screen）显示器也得到很多应用。触摸屏显示器可以让用户只要用手指轻轻地碰计算机显示屏上的图符或文字就能实现对主机操作，这样摆脱了键盘和鼠标操作，使人机交互更加直截了当。触摸屏显示器主要应用于公共场所大厅信息查询、领导办公、电子游戏、点歌点菜、多媒体教学、机票/火车票预售等。随着 iPad 的流行及触摸屏手机的广泛使用，触摸屏显示器目前在手持计算机中得到了快速发展。

（2）显卡

显卡也称为显示适配器，是个人计算机最基本的组成部分之一。显卡的用途是将计算机系统所需要的显示信息进行转换，并向显示器提供行扫描信号，控制显示器的正确显示，是连接显示器和个人计算机主板的重要组件，如图 3-19 所示。

图 3-19　显卡

显示器的效果如何，不仅要看显示器的质量，还要看显卡的质量，而决定显卡性能的主要因素依次为显示芯片、显存带宽及显存容量。

① 显示芯片是显卡的核心芯片，其性能的好坏直接决定了显卡性能的好坏，它的主要任务就是处理系统输入的视频信息并将其进行构建、渲染等工作。显示芯片的性能直接决定了显卡性能的高低。家用娱乐性显卡都采用单芯片设计的显示芯片，而在部分专业的工作站显卡上有采用多个显示芯片组合的方式。目前设计、制造显示芯片的厂家只有 NVIDIA、AMD 等公司。

② 显存带宽取决于显存位宽和显存频率。显存位宽是显存在一个时钟周期内所能传送数据的位数，位数越大，瞬间所能传输的数据量越大，这是显存的重要参数之一。显存位宽越高，性能越好，价格也就越高，因此 256 位宽的显存更多应用于高端显卡，而主流显卡基本都采用 128 位显存。

显存频率是指默认情况下，该显存在显卡上工作时的频率，以 MHz（兆赫）为单位。显存频率一定程度上反映着该显存的速度。不同显存能提供的显存频率差异很大，一般为 5 000～8 000 MHz，高端产品可达 10 000～12 000 MHz。

③ 显存容量是显卡上本地显存的容量，显存容量的大小决定着显存临时存储数据的能力，在一定程度上也会影响显卡的性能。目前，主流的显存容量是 2～8 GB，高端显卡容量可达 8～48 GB，甚至有达到 1 TB 的显存容量。

值得注意的是，显存容量越大并不一定意味着显卡的性能就越高，一款显卡究竟应该配备多大的显存容量才合适是由其所采用的显示芯片所决定的，也就是说显存容量应该与显示核心的性能相匹配才合理。显示芯片性能越高，其处理能力越高，所配备的显存容量相应也越大，而低性能的显示芯片配备大容量显存对其性能是没有任何帮助的。

**2. 打印机**

打印机是计算机目前最常用的输出设备之一，也是品种、型号最多的输出设备之一。

打印机分为击打式打印机和非击打式打印机两种。击打式打印机利用机械动作将印刷活字压向打印纸和色带进行印字。由于击打式打印机依靠机械动作实现印字，因此工作速度不高，并且工作时噪声较大。非击打式打印机种类繁多，有静电式打印机、热敏式打印机、喷墨打印机和激光打印机等，印字过程无机械击打动作,速度快,无噪声,这类打印机将会被越来越广泛地使用。

(1) 点阵打印机

点阵打印机(见图3-20)主要由打印头、运载打印头的装置、色带装置、输纸装置和控制电路等几部分组成。打印头是点阵式打印机的核心部分,对打印速度、印字质量等性能有决定性影响。

(2) 喷墨打印机

喷墨打印机属非击打式打印机,近年来发展较快。工作时,喷嘴朝着打印纸不断喷出带电的墨水雾点,当它们穿过两个带电的偏转板时接受控制,然后落在打印纸的指定位置上,形成正确的字符。喷墨打印机可打印高质量的文本和图形,还能进行彩色打印,而且噪声很小。但喷墨打印机常要更换墨盒,增加了日常消费。

(3) 激光打印机

激光打印机(见图3-21)也属非击打式打印机,工作原理与复印机相似,涉及光学、电磁学、化学等原理。简单来说,它将来自计算机的数据转换成光,射向一个充有正电的旋转的鼓上。鼓上被照射的部分便带上负电,并能吸引带色粉末。鼓与纸接触再把粉末印在纸上,接着在一定压力和温度的作用下熔结在纸的表面。激光打印机是一种高档打印机,打印速度快,印字质量高,常用来打印正式公文及图表。

图3-20 点阵打印机

图3-21 激光打印机

**3. 数据投影设备**

现在已经有不少设备能够把计算机屏幕的信息同步地投影到更大的屏幕上,以便使更多的人可以看到屏幕上的信息。有一种叫作投影板的设备,体积较小,价格较低,采用LCD技术,设计成可以放在普通投影仪上的形状。另一种同类设备是投影仪,体积较大,价格较高,它采用类似大屏幕投影电视设备的技术,将红、绿、蓝三种颜色聚焦在屏幕上,可供更多人观看,常用于教学、会议和展览等场合。

### 3.3.6 微型计算机的主要性能指标

微机的技术性能指标标志着微型计算机的性能优劣及应用范围的广度,在实际应用中,常见的微型计算机性能指标主要有如下几种:

**1. 速度**

不同配置的微机按相同的算法执行相同的任务所需要的时间可能不同,这与微机的速度有关。微机的速度可用主频和运算速度两个指标来衡量。

① 主频即计算机的时钟频率,即CPU在单位时间内的平均操作次数,是决定计算机速度的重要指标,以兆赫(MHz)为单位。它在很大程度上决定了计算机的运行速度,主频越高,计算机的运算速度相应就越快。

② 运算速度是指计算机每秒能执行的指令数,以每秒百万条指令(MIPS)为单位,此指标更客观地反映微机的运算速度。

微机的速度是一个综合指标,影响微机速度的因素很多,如存储器的存取速度、内存大小、字长、系统总线的时钟频率等。

**2. 字长**

字长是计算机运算部件一次能同时处理的二进制数据的位数。字长越长,计算机的处理能力就越强。微机的字长总是8的倍数。早期的微机字长为16位(如Intel 8086、80286等),从80386、80486到Pentium Ⅱ、Pentium Ⅲ和Pentium 4芯片字长均为32位,酷睿系列可以支持64位。字长越长,数据的运算精度也就越高,计算机的运算功能也就越强,可寻址的空间也越大。因此,微机的字长是一个很重要的技术性能指标。

### 3. 存储容量

存储容量是指计算机能存储的信息总字节量,包括内存容量和外存容量,主要指内存储器的容量。显然,内存容量越大,计算机所能运行的程序就越大,处理能力就越强。尤其是当前微机应用多涉及图像信息处理,要求存储容量会越来越大,甚至没有足够大的内存容量就无法运行某些软件。目前,主流微机的内存容量一般都在 4 GB 至 16 GB 之间,外存容量在几百吉字节至几太字节之间。

### 4. 存取周期

存储器完成一次读(或写)操作所需的时间称为存储器的存取时间或者访问时间。连续两次读(或写)所需的最短时间称为存储周期。内存储器的存取周期也是影响整个计算机系统性能的主要性能指标之一。

此外,还有计算机的可靠性、可维护性、平均无故障时间和性能/价格比也都是计算机的技术指标。

在多媒体计算机中,人们还常关注光驱的速度,即 CD-ROM 或 DVD-ROM 的倍速,它标志着从光盘所能获取信息的速度。

### 5. 可靠性

计算机的可靠性以平均故障时间(mean time between failures,MTBF)来表示,MTBF 越大,系统性能就越好。

### 6. 可维护性

计算机的可维护性以平均维修时间(mean time to repair,MTTR)来表示,MTTR 越小越好。

### 7. 性能/价格比

性能/价格比也是一种衡量计算机产品性能优劣的概括性技术指标。性能代表系统的使用价值,它包括:计算机的运算速度、内存储器容量和存取周期、通道信息流量速率、I/O 设备的配置、计算机的可靠性等。价格是指计算机的售价,性能/价格比中的性能指数由专用的公式计算。性能/价格比越高,表明计算机越物有所值。

评价计算机性能的技术指标还有兼容性、汉字处理能力和网络功能等。

## 3.4 计算机软件系统

软件是指为方便使用计算机和提高使用效率而组织的程序和数据,以及用于开发、使用和维护的有关文档的集合。软件系统可分为系统软件和应用软件两大类,如图 3-22 所示。

从用户的角度看,对计算机的使用不是直接对硬件进行操作的,而是通过应用软件对计算机进行操作的,而应用软件也不能直接对硬件进行操作,而是通过系统软件对硬件进行操作的。用户、软件和硬件的关系如图 3-23 所示。

图 3-22 软件系统分类

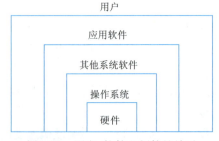

图 3-23 用户、软件和硬件的关系

### 3.4.1 系统软件

系统软件是计算机必须具备的支撑软件,负责管理、控制和维护计算机的各种软硬件资源,并为用户提供友好的操作界面,帮助用户编写、调试、装配、编译和运行程序。它包括操作系统、语言处理程序、数据库管理系统和各类服务程序等。下面分别简介它们的功能。

**1. 操作系统**

操作系统(operating system,OS)是对计算机全部软件、硬件资源进行控制和管理的大型程序,是直接运行在裸机上的最基本的系统软件,其他软件必须在操作系统的支持下才能运行。它是软件系统的核心。

**2. 语言处理系统**

计算机只能直接识别和执行机器语言,除了机器语言外,其他用任何软件语言书写的程序都不能直接在计算机上运行。要在计算机中运行由其他软件语言书写的程序,需要对它们进行适当的处理。语言处理系统的作用就是把用软件语言书写的各种程序处理成可在计算机上运行的程序,或最终的计算结果,或其他中间形式。

按照不同的源语言、目标语言和翻译处理方法,可把翻译程序分成若干种类。从汇编语言到机器语言的翻译程序称为汇编程序,从高级语言到机器语言或汇编语言的翻译程序称为编译程序。按源程序中指令或语句的动态执行顺序,逐条翻译并立即解释执行相应功能的处理程序称为解释程序。除了翻译程序外,语言处理系统通常还包括正文编辑程序、宏加工程序、连接编辑程序和装入程序等。

由上述可知,在计算机中运行高级语言程序就必须配备程序语言翻译程序(简称翻译程序)。翻译程序本身是一组程序,不同的高级语言都有相应的翻译程序。

对源程序进行解释和编译任务的程序,分别叫作编译程序和解释程序。例如,FORTRAN、COBOL、Pascal和 C 等高级语言,使用时需有相应的编译程序;BASIC、LISP 等高级语言,使用时需用相应的解释程序。

**3. 工具软件**

工具软件也称为服务程序,它包括协助用户进行软件开发或硬件维护的软件,如编辑程序、连接装配程序、纠错程序、诊断程序和防病毒程序等。

**4. 数据库系统**

在信息社会里,人们的社会和生产活动产生更多的信息,以至于人工管理难以应付,希望借助计算机对信息进行搜集、存储、处理和使用。数据库系统(database system,DBS)就是在这种需求背景下产生和发展的。

数据库(database,DB)是指按照一定数据模型存储的数据集合。例如,学生的成绩信息、工厂仓库物资的信息、医院的病历、人事部门的档案等都可分别组成数据库。

数据库管理系统(database management system,DBMS)则是能够对数据库进行加工、管理的系统软件。其主要功能是建立、删除、维护数据库及对库中数据进行各种操作,从而得到有用的结果,它们通常自带语言进行数据操作。

数据库系统由数据库、数据库管理系统,以及相应的应用程序组成。数据库系统不但能够存放大量的数据,更重要的是能迅速地、自动地对数据进行增删、检索、修改、统计、排序、合并、数据挖掘等操作,为人们提供有用的信息。这一点是传统的文件系统无法做到的。

**5. 网络软件**

20 世纪 60 年代出现的网络技术在 20 世纪 90 年代得到了飞速发展和广泛应用。计算机网络是将分布在不同地点的、多个独立的计算机系统用通信线路连接起来,在网络通信协议和网络软件的控制下,实现互联互通、资源共享、分布式处理,提高了计算机的可靠性及可用性。计算机网络是计算机技术与通信技术相结合的产物。

计算机网络由网络硬件、网络软件及网络信息构成。其中的网络软件包括网络操作系统、网络协议和各种网络应用软件。

### 3.4.2 应用软件

在系统软件的支持下,用户为了解决特定的问题而开发、研制或购买的各种计算机程序称为应用软件,例如,文字处理软件、图形图像处理软件、计算机辅助设计软件和工程计算软件等。同时,各个软件公司也在不断开发各种应用软件,来满足各行各业的信息处理需求,如铁路部门的售票系统、教学辅助系统等。应用软件的种类很多,根据其服务对象,又可分为通用软件和专用软件两类。

**1. 通用软件**

这类软件通常是为解决某一类问题而设计的,而这类问题是很多人都要遇到和解决的。

① 文字处理软件:用计算机撰写文章、书信、公文并进行编辑、修改、排版和保存的过程称为文字处理。目前广泛应用的 Word 就是典型的文字处理软件。

② 电子表格软件:电子表格可用来记录数值数据,可以很方便地对其进行常规计算。像文字处理软件一样,它也有许多比传统账簿和计算工具先进的功能,如快速计算、自动统计、自动造表等。Excel 软件就属此类软件的典型代表。

③ 绘图软件:在工程设计中,计算机辅助设计(CAD)已逐渐代替人工设计,完成了人工设计无法完成的巨大而烦琐的任务,极大地提高了设计质量和效率。现广泛用于半导体、飞机、汽车、船舶、建筑及其他机械、电子行业。日常通用的绘图软件有 AutoCAD、3ds Max、Protel、OrCAD、高华 CAD 软件等。

**2. 专用软件**

上述的通用软件或软件包,在市场上可以买到,但有些有特殊要求的软件是无法买到的。例如,某个用户希望对其单位的保密档案进行管理,另一个用户希望有一个程序能自动控制车间里的车床同时将其与上层事务性工作集成起来统一管理等。因为它们相对于一般用户来说过于特殊,所以只能组织人力到现场调研后,再开发软件,当然开发出的这种软件也只适用于这种情况。

综上所述,计算机系统由硬件系统和软件系统组成,两者缺一不可。而软件系统又由系统软件和应用软件组成,操作系统是系统软件的核心,在计算机系统中是必不可少的。其他的系统软件,如语言处理系统可根据不同用户的需要配置不同的程序语言编译系统。同样,根据各用户的应用领域不同,可以配置不同的应用软件。

### 3.4.3 办公软件概述

**1. 办公软件的发展**

办公软件属于应用软件中的通用软件。广义上讲,在日常工作中所使用的应用软件都可以称为办公软件。例如,文字处理、传真、申请审批、公文管理、会议管理、资料管理、档案管理、客户管理、订货销售、库存管理、生产计划、技术管理、质量管理、成本计算、财务计算、劳资管理、人事管理等,这些都是办公软件的处理范围。但人们平时所指的办公软件多为"文字处理软件""阅读软件""管理软件"等。典型的办公软件有微软的 Office、金山的 WPS、Adobe 的 Acrobat 阅读器等。

目前,全球用户最多的办公软件当属微软公司的套装软件 Office。微软公司从 20 世纪 80 年代开始推出文字处理软件 MS Office,经过几十年的发展,经历了 Office 95、Office 97、Office 2000、Office 2003、Office 2007、Office 2010、Office 2013、Office 2016、Office 2019、Office 2021 等,目前最新的版本是 Office 2024 Preview。

我国办公软件中最著名的当属 WPS,它是由金山软件公司开发的一套办公软件,最初出现于 1988 年,在微软 Windows 系统出现以前,DOS 系统盛行的年代,WPS 曾是中国最流行的文字处理软件,在 20 世纪 90 年代初期,WPS 曾占领了中文文字处理 90% 的市场。但是,随着微软 Windows 操作系统的普及,大部分 WPS 用户逐步过渡为微软 Office 的用户,WPS 的发展进入历史最低点。

随着我国加入世贸组织,我国大力提倡发展自己的软件产业,使用国产的软件。在这样的背景下,金山公司的发展出现了转机。现在我国很多地方的政府机关部门,都采用 WPS Office 办公软件办公,在高校中由于其提供免费教育应用版本,精巧好用,也大受欢迎。

**2. 办公软件的标准**

随着互联网络的不断发展,政府、机构、企业、个人用户都在更加紧密地通过信息网络加强彼此间的联系,计算机用户间也越来越频繁地通过网络来交换数据和信息。办公软件作为能够大幅度提高办公效率的软件,已经成为大多数计算机用户不可舍弃的工具。

但是越来越明显的趋势表明,目前封闭的办公软件文档格式逐渐阻碍了用户进行信息交流,增加了用户的使用成本,提高了用户保存数据的风险,妨害了办公软件间的良性竞争并导致垄断。为了实现多种中文办公软件之间的互联互通,需要制定办公文档的标准。

# 第4章 操作系统及其应用

操作系统是协调和控制计算机各部分进行和谐工作的一个系统软件,是计算机所有软、硬件资源的管理者和组织者。人们借助于操作系统才能方便灵活地使用计算机,而 Windows 则是 Microsoft 公司开发的基于图形用户界面的操作系统,也是目前最流行的微机操作系统。

本章首先介绍操作系统的基本知识和概念,之后重点讲解 Windows 10 的使用与操作。

## 学习目标

- 理解操作系统的基本概念,了解操作系统的功能与种类。
- 了解 Windows 的文件管理,熟练掌握 Windows 的文件操作。
- 了解 Windows 程序管理,掌握常用程序的操作。
- 了解 Windows 对工作环境的自定义方法。
- 了解 Windows 的计算机管理功能。

## 4.1 操作系统概述

### 4.1.1 操作系统的概念

操作系统是管理、控制和监督计算机软、硬件资源协调运行的软件系统,由一系列具有不同控制和管理功能的程序组成,它是系统软件的核心,是计算机软件系统的核心。操作系统是计算机发展中的产物,引入操作系统的主要目的有两个:一是方便用户使用计算机,例如,用户输入一条简单的命令就能自动完成复杂的功能,这就是操作系统启动相应程序、调度恰当资源执行的结果;二是统一管理计算机系统的软、硬件资源,合理组织计算机工作流程,以便充分、合理地发挥计算机的效率。

操作系统是用户和计算机之间的接口,是为用户和应用程序提供进入硬件的界面。图 4-1 是计算机硬件、操作系统、各类系统软件、应用软件以及用户之间的层次关系图。

### 4.1.2 操作系统的功能

操作系统的主要功能是管理计算机资源,所以其大部分程序都属于资源管理程序。计算机系统中的资源可以分为四类:即处理器、主存储器、外围设备和信息(程序和数据)。管理上述资源的操作系统也包含四个模块,即处理器管理、存储器管理、设备管理和文件管理。操作系统的其他功能是合理地组织工作流程和方便用户。操作系统提供的作业管理模块,对作业进行控制和管理,成为用户和操作系统之间的接口。由此可以看出,操作系统应包括五大基本功能模块。

**1. 作业管理**

作业是用户程序及所需的数据和命令的集合,任何一种操作系统都

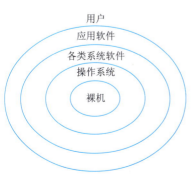

图 4-1 操作系统、软/硬件、用户间的关系

要用到作业这一概念。作业管理就是对作业的执行情况进行系统管理的程序集合,主要包括作业的组织、作业的控制、作业的状况管理及作业的调动等功能。

**2. 进程管理**

进程是可与其他程序共同执行的程序的一次执行过程,它是系统进行资源分配和调度的一个独立单位。程序和进程不同,程序是指令的集合,是静态的概念;进程则是指令的执行,是一个动态的过程。

进程管理是操作系统中最主要又最复杂的管理,它描述和管理程序的动态执行过程。尤其是多个程序分时执行,机器各部件并行工作及系统资源共享等特点,使进程管理更为复杂和重要。它主要包括进程的组织、进程的状态、进程的控制、进程的调度和进程的通信等控制管理功能。

**3. 存储管理**

存储管理是操作系统中用户与主存储器之间的接口,其目的是合理利用主存储器空间并且方便用户。存储管理主要包括如何分配存储空间,如何扩充存储空间以及如何实现虚拟操作,如何实现共享、保护和重定位等功能。

**4. 设备管理**

设备管理是操作系统中用户和外围设备之间的接口,其目的是合理地使用外围设备并且方便用户。设备管理主要包括如何管理设备的缓冲区、进行 I/O 调度,实现中断处理及虚拟设备等功能。

**5. 文件管理**

文件是指一个具有符号名的一组关联元素的有序序列,计算机是以文件的形式来存放程序和数据的。文件管理是操作系统中用户与存储设备之间的接口,它负责管理和存取文件信息。不同的用户共同使用同一个文件,即文件共享,以及文件本身需要防止其他用户有意或无意的破坏,即文件的保护等,也是文件管理要考虑的。

### 4.1.3 操作系统的分类

按照操作系统的发展过程通常可以将操作系统进行如下分类:

① 单用户操作系统:计算机系统在同一时刻只能支持运行一个用户程序。这类系统管理起来比较简单,但最大缺点是计算机系统的资源不能得到充分利用。

② 批处理操作系统:20 世纪 70 年代运行于大、中型计算机上的操作系统,它使多个程序或多个作业同时存在和运行,能充分使用各类硬件资源,故又称多任务操作系统。

③ 分时操作系统:支持多用户同时使用计算机的操作系统。分时操作系统将 CPU 时间资源划分成极短的时间片,轮流分给每个终端用户使用,当一个用户的时间片用完后,CPU 就转给另一个用户使用。由于轮换的时间很快,虽然各用户使用的是同一台计算机,却能给用户一种"独占计算机"的感觉。分时操作系统是多用户多任务操作系统,UNIX 是国际上最流行的分时操作系统,也是操作系统的标准。

④ 实时操作系统:在某些应用领域,要求计算机对数据能进行迅速处理。例如,在自动驾驶仪控制下飞行的飞机、导弹的自动控制系统中,计算机必须对传感系统测得的数据及时、快速地进行处理和反应。这种有响应时间要求的计算机操作系统就是实时操作系统。

⑤ 网络操作系统:计算机网络是通过通信线路将地理上分散且独立的计算机连接起来实现资源共享的一种系统。能进行计算机网络管理、提供网络通信和网络资源共享功能的操作系统统称为网络操作系统。

### 4.1.4 常用的操作系统

**1. DOS 操作系统**

DOS 是 Microsoft 公司开发的操作系统,自 1981 年问世后,历经十几年的发展,是 20 世纪 90 年代最流行的微机操作系统,在当时几乎垄断了 PC 操作系统市场。DOS 是单用户单任务操作系统,对 PC 硬件要求低,利用键盘输入程序或命令进行操作。由于 DOS 命令均由若干字符构成,枯燥难记,到 20 世纪 90 年代后期,随着 Windows 的完善,DOS 被 Windows 所取代。

## 2. Windows 操作系统

Windows 是由 Microsoft 公司开发的基于图形用户界面(graphic user interface,GUI)的单用户多任务操作系统。20 世纪 90 年代初,Windows 一出现即成为最流行的微型计算机操作系统,并逐渐取代 DOS 成为微机的主流操作系统。之后历经 Windows 95、Windows 98、Windows 2000、Windows XP、Windows 7、Windows 8、Windows 10,直至今天的 Windows 11。

Windows 支持多线程、多任务与多处理,它的即插即用特性使得安装各种支持即插即用的设备变得非常容易,它还具有出色的多媒体和图像处理功能以及方便安全的网络管理功能。Windows 是目前最流行的微机操作系统。

## 3. UNIX 操作系统

UNIX 是一个多任务多用户的分时操作系统,一般用于大型机、小型机等较大规模的计算机中,它是 20 世纪 60 年代末由美国电话电报公司(AT&T)贝尔实验室研制的。

UNIX 提供有可编程的命令语言,具有输入/输出缓冲技术,还提供了许多程序包。UNIX 系统中有一系列通信工具和协议,因此网络通信功能强、可移植性强。因特网的 TCP/IP 就是在 UNIX 下开发的。

## 4. Linux 操作系统

Linux 来源于 UNIX 的精简版本 Minix。1991 年芬兰赫尔辛基大学学生 Linus Torvalds 修改完善了 Minix,开发出了 Linux 的第一个版本。其源代码在 Internet 上公开后,世界各地的编程爱好者不断地对其进行完善,正因为这个特点,Linux 被认为是一个开放代码的操作系统。同时,由于它是在网络环境下开发完善的,因此它有着与生俱来的强大的网络功能。Linux 的这种高性能及开发的低开支,也让人们对它寄予厚望,期望能够替换其他昂贵的操作系统软件。目前,Linux 主要流行的版本有 Red Hat Linux、Turbo Linux,我国自行开发的有红旗 Linux、蓝点 Linux 等。

## 5. 嵌入式操作系统

嵌入式操作系统(embedded operating system,EOS)是指用于嵌入式系统的操作系统。嵌入式操作系统是一种用途广泛的系统软件,通常包括与硬件相关的底层驱动软件、系统内核、设备驱动接口、通信协议、图形界面、标准化浏览器等。嵌入式操作系统负责嵌入式系统的全部软、硬件资源的分配,任务调度,控制、协调并发活动。它必须体现其所在系统的特征,能够通过装卸某些模块来达到系统所要求的功能。嵌入式操作系统通常具有系统内核小、专用性强、系统精简、高实时性、多任务的操作系统及需要开发工具和环境等特点。目前在嵌入式领域广泛使用的操作系统有:μC/OS-Ⅱ、嵌入式 Linux、Windows Embedded、VxWorks 等,以及应用在智能手机和平板电脑的 Android、iOS 等。

## 6. 平板电脑操作系统

2010 年,苹果 iPad 在全世界掀起了平板电脑热潮,自第一代 iPad 上市以来,平板以惊人的速度发展起来,其对传统 PC 产业,甚至是整个 3C 产业都带来了革命性的影响。随着平板电脑的快速发展,其在 PC 产业的地位将愈发重要,在 PC 产业的占比也必将得到大幅提升。目前市场上所有平板电脑基本使用 3 种操作系统,分别是 iOS、Android、Windows 8。

iOS 是由苹果公司开发的手持设备操作系统。iOS 最初是设计给 iPhone 使用的,后来陆续套用到 iPod touch、iPad 以及 Apple TV 等苹果产品上。苹果的 iOS 系统是封闭的,并不开放,所以使用 iOS 的平板电脑,也只有苹果的 iPad 系列。

Android 是谷歌公司推出的基于 Linux 核心的软件平台和操作系统,主要用于移动设备。Android 系统最初都是应用于手机的,由于谷歌以免费开源许可证的授权方式发布了 Android 的源代码,并允许智能手机生产商搭载 Android 系统,也正是因为这样,Android 系统很快占领了市场份额。Android 系统后来更逐渐拓展到平板电脑及其他领域。目前,Android 已成为 iOS 最强劲的竞争对手之一。Android 是国内平板电脑最主要的操作系统。

在苹果推出 iPad 平板电脑以后,微软并没有意识到平板电脑会发展得如此迅猛,因此也没有推出任何平板系统。直到微软发现错过了这一大商机,在推出了 PC 用 Windows 8 系统以后,又推出了用于自己开发的平板电脑的 Windows 8 系统,之后推出的 Windows 10 操作系统也兼顾了 PC 和平板电脑。Windows 8/10 系统支持来自 Intel、AMD 和 ARM 的芯片架构,其宗旨是让人们的日常计算机操作更加简单和快捷,为人们提供高效易行的工作环境。

因为 Windows 操作系统从最初就是专门为个人计算机设计的,而非平板电脑,而且 Windows 系统的平板虽然以平板模式开发,但其应用与安卓和 iOS 系统的平板相比少了很多,再加上用户在使用习惯上的惯性思维,这些都导致了 Windows 系统的平板在使用感受等多个方面与安卓和 iOS 系统的平板相比会相对逊色。但是 Windows 系统在平板领域也有它的长处,得益于完整版的 Windows 操作系统,其在办公和桌面级应用上可以说是大大超越了安卓和 iOS 系统,因此 Windows 系统的平板更可以胜任传统的办公需求,也比较符合用户的办公习惯。这也形成了一种普遍的认知,即安卓和 iOS 系统的平板主打娱乐影音,而 Windows 平板更能胜任办公需求。

## 4.2 Windows 10 概述

Windows 10 是由微软公司开发的应用于计算机和平板电脑的操作系统,于 2015 年 7 月 29 日发布正式版。Windows 10 操作系统在易用性和安全性方面有了极大的提升,除了针对云服务、智能移动设备、自然人机交互等新技术进行融合外,还对固态硬盘、生物识别、高分辨率屏幕等硬件进行了优化完善与支持。

### 4.2.1 Windows 10 的启动与退出

**1. Windows 10 的启动**

开启计算机电源之后,Windows 10 被装载入计算机内存,并开始检测、控制和管理计算机的各种设备,这一过程称为系统启动。启动成功后,将进入 Windows 10 的工作界面。

**2. Windows 10 的退出**

在计算机数据处理工作完成以后,需要退出 Windows 10,才能切断计算机的电源。直接切断计算机电源的做法,对计算机及 Windows 10 系统都有损害。

(1)关闭计算机

在关闭计算机之前,首先要保存正在做的工作并关闭所有打开的应用程序,然后单击"开始"按钮,弹出"开始"菜单,在"开始"菜单的左下角有"电源"按钮,单击该按钮,弹出图 4-2(a)所示"电源"菜单。在菜单中选择"关机"命令,此时,系统首先会关闭所有运行中的程序,然后关闭后台服务,退出 Windows,接着切断对所有设备的供电,即关闭了计算机。

在桌面中按【Alt + F4】组合键,弹出图 4-2(b)所示的"关闭 Windows"对话框,选择其中的"关机"选项,同样可以关闭计算机。

(a)"电源"菜单

(b)"关闭 Windows"对话框

图 4-2 Windows 关机

> 注意：
> 关机时请注意保存好运行的程序或修改的文件，Windows 10 的关机操作没有再次确认的界面，一旦单击"关机"按钮，系统会立刻进行关机操作。此外，在单击"关机"按钮关闭计算机后，不要再去按主机上的电源按钮，因为此时计算机主机已经关闭，再按电源按钮相当于又开启了计算机。

（2）其他关机项

在上述"电源"菜单或"关闭 Windows"对话框中，都会列出其他关机项，用户可以选择其中一项，进行与关机有关的操作。

① 重启：选择"重启"命令，系统将关闭所有打开的程序，重新启动操作系统。如果用户安装了多种操作系统，还可以选择其他操作系统。通常在计算机出现系统故障或死机现象时，可以考虑重新启动计算机，以解决所出现的问题，使用"重启"命令有助于修复计算机运行时产生的错误和提高运行效率。有时候操作系统更新或安装新的应用程序后也需要重启系统。

② 睡眠：选择"睡眠"命令，计算机就处于低耗能状态，显示器将关闭，而且计算机的风扇通常也会停止，它只需维持内存中的工作，操作系统会自动保存当前打开的文档和程序，所以在使计算机睡眠前不需要关闭用户的程序和文件。"睡眠"是计算机最快的关闭方式，也是快速恢复工作的最佳选择，通常只需几秒便可使计算机恢复到用户离开时的状态，且耗电量非常少。对于处于睡眠状态的计算机，可通过按键盘上的任意键、单击、打开笔记本计算机的盖子来唤醒计算机或通过按计算机电源按钮恢复工作状态。

③ 注销：Windows 允许多个用户登录计算机，注销就是向系统发出请求，退出现在登录的用户，以便使用其他用户来登录系统。注销不可以替代重新启动，只清空当前用户的缓存空间和注册表等信息。

④ 切换用户：若计算机上有多个用户账户，用户可使用"切换用户"命令在各用户之间进行切换而不影响每个账户正在使用的程序。切换用户时，允许另一个用户登录计算机，但前一个用户的操作依然被保留在计算机中，其请求并不会被清除，一旦计算机又切换到前一个用户，那么他仍能继续操作，这样即可保证多个用户互不干扰地使用计算机。

### 4.2.2　Windows 10 的桌面

桌面是指 Windows 10 的主界面，在正常启动 Windows 系统后，首先看到的就是 Windows 10 的桌面，如图 4-3 所示。

图 4-3　Windows 10 的桌面

**1. Windows 10 的图标**

桌面上显示了一系列常用项目的程序图标，包括"此电脑""网络""控制面板""回收站""Microsoft Edge"等。

在 Windows 系统中，图标扮演着极为重要的角色，它可以代表一个文档、一段程序、一张网页或是一段命令，当双击一个图标时，就可以执行图标所对应的程序或打开对应的文档。

左下角带有弧形箭头的图标称为快捷方式。快捷方式是一种特殊的文件类型,它提供了对系统中一些资源对象的快速简便访问。快捷方式图标是原对象的"替身"图标,它是快速访问经常使用的应用程序和文档的最主要的方法。

**2. Windows 10 的任务栏**

任务栏(taskbar)是指位于桌面最下方的细长条,如图 4-4 所示。任务栏的最左端是"开始"按钮,之后依次有应用程序区、通知区和输入法指示器等,在任务栏的最右端是"显示桌面"按钮。

图 4-4 Windows 10 的任务栏

(1)任务栏的组成部分

① "开始"按钮:"开始"按钮是 Windows 10 操作的一个关键元件,单击"开始"按钮会打开"开始"菜单,Windows 10 的所有功能设置项,都可以从"开始"菜单内找到。

② 应用程序区:Windows 10 中正在运行的程序图标会出现在任务栏的应用程序区。默认情况下任务栏采用大图标显示这些正在运行的程序,单击任务栏中的程序图标可以方便预览各个程序窗口内容,并进行窗口切换。对于最常用的一些程序(如文件资源管理器、浏览器等),还会将其固定在该区域,执行时只要单击即可。当然,用户如果需要将该区域中的程序快捷方式移除,只要右击程序图标,在弹出的快捷菜单中选择"从任务栏取消固定"命令即可。

③ 通知区:默认情况下,在通知区会显示计算机电池用电状况、联网状态、音量大小等信息,还有其他一些程序运行状态(如蓝牙设备、Windows 安全中心、显卡设置等)会隐藏起来,可以单击"∧"图标(显示隐藏的图标),此时,这些隐藏的程序图标就会显示出来。

④ 输入法指示器:单击此处可以在英文及各种中文输入法之间切换,其右侧显示系统日期和时间。

⑤ "显示桌面"按钮:单击该按钮会快速地切换到桌面。

(2)定制任务栏

任务栏在默认情况下总是位于 Windows 10 工作桌面的底部,而且不被其他窗口覆盖,其高度只能容纳一行按钮。但也可以对任务栏的状况进行调整或改变,称为定制任务栏。

右击任务栏,弹出图 4-5(a)所示的任务栏快捷菜单,选择"任务栏设置"命令,打开图 4-5(b)的任务栏"设置"窗口,在任务栏快捷菜单和任务栏设置窗口中有若干命令或选项,通过这些命令的选择或选项的设置,可以对任务栏进行定制。

① 显示/隐藏操作按钮:在任务栏快捷菜单中可以选择显示或隐藏一些特色的操作按钮,如显示 Cortana 按钮、显示"任务视图"按钮等,还可以在"搜索"级联菜单下选择"显示搜索框"命令,方便在任务栏中直接进行搜索操作。当然,这些操作按钮和搜索框也可以取消显示,不在任务栏中出现。

② 锁定任务栏:在任务栏快捷菜单中选择"锁定任务栏"命令,即可将任务栏固定在桌面底部,此时不能通过鼠标拖动的方式改变任务栏的大小或移动任务栏的位置。如果取消了锁定,可以用鼠标拖动任务栏的边框线,改变任务栏的大小;也可以用鼠标拖动任务栏到桌面的四个边上,即移动任务栏的位置。

③ 在桌面模式下或在平板模式下自动隐藏任务栏:在任务栏设置窗口中通过对自动隐藏任务栏的开关按钮进行设置,可以将任务栏隐藏起来。此时,如果想看到任务栏,只要将鼠标指针移到任务栏的位置,任务栏就会显示出来。移走鼠标后,任务栏又会重新隐藏起来。隐藏起任务栏后可以为其他窗口腾出更多的空间。

④ 使用小任务栏按钮:在任务栏设置窗口中对该项开关按钮进行设置,可以将任务栏设置为较小版本,同时各类应用图标也变小。

⑤ 任务栏在屏幕上的位置:默认是底部,单击下拉列表按钮,选择顶部、靠左或靠右,可以将任务栏放置在桌面的上方、左侧或右侧。

第4章 操作系统及其应用

（a）任务栏快捷菜单

（b）任务栏设置窗口

图4-5 定制任务栏

> 小知识：
> Windows 10允许用户把程序图标固定在任务栏上。启动应用程序，右击位于任务栏的该程序图标，然后在弹出的快捷菜单中选择"固定到任务栏"命令，完成上述操作之后，即使关闭该程序，任务栏上仍显示该程序图标。另外，也可以直接从桌面上拖动快捷方式到任务栏上进行固定，以便快速访问。

### 3. Windows 10的"开始"菜单

单击任务栏左端的"开始"按钮会弹出"开始"菜单，如图4-6所示。"开始"菜单集成了Windows 10中大部分的应用程序和系统设置工具，是启动应用程序最直接的方式，Windows 10的几乎所有功能设置项，都可以从"开始"菜单内找到。通过"开始"菜单，用户可以打开计算机中安装的大部分应用程序，还可以打开特定的文档、图片等。

图4-6 Windows 10"开始"菜单

(1)"开始"菜单的一般使用

Windows 10 的"开始"菜单整体可以分成两个部分,左侧为应用程序列表、常用项目和最近添加使用过的项目,称为"应用区";右侧则是用来固定图标的开始屏幕,称为"磁贴区"。

单击"开始"按钮,在打开的"开始"菜单的应用区中列出了目前系统中已安装的应用清单,其中,最上部分是近期最常使用的应用程序和最近添加的程序。之后,按照数字 0~9、英文字母 A~Z、拼音 A~Z 的顺序依次排列各应用程序。选择其中的某项应用,鼠标单击即可启动。

(2)定制"开始"菜单

Windows 10 的开始菜单也可以进行一些自定义的设置,通过对"开始"菜单的定制,可以更方便、灵活地使用 Windows 10。

如果某些应用程序需要经常使用,用户就可以将这些程序固定到右侧的"磁贴区"中,以方便快速查找和使用。在"开始"菜单左侧的"应用区"中找到需要设置的应用程序,右击后在弹出的快捷菜单中选择"固定到'开始'屏幕"命令,即可将该应用程序图标固定到右侧的"磁贴区"中。

将应用程序图标固定到"磁贴区"中后,还可以将其从"磁贴区"中取消。在"磁贴区"中选中需要取消的程序图标,右击后在弹出的快捷菜单中选择"从'开始'屏幕取消固定"命令,即可将该应用程序从"磁贴区"中取消。

用户还可以将"开始"菜单中的应用程序固定到任务栏的应用程序区中。在"开始"菜单的"应用区"或"磁贴区"中,右击需要固定到任务栏的应用程序图标,在弹出的快捷菜单中选择"更多"命令,之后在级联菜单中继续选择"固定到任务栏"命令,即可将该应用程序固定到任务栏的应用程序区中。

(3)通过"开始"菜单快速进行常用操作

在"开始"菜单的最左侧依次排列着"电源"按钮、"设置"按钮、"图片"按钮、"文档"按钮和账户设置按钮,单击这些按钮,可以很方便地进行一些常用的操作。

单击"电源"按钮,可以进行之前介绍过的关机或重启的操作;单击"设置"按钮,会弹出"设置"窗口,该窗口作用与"控制面板"类似,但是操作上比控制面板要清晰简洁一些;单击"图片"按钮,将直接定位到 Windows 的图片文件夹下,对图片文件进行操作;单击"文档"按钮,将直接定位到 Windows 的文档文件夹下,对文档文件进行操作;单击账户设置按钮,出现"更改账户设置""锁定""注销"按钮,方便用户对账户信息进行设置。

### 4.2.3 Windows 10 的窗口

运行一个程序或打开一个文档,Windows 10 系统就会在桌面上开辟一块矩形区域用来查看相应的程序或文档,在这个矩形区域内集成了诸多的元素,而这些元素则根据各自的功能又被赋予不同名字,这个集成诸多元素的矩形区域称为窗口。窗口具有通用性,大多数窗口的基本元素都是相同的。窗口可以打开、关闭、移动和缩放。

**1. Windows 10 窗口的组成**

图 4-7 所示为一个典型的 Windows 10 窗口,它由标题栏、地址栏、功能选项卡、工作区、导航窗格、预览窗格、状态栏等部分组成。

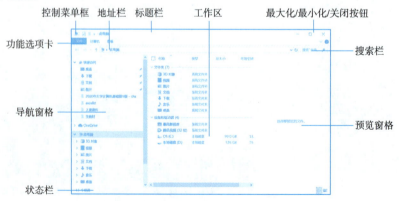

图 4-7  Windows 10 窗口

## 2. Windows 10 窗口的操作

（1）窗口的最大化/向下还原、最小化、关闭操作

单击"最大化"按钮，使窗口充满桌面，此时按钮变成"向下还原"按钮，单击之可使窗口还原；单击"最小化"按钮，将使窗口缩小为任务栏上的按钮；单击"关闭"按钮，将关闭窗口，即关闭了窗口对应的应用程序。

（2）改变窗口的大小

用鼠标拖动窗口的边框，即可改变窗口的大小。

（3）移动窗口

用鼠标直接拖动窗口的标题栏即可将窗口移动到指定的位置。

（4）窗口之间切换

当多个窗口同时打开时，单击要切换到的窗口中的某一点，或单击要切换到的窗口中的标题栏，可以切换到该窗口；在任务栏上单击某窗口对应的按钮，也可切换到该按钮对应的窗口。利用【Alt + Tab】和【Alt + Esc】组合键也可以在不同窗口间切换。

根据窗口的状态，还可以将窗口分为活动窗口和非活动窗口。当多个应用程序窗口同时打开时，处于最顶层的那个窗口拥有焦点，即该窗口可以和用户进行信息交流，这个窗口称为活动窗口（或前台程序）。其他的所有窗口都是非活动窗口（后台程序）。在任务栏中，活动窗口所对应的按钮是按下状态。

（5）在桌面上排列窗口

当同时打开多个窗口时，如何在桌面上排列窗口就显得尤为重要，好的排列方式有利于提高工作效率，减少工作量。Windows 10 提供了排列窗口的命令，可使窗口在桌面上有序排列。

在任务栏空白处右击，在弹出的菜单栏会出现"层叠窗口""堆叠显示窗口""并排显示窗口"三个与排列窗口有关的命令。

① 层叠窗口：将窗口按照一个叠一个的方式，一层一层地叠放，每个窗口的标题栏均可见，但只有最上面窗口的内容可见。

② 堆叠显示窗口：将窗口按照横向两个，纵向平均分布的方式堆叠排列起来。

③ 并排显示窗口：将窗口按照纵向两个，横向平均分布的方式并排排列起来。

堆叠和并排的方式可以使每个打开的窗口均可见且均匀地分布在桌面上。

## 3. Windows 10 的对话框

在 Windows 中，对话框是人机交互的一种重要手段，当系统需要进一步的信息才能继续运行时，就会在屏幕上弹出一个特殊的窗口，在该窗口中列出了所需的各种参数、项目名称、提示信息及参数的可选项，让用户输入信息或进行选择，这种窗口叫对话框，如图4-8所示。

对话框是一种特殊的窗口，它没有控制菜单图标、最大/最小化按钮，对话框的大小不能改变，但可以用鼠标拖动它或关闭它。

Windows 对话框中通常有以下几种控件：

① 文本框（输入框）：接收用户输入信息的区域。

② 列表框：列表框中列出可供用户选择的各种选项，这些选项叫作条目，用户单击某个条目，即可选中它。

③ 下拉列表框：与文本框相似，右端带有一个指向下的按钮，单击该下拉按钮会展开一个列表，在列表选中某一条目，会使文本框中的内容发生变化。

④ 单选按钮：是一组相关的选项，在这组选项中，必须选中一个且只能选中一个选项。

⑤ 复选框：在复选框中，给出了一些具有开关状态的设置项，可选定其中一个或多个，也可一个不选。

图4-8 对话框

⑥ 微调框(旋转框)：一般用来接收数字，可以直接输入数字，也可以单击微调按钮来增大数字或减小数字。

⑦ 命令按钮：当在对话框中选择了各种参数，进行了各种设置之后，单击命令按钮，即可执行相应命令或取消命令执行。

#### 4.2.4　Windows 10 的菜单

在 Windows 系统中，菜单是一种用结构化方式组织的操作命令的集合，是执行命令最常用的方法之一。在 Windows 10 中，有如下几种形式的菜单：

① 控制菜单：单击标题栏最左侧的图标，可以打开控制菜单，其中包含了对窗口本身的控制与操作。

② "开始"菜单：单击任务栏最左端的"开始"按钮即可打开"开始"菜单，它集成了 Windows 10 中大部分的应用程序和系统设置工具，是启动应用程序最直接的方式。前面已经做了介绍，这里不再重复。

③ 下拉菜单：单击应用程序窗口的菜单栏，就会出现下拉菜单，如图 4-9 所示。

④ 快捷菜单：在某一对象上右击，会弹出对应的快捷菜单，如图 4-10 所示。对不同的对象，弹出的快捷菜单的内容也不尽相同。

在 Windows 10 中，由于逐渐放弃了菜单栏的使用，所以，除了"开始"菜单，很大一部分的菜单操作都是右键快捷菜单的操作，即通过鼠标右击待操作的对象而弹出的快捷菜单进行操作。

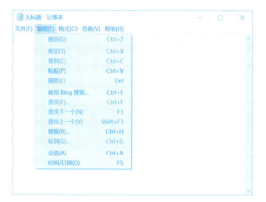
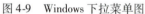

图 4-9　Windows 下拉菜单图

图 4-10　Windows 快捷菜单

在 Windows 的菜单命令中有一些约定的标记，表 4-1 给出了这些标记的含义。

表 4-1　菜单项的附加标记及含义

| 表 示 方 法 | 含　　义 |
| --- | --- |
| 快捷键 | 可以直接按键执行的命令，可以是单个的按键，如【F4】键，也可以是组合键，如【Ctrl＋C】组合键、【Alt＋F4】组合键 |
| 暗淡(或看不见) | 当前不能使用的菜单项 |
| 前有"√" | 类似于开关，具有打开或关闭程序的功能，称之为选中标记，是控制某些功能的开关，再选择一次表示取消选中 |
| 前有"●" | 选项标记，用于切换选择程序的不同状态。若选择其他状态，则取消此前选择的状态 |
| 组合键 | 在菜单命令的后面有带有括号的单个字母，打开菜单后按【Shift】＋该键可以执行此命令 |
| 后有">"或"▼" | 下级菜单箭头，表示该菜单项有级联菜单 |

#### 4.2.5　Windows 10 中文输入

Windows 10 提供有多种中文输入方法，如微软拼音输入法、智能 ABC 输入法、郑码输入法等。除了自带的微软拼音输入法外，还支持许多第三方开发的中文输入法，这些输入法通常词库量大，组词准确并兼容各种输入习惯，因此得到广泛的应用，比较著名的有搜狗拼音输入法、QQ 拼音输入法、谷歌拼音输入法等。一般这类第三方的中文输入法软件可以通过免费软件的方式得到，使用前需要安装。

无论是使用何种输入法，当需要输入中文时，都要先调出一种自己熟悉的中文输入法，然后按照该中文输入法的规则输入汉字。在输入汉字时,只要输入相应的英文字符或数字,即可调出并输入对应的汉字,把输入汉字时输入的英文字符或数字称为汉字的外码。学习汉字输入方法的关键,就是掌握汉字输入法的调用方法,汉字的编码规则及输入汉字的操作步骤。

当需要输入中文时,可利用键盘或鼠标随时调用任意一种中文输入法进行中文输入,并可以在不同的输入法之间切换。

① 利用键盘:使用【Ctrl + Space】组合键,可以启动或关闭中文输入法。

② 利用组合键:使用【Alt + Shift】或【Ctrl + Shift】组合键,可以在英文及各种中文输入法之间切换。

③ 利用鼠标:单击任务栏中的输入法指示器,屏幕上会弹出选择输入法菜单,在选择输入法菜单中列出了当前系统已安装的所有中文输入法。选择某种要使用的中文输入法,即可切换到该中文输入法状态下,任务栏上输入法指示器的图标将随输入法的不同而发生相应变化。

### 4.2.6 Windows 10 的帮助系统

在使用 Windows 10 操作系统的过程中,经常会遇到一些计算机故障或疑难问题,Windows 10 具有一个方便简洁、信息量大的帮助系统,使用 Windows 10 系统内置的"Windows 帮助和支持",用户可以从中方便快捷地查找到有关软件的使用方法及疑难问题的解决方法,借助于该帮助系统,可以帮助用户解决所遇到的计算机问题。在 Windows 10 中通常可以采用三种方法获取帮助。

**1. 按【F1】键获取帮助**

按【F1】键是在 Windows 中寻找帮助的最原始的方式。在应用程序中按【F1】键通常会打开该程序的帮助菜单;对于 Windows 10 本身,该按钮会在用户的默认浏览器中执行 Bing 搜索以获取 Windows 10 的帮助信息。

**2. 在"使用技巧"应用中获取帮助**

Windows 10 内置了一个"使用技巧"应用,通过它可以获取系统各方面的帮助和配置信息。在"开始"菜单中选择"使用技巧"命令,可打开如图 4-11 所示的"使用技巧"窗口。"使用技巧"窗口的上方有搜索提示输入框,用户可以通过输入搜索关键词快速找到相关帮助信息。

图 4-11 "使用技巧"窗口

**3. 向 Cortana 寻求帮助**

Cortana 是 Windows 10 中自带的虚拟助理(中文名为"小娜"),它不仅可以帮助用户安排会议、搜索文件,回答用户问题也是其功能之一。在任务栏上单击"与 Cortana 交流"按钮,则可打开 Cortana 助手寻求帮助。如果当前任务栏上没有"Cortana"按钮,则可以右击任务栏空白处,在打开的快捷菜单中选择"显示 Cortana 按钮"命令,这样就可以在任务栏中显示 Cortana 按钮了。

## 4.3 Windows 10 的文件管理

文件管理是操作系统中的一项重要功能,Windows 10 具有很强的文件组织与管理功能,借助于 Windows 10,用户可以方便地对文件进行管理和控制。

### 4.3.1 文件管理的基本概念

**1. 文件**

文件是计算机中一个非常重要的概念,它是操作系统用来存储和管理信息的基本单位。在文件中可以保存各种信息,它是具有名字的一组相关信息的集合。编制的程序、编辑的文档以及用计算机处理的图像、声音信息等,都要以文件的形式存放在磁盘中。

每个文件都必须有一个确定的名字,这样才能做到对文件进行按名存取的操作。通常文件名称由文件名和扩展名两部分组成,文件名和扩展名之间用"."分隔。在 Windows 10 中,文件的扩展名由 1~4 个合法字符组成,而文件名称(包括扩展名)可由最多达 255 个的字符组成。

**2. 文件的类型**

计算机中所有的信息都是以文件的形式进行存储的,如程序、文档、图像、声音信息等。由于不同类型的信息有不同的存储格式与要求,相应地就会有多种不同的文件类型,这些不同的文件类型一般通过扩展名来标明。表 4-2 列出了常见的文件扩展名及其含义。

表 4-2 常见文件扩展名及其含义

| 扩展名 | 含义 | 扩展名 | 含义 |
| --- | --- | --- | --- |
| .com | 系统命令文件 | .exe | 可执行文件 |
| .sys | 系统文件 | .rtf | 带格式的文本文件 |
| .doc、.docx | Word 文档 | .obj | 目标文件 |
| .txt | 文本文件 | .swf | Flash 动画发布文件 |
| .bas | BASIC 源程序 | .zip | ZIP 格式的压缩文件 |
| .c | C 语言源程序 | .rar | RAR 格式的压缩文件 |
| .html | 网页文件 | .cpp | C++语言源程序 |
| .bak | 备份文件 | .java | Java 语言源程序 |

**3. 文件属性**

文件属性用于反映该文件的一些特征的信息。常见的文件属性一般分为以下几类:

(1)时间属性

① 文件的创建时间:该属性记录了文件被创建的时间。

② 文件的修改时间:文件可能经常被修改,文件修改时间属性会记录下文件最近一次被修改的时间。

③ 文件的访问时间:文件会经常被访问,文件访问时间属性则记录了文件最近一次被访问的时间。

(2)空间属性

① 文件的位置:文件所在位置,一般包含盘符、文件夹。

② 文件的大小:文件实际的大小。

③ 文件所占的磁盘空间:文件实际所占的磁盘空间。由于文件存储是以磁盘簇为单位,因此文件的实际大小与文件所占磁盘空间很多情况下是不同的。

(3)操作属性

① 文件的只读属性:为防止文件被意外修改,可以将文件设为只读属性,只读属性的文件可以被打开,但除非将文件另存为新的文件,否则不能将修改的内容保存下来。

② 文件的隐藏属性:对重要文件可以将其设为隐藏属性,一般情况下隐藏属性的文件是不显示的,这样

可以防止文件误删除、被破坏等。

③ 文件的存档属性：当建立一个新文件或修改旧文件时，系统会把存档属性赋予这个文件，当备份程序备份文件时，会取消存档属性，这时，如果又修改了这个文件，则它又获得了存档属性。所以备份程序可以通过文件的存档属性，识别出来该文件是否备份过或做过了修改，需要时可以对该文件再进行备份。

**4. 文件目录/文件夹**

为了便于对文件的管理，Windows 操作系统采用类似图书馆管理图书的方法，即按照一定的层次目录结构，对文件进行管理，称为树形目录结构。

所谓的树形目录结构，就像一棵倒挂的树，树根在顶层，称为根目录，根目录下可有若干个（第一级）子目录或文件，在子目录下还可以有若干个子目录或文件，一直可嵌套若干级。

在 Windows 10 中，这些子目录称为文件夹，文件夹用于存放文件和子文件夹。可以根据需要，把文件分成不同的组并存放在不同的文件夹中。实际上，在 Windows 10 的文件夹中，不仅能存放文件和子文件夹，还可以存放其他内容，如某一程序的快捷方式等。

在对文件夹中的文件进行操作时，作为系统应该知道这个文件的位置，即它在哪个磁盘的哪个文件夹中。对文件位置的描述称为路径，如"D:\chai\练习\student.docx"就指示了 student.docx 文件的位置在 D 盘的 chai 文件夹下的"练习"文件夹中。

**5. 文件通配符**

在文件操作中，有时需要一次处理多个文件，当需要成批处理文件时，有两个特殊的符号非常有用，它们就是文件的通配符"＊"和"？"。

① ＊：在文件操作中使用它代表任意多个 ASCII 码字符。

② ？：在文件操作中使用它代表任意一个字符。

例如，＊.docx 表示所有扩展名为 .docx 的文件；lx＊.bas 表示文件名的前两个字符是 lx，扩展名是 .bas 的所有文件；a?e?x.＊ 表示文件名由 5 个字符组成，其中第 1、3、5 个字符是 a、e、x，第 2 和第 4 个为任意字符，扩展名为任意符号的一批文件；而 a?e?x＊.＊ 则表示了文件名的前 5 个字符中，第 1、3、5 个字符是 a、e、x，第 2 和第 4 个为任意字符，扩展名为任意符号的一批文件（文件名不一定是 5 个字符）。当需要对所有文件进行操作时，可以使用＊.＊。

在文件搜索等操作中，通过灵活使用通配符，可以很快匹配出含有某些特征的多个文件。

### 4.3.2 Windows 10 的文件管理和操作

在 Windows 10 中通过"文件资源管理器"来对文件进行管理和操作。"文件资源管理器"是一个用于查看和管理系统中的所有资源的管理工具，它在一个窗口之中集成了系统的所有资源，利用它可以很方便地在不同的资源（文件夹）之间进行切换并实施操作。使用文件资源管理器管理文件非常方便。

**1. 打开"文件资源管理器"窗口**

打开"文件资源管理器"窗口可以采用以下三种方法：

① 单击"开始"按钮，在打开的"开始"菜单的最左侧单击"文档"按钮，可以打开"文件资源管理器"窗口，此时窗口中显示的是"文档"文件夹中的内容（即定位在"文档"文件夹上）。

② 在桌面上双击"此电脑"图标或"网络"图标，也可以启动"文件资源管理器"。

③ 右击"开始"按钮，在弹出的菜单中选择"文件资源管理器"命令。

图 4-12 所示为文件资源管理器窗口。

**2. 在"文件资源管理器"窗口查看文件夹和文件**

文件资源管理器窗口左侧的导航窗格中以树的形式列出了系统中的所有资源，包括"此电脑""网络""视频""图片""桌面"等，其中"此电脑"用来管理所有磁盘及文件夹和文件。在导航窗格中选中"此电脑"图标，主窗口中会显示出所有硬盘和移动盘的图标。

图 4-12　文件资源管理器窗口

（1）进入不同的文件夹

在文件资源管理器中对文件进行管理和操作，最常见的操作就是逐层地打开文件夹，直至找到需要操作的文件。通常的操作方法是，在导航窗格中选中"此电脑"图标，然后在主窗口中双击需要操作的盘符（如D盘），此时主窗口中会显示出D盘中所有的文件夹和文件；继续找到需要操作的文件夹双击，此时主窗口中会显示该文件夹之下的所有子文件夹和文件，然后依此类推，直至找到需要操作的文件。

（2）导航窗格项目的展开和折叠

从图 4-12 中可以看出，文件资源管理器左侧的导航窗格中，有些项目图标前带有标记➤，如图 4-12 中的 C 盘、"图片"、"桌面"、"C++LX"文件夹等），该标记说明在这些项目（磁盘或文件夹）之下，还有其他子项目（子文件夹）。单击该➤标记（或双击项目图标）可以将其展开（如图 4-12 中的 D 盘、"chai"文件夹即为展开的项目），展开其下级项目后，该项目之前的标记变为⌄。如果不再关注某个项目（文件夹），可将其折叠起来，以节省显示空间，此时单击该项目（文件夹）之前的标记⌄即可。

在进行文件夹操作时，也可以在导航窗格中逐层打开盘区、文件夹、子文件夹……，此时文件夹会按照层次关系依次展开。用户可以根据需要，在导航窗格中展开需要的文件夹，折叠目前不需要的文件夹，然后根据需要在不同的文件夹之间方便地进行切换，达到对文件夹和文件操作的目的。

（3）通过地址栏方便地切换文件夹

通过 Windows 10 文件资源管理器的地址栏也可以方便地在不同文件夹之间进行切换。Windows 10 文件资源管理器的地址栏与 IE 浏览器很相像，有"←"（后退）、"→"（前进）和"↑"（上移到…）按钮，单击"←"或"→"按钮，可以回退或返回到之前的某步操作；单击"↑"按钮，可以返回到上一级文件夹。在"→"按钮的旁边还有一个"⌄"下拉按钮，该按钮是一个历史记录，单击该按钮，会弹出一个下拉菜单，其中列出了最近操作过的文件夹，选中其中一个便可切换到该文件夹。

当在 Windows 10 文件资源管理器中查看一个文件夹时，在地址栏处会显示出当前文件夹的目录层次（图 4-12 地址栏中显示的是"此电脑➤本地磁盘（D:）➤chai➤练习"），目录层次由符号"➤"分隔，当用户单击该分隔符号"➤"时，该符号会变为向下"⌄"，显示该目录下所有文件夹名称。此时单击其中任一文件夹，即可快速切换至该文件夹访问页面，非常方便用户快速切换目录。

如果用户想要查看和复制当前的文件路径，只要在地址栏空白处单击，即可让地址栏以传统的方式显示文件路径（例如在图 4-12 地址栏中单击，将显示"D:\chai\练习"）。

(4)通过"预览窗格"预览文件内容

Windows 10 文件资源管理器的预览窗格可以在不打开文件的情况下直接预览文件内容,这个功能对预览和查找文本、图片和视频等文件特别有用。

在图 4-12 所示文件资源管理器中选中"D:\chai\练习"文件夹下的 Word_lx.docx 文件,在右侧的"预览窗格"即可预览该文档的内容,如图 4-13 所示。

如果文件资源管理器中未启用"预览窗格"功能,可以单击文件资源管理器的"查看"选项卡"窗格"选项组中的"预览窗格"按钮,在文件资源管理器右侧即可显示预览窗格。详细信息窗格能显示选中文件、文件夹或某个对象的详细信息,同样可以在"查看"选项卡"窗格"选项组中单击"详细信息窗格"按钮进行显示。

图 4-13　Windows 10 文件资源管理器"预览窗格"

**3. 设置文件夹或文件的显示选项**

Windows 10 文件资源管理器提供了多种方式来显示文件或文件夹的内容,此外,还可以通过设置,排序显示文件或文件夹的内容。Windows 10 文件资源管理器的"查看"选项卡中涵盖了文件和文件夹显示的大部分功能,图 4-14 为 Windows 10 文件资源管理器的"查看"选项卡。

图 4-14　Windows 10 文件资源管理器的"查看"选项卡

(1)文件夹内容的几种显示方式

Windows 10 文件资源管理器提供了非常丰富的视图模式,在文件资源管理器单击"查看"选项卡"布局"选项组中的相应按钮,即可设置文件的显示方式,如图 4-14 所示。其中提供了 8 个视图模式来显示文件或文件夹的图标,用户可以从中选择自己需要的视图模式来显示文件和文件夹。

(2)文件夹内容的排序方式

在 Windows 10 文件资源管理器中,可以按照文件的名称、修改时间、类型、大小、创建时间、作者、类别、标记等一系列信息,对文件进行排序显示,以方便对文件的管理。在图 4-14 文件资源管理器"查看"选项卡的"当前视图"选项组中,单击"排序方式"按钮,然后在下拉的菜单中,从提供的若干排序方式中选择一种方

式来排序显示文件和文件夹。其中,最常用的四种排序方式的含义如下:

① 按名称排列:按照文件和文件夹名称的英文字母排列。
② 按类型排列:按照文件的扩展名将同类型的文件放在一起显示。
③ 按大小排列:根据各文件的字节大小进行排列。
④ 按修改时间排列:根据最后修改文件或文件夹的时间进行排列。

> **注意:**
> 这些排序方式是多选一的,即当选择某一排序方式后,以前的排序方式自动取消。如果当前文件资源管理器窗口处在详细信息的视图模式,也可以直接单击表头对窗口中内容进行排列。

Windows 10 文件资源管理器还可以依据上述的排列方式,进一步按组排列。在图 4-14 所示"查看"选项卡的"当前视图"选项组中,单击"分组依据"按钮,然后在下拉菜单中,从"名称""修改日期""类型""大小"等若干分组依据中选择一种,系统就会根据选择的分组依据,进行分组排列显示,使排列效果更加明显。

**4. 设置文件夹或文件的显示方式**

(1) 显示所有文件

在文件夹窗口下看到的可能并不是全部的内容,有些内容当前可能没有显示出来,这是因为 Windows 10 在默认情况下,会将某些文件(如隐藏文件等)隐藏起来不让它们显示。为了能够显示所有文件,可进行设置。

在图 4-14 文件资源管理器"查看"选项卡的"显示/隐藏"选项组中,有"隐藏的项目"复选框,默认情况下,该复选框是不选中的,即属性为隐藏的文件和文件夹是不显示的。单击选中该复选框(使之出现对勾☑),此时,属性为隐藏的文件和文件夹也将显示出来。

如果不希望显示属性为隐藏的文件和文件夹,则单击"隐藏的项目"复选框,取消选中(去掉对勾☑),则隐藏文件和文件夹又被隐藏了起来,不再显示。

> **注意:**
> 上述设置是对整个系统而言的,即如果在任何一个文件夹窗口中进行了上述设置后,在其他所有文件夹窗口下都能看到(或隐藏)隐藏的文件和文件夹。

(2) 显示文件的扩展名

通常情况下,在文件夹窗口中看到的大部分文件只显示了文件名的信息,而其扩展名并没有显示。这是因为在默认情况下,Windows 10 对于已在注册表中登记的文件,只显示文件名信息,而不显示扩展名。也就是说,Windows 10 是通过文件的图标来区分不同类型的文件的,只有那些未被登记的文件才能在文件夹窗口中显示其扩展名。

在图 4-14 文件资源管理器"查看"选项卡的"显示/隐藏"选项组中,有"文件扩展名"复选框,默认情况下,该复选框是不选中的,即文件的扩展名不显示。单击选中该复选框(使之出现对勾☑),此时,文件扩展名也会同时显示出来。若再次单击"文件扩展名"复选框,取消选中(去掉对勾☑),则文件扩展名又被隐藏起来,不再显示。

> **注意:**
> 该项设置也是对整个系统而言的,而不是仅仅对当前文件夹窗口。

### 4.3.3 文件和文件夹操作

文件和文件夹操作包括文件和文件夹的新建、选定、复制、移动、删除和重命名等,是日常工作中最经常进行的操作。Windows 10 文件资源管理器的"主页"选项卡中涵盖了文件操作的大部分功能,图 4-15 为

Windows 10 文件资源管理器的"主页"选项卡。

图 4-15　Windows 10 文件资源管理器的"主页"选项卡

**1. 选定文件和文件夹**

在 Windows 中进行操作,通常都遵循这样一个原则,先选定对象,再对选定的对象进行操作。因此进行文件和文件夹操作之前,首先要选定欲操作的对象。下面介绍选定对象的操作。

(1) 选定单个文件对象的操作

① 单击文件或文件夹图标,则选定被单击的对象。

② 依次输入要选定文件的前几个字母,此时,具有这一特征的某个文件被选定,继续按【↓】键直至找到欲选定的文件。

(2) 同时选定多个文件对象的操作

① 按住【Ctrl】键后,依次单击要选定的文件图标,则这些文件均被选定。

② 用鼠标左键拖动形成矩形区域,区域内文件或文件夹均被选定。

③ 如要选定的文件连续排列,先单击第一个文件,然后按住【Shift】键的同时单击最后一个文件,则从第一个文件到最后一个文件之间的所有文件均被选定。

④ 单击文件资源管理器"主页"选项卡"选择"选项组中的"全部选择"按钮或按【Ctrl + A】组合键,则将当前窗口中的文件全部选定。

**2. 创建文件夹**

在图 4-15 所示文件资源管理器"主页"选项卡的"新建"选项组中,直接单击"新建文件夹"按钮;或右击想要创建文件夹的窗口或桌面,在弹出的快捷菜单中选择"新建"→"文件夹"命令,此时弹出文件夹图标并允许为新文件夹命名(系统默认文件名为"新建文件夹")。

**3. 移动或复制文件和文件夹**

有多种方法可以完成移动或复制文件和文件夹的操作:鼠标右键或左键的拖动以及利用 Windows 的剪贴板。

(1) 鼠标右键操作

首先选定要移动或复制的文件夹或文件,然后用鼠标右键拖动至目的地,释放按键后,会弹出菜单提问:复制到当前位置、移动到当前位置、在当前位置创建快捷方式,根据要做的操作,选择其一即可。

(2) 鼠标左键操作

首先选定要移动或复制的文件夹或文件,然后用鼠标左键直接拖动至目的地即可。左键拖动不会出现菜单,但根据不同的情况,所做的操作可能是移动或复制。

① 如果在同一盘区拖动(如从 D 盘的一个文件夹拖到 D 盘的另一个文件夹),则为移动;如果在不同盘区拖动(如从 D 盘的一个文件夹拖到 C 盘的一个文件夹),则为复制。在拖动过程中,会出现"移动到×××文件夹"或"复制到×××文件夹"的提示。

② 在拖动的同时按住【Ctrl】键,则一定为复制,此时拖动过程中会出现"复制到×××文件夹"的提示。在拖动的同时按住【Shift】键,则一定为移动,此时拖动过程中会出现"移动到×××文件夹"的提示。

(3) 利用 Windows 剪贴板的操作

为了在应用程序之间交换信息,Windows 提供了剪贴板的机制。剪贴板是内存中一个临时数据存储区,在进行剪贴板的操作时,总是通过"复制"或"剪切"命令将选定的对象送入剪贴板,然后在需要接收信息的窗口内通过"粘贴"命令从剪贴板中取出信息。

虽然"复制"和"剪切"命令都是将选定的对象放入剪贴板,但这两个命令是有区别的。"复制"命令是将选定的对象复制到剪贴板,因此执行完"复制"命令后,原来的信息仍然保留,同时剪贴板中也具有了该信息;"剪切"命令是将选定的对象移动到剪贴板,执行完"剪切"命令后,剪贴板中具有了信息,而原来的信息就被删除了。

如果进行多次的"复制"或"剪切"操作,剪贴板总是保留最后一次操作时送入的内容。但是,一旦向剪贴板中送入了信息之后,在下一次"复制"或"剪切"操作之前,剪贴板中的内容将保持不变。这也意味着可以反复使用"粘贴"命令,将剪贴板中的信息送至不同的程序或同一程序的不同地方。

由剪贴板的上述特性,可以得出利用剪贴板进行文件移动或复制的常规操作步骤如下:

① 首先选定要移动或复制的文件和文件夹。

② 如果是复制,按快捷键【Ctrl+C】,或右击后在弹出的快捷菜单中选择"复制"命令,或在图4-15所示文件资源管理器"主页"选项卡的"剪贴板"选项组中直接单击"复制"按钮;如果是移动,按快捷键【Ctrl+X】,或右击后在弹出的快捷菜单中选择"剪切"命令,或在图4-15所示文件资源管理器"主页"选项卡的"剪贴板"选项组中直接单击"剪切"按钮。

③ 选定接收文件的位置,即打开目标位置的文件夹。

④ 按快捷键【Ctrl+V】,或右击后在弹出的快捷菜单中选择"粘贴"命令,或在图4-15所示文件资源管理器"主页"选项卡的"剪贴板"选项组中直接单击"粘贴"按钮。

**4. 为文件或文件夹重命名**

在进行文件或文件夹的操作时,有时需要更改文件或文件夹的名字,这时可以按照下述方法之一进行操作:

① 选定要重命名的对象,然后单击对象的名字。

② 选定要重命名的对象,然后按【F2】键。

③ 右击要重命名的对象,在弹出的快捷菜单中选择"重命名"命令。

④ 选定要重命名的对象,然后在图4-15所示文件资源管理器"主页"选项卡的"组织"选项组中直接单击"重命名"按钮。

> **注意:**
> 如果当前的显示状态为不显示文件扩展名,在为文件重命名时,不要输入扩展名。如对于文件boy.docx,改为"男孩.docx"时,只要输入"男孩"即可,如果输入了"男孩.docx",由于当前的扩展名不显示,所以实际的文件名字就成为"男孩.docx.docx"了,显然这是不对的。

**5. 撤销刚刚做过的操作**

在执行了如移动、复制、更名等操作后,如果又改变了主意,可以选择撤销操作。在刚刚进行了某项操作后,右击窗口,在弹出的快捷菜单中会出现"撤销××"(其中××就是刚才的操作名称),选择该命令即可撤销刚才的操作,或直接按快捷键【Ctrl+Z】,进行撤销操作。

**6. 删除文件或文件夹**

删除文件最快的方法就是用【Delete】键。先选定要删除的对象,然后按该键即可。此外,还可以用其他方法删除。

① 右击要删除的对象,在弹出的快捷菜单中选择"删除"命令。

② 选定要删除的对象,然后在图4-15所示文件资源管理器"主页"选项卡的"组织"选项组中直接单击"删除"按钮。

需要说明的是,在一般情况下,Windows并不真正删除文件,而是将被删除的项目暂时放在一个称为回收站的地方。实际上回收站是硬盘上的一块区域,被删除的文件会被暂时存放在这里,如果发现删除有误,可以通过回收站恢复。

在删除文件时,如果是按住【Shift】键的同时按【Delete】键删除,则被删除的文件不进入回收站,而是真的从物理上被删除了,做这个操作时请一定慎重。

**7. 恢复删除的文件夹、文件和快捷方式**

如果删除后立即改变了主意,可执行"撤销"命令来恢复删除。但是对于已经删除一段时间的文件或文件夹,需要到回收站查找并进行恢复。

(1) 恢复删除文件的操作

双击"回收站"图标,打开"回收站"窗口,如图4-16所示。在"回收站"窗口中会显示最近删除的项目的名称、原位置、删除日期、大小、项目类型等信息。在打开的"回收站工具"选项卡中包含了回收站的所有操作。

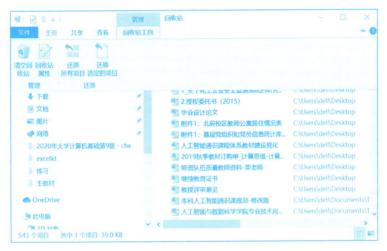

图4-16 回收站窗口

选定需恢复的对象,在图4-16所示的"回收站工具"选项卡中单击"还原选定的项目"按钮;或右击,在弹出的快捷菜单中选择"还原"命令,即可将选定的项目恢复至原来的位置。如果在恢复过程中,原来的文件夹已不存在,Windows 10会要求重新创建文件夹。

需要说明的是,从移动盘或网络服务器删除的项目不保存在回收站中。此外,当回收站的内容过多时,最先进入回收站的项目将被真正地从硬盘删除,因此,回收站中只能保存最近删除的项目。

(2) 删除回收站中的文件或清空回收站

如果回收站中的文件过多,也会占用磁盘空间,因此,如果文件确实不需要了,应该将其从回收站清除(真正删除),这样可以释放一些磁盘空间。

在"回收站"窗口中选定需要删除的文件,按【Delete】键;或右击,在弹出的快捷菜单中选择"删除"命令,在回答了确认信息后,真正删除。

如果要清空回收站,在图4-16所示的"回收站工具"选项卡中单击"清空回收站"按钮即可。

**8. 设置文件或文件夹的属性**

具体操作步骤如下:

① 选定要设置属性的对象。

② 右击对象,在弹出的快捷菜单中选择"属性"命令,打开文件属性对话框;或在图4-15所示文件资源管理器"主页"选项卡的"打开"选项组中直接单击"属性"按钮,也可打开文件属性对话框,如图4-17所示。

③ 在属性对话框中选择需要设置的属性即可。

从图4-16可以看出,属性对话框中还显示了文件夹或文件许多重要的统计信息,如文件的打开方式、位置、大小、创建或修改的时间等。

### 4.3.4 文件的搜索

在实际操作中,经常需要找到所需的文件,但文件夹可能要嵌套

图4-17 文件属性对话框

很多层,尤其是不太清楚文件在什么位置或不太清楚文件的准确名称时,找到一个文件可能会很麻烦。此时,就需要对文件进行搜索,以便很快找到所需文件。

在 Windows 10 文件资源管理器的右上方有搜索栏,借助于搜索栏可以快速搜索当前地址栏所指定的地址(文件夹)中的文档、图片、程序、Windows 帮助甚至网络等信息。当在 Windows 10 文件资源管理器的搜索栏中输入内容进行搜索时,窗口即显示已经搜索到的内容,如图 4-18 所示。

图 4-18 文件搜索

Windows 10 系统的搜索是动态的,当用户在搜索栏中输入第一个字符的时刻,Windows 10 的搜索就已经开始工作,随着用户不断输入搜索的文字,Windows 10 会不断缩小搜索范围,直至搜索到用户所需的结果,由此大大提高了搜索效率。

在搜索栏中输入待搜索的文件时,可以使用通配符"＊"和"？",借助于通配符,用户可以很快找到符合指定特征的文件。

在进行搜索时,Windows 10 的文件资源管理器会出现"搜索"选项卡,该选项卡中为用户提供了大量的搜索筛选器,使用户可以设置条件限定搜索的范围。

① 在"位置"选项组中,可以指定在"当前文件夹"或"所有子文件夹"中进行搜索。

② 在"优化"选项组中,可以对指定"修改日期"、"类型"、"大小"及"其他属性"的文件进行搜索。

③ 在"选项"选项组中,可以通过下拉菜单查看最近的搜索记录。也可以通过"高级选项"下拉菜单,对文件内容、系统文件或压缩文件进行搜索。

在实际应用中,可能经常需要进行某一个指定条件的搜索,这时可以将该搜索条件保存起来。在一个搜索完成之后,在"选项"选项组中单击"保存搜索"按钮,此时会弹出"另存为"对话框,在对话框中为该搜索条件起一个名字,并指定保存的位置(通常可以将其保存到"收藏夹"下)。

在保存搜索之后,下一次需要用同样条件搜索时,只要在保存位置(收藏夹)下单击之前保存好的搜索,Windows 10 系统即按指定条件进行新的搜索。

搜索完成后,在"搜索"选项卡中单击"关闭搜索"按钮,Windows 10 的文件资源管理器又恢复到文件夹和文件显示状态。

### 4.3.5 Windows 10 中的快速访问和库

**1. 快速访问**

在 Windows 10 系统中提供了一个快速访问的功能,将常用的应用和近期访问过的文件夹和文件放到快速访问区域。在 Windows 10 文件资源管理器窗口左侧的导航窗格的最上端,就可以看到"快速访问",如图 4-19 所示。

默认情况下,Windows 10 快速访问里仅有"桌面"、"下载"、"文档"、"图片"和"网络"这几个项目,随着用户的操作,Windows 10 会将最近访问过的文件夹和文件放到快速访问区域。待用户下次再操作时,可以直接在快速访问区域打开最近操作过的文件。这样,用户可以轻松跳转到最近访问的文件夹或文件,方便了用户的操作。

# 第4章 操作系统及其应用

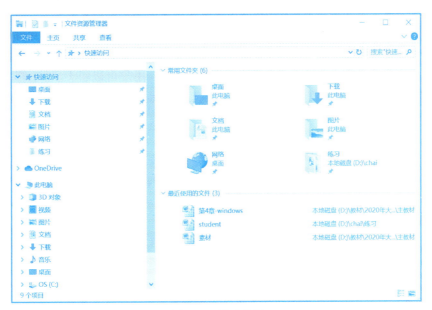

图 4-19　快速访问

如果需要将某个文件夹固定到快速访问,以方便之后的操作,可以右击该文件夹,在弹出的快捷菜单中选择"固定到快速访问"命令,即可将该文件夹固定到快速访问区域。

对于已经固定在快速访问区域的文件夹,如果想要取消固定,可以右击该文件夹,在弹出的快捷菜单中选择"从'快速访问'取消固定"命令,该文件夹将不会出现在快速访问区域。

对于因为最近的操作而出现在快速访问中的文件夹和文件,也可以将其从快速访问中删除。右击需要从快速访问中删除的文件夹或文件,在弹出的快捷菜单中选择"从'快速访问'中删除"命令,该文件夹或文件不再出现在快速访问区域。

有些用户出于隐私的考虑,不希望自己操作过的文件或文件夹出现在快速访问中,这时,就需要在"文件夹选项"对话框中进行设置。在图 4-14 所示的 Windows 10 文件资源管理器的"查看"选项卡的"显示/隐藏"选项组中单击"选项"按钮,可以打开"文件夹选项"对话框,如图 4-20 所示。在对话框的"隐私"选项区中,将"在'快速访问'中显示最近使用的文件"和"在'快速访问'中显示常用文件夹"两个复选框取消选中,这样用户在操作文件或文件夹后,将不会出现在快速访问中。

## 2. 库

库用于管理文档、音乐、图片和其他文件的位置,它可以用与在文件夹中浏览文件相同的方式浏览文件,也可以查看按属性(如日期、类型和作者)排列的文件。

在某些方面,库类似于文件夹。例如,打开库时将看到一个或多个文件。但与文件夹不同的是,库可以收集存储在多个位置中的文件。库实际上不存储项目,它只是监视包含项目的文件夹,并允许以不同的方式访问和排列这些项目。例如,如果在硬盘和外部驱动器上的文件夹中有音乐文件,则可以使用音乐库同时访问所有音乐文件。

从某个角度来讲,库跟文件夹确实有很多相似的地方,如跟文件夹一样,在库中也可以包含各种各样的子库与文件等,但是其本质上跟文件夹有很大的不同。在文件夹中保存的文件或者子文件夹,都是存储在同一个地方的,而在库中存储的文件则可以来自不同的地方,如可以来自用户计算机上的关联文件或者来

图 4-20　"文件夹选项"对话框

自移动磁盘上的文件。这个差异虽然比较细小,却是传统文件夹与库之间的最本质的差异。

库的管理方式更加接近于快捷方式,用户可以不用关心文件或者文件夹的具体存储位置,只要用户事先把这些文件或者文件夹加入库中,在库中就可以看到用户所需要了解的全部文件。如用户有一些工作文档主要存在计算机上的 D 盘和移动硬盘中,为了以后工作的方便,用户可以将 D 盘与移动硬盘中的文件都放置到库中,在需要使用的时候,只要直接打开库即可(前提是移动硬盘已经连接到用户主机上了),而不需要再去定位到移动硬盘上。

库是个虚拟的概念,把文件和文件夹加入库中并不是将这些文件和文件夹真正复制到库这个位置,而是在库这个功能中登记了这些文件和文件夹的位置来由 Windows 管理而已。就是说库中并不真正存储文件,库中的对象只是各种文件和文件夹的一个指向。因此,收入到库中的内容除了它们各自占用的磁盘空间之外,几乎不会再额外占用磁盘空间,并且删除库及其内容时,也并不会影响到那些真实的文件和文件夹,这点与快捷方式非常相像。

在 Windows 10 中自带"文档""音乐""图片""本机照片"等几个默认的库,此外,用户还可以根据自己的需要随意创建新库,操作方法是:在 Windows 10 文件资源管理器中用鼠标右击"库"图标,在弹出的快捷菜单中选择"新建"→"库"命令。此时,系统就新建了一个库并默认名称为"新建库",用户根据需要为这个库命名,这样就可以在 Windows 10 的库中建立自己的一个库了。

在建立好自己的库之后,用户可以随意把常用的文件都拖放到自己建立的库中来,这样工作中找到自己的文件夹就变得简单容易,而且这是在非系统盘符下生成的快捷链接,既保证了高效的文件夹管理,也不占用系统盘的空间影响 Windows 10 运行速度。当用户不再需要某个库时,只要在 Windows 10 文件资源管理器中选中这个库,然后按【Delete】键,即可将其删除,且不会影响库中的文件和文件夹。

## 4.4　Windows 10 中程序的运行

每一个应用程序都是以文件的形式存放在磁盘上的,所谓运行程序,实际上就是将对应的文件调入内存并执行。在 Windows 10 中,提供了多种方法来运行程序或打开文档。

### 4.4.1　"开始"菜单中运行程序

**1. 使用"开始"菜单运行程序**

这是运行程序最直接也是最基本的方法,因为在"开始"菜单中有系统中已安装的所有应用程序的列表,从这里可以启动 Windows 中几乎所有的应用程序。

根据前面的介绍,在"开始"菜单左侧的"应用区"中,依次列出了最常使用的应用程序列表以及按照字母索引排序的应用程序列表。用户只要从中选择某项应用,单击即可启动该应用程序。

用户在应用列表中查找需要的应用程序时,可以用单击排序的某个字母〔见图 4-21(a),单击排序字母 B〕,此时显示出排序索引,单击要查找的应用程序的首字母〔见图 4-21(b),单击应用程序的首字母 W〕,就可以快速找到对应的应用程序〔见图 4-21(c),"开始"菜单应用区定位在字母 W 所对应的应用程序〕。

**2. 使用"运行"命令来运行程序**

用鼠标右击"开始"菜单,在弹出的快捷菜单中有一个"运行"命令,选中该命令可以打开"运行"对话框,如图 4-22 所示。在"打开"文本框中输入要运行的程序或文档的完整路径及文件名,单击"确定"按钮后即可运行程序或打开文档。

通过按【Win+R】组合键,可以很方便地打开"运行"对话框,这也是打开"运行"对话框最简便的方法。

在有些情况下,使用"运行"命令会非常方便。例如,在打开"运行"对话框时,"打开"文本框中总是默认有上次操作时指定过的程序或文档,因此,重新运行或重新打开一个最近使用过的程序或文档时,直接执行即可。另外,"打开"文本框有一个下拉列表,其中有多个最近使用过的程序,可从中选择运行,也非常方便。

（a）单击排序字母　　　　　　（b）单击应用程序首字母　　　　（c）显示对应字母应用程序

图 4-21　在"开始"菜单中快速查找所需应用程序

### 3. 通过"命令提示符"方式执行程序

DOS 是 disk operating system 的缩写，即磁盘操作系统。它是一个基于磁盘管理的操作系统，在微软公司的 Windows 之前，DOS 系统基本统治着个人操作系统世界。即便是 Windows 3.x/9x 也是建立在 DOS 平台之上的大型 GUI 界面应用程序。随着 Windows 操作系统的流行，DOS 系统已逐渐成为一种历史，失去了往日辉煌。但是还是会有一些问题在 Windows 系统中很难解决或者无法解决，而这个时候 DOS 系统反而可以大显

图 4-22　"运行"对话框

身手，用 DOS 命令来解决一些问题，往往会收到事半功倍的效果。为了方便熟悉 DOS 命令的用户通过 DOS 命令使用计算机，Windows 通过命令提示符窗口保留了 DOS 的使用方法。

在 Windows 之前的版本中，都是通过命令提示符窗口来运行 DOS 命令，在 Windows 10 中默认以 Windows PowerShell 代替了命令提示符窗口。两者使用上没什么差异，也可以通过设置，仍以"命令提示符"的形式呈现给用户。

打开"命令提示符"窗口最简便的方法是在"运行"窗口中输入"cmd"命令（见图 4-22），也可以右击"开始"菜单，在弹出的快捷菜单中选择"Windows PowerShell"命令。命令提示符窗口如图 4-23 所示。

（a）运行"cmd"命令打开的窗口　　　　　　（b）选择"Windows PowerShell"命令打开的窗口

图 4-23　"命令提示符"窗口

在命令提示符窗口中输入DOS命令,窗口中会出现命令对应的结果(如图4-23中的"ipconfig"命令,显示出当前系统的IP配置结果)。

### 4.4.2 在文件资源管理器中直接运行程序或打开文档

#### 1. 通过双击文件图标或名称来运行程序或打开文档

在Windows 10文件资源管理器中按照文件路径依次打开文件夹,找到需要运行的程序或文档,双击文件图标或直接双击文件名,将运行相应程序或打开文档。这也是运行程序或打开文档的一种常见的方式。所谓打开文档,就是运行应用程序并在该程序中调入文档文件。可见,打开文档的本质仍然是运行程序。

#### 2. 关于Windows注册表及相关内容的介绍

当在Windows 10文件资源管理器窗口中双击一个文档图标时,将运行相应的应用程序并调入该文档。系统之所以知道该文档与哪个应用程序相对应,Windows注册表起到了重要的作用。

Windows注册表是由Windows 10维护着的一份系统信息存储表,该表中除了包括许多重要信息外,还包括了当前系统中安装的应用程序列表及每个应用程序所对应的文档类型的有关信息。在Windows中,文档类型是通过文档的扩展名来加以区分的,当在Windows中安装一个应用程序时,该应用程序即在注册表中进行登记,并告知该应用程序所对应的文档使用的默认的扩展名。正是有了这些信息,当在Windows 10文件资源管理器窗口中双击一个文档图标时,Windows才能够启动相应的应用程序并调入该文档。

#### 3. 为文档建立关联

在Windows中,这种某一类文档与一个应用程序之间的对应关系称为关联。例如,以.docx为扩展名的文档与Word相关联;以.xlsx为扩展名的文档与Excel相关联。实际上在Windows中,大多数文档都与某些应用程序相关联。但是,也有些用户会用自己定义的扩展名来命名文件,这样的文件由于没有在注册表中与某个应用程序相对应,即没有与某个应用程序建立关联,当双击这些文档时,系统将不知道应该运行什么应用程序。为此,需要将这样的文件与某个应用程序建立关联。

例如,双击"TchsD.abc"文件时,由于系统中未安装对应的应用程序,Windows不知道用哪个程序打开该文件,因此系统弹出"你要如何打开这个文件?"的提示对话框,如图4-24(a)所示。此时可以单击"更多应用"选项,从更多的应用程序中找到一个来打开该文件,即自己建立该文件与某个应用程序间的关联,如图4-24(b)所示。当指定一个应用程序并单击"确定"按钮,则指定的应用程序与该文档建立了关联,同时,系统运行该应用程序并调入文档。

(a) Windows提示不能打开文件　　　　(b) 从应用程序列表中选定打开的程序

图4-24　文件关联

如果在这些应用程序列表中仍没有找到需要的程序,可以继续选择"在这台电脑上查找其他应用",此时系统会弹出"打开方式"对话框,并定位到Windows的应用程序安装目录,此时可以根据需要,从Windows

安装的应用程序中来指定一个应用程序打开该文档,即建立了与该文档的关联。

需要说明的是,所谓关联是指一个应用程序与某类文档之间的关联。虽然上述操作是通过双击一个文档与指定的应用程序建立了关联,但经过上述操作后,与这个文档同类的文档(具有相同扩展名)均与指定的应用程序建立了关联。此外,在为文档建立关联时,如果没有选中"你要如何打开这个文件?"对话框的下端的"始终使用此应用打开.×××文件"的复选框,则只是在这个文档和指定的应用程序之间创建一次性关联,即只在当前启动应用程序并调入文档。操作完成后,文档与应用程序之间仍没有关联关系。

### 4.4.3 创建和使用快捷方式

快捷方式是一种特殊类型的文件,它仅包含了与程序、文档或文件夹相链接的位置信息,而并不包含这些对象本身的信息。因此,快捷方式是指向对象的指针,当双击快捷方式(图标)时,相当于双击了快捷方式所指向的对象(程序、文档、文件夹等)并执行之。

由于快捷方式是指向对象的指针,而非对象本身,这意味着创建或删除快捷方式并不影响相应的对象。可以将某个经常使用的程序以快捷方式的形式,置于桌面上或某个文件夹中,这样每次执行时会很方便。当不需要该快捷方式时,将其删除,也不会影响到程序本身。

创建快捷方式可以利用 Windows 提供的向导或通过鼠标拖动的方法,还可以通过剪贴板来粘贴快捷方式。

**1. 通过鼠标右键拖动的方法建立快捷方式**

在找到需要建立快捷方式的程序文件后,用鼠标右键拖动至目标位置(桌面或某个文件夹中),将弹出一个菜单,如图 4-25 所示,在菜单中选择"在当前位置创建快捷方式"命令,则在目的地建立了以文件名为名称的快捷方式。

图 4-25 右键建立快捷方式

**2. 利用向导建立快捷方式**

具体操作步骤如下:

① 在需要建立快捷方式的位置(桌面或某个文件夹中)右击,在弹出的快捷菜单中选择"新建"→"快捷方式"命令,打开"创建快捷方式"向导,如图 4-26(a)所示。

(a) "创建快捷方式"向导之一　　　　(b) "创建快捷方式"向导之二

图 4-26 "创建快捷方式"向导

② 在"请键入对象的位置"文本框中输入对应的程序文件名(包括文件的完整路径),如果不太清楚程序文件准确的文件名或程序文件所在的文件夹,可以单击"浏览"按钮,在打开的浏览窗口中找到相应文件并返回后,该文件的完整路径名及文件名就会出现在文本框中。

③ 单击"下一步"按钮,创建快捷方式向导将进一步提示用户输入快捷方式的名称,如图 4-26(b)所示。输入一个适当的名称后,单击"完成"按钮,即完成了快捷方式的建立。

**3. 利用剪贴板粘贴快捷方式**

首先选定要建立快捷方式的文件,然后选择"组织"→"复制"命令,或直接按【Ctrl+C】组合键,将其复制到剪贴板;之后在需要建立快捷方式的位置(桌面或某个文件夹中)右击,在弹出的快捷菜单中选择"粘贴快捷方式"命令,则在该处建立了以文件名为名称的快捷方式。

### 4.4.4　Windows 10 提供的若干附件程序

Windows 10 提供了若干实用的小程序,这些实用程序大都在"附件"中,通常简称为附件程序,如使用"画图"工具可以创建和编辑图画,以及显示和编辑扫描获得的图片;使用"计算器"来进行基本的算术运算;使用"记事本"进行简单的文本编辑工作。进行以上工作虽然也可以使用专门的应用软件,但是运行程序要占用大量的系统资源,而附件中的工具都是非常小的程序,运行速度比较快,这样用户可以节省很多的时间和系统资源,有效地提高工作效率。

**1. 画图**

画图是一个简单的图像绘画程序,是微软 Windows 操作系统的预装软件之一。"画图"程序是一个位图编辑器,可以对各种位图格式的图画进行编辑,用户可以自己绘制图画,也可以对扫描的图片进行编辑修改,在编辑完成后,可以以 BMP、JPG、GIF 等格式存档,用户还可以发送到桌面或其他文档中。

在"开始"菜单的"Windows 附件"中选择"画图"命令,打开"画图"程序窗口,如图 4-27 所示。

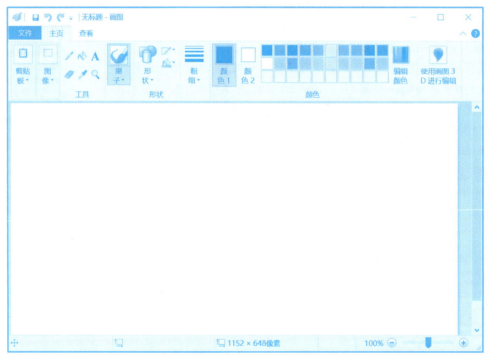

图 4-27　"画图"程序窗口

在窗口的正中是绘图区,这里是用户绘制图形或编辑图片的主要区域。在绘图区的上方有菜单和画图工具功能区,这也是画图工具的主体。菜单栏包含"文件"菜单项和两个选项卡:主页和查看。

选择"文件"菜单项,出现文件的新建、保存、打开、打印等操作。

选择"主页"选项卡,会出现相应的功能区,包括剪贴板、图像、工具、形状、粗细和颜色选项组,提供给用户对图片进行编辑和绘制的功能。

在"查看"选项卡中有缩放、显示或隐藏及显示三个选项组,用户可以根据绘图要求,选择合适的视图效果,对图像进行精确地绘制。

另外,在 Windows 10 中新增了"画图 3D"功能,可以进行三维模型制作和画图,有需要的读者可自行学习。

**2. 计算器**

计算器是 Windows 内置的一款应用程序,它既可以进行简单的四则运算,也可以完成函数计算、编程计算、统计计算等高级计算功能,还能进行各种专业换算、日期计算、工作表计算等工作,是一款非常有用的小程序工具。

在"开始"菜单的程序列表中即可找到"计算器",默认情况下打开的计算器是"标准"型,如图 4-28(a)

所示。"标准"型计算器相当于日常生活中所用的普通计算器,它能完成十进制数的加、减、乘、除及倒数、平方根等基本运算功能。

通过在"导航"菜单选择"标准"、"科学"、"程序员"和"日期计算"命令,可以实现不同功能计算器之间的切换,此外,"导航"菜单还提供有转换器的功能,可以在各种单位之间进行换算。图4-28(b)所示为"科学"型计算器的界面。

(a) "标准"计算器　　　　　　　　　(b) "科学"计算器

图4-28　"计算器"窗口

## 3. 记事本

记事本是 Windows 自带的一款文本编辑程序,用于创建并编辑纯文本文档(扩展名为 .txt)。由于 .txt 的纯文本文件格式简单,可以被很多程序调用。Windows 的记事本虽然功能并不是很强大,仅适于编写一些篇幅短小的文本文件,但由于它使用方便、快捷,因此在实际中的应用也是比较多的,比如一些程序的 ReadMe 文件通常是以记事本的形式提供的。

在"开始"菜单的"Windows 附件"中选择"记事本"命令,即可打开"记事本"窗口,如图4-29所示。

图4-29　"记事本"窗口

在记事本中选择"格式"→"字体"命令,在打开的"字体"对话框中设置记事本中文字的字体、字形和字号。

> **注意:**
> 在记事本中只能对所有文本进行格式设置,而不能对选中的部分文本进行设置。

为了适应不同用户的阅读习惯,在记事本中可以改变文字的阅读顺序,在工作区域右击,在弹出的快捷菜单中选择"从右到左的阅读顺序"命令,则全文的内容都移到了工作区的右侧。

在记事本中用户可以用不同的编码格式打开或保存文件,如 ANSI,Unicode,big-endian Unicode 或 UTF-8 等类型。当用户使用不同的字符集工作时,程序将默认保存为标准的 ANSI(美国国家标准化组织)格式。

## 4.5 磁盘管理

磁盘是计算机的重要组成部分,计算机中的所有文件以及所安装的操作系统、应用程序都保存在磁盘上。

### 4.5.1 磁盘的相关基本概念

**1. 磁盘格式化**

用于存储数据的硬盘可以看作是由多个坚硬的磁片构成的,它们围绕同一个轴旋转。格式化磁盘就是在磁盘上建立可以存放文件或数据信息的磁道和扇区,执行格式化操作后,每个磁片被格式化为多个同心圆,称为磁道(track)。磁道进一步分成扇区(sector),扇区是磁盘存储的最小单元。

> **注意:**
> 这些只是虚拟的概念,并不会真正在软盘或硬盘上划出一道道痕迹。

一个新的没有格式化的磁盘,操作系统和应用程序将无法向其中写入文件或数据信息。一般来说,新买的磁盘在出厂之前已进行过格式化。若要对使用过的磁盘进行重新格式化一定要谨慎,因为格式化操作将清除磁盘上一切原有的信息。

**2. 硬盘分区**

在对新硬盘做格式化操作时,都会碰到一个对硬盘分区的操作。所谓硬盘分区是指将硬盘的整体存储空间划分成多个独立的区域,分别用来安装操作系统、安装应用程序以及存储数据文件等。通常,硬盘分区并非必须和强制进行的工作,但是为了在实际应用时更加方便,人们还是要对硬盘进行分区操作,这一般是出于如下的两点考虑:

① 安装多操作系统的需要:出于对文件安全和存取速度等方面的考虑,不同的操作系统一般采用或支持不同的文件系统,但是对于分区而言,同一个分区只能采用一种文件系统。所以,如果用户希望在同一个硬盘中安装多个支持不同文件系统的操作系统时,就需要对硬盘进行分区。

② 作为不同存储用途的需要:通常,从文件存放和管理的便利性出发,将硬盘分为多个区,用以分别放置操作系统、应用程序以及数据文件等,如在 C 盘上安装操作系统,在 D 盘上安装应用程序,在 E 盘上存放数据文件,F 盘则用来备份数据和程序。

**3. 文件系统**

文件系统是指在硬盘上存储信息的格式。它规定了计算机对文件和文件夹进行操作处理的各种标准和机制,所有对文件和文件夹的操作都是通过文件系统来完成的。不同的操作系统一般使用不同的文件系统,不同的操作系统能够支持的文件系统不一定相同。Windows 10 支持的文件系统有 FAT16、FAT32 和 NTFS。

① FAT16(file allocation table)文件系统是从 MS-DOS 发展过来的一种文件系统,最大只能管理 2 GB 的硬盘空间。其优点是是一种标准文件系统,只要将分区划分为 FAT16 文件系统,几乎所有的操作系统都可读/写用这种格式存储的文件,包括 Linux 和 UNIX。

② FAT32 文件系统可管理的硬盘空间达到了 2 048 GB,与 FAT16 比较而言,提高了存储空间的使用效率。FAT32 文件系统是对早期 DOS 的 FAT16 文件系统的增强,由于文件系统的核心——文件分配表 FAT 由 16 位扩充为 32 位,所以称为 FAT32 文件系统。

③ NTFS(new technology file system)文件系统是一种从 Windows NT 开始引入的文件系统,它是 Windows NT 以及之后的 Windows 2000、Windows XP、Windows Server 2003、Windows Server 2008、Windows Vista、Windows 7、Windows 8/8.1、Windows 10 的标准文件系统。NTFS 取代了文件分配表(FAT)文件系统,为 Microsoft 的 Windows 系列操作系统提供文件系统。NTFS 对 FAT 和 HPFS(高性能文件系统)做了若干改进,以便于改善性能、可靠性和磁盘空间利用率,并提供了若干附加扩展功能。

### 4.5.2 磁盘的基本操作

**1. 查看磁盘容量**

在桌面上双击"此电脑"图标,打开文件资源管理器窗口。此时窗口中会显示该计算机的所有磁盘图标。在"查看"选项卡的"布局"选项组中选择"内容"显示模式,每个硬盘驱动器图标旁就会显示磁盘的总容量和可用的剩余空间信息,如图 4-30 所示。

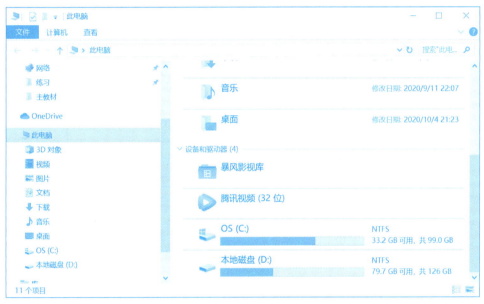

图 4-30　文件资源管理器查看磁盘容量信息

此外,在 Windows 10 文件资源管理器窗口中右击需要查看的磁盘驱动器图标,在弹出的快捷菜单中选择"属性"命令,打开该磁盘的属性对话框,如图 4-31 所示,可以了解磁盘空间占用情况等信息。

**2. 格式化磁盘**

格式化操作是分区管理中最重要的工作之一,用户可以在文件资源管理器中对选定的磁盘驱动器进行格式化操作。下面以格式化 D 盘为例,介绍具体的操作步骤。

在 Windows 10 文件资源管理器窗口中右击 D 盘图标,在弹出的快捷菜单中选择"格式化"命令,打开格式化对话框,对话框标题栏中出现"格式化　本地磁盘(D:)",如图 4-32 所示。

在对话框中可做以下选择:

① 指定格式化分区采用的文件系统格式,系统默认是 NTFS。

② 指定逻辑驱动器的分配单元的大小。分配单元是存储文件的最小空间,分配单元越小,越能高效地使用磁盘空间,减少空间浪费。如果格式化时不指定分配单元的大小,系统将根据驱动器的容量大小使用默认配置大小,默认配置能够减少磁盘空间浪费、减少磁盘碎片的数目。

③ 为驱动器设置卷标名。

④ 如果选中"快速格式化"复选框,能够快速完成格式化工作,但这种格式化不检查磁盘的损坏情况,其

实际功能相当于删除文件。

单击"开始"按钮进行格式化,此时对话框底部的格式化状态栏会显示格式化的进程。

图 4-31　磁盘属性对话框

图 4-32　格式化磁盘

> 注意：
> 格式化将删除磁盘上的全部数据,操作时一定小心,确认磁盘上无有用数据后,才能进行格式化操作。

### 4.5.3　磁盘的高级操作

**1. 磁盘清理**

用户在使用计算机的过程中会进行大量的读写、安装、下载、删除等操作,这些操作会在磁盘上留存许多临时文件和已经没用的文件,这些临时文件和没用的文件不但会占用磁盘空间,还会降低系统的处理速度,降低系统的整体性能。因此,计算机要定期进行磁盘清理,以便释放磁盘空间。

在 Windows 10 文件资源管理器窗口中右击某个磁盘,从弹出的快捷菜单中选择"属性"命令,打开磁盘属性对话框,单击"常规"选项卡中的"磁盘清理"按钮,此时系统会对指定磁盘进行扫描和计算工作,在完成扫描和计算工作之后,系统会打开"磁盘清理"对话框,并在其中按分类列出指定磁盘上所有可删除文件的大小(字节数),如图 4-33 所示。

此时,用户根据需要,在"要删除的文件"列表框中选择需要删除的某一类文件,单击"确定"按钮,即可完成磁盘清理工作。

**2. 磁盘碎片整理**

在使用磁盘的过程中,由于不断地删除、添加文件,经过一段

图 4-33　磁盘清理对话框

时间后,就会形成一些物理位置不连续的文件,这就是磁盘碎片。

在磁盘上是如何产生碎片的呢?当在一个刚刚格式化过的磁盘上存储文件时,Windows 会把每个文件的数据写在一组相邻的磁盘簇中。例如,一个文件 A 可能占用了 5~22 的簇,下一个文件 B 可能顺序占用 23~31 的簇,再下一个文件 C 存储在 32~36 簇等,依此类推。但是,一旦删除文件,这种顺序简洁的模式就有可能被破坏。例如,删除文件 B,然后又创建了一个长 17 个簇的文件 D,保存文件时,Windows 就会把该文件的前 9 个簇存储在从 23~31 的簇中,然后将剩下的 8 个簇存储在别的地方。这个新文件就占据了两个不连续的簇块,成了"碎片"。随着时间的推移,增加和删除的文件越来越多,使得更多的文件变得零碎的概率就越大。虽然碎片不影响数据的完整性,却降低了磁盘的访问效率。对"零碎"的文件进行读/写的时间要比"完整"的文件长很多。

Windows 10 具有对驱动器进行优化和碎片整理的功能,它可以定期清除磁盘上的碎片,优化磁盘空间,重新整理文件,将每个文件存储在连续的簇块中,并且将最常用的程序移到访问时间最短的磁盘位置,以加快程序的启动速度。

在 Windows 10 文件资源管理器窗口中右击某个磁盘,从弹出的快捷菜单中选择"属性"命令,打开磁盘属性对话框,单击"工具"选项卡中的"优化"按钮,打开"优化驱动器"窗口,如图 4-34 所示。

图 4-34 "优化驱动器"窗口

在图 4-34 所示的"优化驱动器"窗口中,选定具体的磁盘驱动器,单击"优化"按钮,即可对选定磁盘进行优化并进行碎片整理。

实际上 Windows 10 对驱动器进行优化和碎片整理是定期自动进行的,在图 4-34"优化驱动器"窗口中单击"更改设置"按钮,可以对定期的频率进行设置。

## 4.6 Windows 10 控制面板

在 Windows 10 系统中有许多软、硬件资源,如系统、网络、显示、声音、打印机、键盘、鼠标、字体、日期和时间、卸载程序等,用户可以根据实际的需要,通过控制面板可以对这些软、硬件资源的参数进行调整和配置,以便更有效地使用它们。

在 Windows 10 中有多种启动控制面板的方法,可以使用户在不同操作状态下方便使用,通常启动 Windows 10 的控制面板可以采用以下方法:

① 在桌面右击"此电脑"图标,在弹出的快捷菜单中选择"属性"命令,打开系统窗口;在窗口的左上角

单击"控制面板主页"链接,可以打开"控制面板"窗口。

② 在"开始"菜单的"Windows 系统"中选择"控制面板"命令,可以打开"控制面板"窗口。

③ 通过按【Win+R】组合键打开"运行"对话框,输入"control"并运行,也可以打开"控制面板"窗口。

"控制面板"窗口默认的视图效果是"类别"查看方式,在"类别"视图方式中,控制面板有 8 个大项目,如图 4-35(a)所示。单击"控制面板"窗口中"查看方式"的下拉箭头,选择"大图标"或"小图标"选项,可将"控制面板"窗口切换为控制面板经典视图,如图 4-35(b)所示。在经典视图的控制面板窗口中集成了若干个小项目的设置工具,这些工具的功能几乎涵盖了 Windows 系统的所有方面。

控制面板包含的内容非常丰富,由于篇幅限制,在此只讲解部分的功能,其余功能读者可以查阅有关书籍进行学习。

(a) 控制面板的类别视图　　　　　　　　　　　　(b) 控制面板的经典视图

图 4-35　Windows 10"控制面板"窗口

### 4.6.1　系统和安全

Windows 系统的系统和安全主要实现对计算机状态的查看、计算机备份以及查找和解决问题的功能,包括防火墙设置、系统信息查询、系统更新、计算机备份等一系列系统安全的配置。

**1. Windows 防火墙**

Windows 10 防火墙能够检测来自 Internet 或网络的信息,然后根据防火墙设置来阻止或允许这些信息通过计算机。防火墙可以防止黑客攻击系统或防止恶意软件、病毒、木马程序通过网络访问计算机,而且有助于提高计算机的性能。Windows 10 防火墙的设置方法如下:

① 在"控制面板"窗口中选择"系统和安全"选项,打开"系统和安全"窗口。

② 单击"Windows Defender 防火墙"选项,打开"Windows Defender 防火墙"窗口,如图 4-36 所示。

图 4-36　"Windows Defender"防火墙窗口

③ 单击窗口左侧"启用或关闭 Windows Defender 防火墙"链接,打开"自定义设置"对话框,可以对"专用网络设置"和"公用网络设置"启动或关闭 Windows Defender 防火墙,通常为了网络安全,不建议关闭防火墙。

④ 单击窗口左侧"允许应用或功能通过 Windows Defender 防火墙"链接,弹出"允许的应用"窗口。在"允许的应用和功能"列表栏中,勾选信任的程序,单击"确定"按钮即可完成配置。如果要添加、更改或删除允许的应用和端口,可以单击"更改设置"按钮,进行进一步的设置。

**2. Windows 安全与维护**

Windows 10 安全与维护,通过检查各个与计算机安全相关的项目来检查计算机是否处于优化状态,当被监视的项目发生改变时,操作中心会在任务栏的右侧发布一条信息来通知用户,收到监视的项目状态颜色也会相应地改变以反映该消息的严重性,并且还会建议用户采取相应的措施。

① 在"控制面板"窗口中选择"安全和维护",打开"安全和维护"窗口。

② 单击"安全"旁的下拉箭头,窗口显示与安全相关的信息与设置;单击"维护"旁的下拉箭头,窗口显示与维护相关的信息与设置,如图 4-37 所示。

③ 单击窗口左侧的"更改安全和维护设置"链接,即可打开"更改安全和维护设置"对话框。在"安全消息"分组或"维护消息"分组中勾选某个复选框或取消某个复选框,即可打开或关闭消息。

(a)"安全和维护"窗口—安全　　　　(b)"安全和维护"窗口—维护

图 4-37　Windows"安全和维护"窗口

### 4.6.2　外观和个性化

Windows 系统的外观和个性化包括对桌面、窗口、按钮、菜单等一系列系统组件的显示设置,系统外观是计算机用户接触最多的部分。

在"控制面板"窗口中选择"外观和个性化"选项,打开"外观和个性化"窗口,如图 4-38 所示。在该窗口中包含"任务栏和导航""轻松使用设置中心""文件资源管理器选项""字体"四个选项,这里重点介绍"任务栏和导航"及"字体"选项。

**1. 任务栏和导航**

在"外观和个性化"窗口中单击"任务栏和导航"链接,会打开 Windows 10 的设置窗口,在该窗口的左侧,依次列出了可以进行个性化设置的项目如"背景"、"颜色"、"锁屏界面"、"主题"、"字体"、"开始"菜单和"任务栏"等,这些个性化的设置项目可以对桌面背景、窗口颜色和外观、桌面主题、计算机锁屏时的屏幕保护程序等进行设置。选中某一项目,则右侧会显示出针对该项目的设置内容,用户依据需要依次设置即可。图 4-39 为进行背景设置的窗口。

**2. 字体**

字体是屏幕上看到的、文档中使用的、发送给打印机的各种字符的样式。在 Windows 系统的"C:\Windows\Fonts"文件夹中安装有多种字体文件,用户可以添加和删除字体。字体文件的操作方式和其他文件的操作方式相同,用户可以在"C:\Windows\Fonts"文件夹中移动、复制或删除字体文件。系统中使用最多的字体主要有宋体、楷体、黑体、仿宋等。

图 4-38 "外观和个性化"窗口

图 4-39 背景设置窗口

① 在"外观和个性化"窗口中单击"字体"链接,可以打开"字体"窗口,窗口中显示系统中所有的字体文件,如图 4-40 所示。

图 4-40 "字体"窗口

② 选中某一字体,单击工具栏的"预览"按钮,可以显示该字体的样子。

③ 选中某一字体,单击"删除"按钮,可以删除该字体文件。

④ 选中某一字体,单击"隐藏"按钮,可以隐藏该字体文件,之后工具栏中会出现"显示"按钮,单击"显示"按钮,又可将该字体显示出来。

### 4.6.3 时钟和区域设置

在"控制面板"窗口中选择"时钟和区域"选项,打开"时钟和区域"窗口,如图 4-41 所示。用户可以在该窗口设置计算机的日期和时间、所在位置,也可以更改日期、时间或数字格式等。

**1. 日期和时间**

Windows 10 默认的日期和时间格式是按照美国习惯设置的,用户可以根据自己国家的习惯来设置。

① 在"时钟和区域"窗口中单击"日期和时间"链接,打开"日期和时间"对话框,如图 4-42 所示。

② 在"日期和时间"选项卡中可以更改日期和时间,也可以更改时区。

③ 在"附加时钟"选项卡中可以设置显示其他时区的时钟。

图 4-41 "时钟和区域"窗口

④ 在"Internet 时间"选项卡中可以设置使计算机与 Internet 时间服务器同步。

**2. 区域**

Windows 10 默认的区域格式同样是按照美国习惯设置的,用户也要设置成自己国家的习惯。

① 在"时钟和区域"窗口中单击"区域"链接,打开"区域"对话框,如图 4-43 所示。

② 在"格式"选项卡中可以设置日期和时间格式等。

③ 单击"其他设置"按钮,在打开的"自定义格式"对话框中,可以对数字、货币等格式进行设置。

④ 在"管理"选项卡中可以进行复制设置和更改系统区域设置。

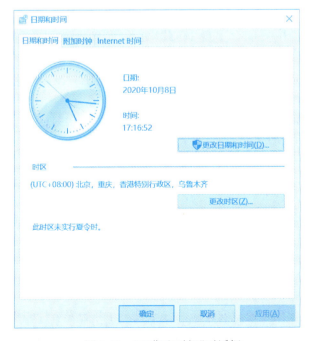

图 4-42 "日期和时间"对话框

图 4-43 "区域"对话框

### 4.6.4 程序

在 Windows 系统中,大部分的应用程序都需要安装到 Windows 系统中才能使用。在应用程序的安装过程中会进行诸如程序解压缩、复制文件、在注册表中注册必要信息以及设置程序自动运行、注册系统服务等诸多工作。但是,作为一般用户并不关注这一过程,对一般用户来说,在 Windows 系统中安装应用程序很方便,只要直接运行应用程序的安装文件,即可将该应用程序安装到系统中。

与安装相反的一个操作就是卸载,所谓卸载就是将不需要的应用程序从系统中删除。由于应用程序的安装会涉及复制文件、注册信息等诸多工作,因此不能简单地删除应用程序文件来达到卸载的目的,必须借助控制面板中"程序和功能"工具来实现程序的卸载操作。

① 在"控制面板"窗口中选择"程序"选项,在打开的"程序"窗口中继续单击"程序和功能"链接,打开"程序和功能"窗口,窗口中列出了系统中安装的所有程序,如图 4-44 所示。

图 4-44 "程序和功能"窗口

② 在列表中选中某个程序项目图标,此时工具栏中可能会出现"卸载/更改""卸载""更改""修复"按钮,用户可以利用"更改"按钮重新启动安装程序,然后对安装配置进行修改;利用"修复"按钮对程序进行修复;也可以利用"卸载"按钮卸载程序。若此时只显示"卸载"按钮,则只能对该程序进行卸载操作。

③ 在"程序和功能"窗口左侧单击"启用或关闭 Windows 功能"链接,打开"Windows 功能"对话框。在对话框的"启用或关闭 Windows 功能"列表框中显示了可用的 Windows 功能,当鼠标移到某一功能上时,会显示该功能的具体描述。选中某项功能的复选框,单击"确定"按钮即进行添加;如果取消组件的复选框,单击"确定"按钮,会将此组件从操作系统中删除。

### 4.6.5 硬件和声音

在"控制面板"窗口中选择"硬件和声音"选项,打开如图 4-45 所示"硬件和声音"窗口。在此窗口中可实现对"设备和打印机""自动播放""声音""电源选项""Windows 移动中心""笔和触控""平板电脑设置"等的操作。

**1. 打印机的设置**

在 Windows 10 中,通过"添加打印机"向导,可以方便而迅速地安装新的打印机。在开始安装打印机之前,要先确认打印机是否与计算机正确连接,同时还要了解打印机的生产厂商和型号。如果要通过网络、无线或蓝牙使用共享打印机,应确保计算机已联网及无线或蓝牙打印已启用。

图 4-45 "硬件和声音"窗口

① 在"硬件和声音"窗口的"设备和打印机"项目下单击"添加设备"链接,打开"添加设备"窗口。

② 在"添加设备"窗口选择需要添加的打印机,然后根据系统提示一步步操作,直至完成添加。

**2. 鼠标**

在"硬件和声音"窗口的"设备和打印机"项目下单击"鼠标"链接,打开"鼠标属性"对话框。在该对话框中可以对鼠标键、鼠标指针等进行设置。

① 在"鼠标键"选项卡中可以设置鼠标的左右手使用、鼠标的双击速度、鼠标的单击锁定等。

② 在"指针"选项卡中可以选择某种指针方案。

③ 在"指针选项"选项卡中可以设置鼠标移动速度等。

④ 在"滑轮"选项卡中可以设置鼠标滑轮垂直滚动和水平滚动的参量。

**3. 键盘**

在经典视图的"控制面板"窗口中〔见图 4-35(b)〕单击"键盘"链接,打开"键盘属性"对话框。在该对话框中可以对键盘的字符重复、光标闪烁速度等进行设置。

① 在"字符重复"中调整"重复延迟"的长短及"重复速度"的快慢。

② 在"光标闪烁速度"中调整光标闪烁速度的快慢。

> 说明:
> "重复延迟"和"重复速度"分别表示按住某键后,计算机第一次重复这个按键之前的等待时间及之后重复该键的速度。"光标闪烁速度"可改变文本窗口中出现的光标的闪烁速度。

### 4.6.6 用户账户

在"控制面板"窗口中单击"用户账户"链接,打开如图 4-46 所示的"用户账户"窗口。在此窗口中可实现对用户账户、凭据管理器和邮件的设置。

Windows 10 系统作为一个多用户操作系统,它允许多个用户共同使用一台计算机,当多个用户共同使用一台计算机时,为了使每个用户可以保存自己的文件夹及系统设置,系统就为每个用户开设一个账号。账号就是用户进入系统的出入证,用户账号一方面为每个用户设置相应的密码、隶属的组,保存个人文件夹及系统设置,另一方面将每个用户的程序、数据等相互隔离,这样用户在不关闭计算机的情况下,不同的用户可以相互访问资源。另外,如果自己的系统设置、程序和文件夹不想让别人看到和修改,只要为其他的用户创建一个受限制的账号就可以了,而且还可以使用管理员账号来控制别的用户。

图 4-46 "用户账户"窗口

① 在"用户账户"窗口中单击"用户账户"链接,打开"用户账户 更改账户信息"窗口。

② 在"用户账户 更改账户信息"窗口可以更改账户名称、更改账户类型,还可以管理其他账户、更改用户账户控制设置。

## 4.7 Windows 任务管理器

Windows 任务管理器是一种专门管理任务进程的程序,是微软为了应对系统问题而专为用户设计的应用程序,其操作简单、容易,在实际应用中非常有效。

### 4.7.1 Windows 任务管理器概述

Windows 任务管理器提供了有关计算机性能的信息,并显示了计算机上所运行的程序和进程的详细信息。它可以显示最常用的度量进程性能的单位,如果连接到网络,还可以查看网络状态并迅速了解网络是如何工作的。启动任务管理器有多种方法:

① 直接按【Ctrl + Shift + Esc】组合键,即可打开"任务管理器"窗口。

② 右击任务栏,在弹出的快捷菜单中选择"任务管理器"命令。

③ 右击"开始"菜单,在弹出的快捷菜单中选择"任务管理器"命令。

④ 按【Ctrl + Alt + Delete】组合键,进入计算机锁定界面,然后选择"启动任务管理器"选项。

任务管理器对应的程序文件是 Taskmgr.exe,一般可以在\WINDOWS\System32 文件夹下找到。可以在桌面上为该程序建立一个快捷方式,这样启动任务管理器就很方便了。"任务管理器"窗口如图 4-47 所示。

Windows 10 任务管理器的用户界面提供了文件、选项、查看等菜单项,其下还有进程、性能、应用历史记录、启动、用户、详细信息、服务七个选项卡。默认设置下系统自动更新速度为正常(每隔 1 s 对系统当前的状态数据进行一次自动更新),也可以在"查看"→"更新速度"菜单中重新设置自动更新速度为"高"或"低"。

### 4.7.2 Windows 任务管理器功能介绍

任务管理器可以对进程、服务进行管理,可以对计算机的性能等信息进行显示,还可以显示应用历史记录、启动及用户等的信息。这些内容被分别安排在 7 个选项卡中。

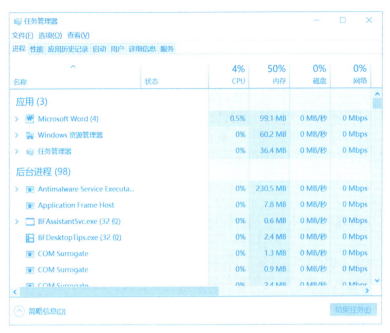

图 4-47 "任务管理器"窗口

**1. "进程"选项卡**

首先解释一下进程的概念。进程是程序在计算机上的一次执行活动。当运行一个程序时,就启动了一个进程。显然,程序是死的(静态的),进程是活的(动态的)。进程可以分为系统进程和用户进程,凡是用于完成操作系统的各种功能的进程就是系统进程,它们就是处于运行状态下的操作系统本身;用户进程就是所有由用户启动的进程。

在"进程"选项卡中显示了所有当前正在运行的进程,包括用户打开的应用程序(在任务管理器的"进程"选项卡中显示为"应用")及执行操作系统各种功能的后台服务等(在任务管理器的"进程"选项卡中显示为"后台进程")。在图 4-47 所示的"任务管理器"窗口中,应用有 3 个,后台进程有 98 个。

(1)终止正在运行的应用程序

用户要结束一个正在运行的应用程序,只需在图 4-47 所示的"进程"选项卡中选择该应用程序,单击"结束任务"按钮;或右击后在弹出的快捷菜单中选择"结束任务"命令即可。

对于已经停止响应的应用程序(处于锁死状态的程序),用户也可以打开任务管理器,在"进程"选项卡中选择该停止响应的应用程序,并单击"结束任务"按钮,将其结束。

(2)终止正在运行的后台进程

用户要结束某一个后台进程,只需在图 4-47 所示的"进程"选项卡中选择该进程,单击"结束任务"按钮,或右击后,在弹出的快捷菜单中选择"结束任务"命令即可。不过这种方式将丢失未保存的数据,而且如果结束的是系统服务,则系统的某些功能可能无法正常使用。通常对于一般用户来说,在不是很清楚地了解后台进程与对应服务关系的情况下,不要轻易结束后台进程。

**2. "性能"选项卡**

在任务管理器的"性能"选项卡中,动态地列出了该计算机的性能,包括 CPU、内存、磁盘、Wi-Fi 和 GPU 0 的使用情况。单击选中某一部件,就会列出该部件详细的动态信息,对于用户了解当前计算机的使用状况非常有帮助。

**3. "应用历史记录"选项卡**

在任务管理器的"应用历史记录"选项卡中显示了自使用此系统以来,当前用户账户的资源使用情况。

**4. "启动"选项卡**

启动 Windows 10 时通常会自动启动一些应用程序。过多的自启动程序将会占用大量资源影响开机速度,甚至有些病毒或木马也在自启动行列,因此要取消一些没有必要的自启动程序。

在任务管理器的"启动"选项卡中显示的就是登录时自动运行哪些程序,用户要禁用某一个自启动的项目,只需在"启动"选项卡中选择该启动项,然后单击"禁用"按钮即可,下次启动计算机时就不再自动加载该启动项。

**5. "用户"选项卡**

在任务管理器的"用户"选项卡中,显示当前登录的用户信息及连接到本机上的所有用户的信息。在"用户"选项卡中还可以进行用户的切换或注销,在此窗口中选定一个用户,单击"断开连接"按钮,则可以切换用户;而右击后在弹出的快捷菜单中,可以选择"管理用户账户"命令,对该用户的名称、类型等进行相应的设置。

**6. "详细信息"选项卡**

在任务管理器的"详细信息"选项卡中,显示当前正在运行或已暂停的进程的基础信息。

**7. "服务"选项卡**

在任务管理器的"服务"选项卡中,显示了当前各个服务程序的状态。服务是系统中不可或缺的一项重要内容,很多内核程序、驱动程序需要通过服务项来加载。每个服务就是个程序,旨在执行某种功能,不用用户干预,就可以被其他程序调用。

"服务"选项卡实际上是一种精简版的服务管理控制台,"服务"选项卡列出了服务名称、PID(进程号)、对服务性质或功能的描述、服务的当前状态以及工作组。单击"服务"选项卡底部的"打开服务"链接,在打开的"服务"窗口中列出了系统中的所有服务项目,用户可以从中访问某个服务。如果用户感觉哪个服务有问题,可以停止该服务,这样就能查看停止这个服务是否可以解决问题。如果没有问题,可以再重新启动这个服务。

用户要停止或启动服务,只需在"服务"选项卡选中该服务,右击后在弹出的快捷菜单中分别选择"开始"、"停止"或"打开服务"命令即可。

# 第 5 章　文字处理软件 Word 2016

人们在日常生活、学习、工作中经常要处理各种类型的文档、表格、数据等,而随着计算机应用的推广,越来越多的人选择使用办公软件来帮助自己处理这些信息。Microsoft Office 办公套件是目前应用比较广泛的一类软件,其中包括文档处理、表格处理、幻灯片制作、网页制作及数据库等实用工具软件,几乎能够满足人们实现办公自动化所需要的所有功能。

本章主要介绍文字处理软件 Word 2016 的使用与操作,使用它帮助人们进行文档的编辑与处理。

学习目标

- 了解 Word 的基本知识,包括 Word 的启动、工作环境、功能区等。
- 掌握 Word 文档的基本操作,包括文档的创建与录入、文本的查找与替换、公式编辑器的操作。
- 掌握 Word 文档版面设计操作,包括字符、段落、页面格式的设置,文档页面修饰等。
- 掌握 Word 表格的制作和处理操作。
- 掌握 Word 图文处理的操作,包括图片操作、文本框操作及图文混排。

## 5.1　Word 2016 的基本知识

启动 Word 后就可以打开 Word 文档窗口,如图 5-1 所示。作为 Windows 的应用程序,Word 窗口也包括标题栏、工具栏、状态栏、标尺、工作区及滚动条等窗口元素,Windows 中对窗口操作的各种方法同样适用于 Word 窗口。下面对 Word 的窗口元素进行介绍。

**1. 标题栏**

标题栏是位于窗口最上方的长条区域,用于显示应用程序名和当前正在编辑的文档名等信息。在左侧显示控制图标和快速访问工具栏,在右端提供"最小化""最大化/还原""关闭"按钮来管理界面。

**2. 快速访问工具栏**

快速访问工具栏中包含一些常用的命令按钮,单击某个按钮,可快速执行这个命令。默认情况下,只显示"保存""撤销""恢复"按钮。单击右侧的"自定义快速访问工具栏"按钮,在打开的下拉菜单中可根据需要进行添加和更改,例如可以选择"新建""打开"等命令,此时这些按钮即添加到快速启动工具栏中。

**3. "文件"选项卡**

单击"文件"选项卡,可打开其下拉菜单,该菜单中包含了对文件的一些基本操作,例如"新建""打开""保存""另存为""打印""共享""导出""关闭""账户""选项"等命令。使用"选项"命令,可对在使用 Word 时的一些常规选项进行设置。单击顶部的 按钮或按【Esc】键即可关闭其下拉列表,返回原窗口。

**4. 功能区**

Word 的功能区由选项卡、选项组和一些命令按钮组成,包含用于文档操作的命令集,几乎涵盖了所有的按钮和对话框。选项卡标签位于功能区的顶部,默认显示的选项卡有开始、插入、设计、布局、引用、邮件、审阅、视图、帮助和操作说明搜索,另外还有一些隐藏的选项卡,如"图片工具"的"格式"选项卡,只有当选中图片时该选项卡才会显示。"表格工具"的"设计"和"布局"选项卡,同样也是只有在编辑表格时才会显示出来。

图 5-1　Word 2016 窗口的组成

根据功能的不同,每个选项卡下又包括若干个选项组,单击某个选项卡,在选项卡下面就显示其包含的各个选项组,默认选中的是"开始"选项卡,它包含"剪贴板""字体""段落""样式""编辑"等选项组。在各个选项组中又包含一些命令按钮和下拉列表等,用以完成对文档的各种操作。

### 5. 工作区

工作区就是功能区下方的白色区域,用于显示当前正在编辑的文档内容。文档的各种操作都是在工作区中完成的。

### 6. 视图切换区

视图指文档的显示方式,Word 提供了五种视图方式,包括页面视图、阅读视图、Web 版式视图、大纲和草稿。视图切换区位于工作区的右下角,在这里显示了页面视图、阅读视图和 Web 版式视图三个按钮,通过单击这三个按钮可以方便地切换到相应的视图中。还可以在"视图"选项卡的"视图"选项组中,单击"大纲"和"草稿"按钮进行切换。另外,还可以拖动缩放滑块调整文档的缩放比例。

### 7. 导航窗格

导航窗格显示在工作区的左侧,其上方为搜索框,用于搜索文档中的内容。通过单击"标题""页面""结果"按钮,可以分别浏览文档中的标题、页面和搜索结果。

### 8. 状态栏

状态栏位于工作区的左下方,显示当前编辑文档的状态,如页码、字数统计、输入法状态、插入/改写状态等信息。

## 5.2　Word 2016 的基本操作

### 5.2.1　文档的创建、录入及保存

#### 1. 文档的创建

在创建 Word 文档时,用户既可以创建空白的新文档,也可以根据需要创建模板文档。

(1) 空白文档的创建

Word 在每次启动时都会自动创建一个新的空白文档,并暂时命名为"文档 1";如果用户需要在 Word 已启动的情况下创建一个新文档,可选择"文件"→"新建"命令,然后单击右侧窗格中的"空白文档"按钮,如图 5-2 所示。

图 5-2　"新建"任务窗格

按【Ctrl + N】组合键,或单击快速访问工具栏上的"新建"按钮都可创建一个新的空白文档。新建文档的命名是由系统按顺序自动完成的。

(2) 模板文档的创建

使用模板可以快速地生成文档的基本结构,Word 中内置了多种文档模板,如书法字帖、简历等,如图 5-3 所示。使用模板创建的文档,系统已经将其模式预设好,用户在使用的过程中,只需在指定的位置填写相关的文字即可。

选择"文件"→"新建"命令,在打开的右侧窗格中的"Office"下选择所需的模板类型进行创建即可。

图 5-3　Office 内置模板

除了系统自带的模板外,Office.com 的模板网站还提供了许多精美的专业联机模板,如贺卡、传单、信函、简历和求职信等。在"Office"下的搜索框中输入感兴趣的模板,然后单击"开始搜索"按钮即可进行联机搜索。

**2. 特殊符号的输入**

编辑文字过程中,经常要使用一些从键盘上无法直接输入的特殊符号,比如"☆""℃""ā"等,可使用以下方法进行输入。

(1)使用"符号"对话框输入

单击"插入"选项卡"符号"选项组中的"符号"按钮,在打开的下拉列表中列出了一些最常用的符号,单击所需要的符号即可将其插入到文档中。若该列表中没有所需符号,可选择"其他符号"命令,打开"符号"对话框,如图 5-4 所示。

可插入的符号的类型与字体有关,在"符号"对话框的"字体"下拉列表框中选择所需的字体,然后在字符列表框中可选择要插入的符号,单击"插入"按钮,即可将该符号插入到文档中。已经插入的符号保存在该对话框中"近期使用过的符号"列表中,当再次需要插入这些符号时,可直接单击相应的符号。另外,还可以为符号指定快捷键,这样以后可以直接通过快捷键进行插入。在插入符号后,"符号"对话框中的"取消"按钮则变为"关闭",单击"关闭"按钮即可关闭该对话框。

(2)使用输入法的软键盘输入

打开输入法,单击输入法提示条中的软键盘按钮(见图 5-5),在弹出的快捷菜单中选择一种符号的类别,如"特殊符号";在弹出的软键盘中单击所需的符号按钮,则该符号就会出现在当前光标所在位置;完成符号的插入后,再单击输入法提示条上的软键盘按钮,在弹出的快捷菜单中选择"关闭软键盘"命令即可关闭软键盘。

图 5-4 "符号"对话框

图 5-5 软键盘的快捷菜单

**3. 插入日期**

Word 文档中的日期可以直接输入,也可以使用"插入"功能插入日期和时间。具体步骤如下:

① 将插入点移动到要插入日期或时间的位置。

② 单击"插入"选项卡"文本"选项组中的"日期和时间"按钮,打开"日期和时间"对话框,如图 5-6 所示。

③ 在"可用格式"列表框中选择所需格式,即可插入日期或时间。如果选中了"自动更新"复选框,则插入的日期和时间会随着打开该文档的时间不同而自动更新。

### 4. 插入其他文件的内容

Word 允许在当前编辑的文档中插入其他文件的内容,利用该功能可以将几个文档合并成一个文档。具体步骤如下:

① 将插入点设置在要插入另一文档的位置,单击"插入"选项卡"文本"选项组中"对象"右侧的下拉按钮。在打开的下拉列表中选择"文件中的文字"命令,打开"插入文件"对话框,如图 5-7 所示。

图 5-6 "日期和时间"对话框  　　　　图 5-7 "插入文件"对话框

② 在"插入文件"对话框选择需要插入的文件名。
③ 单击对话框中的"插入"按钮,完成被选文档内容的插入操作。

### 5. 文档的保存

文档编辑完成后要及时保存,以避免由于误操作或计算机故障造成数据丢失。根据文档的格式、有无确定的文档名等情况,可用多种方法保存。

(1) 保存未命名的 Word 文档

第一次保存文档时,可通过选择"文件"→"保存"命令或"另存为"命令,也可通过单击快速访问工具栏中的"保存"按钮  来完成。此时会出现"另存为"窗口,单击"浏览"按钮,则会打开"另存为"对话框,如图 5-8 所示,默认保存位置在"文档"文件夹,如果要改变文档的存放位置,可重新进行选择,然后在"文件名"下拉列表框中输入要保存的文件名,在"保存类型"下拉列表框中选择所需要的文件类型,系统默认的类型是 Word 文档,扩展名为 .docx。

○基本编辑操作/
插入文件

(2) 保存已命名的 Word 文档

对于一个已存在的 Word 文档,当对其再次进行编辑后,若不需修改文件名或文件的保存位置可选择"文件"→"保存"命令,或单击快速访问工具栏中的"保存"按钮,或按【Ctrl + S】组合键,完成原名存盘操作。如果要修改文件保存位置或不想用原文件名或文件类型保存,可打开"另存为"对话框,在"另存为"对话框中重新选择保存位置,在"文件名"文本框中输入新的文件名,在"保存类型"下拉列表中选择一种新类型,单击"保存"按钮完成已有文件的另存操作。

图 5-8 "另存为"对话框

(3)保存为其他格式的文档

Word 默认的文档格式类型是 .docx,该类文件不能被其他软件所使用。为了便于不同软件之间传递文档,Word 允许用户以其他格式保存文档,常用的有 RTF 和 HTML 格式文件。RTF 是多种软件之间通用的文本格式,而 HTML(超文本标记语言)格式是用于制作 Web 页的格式。通过"保存类型"下拉列表框可实现文档不同格式的存放。

(4)修改文档自动保存的时间间隔

Word 允许用"自动恢复"功能定期地保存文档的临时副本,以保护所做的工作。选择"文件"→"选项"命令,打开"Word 选项"对话框,在该对话框的左侧选择"保存"选项,如图 5-9 所示。然后在右侧选中"保存自动恢复信息时间间隔"复选框,在"分钟"微调框中输入时间间隔,以决定 Word 保存文档的频繁程度。Word 保存文档越频繁,在打开 Word 文档时出现断电或类似问题的情况下,能够恢复的信息就越多。

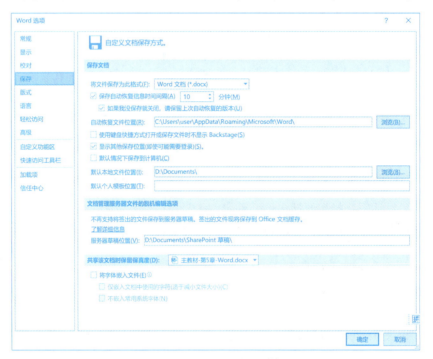

图 5-9 "Word 选项"对话框

(5)在关闭文档时保存

当关闭一个 Word 文档或退出 Word 应用程序时,Office 程序先检查该文件是否已经保存,如果文件已经保存并且未变更文件内容,就会直接关闭该文件。如果要关闭的文件曾经做过修改却尚未保存,便会打开图 5-10 所示的消息框询问是否保存该文档,单击"保存"按钮,就会保存修改过的文档。

图 5-10 关闭 Word 文档时的提示信息

### 5.2.2 文档的视图方式及视图功能

在文档的编辑过程中,常常需要因不同的编辑目的而突出文档中某一部分的内容,以便能更有效地编辑文档,此时可通过选择不同的视图方式实现。Word 提供了多种文档视图方式,这些视图有不同的作用和优点,用户可以用最适合自己的视图方式来显示文档。例如,可以用页面视图实现排版,用大纲视图查看文档结构等。不管选用什么视图方式查看文档,文档内容都不会发生变化。

若要选择不同的文档视图方式,可使用以下两种方法实现:一是单击 Word 窗口右下方视图切换区中的不同视图按钮进行选择;二是单击"视图"选项卡"视图"选项组中的按钮选择所需的视图方式。

◎Word 基础知识/视图方式

**1. 页面视图**

页面视图是一种常用的文档视图,在进行文本输入和编辑时常常采用该视图方式,它按照文档的打印效果显示文档,可以更好地显示排版格式,适用于总览整个文章的总体效果,查看文档的打印外观,并可以显示出页面大小、布局,编辑页眉和页脚,查看、调整页边距,处理分栏及图形对象。

在页面视图下,页与页之间使用空白区域区分上下页,以便于文档的编辑。为方便阅读,可将页与页之间的空白区域隐藏起来。具体方法为:将鼠标移动到页与页之间的空白区域双击,即可将空白区域隐藏起来;同理,若要将空白区域显示出来,也可将鼠标移动到页与页的连接部分双击,空白区域可再次显示。

**2. 阅读视图**

该视图方式最适合阅读长篇文章,阅读视图将原来的文章编辑区缩小,而文字大小保持不变。如果文章较长,它会自动分成多屏。在阅读视图下 Word 会将"文件"选项卡和功能区等窗口元素隐藏起来,以便扩大显示区域,方便用户进行审阅和批注。在阅读视图中,单击"关闭"按钮按【Esc】键即可关闭阅读视图方式,返回文档之前所处的视图方式。

**3. Web 版式视图**

Web 版式视图可以预览具有网页效果的文本。在该视图下,编辑窗口将显示得更大,并自动换行以适应窗口。该视图比较适合发送电子邮件和浏览与制作网页。此外,在这种视图下,文本的显示方式与浏览器的效果保持一致,便于用户进行进一步的调整。

**4. 大纲视图**

在大纲视图中能查看、修改或创建文档的大纲,突出文档的框架结构。在该视图中,可以通过拖动标题来移动、复制和重新组织文本,因此特别适合编辑含有大量章节的长文档。在查看时可以通过折叠文档来隐藏正文内容,而只显示文档中的各级标题和章节目录等,或者展开文档以查看所有的正文。在大纲视图中不显示页边距、页眉和页脚、图片和背景。

**5. 草稿**

草稿主要用于查看草稿形式的文档,便于快速编辑文本。在草稿视图中可以输入、编辑和设置文本格式,但不显示页边距、页眉和页脚、背景、图形对象以及没有设置为"嵌入型"环绕方式的图片。该视图功能简单,适合编辑内容、格式简单的文章。在草稿视图下,上下页面的空白区域转换为虚线。

**6. 打印预览**

在打印之前,可以使用"打印预览"功能对文档的实际打印效果进行预览,避免打印完成后才发现错误。在这种视图方式下,可以设置显示方式,调整显示比例。使用打印预览功能查看文档的具体操作步骤为:选择"文件","打印"命令,此时出现的最右侧窗格即为预览区,拖动滚动条即可预览其他页面。再次单击"文件"选项卡,或单击其他选项卡即可退出打印预览方式。

**7. 拆分**

在编辑文档时,有时需要在文档的不同部分进行操作,若使用拖动滚动条的方法会很麻烦,这时可以使用 Word 中提供的拆分窗口的方法。拆分窗口就是将文档窗口一分为二变成两个窗格,两个窗格中显示的是同一个文档中的不同内容部分。这样就可以很方便地对同一个文档中的前后内容进行编辑操作了。具体步骤为:单击"视图"选项卡"窗口"选项组中的"拆分"按钮,此时鼠标指针变成一条横线,移动鼠标,确定窗口拆分的位置,然后单击即可将当前的文档窗口拆分为两个窗格。若要取消拆分状态,只需要单击"窗口"选项组中的"取消拆分"按钮即可。

**8. 并排查看和同步滚动**

在同时打开两个 Word 文档后,通过单击"视图"选项卡"窗口"选项组中的"并排查看"按钮,就可以让两个文档窗口左右并排打开,尤其方便的是,这两个并排窗口可以同步上下滚动,非常适合文档的比较和编辑。

### 5.2.3 文本的选定及操作

**1. 插入点的移动**

在开始编辑文本之前,应首先找到要编辑的文本位置,这就需要移动插入点。插入点的位置指示着将要插入文字或图形的位置,以及各种编辑修改命令生效的位置。移动插入点是指将光标指针移动到插入点位置后单击,出现闪烁的"|"光标,然后从此位置可以进行编辑。

**2. 文本的选定**

(1)在文本区选定

在文本区进行选定操作有多种方法:

① 按住鼠标左键不放,在文本区进行拖动,可以直观、自由地选定文本区中的文字。另外,Word 还提供了一种当鼠标指针指向工作区上下边缘时自动滚动文档的功能,这使拖动鼠标选定文本的范围更大。

② 在文本区的某个位置单击,选定一个起始点,然后拖动滚动条,再按住【Shift】键并单击另一位置,这时位于两位置点之间的文字即被选定。

③ 选中一个文本区,然后按住【Ctrl】键的同时再选中另外一块文本区,可实现不连续文本的选定。

④ 先按住【Alt】键,再用鼠标拖动到所选文本的末端,可以选定一个列块(矩形区域)。

(2)在选定栏选定

选定栏位于行前页边距外,鼠标指针呈反箭头形状时进行拖动,可以选定任意多行文本;也可以在选定栏处双击,选定一个段落,或三击选定整个文档。

(3)利用命令选定

单击"开始"选项卡"编辑"选项组中的"选择"按钮,在打开的下拉列表中选择"全选"命令,或按【Ctrl + A】组合键均可选定所有文本内容。

**3. 删除和剪切文本**

(1)删除文本

选定要删除的内容,然后按【Delete】键即可删除所选内容。

(2)剪切文本

选定文本后,可用以下三种方法完成剪切操作:

① 单击"开始"选项卡"剪贴板"选项组中的"剪切"按钮。

② 右击选中的文本,在弹出的快捷菜单中选择"剪切"命令。

③ 按【Ctrl + X】组合键。

> **注意:**
> 删除文本和剪切文本从表面上看产生的效果是一样的,都清除了选定的内容。但实际上二者有实质性区别,删除文本是把文本内容彻底删除,而剪切文本是把选定内容移动到剪贴板中。

**4. 复制文本**

要复制文本,首先应选中文本,然后使用下列方法进行复制:

① 单击"开始"选项卡"剪贴板"选项组中的"复制"按钮。

② 右击选中的文本,在弹出的快捷菜单中选择"复制"命令。

③ 按【Ctrl + C】组合键。

使用上述任何一种方法,都能将选中的文本内容复制到剪贴板中。

**5. 粘贴文本**

粘贴文本的操作实质上是将剪贴板中的内容插入光标所在的位置,这就要求剪贴板中必须有要粘贴的内容。因此,剪切、复制和粘贴操作常组合在一起使用。

粘贴的内容出现在光标所在的位置,而原先光标后面的内容自动后移。将光标移动到要粘贴的位置,用下列方法之一进行粘贴：

① 单击"开始"选项卡"剪贴板"选项组中的"粘贴"按钮。

② 按【Ctrl + V】组合键。

③ 右击选中的文本，在弹出的快捷菜单中选择"粘贴选项"下的四个不同选项。其中："保留源格式"表示粘贴后的内容保留原始内容的格式；"合并格式"表示粘贴后的内容保留原始内容的格式，且合并目标位置的格式；"图片"表示将粘贴的内容保存为图片格式；"只保留文本"表示粘贴后的内容不具有任何格式设置，只保留文本内容。

**6. 剪贴板**

Windows 剪贴板只能保留最近一次剪切或复制的信息，而 Office 提供的剪贴板在 Word 中以任务窗格的形式出现，它具有可视性；而且在 Office 系列软件中，剪贴板信息是共用的，可以在 Office 文档内或其他程序之间进行更复杂的复制和移动操作，例如可以从画图程序中选择图形的一部分进行复制，然后粘贴到 Word 文档中。

单击"开始"选项卡"剪贴板"选项组右下角的按钮，打开"剪贴板"任务窗格，如图 5-11 所示。单击"全部粘贴"按钮，剪贴板中的内容将从下至上全部粘贴到当前光标所在位置处。单击"全部清空"按钮，可以将剪贴板中的内容全部清空。若要粘贴其中的某一项内容，可以在"单击要粘贴的项目"列表框中找到要粘贴的内容，直接单击该项目或单击右侧的下拉按钮，在菜单中选择"粘贴"命令。若要清除一个项目，可单击项目右侧的下拉按钮，在菜单中选择"删除"命令。

**7. 移动文本**

在文本编辑过程中，常需要移动文本的位置。移动文本可以使用鼠标拖动、功能区按钮和菜单命令三种方法。

（1）使用鼠标拖动

鼠标拖动是短距离内移动选定文本的最简洁方法。选定要移动的文本内容，当鼠标指向选定的文本内容后按住鼠标左键进行拖动，当虚线插入点拖动到新位置时，松开鼠标左键，选定的文本内容移动到新位置。

图 5-11 "剪贴板"任务窗格

（2）使用功能区按钮

首先选定要移动的文本内容，单击"开始"选项卡"剪贴板"选项组中的"剪切"按钮，然后将插入点设置在新位置上，单击"剪贴板"选项组中的"粘贴"按钮。

（3）使用快捷菜单

选定要移动的文本内容，右击选定的文字并在弹出的快捷菜单中选择"剪切"命令；将插入点设置在新位置，右击后在弹出的快捷菜单中选择"粘贴选项"命令的相应选项。

◎ Word 基础知识/段落交换

如果要长距离移动选定的文本，使用"剪切"和"粘贴"命令更为方便。

## 5.2.4 文本的查找与替换

Word 的查找和替换功能非常强大，它既可以查找和替换普通文本，也可以查找或替换带有固定格式的文本，还可以查找或替换字符格式、段落标记等特定对象；尤其值得提出的是，它也支持使用通配符（如"Word *"或"张?"）进行查找。

**1. 查找文本**

查找是指从当前文档中查找指定的内容，如果查找前没有选取查找范围，Word 认为在整个文档中进行搜索；若要在某一部分文本范围内查找，则必须选定文本范围。

选择"开始"选项卡，在"编辑"选项组中单击"查找"按钮，或按【Ctrl + F】组合键，则在窗口左侧打开"导航"任务窗格，在搜索框中输入需要查找的内容，文档中将查找到的内容突出显示。

也可以使用"高级查找"功能进行查找。查找步骤如下：

① 单击"开始"选项卡"编辑"选项组中的"查找"按钮右侧的下拉按钮,在打开的下拉列表中选择"高级查找"命令,打开"查找和替换"对话框,默认显示的是"查找"选项卡,如图5-12所示。

② 在"查找内容"文本框中输入要查找的内容,或单击文本框的下拉按钮,选择查找内容。

③ 单击"查找下一处"按钮,完成第一次查找,被查找到的内容呈突出显示。如果还要继续查找,再单击"查找下一处"按钮继续向下查找。

**2. 替换文本**

替换文本的步骤如下:

① 按【Ctrl + H】组合键或单击"开始"选项卡"编辑"选项组中的"替换"按钮,打开图5-13所示的"替换"选项卡。

② 在"查找内容"文本框中输入被替换的内容,在"替换为"文本框中输入用来替换的新内容。如果未输入新内容,被替换的内容将被删除。

◎Word 中的查找
替换/批量删除

图 5-12 "查找"选项卡

图 5-13 "替换"选项卡

**3. 设定替换方法**

替换方法分为有选择替换和全部替换两种:

① 在"替换"选项卡中,每单击一次"查找下一处"按钮,可找到被替换内容,若想替换则单击"替换"按钮;若不想替换则单击"查找下一处"按钮。利用该方法可以进行有选择的替换。

② 单击"替换"选项卡中的"全部替换"按钮,则将查找到的文本内容全部替换成新文本内容,并弹出消息框显示。

**4. 设置替换选项**

若要根据某些条件进行替换,可单击"更多"按钮,打开扩展对话框,显示"搜索选项"选项组,该组中有10个复选框,用来限制查找内容的形式,如图5-14所示。在该对话框中设置所需的选项。例如,选中"区分大小写"复选框,就会只替换那些大小写与查找内容相符的情况。注意,此时,"更多"按钮被替换为"更少"按钮,单击"更少"按钮可隐藏"搜索选项"选项组。

另外,Word不仅能替换文本内容,还能替换文本格式或某些特殊字符。例如,将文档中的字体为黑体的"计算机"全部替换为隶书的"计算机";将"手动换行符"替换为"段落标记"等,这些操作都可以通过图5-14中的"格式"按钮和"特殊格式"按钮来完成。

◎Word 中的查找
替换/部分替换、
全部替换

图 5-14 扩展"替换"选项卡

◎Word 中的查找替换/全角半角替换　　◎Word 中的查找替换/通配符查找替换　　◎Word 中的查找替换/特殊符号查找替换　　◎Word 中的查找替换/特殊格式查找替换　　◎Word 中的查找替换/带格式查找替换

### 5.2.5　公式操作

Word 中提供了很多内置的公式，用户可以直接选择所需公式将其快速插入文档中；还提供了"公式工具"选项卡，用户可以根据实际需要输入一些特定的公式并对其进行编辑。

**1. 插入公式**

如果要插入 Word 中内置的公式，可以单击"插入"选项卡"符号"选项组中的"公式"按钮，这时在打开的下拉列表中就列出了 Word 内置的一些公式，如图 5-15 所示，从中选择所需的公式并单击，即可将该公式插入文档中。

若需要输入一个特定的公式，可单击"符号"选项组中的"公式"下拉按钮，选择图 5-15 底部的"插入新公式"命令，此时在文档的插入点处将创建一个供用户输入公式的编辑框，且功能区中增加了"公式工具"的"设计"选项卡，如图 5-16 所示，此时即可通过"符号"选项组和"结构"选项组输入公式的内容。

图 5-15　内置公式

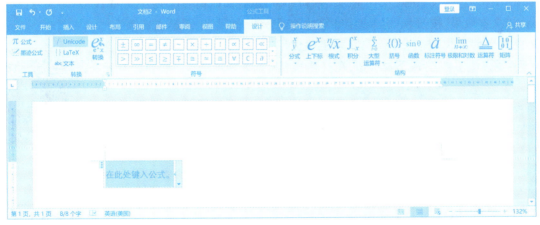

图 5-16　"公式工具"的"设计"选项卡

在"结构"选项组中有许多按钮，每个按钮代表了一种类型的公式模板。要输入哪一类公式，只需单击相应类别的模板即可。例如，要输入同时带有上、下标的公式，可单击 按钮，在展开的模板中选择合适的样式，这时在公式编辑框中就会出现用虚线框起来的对象，用户只需在虚线框中输入内容即可。

**2. 编辑公式**

要修改现有的公式，可单击公式，此时插入点定位在公式中，Word 窗口中显示"公式工具"的"设计"选项卡，可选择各选项组中的命令修改公式内容。

如果要修改公式中的字号或对齐方式等选项，可在选中公式后，选择"开始"选项卡"字体"选项组或"段落"选项组中的相应命令进行修改。

## 5.3 文档的排版

完成文本的基本编辑后就可以对文档进行排版,即对文档进行外观的设置。在 Word 中对文档的排版包括字符格式的设置、段落格式的设置以及页面格式的设置三方面。

### 5.3.1 设置字符格式

字符是指作为文本输入的文字、标点符号、数字及各种符号。字符格式设置是指用户对字符的屏幕显示和打印输出形式的设定,包括字符的字体、字号和字形,字符的颜色、下画线、着重号、上下标、删除线、字符间距等。在创建新文档时,Word 按系统默认的格式显示,中文字体为宋体、五号字,英文字体为 Times New Roman 字体。用户可根据需要对字符的格式进行重新设置。

**1. 使用"开始"选项卡"字体"选项组中的按钮进行设置**

首先选中需要进行格式设置的文本,然后单击"开始"选项卡"字体"选项组中的相应命令按钮进行格式的设置。

(1) 设置字体、字号和字形

单击"字体"下拉列表框的下拉按钮,在打开的下拉列表中可选择所需字体。单击"字号"下拉列表框的下拉按钮,在打开的下拉列表中可选择所需的字号。

分别单击"加粗"按钮 **B**、"倾斜"按钮 *I* 和"下画线"按钮 U,可对选定字符设置加粗、倾斜、增加下画线等字形格式,还可单击"下画线"按钮旁的下拉按钮,在打开的下拉列表中选择下画线线型。

◎ 文字的字体设置/
字体、字号、字形

(2) 设置字符的修饰效果

① 单击"字体颜色"按钮 A 旁的下拉按钮,在打开的下拉列表中可以设置选定字符的颜色。

② 单击"字符边框"按钮 A、"字符底纹"按钮 A 按钮,可设置或撤销字符的边框、底纹格式。

③ 利用"文本效果"按钮 A 可以设定字符的外观效果,如发光、阴影或映像等。

④ 为突出显示文本,可将字符设置为看上去像用荧光笔标记过一样。单击"文本突出显示颜色"按钮 旁的下拉按钮,在打开的下拉列表中可选择一种突出显示的颜色。

**2. 使用"字体"对话框进行设置**

选中需要设置字符格式的文本并右击,在弹出的快捷菜单中选择"字体"命令,或选中文本后单击"开始"选项卡"字体"选项组右下角的 按钮,都可以打开"字体"对话框。

◎ 文字的字体设置/
字符间距

单击"字体"选项卡〔见图 5-17(a)〕,可设置字符的字体、字号、字形、颜色,以及"删除线""上标""下标"等修饰效果。

单击"高级"选项卡〔见图 5-17(b)〕,可设置字符的间距、缩放或位置。字符间距是指两个字符之间的距离,缩放是指缩小或扩大字符的宽、高的比例,当缩放值为 100% 时,字的宽高为系统默认值(字体不同,字的宽高比也不同);当缩放值大于 100% 时为扁形字;当缩放值小于 100% 时为长形字。单击"开始"选项卡"段落"选项组中的"中文版式"按钮,在其下拉列表中选择"字符缩放"命令,也可对字符进行缩放设置。

◎ 文字的字体设置/
字体颜色和底纹

单击"字体"对话框下面的"文字效果"按钮还可以设置文字的动态效果。

### 5.3.2 设置段落格式

Word 中的段落是由一个或几个自然段构成的。在输入一段文字后按【Shift + Enter】组合键,产生一个"↓"符号,被称为"手动换行符",此时形成的是一个自然段。如果输入一段文字后按【Enter】键,产生一个

"↵"符号，那么这段文字就形成一个段落，该符号称为"段落标记"。段落标记不仅标识一个段落的结束，还存储了该段落的格式信息。

（a）"字体"选项卡　　　　　　　　　（b）"高级"选项卡

图5-17　"字体"对话框

段落格式设置通常包括对齐方式、行距和段间距、缩进方式、边框和底纹等的设置。

段落格式的设置方法主要有如下三种：

① 使用"标尺"进行粗略设置。通过这种方法可以设置段落的缩进和制表位。

② 利用"开始"选项卡中的"段落"选项组进行设置，可以设置水平对齐方式（包括左对齐、居中、右对齐、两端对齐、分散对齐）、缩进（包括减少缩进量、增加缩进量）、编号、项目符号和多级列表等。

③ 对于段落格式的精确设置，需要单击"开始"选项卡"段落"选项组右下角的按钮，在打开的"段落"对话框中完成，如图5-18所示。

◎文字的段落设置/对齐方式

**1. 设置水平对齐方式**

Word提供了五种段落水平对齐方式：左对齐、居中、右对齐、两端对齐和分散对齐。默认情况下是两端对齐。

① 左对齐：使正文沿页面的左边界对齐，采用这种对齐方式Word不调整一行内文字的间距，所以右边界处的文字可能产生锯齿。

② 两端对齐：使正文沿页面的左、右边界对齐，Word会自动调整每一行内文字的间距，使其均匀分布在左右页边界之间，但最后一行是靠左边界对齐。

③ 居中：段落中的每一行文字都居中显示，常用于标题或表格内容的设置。

④ 右对齐：使正文的每行文字沿页面的右边界对齐，包括最后一行。

⑤ 分散对齐：正文沿页面的左、右边界在一行中均匀分布，最后一行也分散充满一行。

单击"段落"对话框的"缩进和间距"选项卡，在"对齐方式"下拉列表中可以选择不同的对齐方式。

### 2. 设置垂直对齐方式

垂直对齐方式决定了段落相对于上或下页边距的位置，一个段落在垂直方向上的对齐方式为顶端对齐、居中、两端对齐和底端对齐四种方式。要改变一个段落在垂直方向上的对齐方式，可以单击"布局"选项卡"页面设置"选项组右下角的 按钮，打开"页面设置"对话框，在"布局"选项卡"垂直对齐方式"下拉列表中进行选择，如图 5-19 所示。

图 5-18 "段落"对话框

图 5-19 "布局"选项卡

### 3. 设置段落缩进

所谓缩进就是文本与页面边界的距离。段落有以下几种缩进方式：首行缩进、悬挂缩进和左、右缩进。所谓首行缩进是指段落的第一行相对于段落的左边界缩进，如最常见的文本段落格式就是首行缩进两个汉字的宽度；悬挂缩进是指段落的第一行不缩进，而其他行则相对缩进；左右缩进是指段落的左右边界相对于左右页边距进行缩进。

设置段落缩进的具体方法为：

① 打开"段落"对话框，选择"缩进和间距"选项卡可设置缩进方式。其中，"缩进"选项组中的"左侧"和"右侧"微调框用于设置整个段落的左、右缩进值。在"特殊"下拉列表框中，可选择"首行缩进"或"悬挂缩进"选项，在"缩进值"微调框中可精确设置缩进量。

② 使用标尺调整缩进。要调整段落的首行缩进值，可在标尺上拖动"首行缩进"标记；要调整整个段落的左缩进值，可以在标尺上拖动"左缩进"标记；要调整整个段落的右缩进值，可以在标尺上拖动"右缩进"标记。在拖动有关标记时，如果按住【Alt】键则可以看到精确的标尺读数。

### 4. 设置段落间距

段落间距是指两个段落之间的距离，要调整段落间距，首先选择要调整间距的段落，然后在"段落"对话框中选择"缩进和间距"选项卡，在"段前"和"段后"微调框中分别设置段前和段后间距。

◎ 文字的段落设置/缩进

## 5. 设置行距

所谓行距是指段落内部行与行之间的距离。要调整行间距,首先选择要调整行间距的段落,然后单击"段落"对话框中的"缩进和间距"选项卡(见图5-18),在"行距"下拉列表框中选择一种行间距。

需要注意的是,行距中的"最小值"是系统给定的一个值,用户不能改变。要想随意设置行间距,应使用"固定值",并在"设置值"微调框中输入行距值。

◎文字的段落设置/段前和段后间距

◎文字的段落设置/行距

> **注意:**
> 在设置好字符或段落的格式后,可以使用格式刷将设置好的格式快速复制到其他字符或段落中,需要注意格式刷复制的不是文本的内容而是字符或段落的格式。使用格式刷的操作步骤如下:
> ① 选定要复制格式的文本,或把光标定位在要复制格式的段落中。
> ② 单击"开始"选项卡"剪贴板"选项组中的"格式刷"按钮,此时鼠标指针变成刷子形状。
> ③ 用格式刷选定需要应用格式的文本,被刷子刷过的文本格式替换为复制的格式。
> 采用上述方法只能将格式复制一次,双击"格式刷"按钮则可以多次应用格式刷,如果要结束使用格式刷可再次单击"格式刷"按钮。

### 5.3.3 设置页面格式

页面设置的内容包括设置纸张大小,页面的上下左右边距、装订线,文字排列方向,每页行数和每行字符数,页码、页眉页脚等内容。这些设置是打印文档之前必须要做的工作,可以使用默认的页面设置,也可以根据需要重新设置或随时进行修改。设置页面既可以在文档的输入之前,也可以在输入的过程中或文档输入之后进行。

#### 1. 设置纸张

默认情况下,Word 创建的文档是纵向排列的,用户可以根据需要调整纸张的大小和方向。

单击"布局"选项卡"页面设置"选项组中的"纸张方向"按钮,可在打开的下拉列表中选择"纵向"或"横向"。

单击"纸张大小"下拉按钮,在其下拉列表中列出了系统自带的标准纸张尺寸,可从中选择打印纸型,如A4纸。另外,用户还可以对标准纸型进行微调,具体方法为:在"纸张大小"下拉列表中选择"其他纸张大小"命令,或单击"页面设置"选项组右下角的 按钮,均可打开"页面设置"对话框,在"纸张"选项卡中选择一种纸张尺寸,在"宽度"和"高度"微调框中即显示出纸张的尺寸,单击"宽度"和"高度"微调框右侧的按钮可进行调整,如图5-20所示。

◎文字的页面设置/设置纸张大小

#### 2. 设置页边距

在"页面设置"对话框中选择"页边距"选项卡(见图5-21),在"页边距"选项组的"上""下""左""右"微调框中分别输入页边距的值;在"纸张方向"选项组中选择"纵向"或"横向"以确定文档页面的方向;如果打印后需要装订,在"装订线"微调框中输入装订线的宽度,在"装订线位置"下拉列表框中选择装订线的位置。单击"确定"按钮完成页边距的设置。

#### 3. 设置页版式

在"页面设置"对话框中选择"布局"选项卡(见图5-19),在该选项卡中可以对节、页眉与页脚的位置等进行设置。

◎文字的页面设置/页边距、装订线、纸张方向

图 5-20 "纸张"选项卡　　　　　图 5-21 "页边距"选项卡

① 文档版式的作用单位是"节",每一节中的文档具有相同的页边距、页面格式、页眉/页脚等版式设置。在"节的起始位置"下拉列表框中选择当前节的起始位置。

② 在"页眉和页脚"选项组中选中"奇偶页不同"复选框,则可在奇数页和偶数页上设置不同的页眉和页脚。选中"首页不同"复选框,可以使节或文档首页的页眉或页脚与其他页的页眉或页脚不同。可以在"页眉"或"页脚"微调框中输入页眉或页脚距纸张边界的距离。

**4. 设置文档网格**

在"页面设置"对话框中选择"文档网格"选项卡(见图 5-22),可设置文字排列的方向、分栏数、每页行数和每行字符数。

◎文字的页面设置/文档网格

在"网格"选项组中选择一种网格,各选项的含义如下:

①"只指定行网格":用于设定每页中的行数。在"每页"微调框中输入行数,或者在"间距"微调框中输入跨度的值。

②"指定行和字符网格":同时设定每页的行数及每行的字符数。

③"文字对齐字符网格":输入每页的行数和每行的字符数后,Word 严格按照输入的数值设置页面。

图 5-22 "文档网格"选项卡

## 5.3.4 文档页面修饰

**1. 分节与分栏**

（1）分节

默认情况下，文档中每个页面的版式或格式都是相同的，若要改变文档中一个或多个页面的版式或格式，则可以使用分节符来实现。使用分节符可以将整篇文档分为若干节，每一节可以单独设置版式，例如页眉、页脚、页边距等，从而使文档的编辑排版更加灵活。

单击"布局"选项卡"页面设置"选项组中的"分隔符"按钮，打开图5-23所示的"分隔符"下拉列表。在"分节符"选项组内有四种分节符选项，选择一种分节符类型，即可完成插入分节符的操作。

分节符定义了文档中格式发生更改的位置。若要查看插入的分节符，可选择"草稿"视图，此时可看到在原插入点位置插入了一条双虚线分节符。若要删除某分节符，可在草稿视图下选择要删除的分节符，按【Delete】键。删除该分节符将会同时删除该分节符之前的文本的格式。

图5-23 "分隔符"下拉列表

（2）分栏

如果要使文档具有类似于报纸的分栏效果，就要用到Word的分栏功能。每一栏就是一节，可以对每一栏单独进行格式化和版面设计。在分栏的文档中，文字是逐栏排列的，填满一栏后才转到下一栏。

要把文档分栏，必须切换到页面视图方式。在页面视图方式下选定要分栏的文本，单击"布局"选项卡"页面设置"选项组中的"栏"按钮，在其下拉列表中列出了各种分栏的形式，如"两栏""三栏"等，单击"更多栏"命令可打开"栏"对话框，如图5-24（a）所示，在该对话框中可选择栏形式，也可以在"栏数"微调框内直接指定栏数，最多11栏，最后单击"确定"按钮。分为两栏后的效果如图5-24（b）所示。

◎文字的段落设置/分栏

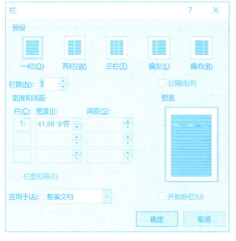

（a）"栏"对话框

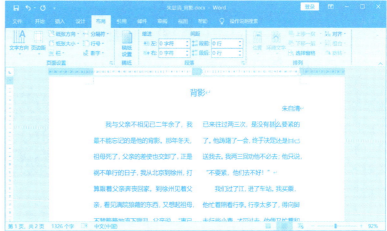

（b）分栏的效果

图5-24 分栏

**2. 页眉和页脚**

页眉和页脚通常用于显示文档的附加信息，例如日期、时间、发文的文件号、章节名、文件的总页数及当前为第几页等。其中，页眉被打印在页面的顶部，而页脚被打印在页面的底部。页眉和页脚属于版式的范畴，文档的每个节可以单独设计页眉和页脚。只有页面视图方式下才能看到页眉和页脚的效果。

（1）添加页眉和页脚

单击"插入"选项卡"页眉和页脚"选项组中的"页眉"或"页脚"按钮，在其下拉列表中列出了Word内置的页眉或页脚模板,用户可在其中选择适合的页眉或页脚样式,也可以选择"编辑页眉"或"编辑页脚"命令,根据需要进行编辑。此时,页面的顶部和底部将各出现一条虚线,其中,顶部的虚线处为页眉区域,底部为页脚区域,与此同时将打开"页眉和页脚工具"的"设计"选项卡,如图5-25所示。用户可在页眉或页脚区域输入相应内容,也可通过"插入"选项组中的各个命令按钮插入相应的内容,例如日期和时间、图片等。

◎Word中的页眉页脚操作/插入页眉页脚及格式设置

单击"设计"选项卡"导航"选项组中的"转至页脚"或"转至页眉"按钮可在页眉与页脚之间进行切换。编辑完成后,双击正文中的任意位置或单击"关闭"选项组中的"关闭页眉和页脚"按钮,即可返回文档正文。

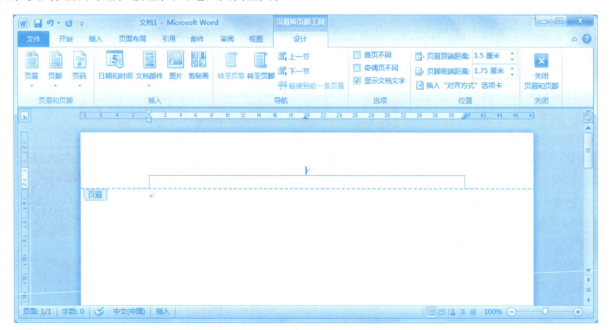

图5-25 "页眉和页脚工具"的"设计"选项卡

(2)页眉和页脚格式的设置

① 设置对齐方式。默认情况下,在页眉或页脚中输入的文本或图形总是左对齐的,如果要使文本或图形居中或者居右,可选择"页眉和页脚工具"的"设计"选项卡,单击"位置"选项组中的"插入对齐制表位"按钮,此时,将打开"对齐制表位"对话框,在"对齐"选项组中进行选择即可,如图5-26所示。

◎Word中的页眉页脚操作/编辑页眉页脚及版式设置

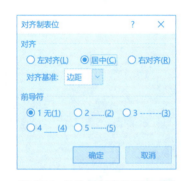

图5-26 "对齐制表位"对话框

② 为文档设置多个不同的页眉和页脚。

一般情况下,Word中的每一页都显示相同的页眉和页脚。但是,有时用户需要对不同的页面使用不同的页眉和页脚,例如首页需要设置一种页眉和页脚,其他页使用另外的页眉和页脚;或在奇数页和偶数页上分别使用不同的页眉和页脚;或在不同节中使用不同的页眉和页脚。具体步骤如下:

a. 打开文档,单击"插入"选项卡"页眉和页脚"选项组中的"页眉"按钮,并在打开的下拉列表中选择"编辑页眉"命令。

b. 选择"页眉和页脚工具"的"设计"选项卡,在"选项"选项组中可按需要选中"首页不同"或"奇偶页不同"复选框。

c. 此时在文档的首页将出现"首页页眉""首页页脚"的编辑区。相应的,在奇数页和偶数页的页面上也出现了"奇数页页眉""奇数页页脚""偶数页页眉""偶数页页脚"等编辑区域,单击该区域,即可创建不同的页眉或页脚。

d. 单击"关闭"选项组中的"关闭页眉和页脚"按钮,即可返回文档编辑状态。

### 3. 页码

当文档中包含多个页面时,往往需要插入页码。具体操作步骤如下:

单击"插入"选项卡"页眉和页脚"选项组中的"页码"按钮,将打开图5-27所示的下拉列表,在该列表中指定页码出现的位置,并在其右侧显示的浏览库中选择所需的页码样式,即可插入页码。

若要对页码的格式进行设置,例如指定起始页码的编号或编号的格式等,可选择图5-27中的"设置页码格式"命令,此时将打开"页码格式"对话框,如图5-28所示。通常,页码的编号为阿拉伯数字,若要修改编号的格式,可以在"编号格式"下拉列表框中选择一种数字格式,如"a,b,c,…""Ⅰ,Ⅱ,Ⅲ,…"等。默认情况下,文档的页码都从1开始编号的,用户可以通过"起始页码"微调框指定所需的页码编号。

Word 中的页眉页脚操作/插入页码

若要删除页码,选择图5-27中的"删除页码"命令即可。

### 4. 首字下沉和悬挂

首字下沉就是将文章开头的第一个字符放大数倍,并以下沉或悬挂的方式显示,其实质是将段落的第一个字符转换为图形。设置首字下沉和悬挂的操作步骤如下:

① 将插入点置于需要首字下沉或悬挂的段落中,该段落必须包含文字。

② 单击"插入"选项卡"文本"选项组中的"首字下沉"按钮。

③ 在打开的下拉列表中选择下沉方式,如"无""下沉""悬挂",选择"首字下沉选项"命令,打开"首字下沉"对话框,如图5-29所示。在该对话框中可设置下沉字的字体、下沉的行数和下沉字距正文的间距,单击"确定"按钮即可完成首字下沉的设置。

文字的段落设置/首字下沉

图5-27 "页码"下拉列表　　图5-28 "页码格式"对话框　　图5-29 "首字下沉"对话框

### 5. 项目符号与编号

项目符号是指在文档中的并列内容前添加的统一符号,而编号是指为具有层次区分的段落添加的号码,通常编号是连续的号码。在各段落之前添加项目符号或编号,可以使文档的条理更加清晰,层次更加分明。

为了使文本更易修改,建议段落前的编号或项目符号不应作为文本输入,而应使用 Word 自动设置项目符号和段落编号的功能。这样,在已编号的列表中添加、删除或重排列表项目时,Word 会自动更新编号。

（1）为已有文本添加项目符号或编号

首先选定需要添加项目符号或编号的段落，然后单击"开始"选项卡"段落"选项组中的"项目符号"按钮或"编号"按钮右侧的下拉按钮，可在打开的下拉列表中选择不同的项目符号或编号样式，即可看到所选段落前都添加了所选的项目符号或编号。

（2）自定义项目符号和编号

除了使用系统自动提供的项目符号和编号样式外，还可以对项目符号和编号的样式进行自定义。具体操作步骤为：单击"开始"选项卡"段落"选项组中的"项目符号"按钮或"编号"按钮右侧的下拉按钮，在打开的下拉列表中选择"定义新项目符号"或"定义新编号格式"命令，将分别打开"定义新项目符号"对话框和"定义新编号格式"对话框，如图5-30和图5-31所示。

图5-30 "定义新项目符号"对话框

图5-31 "定义新编号格式"对话框

在图5-30中可单击"符号"或"图片"按钮，选择适合的自定义项目符号，单击"确定"按钮，即可将所选图片或符号作为项目符号添加到所选段落之前。

在图5-31中的"编号样式"下拉列表框中选择一种编号样式，在"编号格式"文本框中进行修改，修改完成后单击"确定"按钮，即可将新的编号样式添加到所选段落之前。

### 5.3.5 样式和模板的使用

样式和模板是Word中最重要的排版工具。应用样式可以直接将文字和段落设置成事先定义好的格式；应用模板可以轻松制作出精美的传真、信函、会议等文件。

**1. 样式**

样式是一组命名的特定格式的集合，它规定了正文和段落等的格式。段落样式可应用于整个文档，包括字体、行间距、缩进方式、对齐方式、边框、编号等。字符样式可应用于任何文字，包括字体、字号、字形及其修饰效果等。

（1）新建样式

样式是由多个格式排版命令组合而成的，新建样式的操作步骤如下：

① 选中要建立样式的文本，单击"开始"选项卡"样式"选项组右下角的按钮，打开"样式"任务窗格，如图5-32所示。

② 单击"新建样式"按钮，打开"根据格式化创建新样式"对话框，如图5-33所示。在"属性"选项组中进行样式属性设置；在"格式"选项组中设置该样式的文字格式。

图5-32 "样式"任务窗格

③ 单击"格式"按钮,在打开的下拉列表中选择任一命令均可打开一个相应的对话框。例如,选择"段落"命令,打开"段落"对话框,在对话框中可进行对齐方式、行间距等格式的设置,完成设置后单击"确定"按钮,样式的设置结果将显示在预览框的下方,单击"确定"按钮即可完成新样式的创建。

④ 选中文本按照新建样式的要求显示在文档中,而且新建样式名也会自动添加到"样式"选项组中和"样式"任务窗格的下拉列表框中。

(2) 样式的应用

样式创建好后,即可将其应用到文档中的其他段落或字符。操作步骤为:首先选中需要应用样式的段落或字符,然后在"开始"选项卡"样式"选项组中单击新建的样式名,或者打开"样式"任务窗格,在样式列表框中单击新建的样式名。此时被选定的段落或字符就会自动按照样式中定义的属性进行格式化。

(3) 样式的编辑

样式创建好后,可根据需要对不符合要求的样式进行修改。修改样式的操作步骤如下:

① 单击"开始"选项卡"样式"选项组右下角的 按钮,打开"样式"任务窗格。

② 在样式列表框中,将鼠标指针置于需要修改的样式上,单击其右侧的下拉按钮▼,在打开的下拉列表中选择"修改"命令,打开"修改样式"对话框,如图5-34所示。

③ 在"修改样式"对话框中修改样式,完成后单击"确定"按钮即可。

图5-33 "根据格式化创建新样式"对话框

图5-34 "修改样式"对话框

(4) 样式的删除

对于不再需要的自定义样式,可进行删除。单击"开始"选项卡"样式"选项组右下角的 按钮,打开"样式"任务窗格。右击需要删除的样式名,在弹出的快捷菜单中选择"删除"命令,在打开的提示框中单击"是"按钮,即可将该样式删除。

**2. 模板**

模板实际上是某种文档的模型,是一类特殊的文档。每个文档都是基于模板建立的,用户在打开Word时就启动了模板,该模板是Word自动提供的普通模板,即Normal模板。模板文件的扩展名为.dotx。除了可以使用系统内置的模板外,用户也可根据需要创建自己的模板。

(1) 创建模板

完成样式创建后,即可利用文档创建模板,具体操作步骤如下:

① 打开作为模板的文档，选择"文件"→"另存为"命令，打开"另存为"对话框。

② 在"保存类型"下拉列表框中选择"Word 模板"选项，在"文件名"文本框中输入模板的名字，在"保存位置"下拉列表框中选择保存位置。

③ 单击"保存"按钮，即可完成模板的创建。

（2）模板的使用

模板创建好后，即可创建基于该模板的文档。操作步骤如下：

① 选择"文件"→"选项"命令，打开"Word 选项"对话框，如图 5-35 所示。

图 5-35 "Word 选项"对话框

② 选择左侧列表中的"加载项"选项，在右侧"管理"下拉列表框中选择"模板"选项，单击"转到"按钮，打开"模板和加载项"对话框，如图 5-36 所示。

③ 单击"选用"按钮，打开"选用模板"对话框，如图 5-37 所示。选中要应用的模板文件，单击"打开"按钮，返回到"模板和加载项"对话框。此时，在"文档模板"框中将显示添加的模板文件名和路径。

④ 选中"自动更新文档样式"复选框，单击"确定"按钮，即可将此模板的样式应用于文档。

图 5-36 "模板和加载项"对话框

图 5-37 "选用模板"对话框

## 5.4 表格处理

制表是文字处理软件的主要功能之一。利用 Word 提供的制表功能,可以创建、编辑、格式化复杂表格,也可以对表格内数据进行排序、统计等操作,还可以将表格转换成各类统计图表。

### 5.4.1 表格的创建

Word 中不论表格的形式如何,都是以行和列排列信息,行、列交叉处称为单元格,是输入信息的地方。在文档中要创建一个表格有以下四种方法。

**1. 使用"插入表格"命令创建表格**

操作步骤如下:

① 将插入点置于要插入表格的位置。

② 单击"插入"选项卡"表格"选项组中的"表格"按钮,打开图 5-38 所示的"表格"下拉菜单,选择"插入表格"命令,打开图 5-39 所示的"插入表格"对话框。

③ 在"表格尺寸"选项组的"列数"和"行数"微调框中指定表格的列数和行数。在"'自动调整'操作"选项组中,可对表格的尺寸进行调整,选中"固定列宽"单选按钮,则可由用户指定每列的列宽;若选中"根据内容调整表格"单选按钮,表示列宽自动适应内容的宽度;选中"根据窗口调整表格"单选按钮,则表示表格宽度总是与页面的宽度相同,列宽等于页面宽度除以列数。

◎ Word 中的表格操作/插入表格

图 5-38 "表格"下拉菜单

图 5-39 "插入表格"对话框

④ 单击"确定"按钮,则创建了一个指定行列数的表格。图 5-40 所示为创建的 7 列 5 行的表格。

图 5-40 利用"插入表格"命令创建的表格

**2. 使用快速表格模板插入表格**

操作步骤如下：

① 把插入点置于文档中要插入表格的位置。

② 单击"插入"选项卡"表格"选项组中的"表格"按钮，打开如图 5-38 所示的"表格"下拉菜单。

③ 将鼠标指向第一个网格，然后向右下方移动鼠标，鼠标掠过的网格被全部选中，并在网格顶部显示被选中的行数和列数，如图 5-41 所示，同时在文档中的插入点处可预览到所插入的表格，单击即可完成表格的插入。

**3. 使用"快速表格"命令创建表格**

Word 提供了预先设置好格式的表格模板库，可从中选择一种表格样式进行创建。操作步骤如下：

① 将插入点置于要插入表格的位置。

② 在图 5-38 所示的"表格"下拉菜单中选择"快速表格"命令，在打开的内置表格样式列表中选择需要的模板（见图 5-42），可在当前文档中插入表格，该表格中包含示例数据和特定的样式。

③ 将表格中的数据替换为所需数据。

图 5-41　快速创建表格

图 5-42　内置表格样式列表

**4. 使用"绘制表格"命令建立表格**

通常，若需要制作不规则的表格，往往是先创建一个规则的表格，再对其进行单元格的拆分或合并等操作。除此之外，还可以利用 Word 提供的"绘制表格"命令，像用铅笔作图一样随意地绘制复杂的表格。具体操作步骤如下：

① 将插入点置于要插入表格的位置。

② 在图 5-38 所示的下拉菜单中选择"绘制表格"命令，鼠标指针变为铅笔形状 ⌀。

③ 按住鼠标左键拖动，就可以在文档中任意绘制表格线，例如要表示表格的外围框线，可用鼠标拖动绘制出一个矩形；在需要绘制行的位置按住鼠标左键横向拖动，即可绘制出表格的行，纵向拖动鼠标可绘制表格的列。

④ 若要删除某条框线，可使用"擦除"命令。选择"表格功能"的"布局"选项卡，单击"绘图"选项组中的"橡皮擦"按钮，鼠标指针变为橡皮形状。将鼠标指针移动到要擦除的框线上单击，即可删除该框线。图 5-43 所示为使用"绘制表格"命令制作的不规则表格。

图 5-43　不规则表格

### 5.4.2 表格的调整

通常不可能一次就创建出符合要求的表格,此时需要对表格的结构进行适当调整。表格调整包括单元格、行、列的选定,行、列的插入与删除,行高与列宽的设置,单元格的合并与拆分,表格的合并与拆分等。

**1. 单元格、行或列的选择**

要对表格进行操作,首先要选定操作的单元格、行或列。可使用鼠标快速选中,也可利用"表格工具"的"布局"选项卡中的命令实现。

(1)利用鼠标进行选择

① 选择单元格。每个单元格左侧都有选定栏,当把光标移动到该选定栏时,鼠标指针将变为指向右上方的黑色粗箭头 ▰,此时单击即可将该单元格选中。

② 选择行。把鼠标移动到该行的左侧选定栏时,鼠标指针变为空心箭头,此时单击即可将该行选中,若拖动鼠标则可选中多行。

③ 选择列。将鼠标指向该列的顶端边界线上时,鼠标指针将变为向下的黑色粗箭头 ↓,此时单击即可选中该列,若拖动鼠标则可选中多列。

④ 选定多个不连续的单元格、行或列。首先选中所需的第一个单元格、行或列,按住【Ctrl】键,再单击其他单元格、行或列即可。

⑤ 选择整个表格。当鼠标指针停留在表格上时,单击表格左上角的表格移动图柄 ⊞,即可将该表格选中。

(2)使用"表格工具"的"布局"选项卡

将鼠标指针移动到表格中的某一个单元格,选择"表格工具"的"布局"选项卡,单击"表"选项组中的"选择"按钮,打开如图 5-44 所示的下拉菜单,从中可分别选择相应的命令完成单元格、行、列或表格的选定。

图 5-44 "选择"下拉菜单

**2. 单元格、行或列的插入与删除**

(1)单元格、行或列的插入

首先在表格中需要添加单元格、行或列的位置处设置插入点。然后选择"表格工具"的"布局"选项卡,单击"行和列"选项组右下角的 按钮,打开"插入单元格"对话框,如图 5-45 所示。从中选择一个选项,确定插入的为行、列或单元格,然后单击"确定"按钮。注意,新插入的行位于当前行的上方,新插入的列位于当前列的左侧。

○ Word 中的表格操作/
插入、删除行和列

另外,还可以利用"行和列"选项组中的"在上方插入""在下方插入"确定插入的新行的位置,利用"在左方插入""在右方插入"确定插入的新列的位置。

若要在表格的最后插入一行,还可单击表格的最后一行的最后一个单元格,然后按【Tab】键,或将插入点移到最后一行的回车符后,按【Enter】键。

(2)单元格、行或列的删除

① 选定要删除的单元格、行或列。

② 选择"表格工具"的"布局"选项卡,单击"行和列"选项组中的"删除"按钮,打开如图 5-46 所示的下拉菜单,从中选择"删除行"或"删除列"命令,即可将选中的行或列删除。

③ 若删除的是单元格,操作与删除行或列有所不同。若选择"删除单元格"命令,将打开"删除单元格"对话框,如图 5-47 所示。"右侧单元格左移"表示选中的单元格将会被删除,同时该行剩余的单元格向左移;"下方单元格上移"表示该列剩余的单元格向上移动。选择相应选项后单击"确定"按钮即可。

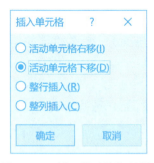
图 5-45 "插入单元格"对话框

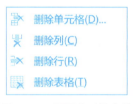
图 5-46 "删除"下拉菜单

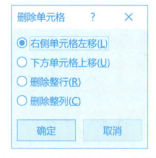
图 5-47 "删除单元格"对话框

(3) 表格的删除

将插入点置于要删除的表格中,在图 5-46 中选择"删除表格"命令,即可将表格删除。或选中表格,按【Backspace】键也可将表格删除。需注意的是,若按【Delete】键则将表格中的内容清除,而并不删除表格本身。

### 3. 行高和列宽的调整

创建表格时,若用户没有指定行高和列宽,则均使用默认值,用户可根据需要进行调整,具体操作步骤如下:

(1) 用鼠标拖动调整行高与列宽

如果要调整行高,可将鼠标指针停留在要更改其高度的行边线上,当指针变为 形状时,按住鼠标左键拖动边框到所需行高,释放鼠标即可。

如果要调整列宽,可将鼠标指针停留在要更改其列宽的列边线上,当指针变为 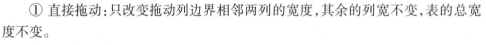形状时,按住鼠标左键拖动边框到所需列宽,释放鼠标即可。

对于调整列宽,不同的操作会产生不同的结果:

① 直接拖动:只改变拖动列边界相邻两列的宽度,其余的列宽不变,表的总宽度不变。

② 按住【Ctrl】键拖动:只改变拖动边界左边的列宽,其余各列列宽不变,表的总宽度不变。

③ 按住【Shift】键拖动:表的总宽度不变,拖动边界时,右面各列自动调整列宽。

④ 按住【Ctrl+Shift】组合键拖动:表的总宽度不变,右面各列均等宽。

◎Word 中的表格操作/设置行高列宽

(2) 使用对话框设置具体的行高与列宽

操作步骤如下:

① 选中要改变行高的行或要改变列宽的列。

② 选择"表格工具"的"布局"选项卡,单击"表"选项组中的"属性"按钮,或单击"单元格大小"选项组右下角的 按钮,均可打开"表格属性"对话框。

③ 单击"行"选项卡,设置行的高度,如图 5-48(a)所示。在"指定高度"微调框中输入所需值,在"行高值是"下拉列表框中选择"固定值"选项。若需要设置其他行的高度,可单击"下一行"按钮。

④ 单击"列"选项卡,调整列的宽度。在"指定宽度"微调框中输入所需值,如图 5-48(b)所示。设置完成后,可单击"后一列"按钮继续设置其他列的列宽,完成后单击"确定"按钮。

(3) 自动调整表格尺寸

选择"表格工具"的"布局"选项卡,单击"单元格大小"选项组中的"自动调整"按钮,打开图 5-49 所示的下拉菜单,从中可选择"根据内容自动调整表格"和"根据窗口自动调整表格"命令来实现表格的自动调整。单击"单元格大小"选项组中的"分布行""分布列"按钮可实现平均分配各行、各列。

# 第 5 章　文字处理软件 Word 2016

（a）"行"选项卡

（b）"列"选项卡

图 5-48　"表格属性"对话框

**4. 表格的合并与拆分**

要将一个表格一分为二，首先需要选中要成为第二个表格首行的那一行，然后选择"表格工具"的"布局"选项卡，单击"合并"选项组中的"拆分表格"按钮，原表格则被拆分为两个表格，两表格之间有一个空行相隔。

若要将两个表格合并为一个表格，只要将两个表格中的空行删除即可。

图 5-49　"自动调整"下拉列表

**5. 单元格的拆分与合并**

若要拆分单元格，首先选中要拆分的一个或多个单元格，然后选择"表格工具"的"布局"选项卡，单击"合并"选项组中的"拆分单元格"按钮，打开"拆分单元格"对话框（见图 5-50），从中选择要拆分的行数及列数，然后单击"确定"按钮完成单元格的拆分。

若要合并单元格，首先需要选择希望合并的单元格（至少有两个），然后选择"表格工具"的"布局"选项卡，单击"合并"选项组中的"合并单元格"按钮，所选的几个单元格将合并成为一个单元格。

○ Word 中的表格
操作/合并拆分
单元格

## 5.4.3　表格的编辑

表格制作完成后，即可在表格的单元格中输入数据，如文本、图形或其他表格等。

**1. 数据的输入**

表格中的每个单元格都相当于一个小文档，因此在单元格中输入数据的方法与之前介绍的在文档中的操作方法类似。

图 5-50　"拆分单元格"对话框

在输入之前，应先定位插入点，即将鼠标置于表格中需要输入数据的位置。移动插入点的方法有：

① 直接在需要输入数据的单元格内单击。

② 按【Tab】键可将插入点从当前单元格移动到后一个单元格；按【Shift+Tab】组合键将插入点从当前单

元格移动到前一个单元格。

**2. 文本的移动、复制和删除**

如果要移动表格中的内容,首先选定要移动的内容,然后在选定区域按住鼠标左键拖动到新位置后释放鼠标即可;如果要复制选定内容,可在按住【Ctrl】键的同时将选定内容拖动到新位置。另外,还可以利用剪切、复制和粘贴命令进行移动和复制,其操作方法与在文档中的操作相同。

若要删除表格中的内容,可先选中要删除的内容,然后按【Delete】键即可。

**3. 设置文本格式**

可对选定的单元格、行或列中的文本进行格式化,如字体、字号、字形的设置等,其设置方法与一般的字符格式化方法类似。表格中的文本的对齐方式包括水平对齐方式和垂直对齐方式两种。默认情况下,表格文本的对齐方式为靠上两端对齐。水平对齐方式的设置与段落的对齐方式相同,垂直对齐方式的设置方法为:

首先选中需要设置对齐方式的单元格、行或列,然后选择"表格工具"的"布局"选项卡,单击"表"选项组中的"属性"按钮,在打开的"表格属性"对话框中选择"单元格"选项卡,从中可设置垂直对齐方式。

◎ Word 中的表格操作/单元格和表格的对齐方式

除此之外,还可利用"表格工具"的"布局"选项卡进行设置,"对齐方式"选项组中列出了相应的对齐方式按钮,如"水平居中",表示文字在单元格内水平和垂直方向均居中。

选中需要设置对齐方式的单元格、行或列后右击,在弹出的快捷菜单中选择"单元格对齐方式"命令,在其级联菜单中也可设置文本的对齐方式。

### 5.4.4 表格的格式化

**1. 表格套用样式**

Word 提供了表格样式库,可将一些预定义的外观格式应用到表格中,从而使表格的排版变得方便、轻松。将光标置于表格中任意位置,选择"表格工具"的"设计"选项卡,单击"表格样式"选项组的"其他"下拉按钮,在打开的下拉列表的内置区域显示了各种表格样式供用户挑选,从中选择一种即可套用表格样式。

**2. 表格的边框和底纹**

(1)边框

默认情况下,表格的边框(包括每个单元格的边框)为黑色、0.5 磅、细实线。如果是 Web 网页,表格默认是没有边框的。

例如,要将表格的外边框线设置为红色、0.75 磅双实线,内部框线不变,添加边框的操作步骤如下:

① 选择整个表格。

② 选择"表格工具"的"设计"选项卡,单击"边框"选项组右下角的 按钮,打开"边框和底纹"对话框。

◎ Word 中的表格操作/表格样式

③ 选择"边框"选项卡,在"设置"选项组中,单击"自定义"按钮,在"样式"列表框中选择线型为双实线,单击"颜色"下拉列表框为线条颜色选择红色,在"宽度"下拉列表框中设置线条宽度为 0.75 磅,在"预览"选项组中分别双击 、、、 四个按钮,即只将外边框线设置为所选线条的样式、颜色和宽度,如图 5-51 所示。

④ 单击"确定"按钮。如果要取消边框,可在图 5-51 中单击"设置"选项组中的"无"按钮,表格或单元格的边框将被取消。

◎ Word 中的表格操作/表格线设置

此外，还可以利用"表格工具"的"设计"选项卡添加边框。方法为：选中表格或需要添加边框的单元格，然后选择"表格工具"的"设计"选项卡，在"边框"选项组的"笔样式"下拉列表框中选择双线，在"笔画粗细"下拉列表框中选择 0.75 磅，然后在"笔颜色"下拉列表框中选择标准色中的红色。最后单击"边框"下拉按钮▼，在打开的下拉菜单中选择"外侧框线"命令，即可完成设置。

（2）底纹

所谓底纹，实际上就是用指定的图案和颜色去填充表格或单元格的背景。例如，要为表格的第一行添加底纹颜色为"白色，背景 1，深色 15%"，添加图案样式为"浅色下斜线"、红色，设置方法为：

○ Word 中的表格
操作/底纹设置

① 选中第一行。

② 选择"表格工具"的"设计"选项卡，单击"边框"选项组右下角的 按钮，打开"边框和底纹"对话框。

③ 选择"底纹"选项卡，在"填充"下拉列表框中选择填充的颜色为"白色，背景 1，深色 15%"；在"图案"选项组的"样式"下拉列表框中选择"浅色下斜线"，在"颜色"下拉列表框中选择标准色红色，如图 5-52 所示。

图 5-51  "边框"选项卡　　　　　　　　图 5-52  "底纹"选项卡

④ 单击"确定"按钮。添加完边框和底纹的表格效果如图 5-53 所示。

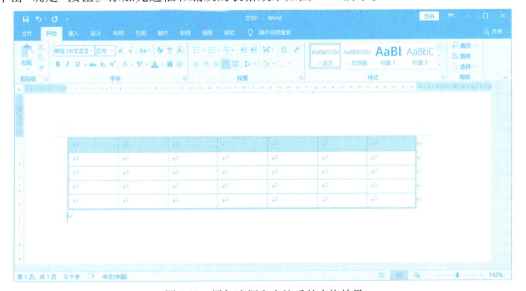

图 5-53  添加边框和底纹后的表格效果

**3. 设置表格的对齐方式和环绕方式**

通过设置表格的对齐方式和环绕方式,可将表格放置于文档的适当位置。具体操作步骤如下:

① 将插入点移动到表格中的任意单元格。

② 选择"表格工具"的"布局"选项卡,单击"表"选项组中的"属性"按钮,打开"表格属性"对话框。

③ 选择"表格"选项卡,在该选项卡中可对表格的对齐方式和文字环绕方式进行设置。如果是左对齐,还可以在"左缩进"微调框中输入缩进量。

④ 单击"定位"按钮,打开"表格定位"对话框,如图 5-54 所示,在该对话框中可对表格的具体位置进行设置。

⑤ 单击"确定"按钮完成表格的定位设置,返回"表格属性"对话框,再次单击"确定"按钮完成表格的对齐和环绕方式的设置。

**4. 设置斜线表头**

首先将插入点置于要绘制斜线表头的单元格内,选择"表格工具"的"设计"选项卡,在"边框"选项组中单击"边框"下拉按钮,在打开的下拉菜单中选择"斜下框线"命令,即可在该单元格内显示斜线,然后在单元格中输入文本,并对文本进行格式设置,使其成为斜线表头中的行标题和列标题。

图 5-54 "表格定位"对话框

**5. 设置表格内的文字方向**

默认情况下,表格中的文字都是沿水平方向显示的。要改变文字方向,可先选中需要改变方向的单元格并右击,在弹出的快捷菜单中选择"文字方向"命令,打开"文字方向-表格单元格"对话框,如图 5-55 所示。在"方向"选项组中选择一种文字方向,然后单击"确定"按钮。

除此之外,选择"表格工具"的"布局"选项卡,单击"对齐方式"选项组中的"文字方向"按钮,也可更改所选单元格内的文字方向,多次单击该按钮可切换各个可用的方向。

**6. 重复表格标题**

当表格很长时,可能会跨越几页,若希望每一页的续表中包含前一页表中的标题行,可按以下步骤操作:

图 5-55 "文字方向"对话框

① 选中表格中需要重复的标题行(可为一行或多行,应包含第一行)。

② 选择"表格工具"的"布局"选项卡,单击"数据"选项组中的"重复标题行"按钮即可。

若要取消重复的标题行,可再次单击"数据"选项组中的"重复标题行"按钮。

### 5.4.5 表格和文本的互换

表格转换在文本编辑中经常使用。有时需要将文本转换成表格,以便说明一些问题;或将表格转换成文本,以增加文档的可读性及条理性。

**1. 文本转换成表格**

将文本转换为表格时,首先要在文本中添加逗号、制表符或其他分隔符来把文本分行、分列。一般情况下,建议使用制表符来分列,使用段落标记来分行。文本转换成表格的操作步骤如下:

① 选择要转换的文本。

② 单击"插入"选项卡"表格"选项组中的"表格"按钮,在打开的下拉菜单中选择"文本转换成表格"命令,打开"将文字转换成表格"对话框,如图 5-56 所示。

③ Word 会自动检测出文本中的分隔符,并计算出表格的列数。当然,也可以重新指定一种分隔符,或者重新指定表格的列数。

◎ Word 中的表格操作/表格与文字的转换

④ 设置完毕后单击"确定"按钮。

**2. 表格转换成文本**

表格转换成文本的操作步骤如下：

① 选择需要转换成文本的整个表格或部分单元格。

② 选择"表格工具"的"布局"选项卡，单击"数据"选项组中的"转换为文本"按钮，打开"表格转换成文本"对话框，如图 5-57 所示。

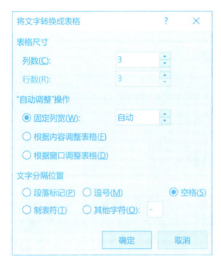

图 5-56  "将文字转换成表格"对话框

图 5-57  "表格转换成文本"对话框

③ 在"文字分隔符"选项组内指定一种分隔符，作为替代列边框的分隔符，例如段落标记、制表符、逗号或其他符号，单击"确定"按钮。

### 5.4.6　表格数据的计算

利用 Word 提供的表格计算功能，可以对表格中的数据进行一些简单的运算，例如求和、求平均值、求最大值、求最小值等操作，从而可方便、快捷地得到计算结果。需要注意的是，对于需要进行复杂计算的表格，应使用 Excel 电子表格来实现。

下面以图 5-58 所示的成绩表格中的数据计算为例进行说明。

图 5-58　成绩表格

**1. 求和**

若需要在"总分"列填充每个学生三科成绩的总和,操作步骤如下:

① 将插入点置于总分列的第 1 个单元格中。

② 选择"表格工具"的"布局"选项卡,单击"数据"选项组中的"公式"按钮,打开"公式"对话框,如图 5-59(a)所示。

③ 在该对话框中,"公式"文本框用于设置计算所用的公式,"编号格式"下拉列表框用于设置计算结果的数字格式,"粘贴函数"下拉列表框中列出了 Word 中提供的函数。在"公式"文本框中显示"=SUM(LEFT)",表示对插入点左边的单元格中的各项数据求和。

④ 单击"确定"按钮,即可将计算结果填充到当前单元格中。

⑤ 将插入点置于总分列的第 2 个单元格,再次打开"公式"对话框,这时"公式"文本框中显示为"=SUM(ABOVE)",将其中的"ABOVE"更改为"LEFT"后单击"确定"按钮。

对该列中的其他单元格重复上述步骤,即可完成数据的求和计算。

**2. 求平均值**

若要在"科目平均分"行填充每门科目的平均分,操作步骤如下:

① 将插入点置于需要放置计算结果的单元格中。

② 选择"表格工具"的"布局"选项卡,单击"数据"选项组中的"公式"按钮,打开"公式"对话框。

③ 将"公式"文本框中的公式删除,在"粘贴函数"下拉列表框中选择"AVERAGE",然后在括号中输入"ABOVE",表示对插入点上方的单元格中的数据进行计算,在"编号格式"下拉列表框中选择"0.00",表示小数点后保留两位数字,如图 5-59(b) 所示。

◎ Word 中的表格操作/求和与求均值

(a)求和　　　　　　　　　　　(b)求平均

图 5-59　"公式"对话框

④ 单击"确定"按钮,即可将计算结果填充到当前单元格中。

对该行中的其他单元格重复上述步骤,即可完成数据的求平均值计算。

完成数据计算后的表格如图 5-60 所示。

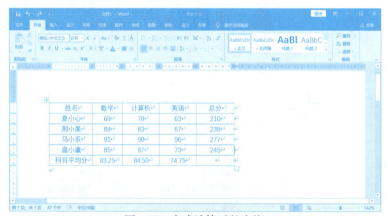

图 5-60　完成计算后的表格

## 3. 排序

在 Word 中，可按照升序或降序把表格中的内容按照笔画、数字、拼音及日期等进行排序。例如，若要对成绩表中的数据按照"总分"列进行降序排列，具体操作步骤如下：

① 将插入点置于表格中的任意单元格或"总分"列中的某个单元格中。

② 选择"表格工具"的"布局"选项卡，单击"数据"选项组中的"排序"按钮，整个表格被选中，并且打开"排序"对话框，如图 5-61 所示。

◎Word 中的表格设置/数据排序

图 5-61 "排序"对话框

③ "主要关键字"下拉列表框用于选择排序的依据，一般为标题行中某个单元格的内容，本例中选择"总分"；"类型"下拉列表框用于指定排序依据的值的类型，选择"数字"；"升序"和"降序"单选按钮用于选择排序的顺序，这里选中"降序"单选按钮。

④ 单击"确定"按钮，表格中的数据则按设置的排序依据进行重新排列，如图 5-62 所示。

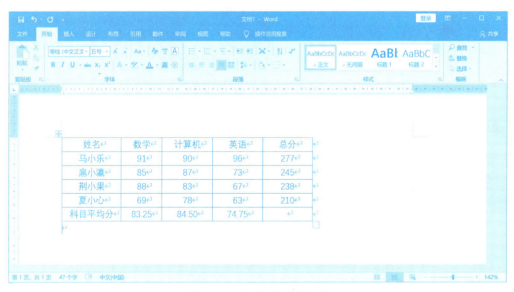

图 5-62 完成排序后的表格

## 5.5 图 文 处 理

Word 虽然是一个文字处理软件，但它同样具有强大的图形处理功能。用户可以在文档的任意位置插入图片、图形、艺术字或文本框等，从而编辑出图文并茂的文档。

### 5.5.1 插入图片

在 Word 文档中插入图片的方法很多，常用的有插入来自文件的图片，或从网络上搜集的图片，还可以插入屏幕截图。图像被插入到文档中后，可以添加各种特殊效果，如三维效果和纹理填充等。

**1. 插入来自文件的图片**

在文档中插入来自图形图像文件中的图片，如 .jpg、.wmf、.bmp 等文件。插入来自文件的图片的操作步骤为：

◎Word 中的图文操作/插入图片

① 将插入点置于要插入图片的位置。

② 选择"插入"选项卡，单击"插图"选项组中的"图片"按钮，即可打开"插入图片"对话框，如图 5-63 所示。

③ 在对话框中选择所需图片文件，单击"插入"按钮，则所选文件中的图片以嵌入的方式插入文档中。如果单击"插入"按钮右侧的下拉按钮，在打开的下拉列表中选择"链接到文件"或"插入和链接"命令，Word 将把所选文件中的图片以链接的方式插入文档中。当该图片文件发生变化时，文档会随之自动更新。当保存文档时，图片会随文档一起保存。

**2. 插入联机图片**

在文档中还可以插入联机图片，此时应保证计算机是联网状态。选择"插入"选项卡，单击"插图"选项组中的"联机图片"按钮，打开"联机图片"窗口，如图 5-64 所示。可在搜索框中输入感兴趣的主题，或在下面的列表中选择某个主题，例如单击"飞机"，可在列表中显示各种飞机的图片；选择某个图片，然后单击"插入"按钮，可将该图片插入文档中。

图 5-63　"插入图片"对话框　　　　　图 5-64　联机图片

**3. 插入屏幕截图**

利用"屏幕截图"功能可以很方便地将活动窗口截取为图片，插入当前正在编辑的 Word 文档中，操作步骤为：

① 打开要添加屏幕截图的文档并定位插入点。

② 单击"插入"选项卡"插图"选项组中的"屏幕截图"按钮，打开如图 5-65 所示的下拉列表。

③ 若要添加整个窗口，可单击"可用的视窗"库中的缩略图，Word 自动截取该窗口图片并插入到文档中。

④ 若要添加窗口的一部分区域，可选择"屏幕剪辑"命令，当指针变成十字形状时，按住鼠标

图 5-65　"屏幕截图"下拉列表

左键拖动以选择要捕获的屏幕区域，释放鼠标后，该区域图片即插入到文档中。

**4. 利用剪贴板插入图片**

可以将存放于剪贴板中的图片粘贴到当前文档中，操作步骤如下：

① 利用"剪切"或"复制"命令将其他应用程序制作的图片放入剪贴板中，如可将"画图"软件中制作的图片复制或剪切到剪贴板，然后使用"粘贴"命令粘贴到当前文档中。

② 按【PrtScn】键可将整个屏幕窗口的内容复制到剪贴板中，或按【Alt + PrtScn】组合键将当前活动窗口的内容复制到剪贴板中，然后使用"粘贴"命令粘贴到当前文档中。

## 5.5.2 图片的编辑

插入文档中的图片可进行编辑修改,如调整大小、裁剪、样式、位置、文字环绕等。

**1. 调整图片大小**

调整图片大小的方法有两种:一种是通过鼠标拖动来调整;另一种是通过"布局"对话框进行精确设置。

(1)通过鼠标调整图片的大小和形状

具体方法为:单击图片可将图片选中,此时图片上会出现8个控点。将鼠标指针放在其中一个控点上,按住鼠标左键并拖动,直至得到所需要的形状和大小。

(2)通过"布局"对话框进行精确设置

操作步骤如下:

① 选定需要调整的图片。

② 选择"图片工具"的"格式"选项卡,单击"大小"选项组右下角的 按钮,或者右击图片,在弹出的快捷菜单中选择"大小和位置"命令,均可打开"布局"对话框的"大小"选项卡,如图5-66所示。

③ 在"高度"和"宽度"选项组中输入具体数值以设置图片的高度和宽度;在"缩放"选项组中设置图片的高度与宽度的比例。如果选中"锁定纵横比"复选框,图片的尺寸将按比例调整。如果要恢复图片的原始尺寸,可单击"重置"按钮。

④ 设置完毕后,单击"确定"按钮。

◎ Word 中的图文操作/图片大小

**2. 设置图片的格式**

可将插入的图片快速设置为 Word 内置的图片样式,方法为:选中图片,选择"图片工具"的"格式"选项卡,单击"图片样式"选项组中的"其他"下拉按钮 ,在打开的下拉列表中选择所需的图片外观样式,如金属框架、矩形投影等。

除此之外,还可以根据需要设置图片的格式。方法为:选中图片,选择"图片工具"的"格式"选项卡,单击"图片样式"选项组中的"图片边框"下拉按钮,可设置图片轮廓的颜色、宽度和线型;单击"图片效果"下拉按钮,可对图片应用视觉效果,如发光、映像等;单击"图片版式"下拉按钮,可将图片转换为 SmartArt 图形。

单击"图片样式"选项组右下角的 按钮,可打开如图5-67所示的"设置图片格式"窗格,从中也可对图片进行各种设置。

◎ Word 中的图文操作/边框设置

图5-66 "大小"选项卡

图5-67 "设置图片格式"窗格

### 3. 调整图片的显示效果

选中图片,选择"图片工具"的"格式"选项卡,利用"调整"选项组中的命令按钮可对图片的亮度、对比度、颜色、艺术效果等进行设置。具体操作步骤如下:

① 单击需要设置的图片。
② 单击"颜色"按钮,可设置图片的饱和度和色调。
③ 单击"校正"按钮,可设置图片的锐化和柔化以及亮度和对比度等。
④ 单击"艺术效果"按钮,可将艺术效果应用到图片中,使其看上去更像油画或草图。

### 4. 图片的裁剪与删除

若只需图片的一部分,则可利用"裁剪"功能将多余部分隐藏起来。具体步骤为:

① 单击选中图片。
② 选择"图片工具"的"格式"选项卡,单击"大小"选项组中的"裁剪"下拉按钮,在打开的下拉菜单中选择"裁剪"命令,图片边缘出现8个裁剪控制手柄,拖动其到适合的位置后释放鼠标,再单击文档的其他位置,完成图片的裁剪。

◎Word 中的图文操作/裁剪图片

需要注意的是,虽然对图片进行了裁剪,但裁剪部分只是被隐藏而已,它仍将作为图片文件的一部分保留。若需要删除图片文件中的裁剪部分,可利用"压缩图片"命令完成。删除图片的裁剪区域的操作步骤如下:

① 选中裁剪后的图片。
② 选择"图片工具"的"格式"选项卡,单击"调整"选项组中的"压缩图片"按钮,打开"压缩图片"对话框,如图 5-68 所示。
③ 在"压缩选项"选项组中,选中"删除图片的剪裁区域"复选框,然后单击"确定"按钮。

删除图片的裁剪部分后不仅可以减小文件,还有助于防止其他人查看已删除的图片部分。值得注意的是,此操作是不可撤销的。因此,只有在确定已经进行所需的全部裁剪和更改后,才能执行此操作。

图 5-68 "压缩图片"对话框

### 5. 设置图片的文字环绕方式和位置

文字环绕方式是指图片周围的文字分布情况。图片在文档中的存放方式分为嵌入式和浮动式,嵌入式指图片位于文本中,可随文本一起移动及设定格式,但图片本身不能自由移动;浮动式使文字环绕在图片四周或将图片浮于文字上方等,图片在页面上可以自由移动,但当图片移动时周围文字的位置将发生变化。

默认情况下,插入到文档内的图片为嵌入式,可根据需要对其环绕方式和位置进行修改。操作步骤如下:

① 选中图片。

◎Word 中的图文操作/文字环绕

◎Word 中的图文操作/对象位置

② 选择"图片工具"的"格式"选项卡,单击"排列"选项组中的"环绕文字"按钮,在打开的下拉列表中可设置图片与文字的环绕方式,如四周型环绕、上下型环绕等,选择"其他布局选项"命令,可打开"布局"对话框的"文字环绕"选项卡,如图5-69(a)所示,除文字环绕方式外,还可设置图片距正文的距离。

③ 单击"排列"选项组中的"位置"按钮,在打开的下拉列表中可对图片在文档中的位置进行设置,如顶端居左、中间居中等,选择"其他布局选项"命令,可打开"布局"对话框的"位置"选项卡,如图5-69(b)所示,从中可设置图片在水平和垂直方向的对齐方式和具体位置。

（a）"文字环绕"选项卡

（b）"位置"选项卡

图 5-69 "布局"对话框

### 5.5.3 绘制自选图形

**1. 插入自选图形**

Word 中可用的形状包括线条、基本几何形状、箭头、公式形状、流程图、星与旗帜、标注,利用这些形状可以组合成更复杂的形状。插入自选图形的步骤如下:

① 选择"插入"选项卡,单击"插图"选项组中的"形状"按钮,在打开的下拉列表中列出了各种形状。

② 选择所需图形,鼠标指针变为十字形状,在文档中单击即可将所选图形插入到文档中,或按住鼠标左键并拖动,释放鼠标后即可绘制出所选图形。

③ 如需要连续插入多个相同的形状,可在所需形状上右击,在弹出的快捷菜单中选择"锁定绘图模式"命令,在文档中连续单击即可插入多个所选形状。绘制完成后,按【Esc】键可取消插入。

◎Word 中的图文操作/插入形状

**2. 图形的编辑**

（1）图形的选择

对画好的图形进行操作,首先要选择图形。常用的方法有如下几种:

① 对于单个图形,只需把鼠标指针移动到图形中单击即可。

② 如果要同时选中多个图形,可先按住【Shift】键,再依次单击每个图形。

③ 选择"绘图工具"的"格式"选项卡,单击"排列"选项组中的"选择窗格"按钮,可打开"选择"窗格,单击其中需要选中的形状名称即可选中该图形。若按住【Ctrl】键,再依次单击每个图形名称,即可同时选中多个图形。

◎Word 中的图文操作/为形状添加文字

选中一个或多个图形后,可以对其进行拖动、调整大小、剪切、复制、粘贴等操作。

（2）调整图形的大小和旋转角度

调整图形的方法与调整图片大小的方法类似,也可通过"布局"对话框进行设置,区别在于当选中图形时,功能区上显示"绘图工具"的"格式"选项卡,而选中图片时,功能区上显示的是"图片工具"的"格式"选项卡。

选中图形,选择"绘图工具"的"格式"选项卡,单击"大小"选项组右下角的 按钮,打开"布局"对话框,在"大小"选项卡中设置图形的高度和宽度。另外,在"大小"选项组的"形状高度"和"形状宽度"微调框中也可设置图形的高度和宽度。

单击"排列"选项组中的"旋转"按钮,在其下拉菜单中可对图片进行旋转和翻转的设置,例如"向左旋转90°"可完成图形的逆时针旋转90°,而"向右旋转90°"为顺时针旋转90°的操作,选择"其他旋转选项"命令,可打开"布局"对话框的"大小"选项卡,在"旋转"微调框中可进行任意角度的旋转设置。

(3) 设置图形的格式

选择"绘图工具"的"格式"选项卡,单击"形状样式"选项组右下角的 按钮,打开"设置形状格式"窗格,如图5-70所示,从中可对图形的填充效果、线条颜色、线型等格式进行设置。

(4) 多个图形对象的编辑

当文档中有多个图形对象时,为了使页面整齐,也使图文混排变得容易方便,需要进行图形对象的组合、对齐方式和层次调整等操作。

① 组合和取消组合。

• 组合图形:如果要把几个图形组合成一个整体进行操作,首先要用上述方法选中一组图形,然后选择"绘图工具"的"格式"选项卡,单击"排列"选项组中的"组合"按钮,在打开的下拉菜单中选择"组合"命令,这样选中的多个图形就形成了一个图形对象。

• 对组合图形取消组合:选中组合对象,单击"排列"选项组中的"组合"按钮,在打开的下拉菜单中选择"取消组合"命令,即可将组合的图形对象分离为独立的图形。

② 多个图形的对齐方式。

◎ Word 中的图文
操作/形状填充

图5-70 "设置形状格式"窗格

选中一组图形,选择"绘图工具"的"格式"选项卡,单击"排列"选项组中的"对齐"按钮,在打开的下拉菜单中可选择相关的命令,可以安排这组图形的水平对齐方式,如左对齐、居中和右对齐,也可以对垂直对齐方式进行选择,主要有顶端对齐、垂直居中和底端对齐。

③ 多个图形的层次关系。

在文档中插入多个图形时,若位置相同时会造成重叠。调整重叠图形的前后次序的具体操作方法如下:

• 选中一个图形,选择"绘图工具"的"格式"选项卡,单击"排列"选项组中的"上移一层"按钮和"下移一层"按钮,在打开的下拉菜单中可选择相关命令,对多个图形对象的叠放次序进行调整。

• 对于两个图形,可以选择"置于顶层"和"置于底层"命令,使两个图形处于前后两个层次上。

• 如果是三个以上的图形,还涉及中间层的调整,顶层和底层可以选择"置于顶层"和"置于底层"命令完成,中间层的操作需选择"上移一层"和"下移一层"命令。

◎ Word 中的图文操作/组合与取消组合　◎ Word 中的图文操作/对象对齐　◎ Word 中的图文操作/叠放次序

### 5.5.4 文本框操作

文本框作为一种图形对象,可用于存放文本或图形。文本框可放置于文档的任意位置,也可以根据需要调整其大小。对文本框内的文字可设置字体、对齐方式等格式,也可对文本框本身设置填充颜色、线条的颜色和线型等格式。

◉ Word 中的图文操作/插入文本框

**1. 插入文本框**

文本框有两种类型:横排文本框和竖排文本框。要插入一个空的文本框,操作步骤如下:

① 单击"插入"选项卡"文本"选项组中的"文本框"按钮,在打开的下拉菜单中选择"绘制横排文本框"命令,则插入横排文本框;若选择"绘制竖排文本框"命令,则可以插入竖排文本框。

② 此时鼠标指针变为十字形状,按住鼠标左键并拖动至所需大小后释放鼠标,即可绘制所需大小的文本框。

③ 在文本框中输入文字,单击"开始"选项卡"字体"选项组中的按钮,可设置文本框内文字的字体格式,利用"段落"选项组中的按钮可设置文字的对齐方式等。

除了插入空白文本框之外,也可对选中的文本增加文本框,方法为:选定文本,单击"插入"选项卡"文本"选项组中的"文本框"按钮,在打开的下拉菜单中选择"绘制横排文本框"或"绘制竖排文本框"命令,将自动为选定文本加上文本框。

**2. 文本框的编辑**

(1) 文本框的移动与缩放

单击文本框的边框,可将文本框选中,此时若将鼠标指针停留在文本框的边框上,鼠标指针会变为四向箭头✥形状,表明此时可以移动文本框,拖动鼠标会看到一个虚线轮廓随之移动。释放鼠标,文本框就移动到了一个新位置。选中文本框后,文本框的周围出现 8 个控制点。利用控制点可以调整文本框的大小。若要精确设置文本框的大小,可选择"绘图工具"的"格式"选项卡,在"大小"选项组中通过"高度"和"宽度"微调框进行调整。

图 5-71 "文本框"选项

(2) 设置文本框的格式

选中文本框,选择"绘图工具"的"格式"选项卡,单击"形状样式"选项组中的"形状填充"按钮,在打开的下拉菜单中可设置文本框的填充效果,例如选择"无填充",表示文本框无填充色。单击"形状轮廓"按钮,在打开的下拉菜单中可设置轮廓的线型、颜色和宽度。单击"形状效果"按钮,在打开的下拉菜单中可设置文本框的外观效果。

另外,单击"形状样式"选项组右下角的 按钮,在打开的"设置形状格式"窗格中也可对文本框的格式进行设置。例如,若要将文本框的内部边距均设置为 0,可在该窗格的下面选择"文本选项",然后单击"布局属性"按钮,如图 5-71 所示。在下面打开的"文本框"选项中将"左边距"、"右边距"、"上边距"和"下边距"微调框中的数值分别设置为 0 即可。

(3) 设置文本框的文字环绕方式

文本框与其周围的文字之间的环绕方式有嵌入型、四周型、穿越型等。设置文字环绕方式的操作为:选定文本框,选择"绘图工具"的"格式"选项卡,单击"排列"选项组中的"环绕文字"按钮,在打开的下拉菜单中选择所需的环绕方式即可。

◉ Word 中的图文操作/文本框文字垂直对齐方式

◉ Word 中的图文操作/文本框文字方向

◉ Word 中的图文操作/文本框内部边距

### 5.5.5 艺术字

艺术字不同于普通文字,它具有很多特殊的效果,本质上也是图形对象。

**1. 插入艺术字**

① 单击"插入"选项卡"文本"选项组中的"艺术字"按钮,在打开的下拉列表中列出了艺术字的样式,如图5-72所示。

② 选择一种艺术字样式,则在文档中添加了内容为"请在此放置您的文字"的文本框,删除其中的内容,输入所需文字,然后单击文档的其他位置完成艺术字的插入。图5-73所示为在文档中插入的艺术字。

◎ Word 中的图文操作/插入艺术字

**2. 艺术字的编辑**

(1) 修改艺术字文本

若插入的艺术字有误,可对其进行修改。单击艺术字,即可进入编辑状态,从而可对其进行修改。

图5-72 "艺术字样式"下拉列表

图5-73 文档中插入的艺术字

(2) 设置艺术字的字体与字号

选择艺术字,在"开始"选项卡的"字体"选项组中可设置艺术字的"字体""字号"等格式。

(3) 修改艺术字样式

选择艺术字,选择"绘图工具"的"格式"选项卡,单击"艺术字样式"选项组中的"其他"下拉按钮,在打开的下拉列表中选择所需样式即可。单击"文本填充"按钮,在打开的下拉菜单中可重新设置文本的填充效果;单击"文本轮廓"下拉按钮,可设置文本轮廓线的线型、粗细和颜色;单击"文本效果"下拉按钮,在打开的下拉列表中可设置艺术字的外观效果,如"发光""阴影"等。在"转换"下拉列表中可对艺术字进行形状的设置,如"上弯弧""下弯弧"等,如图5-74所示。

图5-74 "转换"下拉列表

(4) 设置艺术字文本框的形状样式

选择艺术字,选择"绘图工具"的"格式"选项卡,单击"形状样式"选项组中的"其他"下拉按钮,在打开的下拉列表中可选择需要的样式。

除此之外,选择"绘图工具"的"格式"选项卡,分别单击"形状样式"选项组的"形状填充""形状轮廓""形状效果"按钮,可以设置艺术字文本框的填充效果、轮廓线的颜色、线型和宽度以及外观效果等。图5-75所示是为艺术字设置形状样式后的效果,形状填充为纹理中的"水滴"、形状效果为"发光"。

◎ Word 中的图文操作/艺术字文本效果

◎ Word 中的图文操作/更改艺术字样式

（5）设置艺术字文本框的大小

单击艺术字，在艺术字文本框上会出现 8 个控点，用鼠标拖动控点，可修改艺术字文本框的大小。此外，选择"绘图工具"的"格式"选项卡，在"大小"选项组中修改"高度"和"宽度"的数值也可修改其大小。

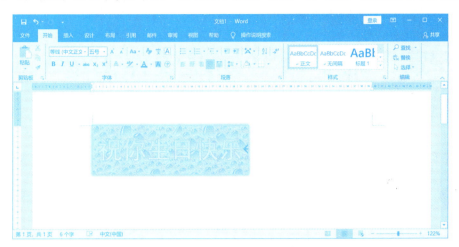

图 5-75　为艺术字设置形状样式

# 第 6 章　电子表格处理软件 Excel 2016

Excel 是一种电子表格处理软件,在 Excel 电子表格中不仅可以输入文本、数据、插入图表以及多媒体对象,还能对表格中的大量数据进行处理和分析。

本章将介绍在 Excel 中创建工作簿、工作表的基本操作,图表技术及数据管理和分析功能。

## 学习目标

- 了解 Excel 的基本知识,包括 Excel 的概念和术语、Excel 的工作环境。
- 掌握 Excel 基本操作,包括数据输入、工作表的编辑与格式化、工作表的管理操作。
- 理解 Excel 的公式和函数,掌握 Excel 公式和函数的操作。
- 掌握 Excel 数据图表操作。
- 理解 Excel 数据管理中的概念,掌握数据排序、数据筛选、分类汇总及数据透视表的操作。

## 6.1　Excel 2016 的基本知识

### 6.1.1　Excel 2016 的基本概念及术语

**1. 工作簿**

所谓工作簿就是指在 Excel 中用来保存并处理工作数据的文件,它的扩展名是 .xlsx。一个工作簿文件中可以有多张工作表。

**2. 工作表**

工作簿中的每一张表称为一个工作表。如果把一个工作簿比作一个账本,一张工作表就相当于账本中的一页。每张工作表都有一个名称,显示在工作簿窗口底部的工作表标签上。新建的工作簿文件包含一张空工作表,其默认的名称为 Sheet1,用户可以根据需要增加或删除工作表。每张工作表由 1 048 576($2^{20}$)行和 16 384($2^{14}$)列构成,行号在屏幕中自上而下为 1~1 048 576,列标则由左到右采用字母 A,B,C,…表示,当超过 26 列时用两个字母 AA,AB,…,AZ 表示,当超过 256 列时,则用 AAA,AAB,…XFD 表示。

◎Excel 基本概念/术语

**3. 单元格**

工作表中行、列交叉所围成的方格称为单元格,单元格是工作表的最小单位,也是 Excel 用于保存数据的最小单位。单元格中可以输入各种数据,如一组数字、一个字符串、一个公式,也可以是一个图形或一个声音等。每个单元格都有自己的名称,又称单元格地址,该地址由列标和行号构成,例如第 1 列与第 1 行构成的单元格名称为 A1,同理 D2 表示的是第 4 列与第 2 行构成的单元格地址。为了表示不同工作表中的单元格,还可以在单元格地址的前面增加工作表名称,如 Sheet1!A1,Sheet2!C4 等。

### 6.1.2　Excel 2016 窗口的组成

Excel 2016 的工作窗口与 Word 2016 窗口类似，也包括标题栏、快速访问工具栏、"文件"选项卡、功能区、状态栏、工作区、滚动条等，除此之外，还包括 Excel 独有的一些窗口元素，如行号、列标、名称框、编辑栏等，如图 6-1 中所示。下面简单介绍 Excel 窗口中主要元素的功能。

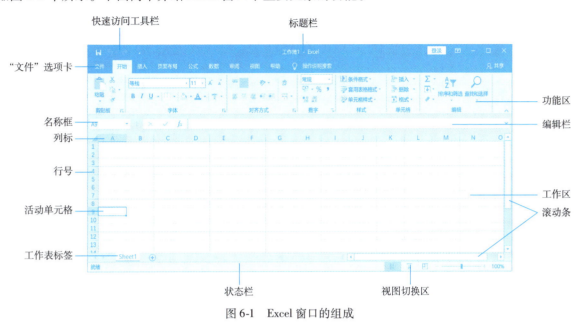

图 6-1　Excel 窗口的组成

**1. 功能区**

Excel 2016 的功能区同样是由选项卡、选项组和一些命令按钮组成的，默认显示的选项卡有"文件""开始""插入""页面布局""公式""数据""审阅""视图"。默认打开的是"开始"选项卡，该选项卡包括"剪贴板""字体""对齐方式""数字""样式""单元格""编辑"等选项组。各个选项组中的命令组合在一起来完成各种任务。

**2. 活动单元格**

当用鼠标单击任意一个单元格后，该单元格即成为活动单元格，又称当前单元格。此时，该单元格周围出现黑色的粗线方框。通常在启动 Excel 应用程序后，默认活动单元格为 A1。

**3. 名称框与编辑栏**

名称框可随时显示当前活动单元格的名称，比如光标位于 A 列 8 行，则名称框中显示 A8。

编辑栏可同步显示当前活动单元格中的具体内容，如果单元格中输入的是公式，则即使最终的单元格中显示的是公式的计算结果，但在编辑栏中仍然会显示具体的公式内容。另外，有时单元格中的内容较长，无法在单元格中完整显示时，单击该单元格后，在编辑栏中可看到完整的内容。

**4. 工作表行号和列标**

工作表的行号和列标表明了行和列的位置，并由行列的交叉决定了单元格的位置。

**5. 工作表标签**

工作表标签又称页标，一个页标就代表一个独立的工作表。默认情况下，Excel 在新建一个工作簿后会自动创建 1 个空白的工作表并使用默认名称 Sheet1。

**6. 状态栏**

状态栏位于窗口最下方，平时它并没有什么丰富的显示信息，但在状态栏上右击，将弹出图 6-2 所示的快捷菜单，从中可选择常用 Excel 函数。这样，当在单元格中输入一些数值后，只需用鼠标批量选中这些单元格，状态栏中就会立即以上述快捷菜单中默认的计算方法给出计算结果，如图 6-3 所示。

图 6-2　快捷菜单

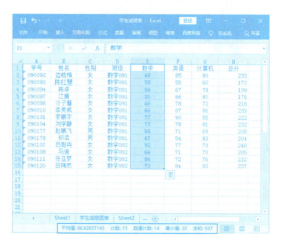

图 6-3　状态栏快速显示计算结果

## 6.2　Excel 2016 的基本操作

### 6.2.1　工作簿的新建、打开与保存

**1. 工作簿的新建**

① 启动 Excel 2016 后，程序默认会新建一个空白的工作簿，这个工作簿以"工作簿 1.xlsx"命名，用户可以在保存该文件时更改默认的工作簿名称。

② 若 Excel 已启动，选择"文件"→"新建"命令，在右侧窗格中选择"空白工作簿"选项，如图 6-4 所示，即可创建一个新的空白工作簿。在该窗格中，还可以使用 Office 提供的各种模板创建工作簿等。在 Excel 窗口中按【Ctrl+N】组合键或单击快速启动工具栏中的"新建"按钮也可创建一个新的空白的工作簿。

图 6-4　"新建"任务窗格

③ 在某个文件夹内的空白处右击,在弹出的快捷菜单中选择"新建"→"Microsoft Excel 工作表"命令,也可新建一个 Excel 文件。

### 2. 工作簿的打开和保存

(1) 工作簿的打开

打开 Excel 工作簿的方法有以下几种,用户可根据自己的习惯任意选择其中的一种:

① 从文件资源管理器中找到要打开的 Excel 文件后,双击可直接打开该文件。

② 在 Excel 窗口中,单击快速启动工具栏中的"打开"按钮,或选择"文件"→"打开"命令,在右侧任务窗格中选择"浏览"命令,打开"打开"对话框,从中选择所需文件,然后单击"打开"按钮,即可打开该文件。

(2) 工作簿的保存与另存

保存 Excel 工作簿有以下几种方法:

① 单击快速启动工具栏中的"保存"按钮,或选择"文件"→"保存"命令,或按【Ctrl+S】组合键,都可以对已打开并编辑过的工作簿进行随时保存。

② 如果是新建的工作簿,则执行上述任意一种操作后,均会打开"另存为"对话框,选择"浏览"命令,则可打开"另存为"对话框,在该对话框中指定保存文件的路径和文件名,然后单击"保存"按钮,即可对新建工作簿进行保存。

③ 对于已经打开的工作簿文件,如果要重命名保存或更改保存位置,则只需选择"文件"→"另存为"命令,也可打开"另存为"对话框。

(3) 设置工作簿的默认保存位置

选择"文件"→"选项"命令,打开图 6-5 所示的"Excel 选项"对话框,在左侧窗格中选择"保存"选项,在打开的右侧窗格的"默认本地文件位置"文本框中输入合适的目录路径,再单击"确定"按钮,即可完成默认保存位置的设定。

图 6-5 "Excel 选项"对话框

### 6.2.2 工作表数据的输入

#### 1. 单元格及单元格区域的选定

在输入和编辑单元格内容之前,必须先选定单元格,被选定的单元格称为活动单元格。当一个单元格成为活动单元格时,它的边框变成黑线,其行号、列标会突出显示,可以看到其坐标,在名称框中将显示该单元格的名称。单元格右下角的小黑块称为填充柄,将鼠标指向填充柄时,指针的变为黑**+**字形状。

选定单元格、单元格区域、行或列的操作见表 6-1。

表 6-1 选定操作

| 选定内容 | 操作 |
| --- | --- |
| 单个单元格 | 单击相应的单元格,或用方向键移动到相应的单元格 |
| 连续单元格区域 | 单击选定该区域的第一个单元格,然后拖动鼠标直到要选定的最后一个单元格 |
| 工作表中所有单元格 | 单击"全选"按钮,单击第一列列标上面的矩形框 |
| 不相邻的单元格或单元格区域 | 选定第一个单元格或单元格区域,然后按住【Ctrl】键再选定其他的单元格或单元格区域 |
| 较大的单元格区域 | 选定第一个单元格,然后按住【Shift】键再单击区域中最后一个单元格 |
| 整行 | 单击行号 |
| 整列 | 单击列标 |
| 相邻的行或列 | 沿行号或列标拖动鼠标,或者先选定第一行或第一列,然后按住【Shift】键再选定其他的行或列 |
| 不相邻的行或列 | 先选定第一行或第一列,然后按住【Ctrl】键再选定其他的行或列 |
| 增加或减少活动区域中的单元格 | 按住【Shift】键并单击新选定区域中最后一个单元格,在活动单元格和所单击的单元格之间的矩形区域将成为新的选定区域 |
| 取消单元格选定区域 | 单击工作表中其他任意一个单元格 |

**2. 数据的输入**

在 Excel 中,可以为单元格输入两种类型的数据:常量和公式。常量是指没有以"="开头的单元格数据,包括数字、文字、日期、时间等。数据输入时只要选中需要输入数据的单元格,然后输入数据并按【Enter】键或【Tab】键即可。

(1)数据显示格式

Excel 提供了一些数据格式,包括常规、数值、分数、文本、日期、时间、会计、货币等格式,单元格的数据格式决定了数据的显示方式。默认情况下,单元格的数据格式是"常规"格式,此时 Excel 会根据输入的数据形式,套用不同的数据显示格式。例如,如果输入￥14.73,Excel 将套用货币格式。

◎Excel 基本操作/
数据的输入

(2)数字的输入

在 Excel 中直接输入 0、1、2、…、9 等 10 个数字及 +、-、*、/、.、$、%、E 等,在默认的"常规"格式下,将作为数值来处理。为避免将输入的分数误认为日期,应在分数前冠以 0 加一个空格"0",如 0 2/3。在单元格中输入数值时,所有数字在单元格中均右对齐。如果要改变其对齐方式,可以单击"开始"选项卡"对齐方式"选项组中的相应命令按钮进行设置。

(3)文本的输入

在 Excel 中如果输入非数字字符或汉字,则在默认的"常规"格式下,将作为文本来处理,所有文本均左对齐。

若文本是由一串数字组成的,如学号之类的数据,输入时可使用以下方法之一:

① 在该串数字的前面加一个半角单撇号,如单元格内容为 093011,则需要输入 "'093011"。

② 先设置相应单元格为"文本"格式,再输入数据。关于单元格格式的设置,见 6.2.4 工作表的格式化。

(4)日期与时间的输入

在一个单元格中输入日期时,可使用斜杠(/)或连字符(-),如"年-月-日""年/月/日"等,默认状态下,日期和时间在单元格中右对齐。

**3. 有规律数据的输入**

表格处理过程中,经常会遇到要输入大量的、连续性的、有规律的数据,如序号、连续的日期、连续的数值等,如果人工输入,则这些机械性操作既麻烦又容易出错,效率非常低。使用 Excel 的自动填充功能,可以极大地提高工作效率。

(1) 鼠标左键拖动输入序列数据

在单元格中输入某个数据后,用鼠标左键按住填充柄向下或向右拖动(当然也可以向上或向左拖动),则鼠标经过的单元格中就会以原单元格中相同的数据填充,如图 6-6(a) 中 A 列所示。

按住【Ctrl】键的同时,按住鼠标左键拖动填充柄进行填充,如果原单元格中的内容是数值,则 Excel 会自动以递增的方式进行填充,如图 6-6(a) 中 B 列所示;如果原单元格中的内容是普通文本,则 Excel 只会在拖动的目标单元格中复制原单元格中的内容。

◎Excel 基本操作/
自动填充

(2) 鼠标右键拖动输入序列数据

使用鼠标右键拖动填充柄,可以获得非常灵活的填充效果。

单击用来填充的原单元格,按住鼠标右键拖动填充柄,拖动经过若干单元格后释放鼠标右键,此时会弹出如图 6-6(b) 所示的快捷菜单,该菜单中列出了多种填充方式。

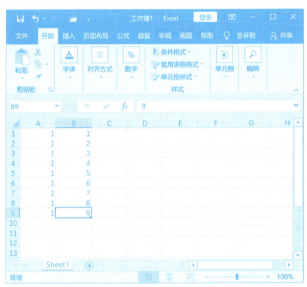
(a) 相同数据的填充

(b) 填充时的快捷菜单

图 6-6  自动填充

① 复制单元格:即简单地复制原单元格内容,其效果与上述用鼠标左键拖动填充的效果相同。

② 填充序列:即按一定的规律进行填充。比如原单元格是数字1,则选中此方式填充后,可依次填充为 1、2、3、…;如果原单元格为"五",则填充内容是"五、六、日、一、二、三、…";如果是其他无规律的普通文本,则以序列方式填充的快捷菜单为灰色的不可用状态。

③ 仅填充格式:被填充的单元格中,不会出现原单元格中的数据,而仅复制原单元格中的格式到目标单元格中。此选项的功能类似于 Word 的格式刷。

◎Excel 基本操作/
序列填充

④ 不带格式填充:被填充的单元格中仅填充数据,而原单元格中的各种格式设置不会被复制到目标单元格。

⑤ 等差序列、等比序列:这种填充方式要求事先选定两个以上的带有数据的单元格。例如选定了已经输入 1、2 的两个单元格,再用鼠标右键拖动填充柄,释放鼠标右键,即可选择快捷菜单中的"等差序列"或"等比序列"命令。

⑥ 序列：当原单元格中内容为数值时，用右键拖动填充柄后选择"序列"命令，可打开图6-7所示的"序列"对话框。在此对话框中可以灵活地选择多种序列填充方式。

(3) 使用填充命令填充数据

单击"开始"选项卡"编辑"选项组中的"填充"按钮，此时会打开下拉菜单，如图6-8所示。该菜单中有"向下""向右""向上""向左""序列"等命令，选择不同的命令可以将内容填充到不同位置的单元格，如果选择菜单中的"序列"命令，则打开"序列"对话框。

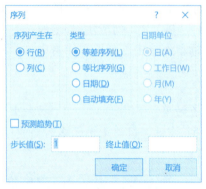

图6-7 "序列"对话框

图6-8 "填充"下拉菜单

### 6.2.3 工作表的编辑操作

**1. 单元格编辑**

单元格编辑包括对单元格及单元格内数据的操作。其中，对单元格的操作包括移动和复制单元格、插入单元格、删除单元格、插入行、插入列、删除行、删除列等；对单元格内数据的操作包括复制和删除单元格数据，清除单元格内容、格式等。

(1) 移动和复制单元格数据

① 通过鼠标移动、复制：

- 选定要移动数据的单元格或单元格区域，将鼠标置于选定单元格或单元格区域的边缘处，当鼠标指针变成✥形状时，按住鼠标左键并拖动，即可移动单元格数据。
- 按住【Ctrl】键，鼠标指针变成形状时，拖动鼠标进行操作，完成的是单元格数据的复制操作。
- 按住【Shift+Ctrl】组合键，再进行拖动操作，则将选中单元格内容插入到已有单元格中。
- 按住【Alt】键可将选中区域的内容拖动到其他工作表中。

② 通过命令移动、复制：选定要进行移动或复制的单元格或单元格区域，单击"开始"选项卡"剪贴板"选项组中的"复制"或"剪切"按钮，或右击，在弹出的快捷菜单中选择"复制"或"剪切"命令。选定要粘贴到的单元格或单元格区域左上角的单元格，单击"剪贴板"选项组中的"粘贴"按钮都可完成复制或移动操作。

(2) 选择性粘贴

除了复制整个单元格外，Excel还可以选择单元格中的特定内容进行复制，具体操作步骤如下：

① 选定需要复制的单元格。

② 单击"开始"选项卡"剪贴板"选项组中的"复制"按钮。

③ 选定粘贴区域左上角的单元格。

④ 单击"剪贴板"选项组中的"粘贴"下拉按钮，在打开的下拉菜单中选择"选择性粘贴"命令，打开图6-9所示的对话框。

◎单元数据填充/选择性粘贴

图6-9 "选择性粘贴"对话框

⑤选择"粘贴"选项组中所需的选项,再单击"确定"按钮。

(3) 插入单元格

① 在需要插入空单元格处选定相应的单元格区域,选定的单元格数量应与待插入的空单元格的数量相等。

② 单击"开始"选项卡"单元格"选项组中的"插入"下拉按钮,在打开的下拉列表中选择"插入单元格"命令,或右击相应单元格,在弹出的快捷菜单中选择"插入"命令,打开图6-10所示的"插入"对话框。

◎Excel 行列操作/行与列的插入、删除、移动

图6-10 "插入"对话框

③ 在对话框中选定相应的插入方式选项,再单击"确定"按钮。

(4) 插入行或列

① 如果需要插入一行,则单击需要插入的新行之下相邻行中的任意单元格;如果要插入多行,则选定需要插入的新行之下相邻的若干行,选定的行数应与待插入空行的数量相等。

② 如果要插入一列,则单击需要插入的新列右侧相邻列中的任意单元格;如果要插入多列,则选定需要插入的新列右侧相邻的若干列,选定的列数应与待插入的新列数量相等。

③ 单击"开始"选项卡"单元格"选项组中的"插入"下拉按钮,在打开的下拉菜单中选择"插入工作表行"或"插入工作表列"命令,或右击相应单元格,在弹出的快捷菜单中选择相应命令。

在日常操作中,使用更多的方法是:要插入一行,则单击行号,然后单击"开始"选项卡"单元格"选项组中的"插入"下拉按钮;要插入一列,则单击列标,然后单击"开始"选项卡"单元格"选项组中的"插入"下拉按钮,新插入的行或列出现在选定行的上面或选定列的左侧。

(5) 为单元格插入批注

为了对数据进行补充说明,可以为一些特殊数字或公式添加批注。

① 选定要添加批注的单元格或单元格区域。

② 单击"审阅"选项卡"批注"选项组中的"新建批注"按钮,或者按【Shift + F2】组合键,打开批注文本框,在批注文本框中输入内容,该内容即为批注内容。

(6) 单元格的删除与清除

删除单元格是指将选定的单元格从工作表中删除,并自动调整周围的单元格填补删除后的空缺,具体操作步骤如下:

① 选定需要删除的单元格。

② 单击"开始"选项卡"单元格"选项组中的"删除"下拉按钮,在打开的下拉菜单中选择"删除单元格"命令,或右击要删除的单元格,在弹出的快捷菜单中选择"删除"命令,打开图6-11所示的"删除"对话框。

图6-11 "删除"对话框

③ 选择所需的删除方式,单击"确定"按钮。

清除单元格是指将选定的单元格中的内容、格式或批注等从工作表中删除,单元格仍保留在工作表中,具体操作步骤如下:

① 选定需要清除的单元格。

② 单击"开始"选项卡"编辑"选项组中的"清除"按钮,在打开的下拉菜单中选择相应的命令即可。

(7) 行、列的删除与清除

删除行、列是指将选定的行、列从工作表中删除,并将后续的行或列自动递补上来,具体操作步骤如下:

① 选定需要删除的行或列。

② 单击"开始"选项卡"单元格"选项组中的"删除"下拉按钮,在打开的下拉菜单中选择"删除工作表行"或"删除工作表列"命令,或右击要删除的行或列,在弹出的快捷菜单中选择"删除"命令即可。

清除行、列是指将选定的行、列中的内容、格式或批注等从工作表中删除,行、列仍保留在工作表中,具体操作步骤如下：

① 选定需要清除的行或列。

② 单击"开始"选项卡"编辑"选项组中的"清除"按钮，在打开的下拉菜单中选择相应的命令即可。

**2. 表格行高和列宽的设置**

（1）通过鼠标拖动改变行高和列宽

将鼠标指针移动到要调整宽度的行号或列标的边线上，此时鼠标指针的形状变为上下或左右双箭头，按住鼠标左键拖动，即可调整行高或列宽。

（2）通过菜单命令精确设置行高和列宽

① 选定需要调整的行或列，单击"开始"选项卡"单元格"选项组中的"格式"按钮，打开相应的下拉菜单，如图6-12所示。

② 在图6-12中选择"行高"命令，在打开的"行高"对话框中输入确定的值，即可设定行高值；也可以选择"自动调整行高"命令，使行高正好容纳一行中最大的文字。

③ 在图6-12中选择"列宽"命令，在打开的"列宽"对话框中输入确定的值，即可设定列宽值；也可以选择"自动调整列宽"命令，使列宽正好容纳一列中最多的文字。

◎ Excel 行列操作/行高与列宽

图 6-12 "格式"下拉菜单

### 6.2.4 工作表的格式化

建立一张工作表后，可以建立不同风格的数据表现形式。工作表的格式化设置包括单元格格式的设置和单元格中数据格式的设置。

单击"开始"选项卡"单元格"选项组中的"格式"按钮，打开如图6-12所示的下拉菜单，选择"设置单元格格式"命令，或选中单元格后右击，在弹出的快捷菜单中选择"设置单元格格式"命令，均可打开"设置单元格格式"对话框。对话框中有"数字""对齐""字体""边框""填充""保护"6个选项卡，每个选项卡都可以完成各自内容的排版设计。另外，在"开始"选项卡中分别单击"字体"选项组、"对齐方式"选项组、"数字"选项组右下角的 按钮，可分别显示"设置单元格格式"对话框的"字体"选项卡、"对齐"选项卡和"数字"选项卡。

**1. 数据的格式化**

"数字"选项卡（见图6-13）用于设置单元格中数字的数据格式。"分类"列表框中有十几种不同类别的数据，选定某一类别的数据后，将在右侧显示出该类别数据的格式，以及有关的设置选项，可以根据需要选择相应的数据格式。

也可以通过"开始"选项卡"数字"选项组中的格式化数字按钮进行设置，这些按钮有"会计数字格式""百分比样式""千位分隔样式""增加小数位数""减少小数位数"等。

◎ 单元格格式设置/数字格式

**2. 单元格内容的对齐**

"对齐"选项卡（见图6-14）用于设置单元格中文字的对齐方式、旋转方向及各种文本控制。

（1）文本对齐方式

① 在"水平对齐"下拉列表框中可以设置单元格的水平对齐方式，包括常规、居中、靠左、靠右、跨列居中等，默认为"常规"方式，此时单元格按照输入的默认方式对齐（数字右对齐、文本左对齐、日期右对齐等）。也可以在"开始"选项卡"对齐方式"选项组中单击相应的按钮进行水平对齐方式的选择（与Word操作基本相同）。

◎ 单元格格式设置/对齐方式

# 第6章 电子表格处理软件 Excel 2016

图6-13 "数字"选项卡

图6-14 "对齐"选项卡

② 在"垂直对齐"下拉列表框中可以设置单元格的垂直对齐方式,包括靠下、靠上、居中、两端对齐、分散对齐等,默认为"居中"方式。

(2) 方向

在"方向"选项组中可以通过鼠标的拖动或直接输入角度值,将选定的单元格内容进行 −90° ~ +90° 的旋转,这样就可将表格内容由水平显示转换为各个角度的显示。

(3) 文本控制

① 选中"自动换行"复选框后,被设置的单元格就具备了自动换行功能,当输入的内容超过单元格宽度时会自动换行。

◎ 单元格格式设置/单元格的合并居中

> **注意**:
> 　　在向单元格输入内容过程中,也可以进行强制换行,当需要强制换行时,只需按【Alt + Enter】组合键,则输入的内容就会从下一行开始显示,而不管是否达到单元格的最大宽度。

② 如果单元格的内容超过单元格宽度,选中"缩小字体填充"复选框后,单元格中的内容会自动缩小字体并被单元格容纳。

③ 选中需要合并的单元格后,在"对齐"选项卡中选中"合并单元格"复选框,可以实现单元格的合并。通常对单元格的合并是直接在"对齐方式"选项组中单击"合并后居中"按钮,此时被选中的单元格实现了合并,同时水平对齐方式也设置为居中。

对于一个电子表格的表头文字,通常需要居中显示,如图6-15所示。一般可以采用两种方法:一种方法是将这行的单元格选中后在"对齐方式"选项组中单击"合并后居中"按钮,进行合并居中设置;另一种方法是将这行的单元格选中后右击,在弹出的快捷菜单中选择"设置单元格格式"命令,打开"设置单元格格式"对话框,在"对齐"选项卡的"水平对齐"下拉列表框中选择"跨列居中"选项。两种方法都可以使表头文字居中显示,但前者的方法对单元格做了合并的处理,而后者虽然表头文字居中,但单元格并没有合并。

**3. 单元格字体的设置**

为了使表格的内容更加醒目,可以对一张工作表中各部分内容的字体做不同的设置。先选定要设置字体的单元格或区域,然后在"设置单元格格式"对话框的"字体"选项卡(见图6-16)中对字体、字形、字号、颜色及一些特殊效果进行设置。也可以直接在"字体"选项组中单击相应按钮进行设置。

◎单元格格式设置/字体、字号、字形

图 6-15　表头文字居中显示

图 6-16　"字体"选项卡

**4. 表格边框的设置**

在编辑电子表格时,显示的表格线是 Excel 本身提供的网格线,打印时 Excel 并不打印网格线。因此,可以根据需要为表格设置打印时所需的边框,使表格打印出来更加美观。首先选定要设置的区域,然后在"单元格格式"对话框的"边框"选项卡(见图6-17)中设置边框线或表格中的框线,在"样式"中列出了Excel提供的各种样式的线型,还可通过"颜色"下拉列表框选择边框的色彩。

◎单元格格式设置/边框的设置

**5. 底纹的设置**

为了使表格各个部分的内容更加醒目、美观,Excel 提供了在工作表的不同部分设置不同的底纹图案或背景颜色的功能。首先选定要设置的区域,然后在"设置单元格格式"对话框中选择"填充"选项卡(见图6-18),在"背景色"列表中选择背景颜色,还可在"图案颜色"和"图案样式"下拉列表框中选择底纹图案,最后单击"确定"按钮。

◎单元格格式设置/文字颜色

### 6.2.5　工作表的管理操作

Excel 具有很强的工作表管理功能,能够根据需要十分方便地添加、删除和重命名工作表。

**1. 工作表的选定与切换**

单击工作表标签即可选定需要操作的工作表。当需要从一个工作表中切换到其他工作表时,可单击相应工作表的标签。如果工作簿中包含多张工作表,而所需工作表标签不可见,可单击工作表标签左端的左右滚动按钮 ,以便显示其他标签。也可以右击滚动按钮,打开"激活"对话框,直接在"活动文档"下拉列表框中选择要切换到的工作表,单击"确定"按钮即可。

◎Excel 工作表操作/插入、复制、移动、删除、重命名

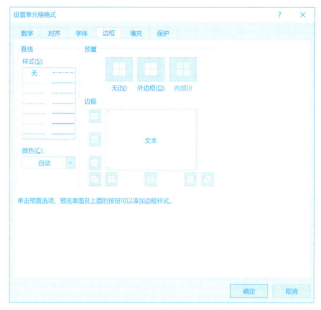

图 6-17 "边框"选项卡　　　　　　图 6-18 "填充"选项卡

**2. 工作表的添加**

在已存在的工作簿中可以添加新的工作表,添加方法有以下三种:

① 单击工作表标签上的"新工作表"按钮 ⊕ ,即可在现有工作表后面插入一个新的工作表。

② 右击工作表标签栏中的工作表名称,在弹出的快捷菜单中选择"插入"命令,则打开"插入"对话框,从中选择"工作表",然后单击"确定"按钮,即可在当前工作表前插入一个新的工作表。

③ 单击"开始"选项卡"单元格"选项组中的"插入"下拉按钮,在打开的下拉菜单中选择"插入工作表"命令,Excel 将在当前工作表前添加一个新的工作表。

**3. 工作表的删除**

可以在工作簿中删除不需要的工作表。工作表的删除一般有以下两种方式:

① 选中需要删除的工作表,单击"开始"选项卡"单元格"选项组中的"删除"下拉按钮,在打开的下拉菜单中选择"删除工作表"命令,即可将选中工作表删除。

② 右击工作表标签栏中需要删除的工作表名字,在弹出的快捷菜单中选择"删除"命令,即可将选中工作表删除。

**4. 工作表的重命名**

工作表的初始名称为 Sheet1、Sheet2、…,为了方便工作,可将工作表命名为易记的名称,工作表重命名的方法有以下几种:

① 选中需要重命名的工作表,单击"开始"选项卡"单元格"选项组中的"格式"按钮,在打开的下拉菜单中选择"重命名工作表"命令,工作表标签栏的当前工作表名称将处于可编辑状态,此时即可修改工作表的名称。

② 右击工作表标签栏中工作表的名称,在弹出的快捷菜单中选择"重命名"命令,工作表名称处于可编辑状态后即可将当前工作表重命名。

③ 双击需要重命名的工作表标签,输入新名称则将覆盖原有名称。

**5. 工作表的移动或复制**

① 若需将工作表移动或复制到已有的工作簿中,要先打开用于接收工作表的工作簿。

② 切换到需移动或复制的工作表上,并打开如图 6-12 所示的下拉菜单,选择"移动或复制工作表"命令,或右击需要移动或复制的工作表标签,在弹出的快捷菜单中选择"移动或复制"命令,打开图 6-19 所示的"移动或复制工作表"对话框。

③ 在"工作簿"下拉列表框中选择用来接收工作表的工作簿。若选择"新工作簿"选项,即可将选定工作表移动或复制到新工作簿中。

④ 在"下列选定工作表之前"列表框中选择需要在其前面插入、移动或复制的工作表。如果需要将工作表添加或移动到目标工作簿的最后,则选择"移至最后"选项。

⑤ 如果只是复制工作表,则选中"建立副本"复选框即可。

⑥ 单击"确定"按钮。

如果用户是在同一个工作簿中复制工作表,可以按住【Ctrl】键并用鼠标拖动要复制的工作表标签到新位置,然后同时释放【Ctrl】键和鼠标。在同一个工作簿中移动工作表只需用鼠标拖动工作表标签到新位置即可。

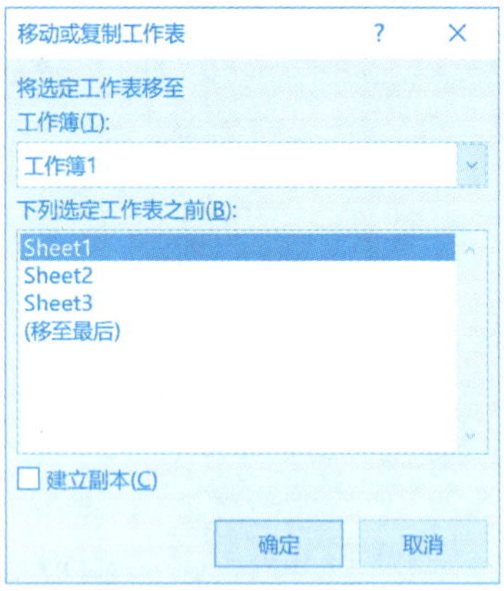

**6. 工作表的表格功能**

在 Excel 中创建表格后,即可对该表格中的数据进行管理和分析,而不影响该表格外部的数据。例如,可以筛选表格列、排序、添加汇总行等。具体操作步骤如下:

图 6-19 "移动或复制工作表"对话框

① 选择要指定表格的数据区域,单击"插入"选项卡"表格"选项组中的"表格"按钮,打开如图 6-20 所示的"创建表"对话框。

② 单击"表数据的来源"文本框右侧的按钮,在工作表中拖动鼠标,选中要创建列表的数据区。如果选择的区域包含要显示为表格标题的数据,则选中"表包含标题"复选框,再单击"确定"按钮。

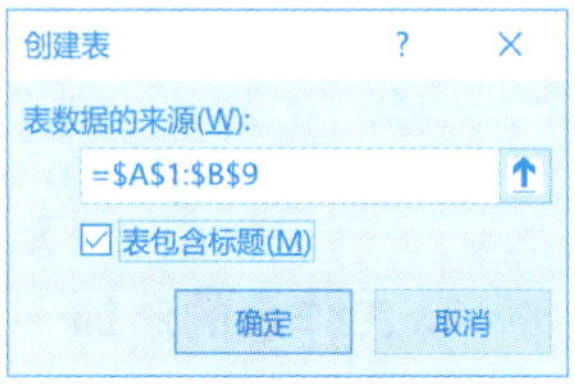

图 6-20 "创建表"对话框

③ 所选择的数据区域使用表格标识符突出显示,此时在功能区中增加了"表格工具"的"设计"选项卡,使用"设计"选项卡中的各个工具可以对表格进行编辑。

④ 创建表格后,将使用蓝色边框标识表格。系统将自动为表格中的每一列启用自动筛选功能(见图 6-21)。如果选中"表格样式选项"选项组中的"汇总行"复选框,将在插入行下显示汇总行。当选择表格以外的单元格、行或列时,表格处于非活动状态。此时,对表格以外的数据进行的操作不会影响表格内的数据。

图 6-21 插入表格后的窗口

创建表格之后,若要停止处理表格数据而又不丢失所应用的任何表格样式格式,可以将表格转换为工作表上的常规数据区域。具体步骤为:

选择"表格工具"的"设计"选项卡,单击"工具"选项组中的"转换为区域"按钮,此时打开询问是否将表转换为普通区域的对话框,单击"是"按钮,则将表格转换为区域,此时行标题不再包括排序和筛选箭头。

## 6.3 公式和函数

Excel 强大的计算功能是由公式和函数提供的,它为分析和处理工作表中的数据提供了很大的方便。通过使用公式,不仅可以进行各种数值运算,还可以进行逻辑比较运算。一些特殊运算无法直接通过创建公式来进行计算时,就可以使用 Excel 中提供的函数来补充。当数据源发生变化时,通过公式和函数计算的结果将会自动更改。

### 6.3.1 公式

**1. 运算符**

运算符是公式中不可缺少的组成部分,用于完成对公式中的元素进行特定类型的运算。Excel 包含四种类型的运算符:算术运算符、比较运算符、文本运算符和引用运算符。

◎ Excel 数据填充/公式与函数中的运算符

(1)算术运算符

算术运算符用于对数值的四则运算,计算顺序最先是乘方,然后是先乘除后加减,可以通过增加括号改变计算次序。算术运算符及其含义见表 6-2。

表 6-2 算术运算符及其含义

| 运算符号 | 含义 | 运算符号 | 含义 | 运算符号 | 含义 |
| --- | --- | --- | --- | --- | --- |
| + | 加 | - | 减 | * | 乘 |
| / | 除 | % | 百分号 | ^ | 乘方 |

(2)比较运算符

比较运算符可以对两个数值或字符进行比较,并产生一个逻辑值,如果比较的结果成立,逻辑值为 True,否则为 False。比较运算符及其含义见表 6-3。

表 6-3 比较运算符及其含义

| 运算符号 | 含义 | 运算符号 | 含义 | 运算符号 | 含义 |
| --- | --- | --- | --- | --- | --- |
| > | 大于 | >= | 大于或等于 | < | 小于 |
| <= | 小于或等于 | = | 等于 | <> | 不等于 |

(3)文本运算符

文本运算符用于两个文本的连接操作,利用"&"运算符可以将两个文本值连接起来成为一个连续的文本值。

(4)引用运算符

引用运算符用于对单元格的引用操作,有冒号、逗号和空格。

① ":"为区域运算符,如 C2:C10 是对单元格 C2~C10 之间(包括 C2 和 C10)的所有单元格的引用。

② ","为联合运算符,可将多个引用合并为一个引用,如 SUM(B5,C2:C10)是对 B5 及 C2~C10 之间(包括 C2 和 C10)的所有单元格求和。

③ 空格为交叉运算符,产生对同时隶属于两个引用的单元格区域的引用,如 SUM(B5:E10 C2:D8)是对 C5:D8 区域求和。

## 2. 公式的输入

公式必须以"="开始。为单元格设置公式,应在单元格中或编辑栏中输入"=",然后直接输入公式的表达式。在一个公式中,可以包含运算符、常量、函数、单元格地址等,下面是几个输入公式的示例:

　　=152*23　　　　　常量运算,152 乘以 23。
　　=B4*12-D2　　　　使用单元格地址,B4 的值乘以 12 再减去 D2 的值。
　　=SUM(C2:C10)　　 使用函数,对 C2~C10 单元格的值求和。

◎ Excel 数据填充/输入公式

在公式输入过程中,涉及使用单元格地址时,可以直接通过键盘输入地址值,也可以直接单击这些单元格,将单元格的地址引用到公式中。例如,要在单元格 E2 中输入公式"=B2+C2+D2",则可选中单元格 E2,然后输入"=",接着单击 B2 单元格,此时单元格 E2 中的"="将变为"=B2",输入"+"后单击 C2 单元格,重复这一过程直到公式输入完毕。

输入结束后,在输入公式的单元格中将显示出计算结果。由于公式中使用了单元格的地址,如果公式所涉及的单元格的值发生变化,结果会马上反映到公式计算的单元格中,如上面例子中,单元格 B2、C2 或 D2 的值发生变化,E2 会马上得到更新的结果。

在输入公式时要注意以下两点:
① 无论任何公式,必须以等号(即"=")开头,否则 Excel 会把输入的公式作为一般文本处理。
② 公式中的运算符号必须是半角符号。

## 3. 公式的引用

在公式中通过对单元格地址的引用来使用具体位置的数据。根据引用情况的不同,将引用分为三种类型:相对地址引用、绝对地址引用和混合地址引用。

◎ Excel 基础知识/引用

(1) 相对地址引用

当把一个含有单元格地址的公式复制到一个新位置时,公式中的单元格地址也会随之改变,这样的引用称为相对地址引用。

如图 6-22(a)所示,在 H2 单元格中输入公式"=E2+F2+G2",得到第一个同学的总成绩。然后拖动填充柄向下填充或者双击填充柄,其他同学的总成绩即可自动计算出来。单击 H5 单元格,可以在编辑栏看到 H5 单元格的内容为"=E5+F5+G5",如图 6-22(b)所示。

(a) 在首单元格输入公式　　　　　　　　(b) 公式拖动:相对地址引用

图 6-22　相对地址引用

可以看出,直接拖动公式(相当于公式的复制)可以很方便地进行相同类型的计算,所以一般都使用相对地址来引用单元格的位置。

(2) 绝对地址引用

把公式复制或填入到一个新位置时,公式中的固定单元格地址保持不变,这样的引用称为绝对地址引用。在 Excel 中,是通过对单元格地址的冻结来达到此目的的,即在列标和行号前面加上"$"符号。

如图 6-23(a)所示,在 H2 单元格中输入的公式是"=＄E＄2+＄F＄2+＄G＄2",使用的是绝对地址,仍然可以得到第一位同学的总成绩。但是拖动公式向下填充时,公式就不会变化,所有总成绩都是 235。单击 H5 单元格,在编辑栏中看到的 H5 单元格的内容仍为"=＄E＄2+＄F＄2+＄G＄2",如图 6-23(b)所示。

(a) 在首单元格输入公式

(b) 公式拖动:绝对地址引用

图 6-23 绝对地址引用

(3) 混合地址引用

在某些情况下,需要在复制公式时只有行或只有列保持不变,在这种情况下,就要使用混合地址引用。所谓混合地址引用是指:在一个单元格地址引用中,既有绝对地址引用,又包含相对地址引用。例如,单元格地址"＄C3"表示保持"列"不发生变化,但"行"会随着新的拖动(复制)位置的变化而发生变化;而单元格地址"C＄3"则表示保持"行"不发生变化,但"列"会随着新的位置而发生变化。即在单元格中的行号或列标前只添加一个"＄"符号,"＄"符号后面的行号或列标在拖动(复制)过程中不会发生变化。

### 6.3.2 函数

**1. 函数的说明**

在实际工作中,有很多特殊的运算要求,无法直接用公式表示出计算的式子;或者虽然可以表示出来,但会非常烦琐。为此,Excel 提供了丰富的函数功能,包括常用函数、财务函数、时间与日期函数、统计函数、查找与引用函数等,帮助用户进行复杂与烦琐的计算或处理工作。Excel 除了自身带有的内置函数外,还允许用户自定义函数。函数的一般格式为:

函数名(参数1,参数2,参数3,…)

表 6-4 ~ 表 6-8 列出了一些常用的函数,并通过举例简单地说明了函数的功能,例中涉及的电子表格数据计算如图 6-24 所示。

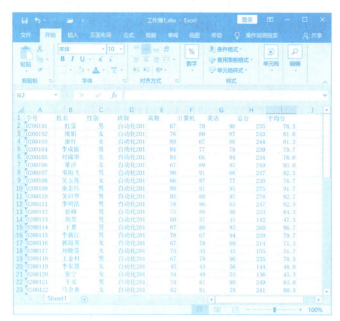

◎Excel 常用函数/求和与求均值函数

◎Excel 常用函数/最大值与最小值函数

◎Excel 常用函数/日期函数

图 6-24　学生成绩表

表 6-4　常用数学函数

| 函　　数 | 意　　义 | 举　　例 |
| --- | --- | --- |
| ABS | 返回指定数值的绝对值 | ABS(-8)=8 |
| INT | 求数值型数据的整数部分 | INT(3.6)=3 |
| ROUND | 按指定的位数对数值进行四舍五入 | ROUND(12.3456,2)=12.35 |
| SIGN | 返回指定数值的符号,正数返回1,负数返回-1 | SIGN(-5)=-1 |
| PRODUCT | 计算所有参数的乘积 | PRODUCT(1.5,2)=3 |
| SUM | 对指定单元格区域中的单元格求和 | SUM(E2:G2)=235 |
| SUMIF | 按指定条件对若干单元格求和 | SUMIF(G2:G11,">=90")=375 |

表 6-5　常用统计函数

| 函　　数 | 意　　义 | 举　　例 |
| --- | --- | --- |
| AVERAGE | 计算参数的算术平均值 | AVERAGE(E2:G2)=78.3 |
| COUNT | 对指定单元格区域内的数字单元格计数 | COUNT(F2:F11)=10 |
| COUNTA | 对指定单元格区域内的非空单元格计数 | COUNTA(B2:B61)=60 |
| COUNTIF | 计算某个区域中满足条件的单元格数目 | COUNTIF(G2:G61,"<60")=12 |
| FREQUENCY | 统计一组数据在各个数值区间的分布情况 |  |
| MAX | 对指定单元格区域中的单元格取最大值 | MAX(G2:G61)=100 |
| MIN | 对指定单元格区域中的单元格取最小值 | MIN(G2:FG61)=45 |
| RANK.EQ | 返回一个数字在数字列表中的排位 | RANK.EQ(I2,I2:I61)=27 |

表 6-6　常用文本函数

| 函　　数 | 意　　义 | 举　　例 |
| --- | --- | --- |
| LEFT | 返回指定字符串左边的指定长度的子字符串 | LEFT(D2,2)=自动 |
| LEN | 返回文本字符串的字符个数 | LEN(D2)=6 |
| MID | 从字符串中的指定位置起返回指定长度的子字符串 | MID(D2,1,2)=自动 |
| RIGHT | 返回指定字符串右边的指定长度的子字符串 | RIGHT(D2,3)=201 |
| TRIM | 去除指定字符串的首尾空格 | TRIM("　Hello Sunny　")=Hello Sunny |

表 6-7　常用日期和时间函数

| 函　　数 | 意　　义 | 举　　例 |
| --- | --- | --- |
| DATE | 生成日期 | DATE(92,11,4) = 1992/11/4 |
| DAY | 获取日期的天数 | DAY(DATE(92,11,4)) = 4 |
| MONTH | 获取日期的月份 | MONTH(DATE(92,11,4)) = 11 |
| NOW | 获取系统的日期和时间 | NOW() = 2013/12/11 10:25 |
| TIME | 返回代表指定时间的序列数 | TIME(11,23,56) = 11:23 AM |
| TODAY | 获取系统日期 | TODAY() = 2013/12/11 |
| YEAR | 获取日期的年份 | YEAR(DATE(92,11,4)) = 1992 |

表 6-8　常用逻辑函数

| 函　　数 | 意　　义 | 举　　例 |
| --- | --- | --- |
| AND | 逻辑与 | AND(E2>=60,E2<=80) = TRUE |
| IF | 根据条件真假返回不同结果 | IF(E2>=60,"及格","不及格") = 及格 |
| NOT | 逻辑非 | NOT(E2>=60,E2<=80) = FALSE |
| OR | 逻辑或 | OR(E2<60,E2>90) = FALSE |

**2. 函数的使用**

利用函数进行计算,可用以下三种方法实现:

(1) 直接在单元格中输入函数公式

在需要进行计算的单元格中输入"=",然后输入函数名及函数计算所涉及的单元格范围,完成后按【Enter】键即可。例如,在图 6-24 所示的学生成绩表中,要计算 E2:G2 单元格区域数据和(该同学的总分),并将结果放在 H2 单元格中,可在 H2 单元格中输入 =SUM(E2:G2),再按【Enter】键即可。

(2) 利用函数向导,引导建立函数运算公式

直接输入函数需要对函数名、函数的使用格式等了解得非常清楚,Excel 的函数非常丰富,人们实际没必要也很难做到对所有函数都了解得很清楚。通常在使用函数时,利用"插入函数"按钮,或在函数列表框中选取函数,启动函数向导,引导建立函数运算公式。具体操作步骤如下:

① 选定需要进行计算的单元格。

② 单击"公式"选项卡"函数库"选项组中的"自动求和"按钮,或直接单击编辑栏左侧的"插入函数"按钮 $f_x$,打开"插入函数"对话框(见图 6-25),也可以在单元格中输入"=",然后在"函数"下拉列表中选取函数。"函数"下拉列表中一般列出最常使用的函数(见图 6-26),如果需要的函数没有出现在其中,可选择"其他函数"选项,也会打开"插入函数"对话框。

图 6-25　"插入函数"对话框

图 6-26　在函数栏中选取函数

③ 在"插入函数"对话框的"或选择类别"下拉列表框中选择需要的函数类别,在"选择函数"列表框中选择需要的函数。当选中一个函数时,该函数的名称和功能将显示在对话框的下方。

④ 在"函数"下拉列表中选择函数,或在"插入函数"对话框中选择一个函数并单击"确定"按钮,打开"函数参数"对话框,如图 6-27(a)所示。在"函数参数"对话框中对需要参与运算的单元格的引用位置进行设置,然后单击"确定"按钮,即可将函数的计算结果显示在选定单元格中。

> **说明：**
> 在打开的"函数参数"对话框中设置参数时,Excel 一般会根据当前的数据,给出一个单元格引用位置,如果该位置不符合实际计算要求,可以直接在参数框中输入引用位置;或者单击参数输入文本框右侧的折叠按钮↑,弹出折叠后的"函数参数"对话框,如图 6-27(b)所示。此时,在工作表中用鼠标在参与运算的单元格上直接拖动,这些单元格的引用位置会出现在"函数参数"对话框中。设置完成后再单击折叠按钮↑或直接按【Enter】键,即可展开"函数参数"对话框。

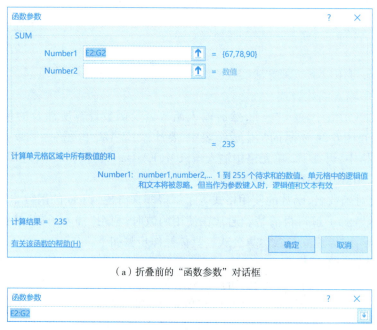

（a）折叠前的"函数参数"对话框

（b）折叠后的"函数参数"对话框

图 6-27 "函数参数"对话框

(3) 利用"自动求和"按钮 Σ 快速求得函数结果

具体操作步骤如下:

① 选定要求和的数值所在的行或列中与数值相邻的空白单元格。

② 单击"公式"选项卡"函数库"选项组中的"自动求和"按钮 Σ,此时单元格中显示"=SUM(单元格引用范围)",其中"单元格引用范围"就是所在行或列中数值项单元格的范围。如果范围无误,直接按【Enter】键即可求出求和结果;如果范围有误,可以用鼠标直接拖动,选取正确范围,然后按【Enter】键即可。

> **说明：**
> 其实"自动求和"按钮 Σ 不仅可以求和,单击其下拉按钮,在打开的下拉列表中也提供了其他常用的函数,选择其中之一,即可求得其他函数的结果。

## 3. 不用公式进行快速计算

如果临时选中一些单元格中的数值,希望知道它们的和或平均值,又不想占用某个单元格存放公式及结果,可以利用 Excel 中快速计算的功能。Excel 默认可以对选中的数值单元格的数据求和,并将结果显示在状态栏中,如图 6-28 所示。如希望进行其他计算,可右击状态栏,在弹出的快捷菜单中选择一种命令即可。

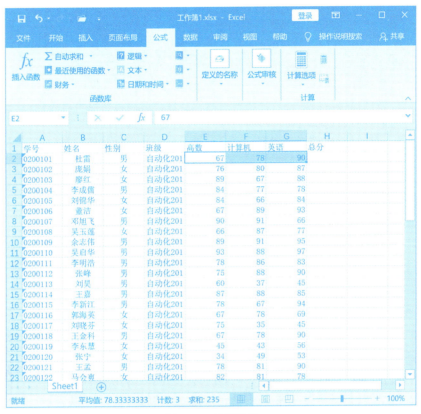

图 6-28　快捷计算

## 4. 函数举例

下面介绍几个常用的函数及其使用方法。

(1) 条件函数 IF( )

格式:IF (logical_test, value_if_true, value_if_false)

功能:当 logical_test 表达式的结果为"真"时,value_if_true 的值作为 IF( ) 函数的返回值,否则,value_if_false 的值作为 IF( ) 函数返回值。

◎Excel 常用函数/条件函数

说明:logical_test 为条件表达式,其中可使用比较运算符,如 >,>=,= 或 <>等。value_if_true 为条件成立时所取的值,value_if_false 为条件不成立时所取的值。

例如:IF( G2 >=60,"及格","不及格"),表示当 G2 单元格的值大于或等于 60 时,函数返回值为"及格",否则为"不及格"。

IF( ) 函数是可以嵌套使用的。例如,在上述"学生成绩表"中根据平均分在 J 列填充等级信息,对应关系为:平均分≥90 为优,80≤平均分<90 为良,70≤平均分<80 为中,60≤平均分<70 及格,平均分<60 为不及格。在 J2 单元格中输入如下函数即可:

=IF(I2 >=90,"优",IF(I2 >=80,"良",IF(I2 >=70,"中",IF(I2 >=60,"及格","不及格"))))

然后用鼠标拖动 J2 单元格右下角的填充柄,将此公式复制到该列的其他单元格中。完成后的效果如图 6-29 所示。

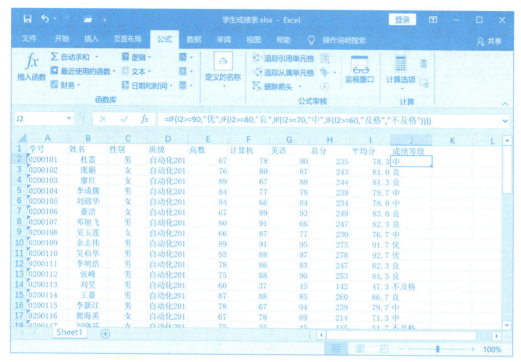

图 6-29　使用 IF( )函数后的显示结果

（2）条件计数函数 COUNTIF( )

格式：COUNTIF（range，criteria）

功能：返回 range 表示的区域中满足条件 criteria 的单元格的个数。

说明：range 为单元格区域，在此区域中进行条件测试。criteria 为用双引号括起来的比较条件表达式，也可以是一个数值常量或单元格地址。例如，条件可以表示为："自动化 201"、80、">90"、"80" 或 E3 等。

例如，在"学生成绩表"文件中统计成绩等级为"中"的学生人数，可使用如下公式：

= COUNTIF（I2：I61，"中"）

若要统计英语成绩≥80 的学生人数，可使用如下公式：

= COUNTIF（G2：G61，" >=80"）

◎Excel 常用函数/计数函数

（3）频率分布统计函数 FREQUENCY( )

语法格式：FREQUENCY（data_array，bins_array）

功能：计算一组数据在各个数值区间的分布情况。

说明：其中，data_array 为要统计的数据（数组）；bins_array 为统计的间距数据（数组）。若 bins_array 指定的参数为 $A_1, A_2, A_3, \cdots, A_n$，则其统计区间为 $X \leqslant A_1$，$A_1 < X \leqslant A_2, \cdots, A_{n-1} < X \leqslant A_n, X > A_n$，共 $n+1$ 个区间。

◎Excel 常用函数/频率分布统计函数

例如，若要对"学生成绩表"统计英语成绩≤59，59 < 成绩≤69，69 < 成绩≤79，79 < 成绩≤89，成绩 > 89 的学生人数。具体步骤为：

① 在一个空白区域（如 F64：F67）输入区间分割数据（59，69，79，89）单元格区域。

② 选择作为统计结果的数组输出区域，如 G64：G68 单元格区域。

③ 输入函数" = FREQUENCY（G2：G61，F64：F67）"。

④ 按【Ctrl + Shift + Enter】组合键，执行后的结果如图 6-30 所示。

需要注意的是，在 Excel 中输入一般的公式或函数后，通常都是按【Enter】键表示确认，但对于含有数组参数的公式或函数（如 FREQUENCY( )函数），则必须按【Ctrl + Shift + Enter】组合键。

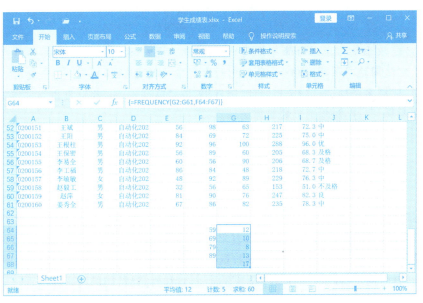

图 6-30　使用 FREQUENCY( ) 函数后的显示结果

（4）统计排位函数 RANK. EQ( )

格式：RANK. EQ（number，ref，[order]）

功能：返回一个数字在数字列表中的排位。

说明：number 表示需要找到排位的数字，ref 表示对数字列表的引用。order 为数字排位的方式。如果 order 为 0（零）或省略，对数字的排位是基于 ref 为按照降序排列的列表；如果 order 不为零，则是基于 ref 为按照升序排列的列表。

例如，若要对学生成绩表按照平均分进行排名，具体步骤为：

① 在 K2 单元格中输入函数：= RANK. EQ（I2，$I&2:$I$61），按【Enter】键后，该单元格显示 27。

② 选中 K2 单元格，用鼠标拖动 K2 单元格右下角的填充柄，即可将 K2 单元格的函数复制到对应的其他单元格，填充后的效果如图 6-31 所示。

◎Excel 常用函数/统计排位函数

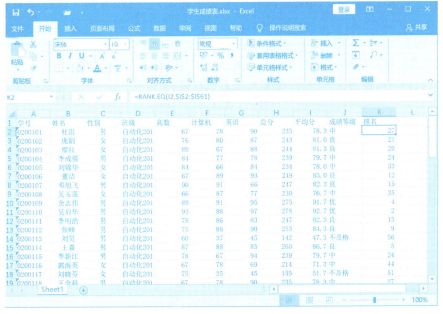

图 6-31　使用 RANK. EQ( ) 函数后的显示结果

> **注意:**
> 在本例中排名是基于平均分列为降序排列的,因此排名第一的是平均分最高的学生。另外,在对数字列表的引用时,需使用绝对引用。例如,本例中对 I 列中平均分数据的引用,应使用$I&2:$I$61。此外,若平均分相同,则排名相同,在本例中,平均分为 92.7 的有两人,排名均为 2,因此没有排名为 3 的数字,之后的平均分是 91.7,其排名显示的数字为 4。

## 6.4 数据图表

图表是 Excel 最常用的对象之一,它是依据选定的工作表单元格区域内的数据,按照一定的数据系列而生成的,是工作表数据的图形表示方法。与工作表相比,图表具有更好的视觉效果,可方便用户查看数据的差异、图案和预测趋势。利用图表可以将抽象的数据形象化,当数据源发生变化时,图表中对应的数据也自动更新,使得数据更加直观,一目了然。Excel 提供的图表类型很多,常用的有以下几种:

① 柱形图:用于一个或多个数据系列中值的比较。
② 条形图:实际上是翻转了的柱形图。
③ 折线图:显示一种趋势,在某一段时间内的相关值。
④ 饼图:着重部分与整体间的相对大小关系,没有 X 轴、Y 轴。
⑤ XY 散点图:一般用于科学计算。
⑥ 面积图:显示在某一段时间内的累计变化。

### 6.4.1 创建图表

**1. 图表结构**

图表是由多个基本图素组成的,图 6-32 显示了一个学生成绩的图表。图表中常用的图素如下:

◎Excel 图表操作/基本概念

① 图表区:整个图表及其包含的元素。
② 绘图区:在二维图表中,以坐标轴为界并包含全部数据系列的区域;在三维图表中,绘图区以坐标轴为界并包含数据系列、分类名称、刻度线和坐标轴标题。
③ 图表标题:一般情况下,一个图表应该有一个文本标题,它可以自动与坐标轴对齐或在图表顶端居中。
④ 数据分类:图表上的一组相关数据点,取自工作表的一行或一列或不连续的单元格。图表中的每个数据系列以不同的颜色和图案加以区别,在同一图表上可以绘制一个以上的数据系列。
⑤ 数据标签:根据不同图表类型,数据标签可以表示数值、数据系列名称、百分比等。

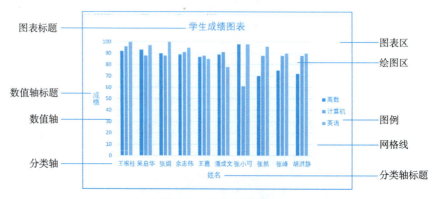

图 6-32 学生成绩图表

⑥ 坐标轴：为图表提供计量和比较的参考线，一般包括 $X$ 轴、$Y$ 轴。
⑦ 刻度线：坐标轴上的短度量线，用于区分图表上的数据分类数值或数据系列。
⑧ 网格线：图表中从坐标轴刻度线延伸开来并贯穿整个绘图区的可选线条系列。
⑨ 图例：是图例项和图例项标示的方框，用于标示图表中的数据系列。

**2. 创建图表**

Excel 的图表分嵌入式图表和图表工作表两种。嵌入式图表是置于工作表中的图表对象，保存工作簿时该图表随工作表一起保存。图表工作表是工作簿中只包含图表的工作表。若在工作表数据附近插入图表，应创建嵌入式图表；若在工作簿的其他工作表中插入图表，应创建图表工作表。无论哪种图表都与创建它们的工作表数据相链接，当修改工作表数据时，图表会随之更新。

◎Excel 图表操作/图表的创建

生成图表，首先必须有数据源。这些数据要求以列或行的方式存放在工作表的一个区域中，若以列的方式排列，通常要以区域的第一列数据作为 $X$ 轴的数据；若以行的方式排列，则要求区域的第一行数据作为 $X$ 轴的数据。

下面以图 6-33 中的"学生成绩表.xlsx"工作簿的 Sheet2 中的数据为数据源来创建图表。具体操作步骤如下：

图 6-33　学生成绩表数据源

① 选择用于创建图表的数据区域。本例中用于创建图表的是"姓名"列与"高数""英语""计算机"三科成绩，由于数据区域不连续，因此可先选中 B1:B11 单元格，然后在按住【Ctrl】键的同时选中 E1:G11 单元格区域即可。

② 选择图表类型。在"插入"选项卡的"图表"选项组中选择某一种图表类型，然后在打开的下拉菜单中选择所需的图表子类型。若要查看所有可用的图表类型，可单击"图表"选项组右下角的按钮，打开"插入图表"对话框（见图 6-34），然后从左窗格中选择图表类型，从右窗格中选择对应的子图表类型，然后单击"确定"按钮。

注意，将鼠标停留在某种图表类型或子类型上时，屏幕上都将显示相应图表类型的名称。

本例中单击"图表"选项组中的"插入柱形图或条形图"按钮，在其下拉菜单中选择"二维柱形图"→"簇状柱形图"命令，此时在工作表中插入了一个簇状柱形图图表，如图 6-35 所示。

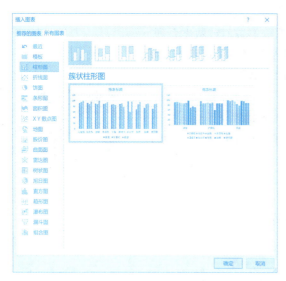
图 6-34　"插入图表"对话框

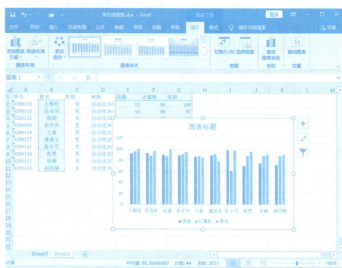
图 6-35　创建簇状柱形图图表

### 6.4.2　图表的编辑与格式化

创建的默认图表格式未必能满足用户的要求,此时可以对图表进行编辑修改及格式化等操作。图表的编辑与格式化是指按要求对图表内容、图表格式、图表布局和外观进行编辑和设置的操作,图表的编辑与格式化大都是针对图表的某些项进行的。

为实现对图表的操作,可先选中图表,此时功能区中将显示"图表工具"选项卡,其中包含"设计"和"格式"选项卡。利用"图表工具"选项卡可完成对图表的各种编辑与设置。

**1. 图表的编辑**

编辑图表包括修改图表类型、数据源、图表的位置等。

(1) 修改图表类型

选中图表,选择"图表工具"的"设计"选项卡,单击"类型"选项组中的"更改图表类型"按钮,或右击图表,在弹出的快捷菜单中选择"更改图表类型"命令,均可打开"更改图表类型"对话框,如图 6-36 所示。在该对话框中,可以重新选择一种图表类型,或针对当前的图表类型,重新选取一种子图表类型。

◎ Excel 图表操作/修改图表类型

(2) 更改数据源

选中图表,选择"图表工具"的"设计"选项卡,单击"数据"选项组中的"选择数据"按钮,或右击图表区,在弹出的快捷菜单中选择"选择数据"命令,均打开"选择数据源"对话框,如图 6-37 所示。单击"图表数据区域"文本框后的折叠按钮,可回到工作表的数据区域重新选择数据源;在"图例项(系列)"列表框中,可单击"添加"按钮添加某一系列,或选中其中的某一系列,单击"删除"按钮将该系列的数据删除,单击"编辑"按钮对该系列的名称和数值进行修改。在"水平(分类)轴标签"列表框中可单击"编辑"按钮,对分类轴标签区域进行选择。更改完成后,新的数据源会体现到图表中。

◎ Excel 图表操作/更改数据源

(3) 更改图表的位置

默认情况下,图表作为嵌入式图表与数据源出现在同一个工作表中,若要将其单独存放到一个工作表中,则需要更改图表的位置。

选中图表,选择"图表工具"的"设计"选项卡,单击"位置"选项组中的"移动图表"按钮,或右击图表区,在弹出的快捷菜单中选择"移动图表"命令,则打开如图 6-38 所示的"移动图表"对话框,选中"新工作表"单选按钮,在其后的文本框中输入该图表工作表的名称,单击"确定"按钮,结果如图 6-39 所示。

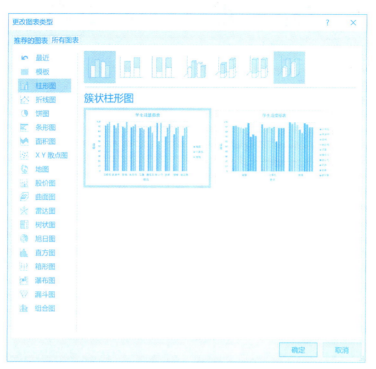

图 6-36 "更改图表类型"对话框

图 6-37 "选择数据源"对话框

图 6-38 "移动图表"对话框

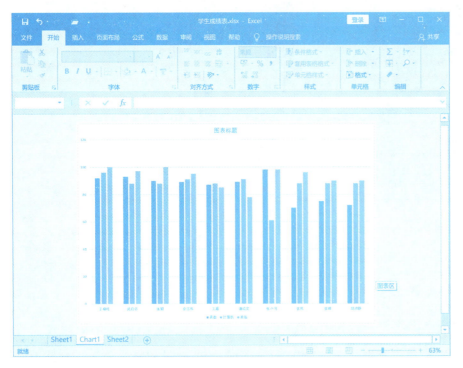

◎Excel 图表操作/
修改图表位置

图 6-39　图表工作表

**2. 图表布局**

(1) 图表标题和坐标轴标题

为了使图表更易于理解,可以添加标题,如图表标题和坐标轴标题。图表标题主要用于说明图表的主题内容,坐标轴标题用于说明纵坐标和横坐标所表达的数据内容。

新添加的图表中会自动添加图表标题,默认名称为"图表标题",并位于图表区的正上方。可以根据需要对图表标题的位置进行修改。方法为:选中图表,选择"图表工具"的"设计"选项卡,单击"图表布局"选项组中的"添加图表元素"按钮,在打开的下拉菜单中选择"图表标题"→"无"、"居中覆盖"或"图表上方"命令。

添加坐标轴标题的方法为:选中图表,选择"图表工具"的"设计"选项卡,单击"图表布局"选项组中的"添加图表元素"按钮,在打开的下拉菜单中选择"坐标轴标题"→"主要横坐标轴"或"主要纵坐标轴"命令,如将主要横坐标标题设置为坐标轴下方标题,将主要纵坐标标题设置为竖排标题。

设置完成后,图表区中将显示内容为"图表标题"和"坐标轴标题"的文本框,分别选中这些文本框,并将其内容修改为所需的文本即可。图 6-40 所示为学生成绩图表添加图表标题和坐标轴标题后的效果。

(2) 图例

选中图表,选择"图表工具"的"设计"选项卡,单击"图表布局"选项组中的"添加图表元素"按钮,在打开的下拉菜单中选择"图例"→"无"、"右侧"、"顶部"、"左侧"或"底部"命令,设置图例的位置。

◎Excel 图表操作/
图表标题

◎Excel 图表操作/
坐标轴标题

◎Excel 图表操作/
图例

◎Excel 图表操作/
数据标签

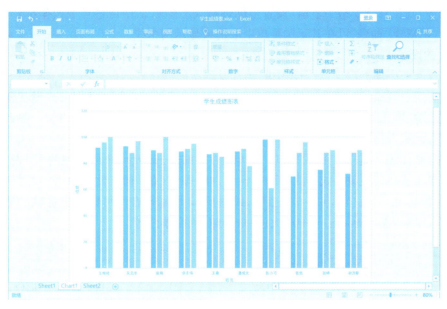

图 6-40　添加图表标题和坐标轴标题

(3) 数据标签和模拟运算表

为了更清楚地表示系列中图形所代表的数据值,可为图表添加数据标签。

选中图表,选择"图表工具"的"设计"选项卡,单击"图表布局"选项组中的"添加图表元素"按钮,在打开的下拉菜单中选择"数据标签"→"无"、"居中"、"数据标签内"、"轴内侧"或"数据标签外"等命令。图 6-41 所示为将数据标签添加在数据标签外的效果。

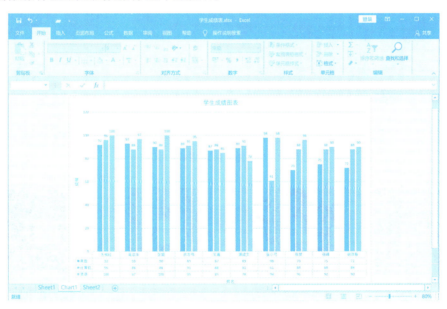

图 6-41　添加数据标签和数据表

选中图表,选择"图表工具"的"设计"选项卡,单击"图表布局"选项组中的"添加图表元素"按钮,在打开的下拉菜单中选择"数据表"→"无"、"显示图例项标示"或"无图例项标示"命令,如选择"显示图例项标示"命令可在图表下添加一个完整的数据表,就像工作表的数据一样。

(4) 坐标轴与网格线

坐标轴与网格线指绘图区的线条,它们都是用于度量数据的参照框架。选中图表,选择"图表工具"的"设计"选项卡,单击"图表布局"选项组中的"添加图表元素"按钮,在打开的下拉菜单中选择"坐标轴"→

"更多轴选项"命令,则在右侧窗格中显示"设置坐标轴格式"选项,从中可进行更改坐标轴的布局和格式的设置;同理,选择"网格线"命令,可在其下拉菜单中取消或显示网格线。

### 3. 图表格式的设置

为了使图表看起来更加美观,可对图表中的元素设置不同的格式。设置图表的格式是指对图表中的各个图表元素进行文字、颜色、外观等格式的设置。在"图表工具"的"格式"选项卡的"形状样式"选项组中提供了很多预设的轮廓、填充颜色与形状效果的组合效果,用户可以很方便地进行设置。除此之外,还可以根据需要对各个图表元素进行分别设置。具体方法为:

选中图表,选择"图表工具"的"格式"选项卡,单击"当前所选内容"选项组中的"图表元素"下拉按钮,在打开的下拉菜单中选择要更改格式样式的图表元素,如"垂直(值)轴",然后单击"设置所选内容格式"按钮,此时在右侧窗格显示"设置坐标轴格式"选项,如图 6-42 所示。在此可以对坐标轴的格式进行设置,如在"坐标轴选项"中,可设置坐标轴边界的最大值、最小值、刻度单位等。

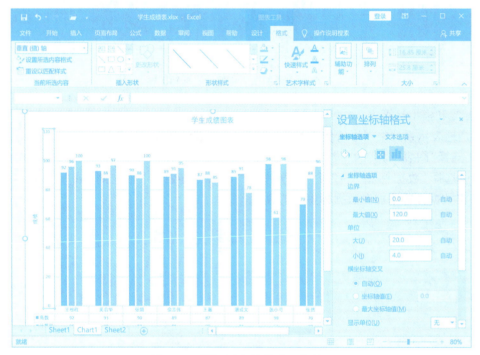

图 6-42 "设置坐标轴格式"对话框

◎Excel 图表操作/
图表文字的字体
设置

◎Excel 图表操作/
坐标轴格式

◎Excel 图表操作/
填充效果

◎Excel 图表操作/
数据标签的格式
设置

另外,右击某一图表元素,如绘图区,在弹出的快捷菜单选择"设置绘图区格式"命令,或双击绘图区,均会在右侧窗格中显示"设置绘图区格式"选项,如图 6-43 所示,从而可对绘图区的边框颜色和样式及填充效果等进行设置。

# 第6章 电子表格处理软件 Excel 2016

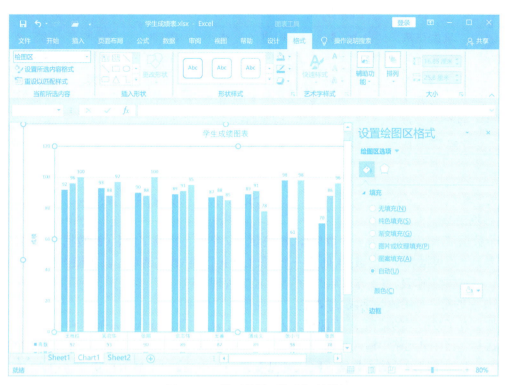

图 6-43 "设置绘图区格式"对话框

若要对图表元素的字体、字形、字号及颜色等设置,可先选中该图表元素,然后选择"开始"选项卡,在"字体"选项组中进行相应的设置。

## 6.5 数据的管理

Excel 有强大的数据管理功能,可以将数据清单视为一个数据库表,并通过对数据库表的组织、管理,实现数据的排序、筛选、汇总或统计等操作。

### 6.5.1 数据清单

**1. 数据清单与数据库的关系**

数据库是按照一定的层次关系组织在一起的数据的集合,而数据清单是通过定义行、列结构将数据组织起来形成的一个二维表。Excel 将数据清单当作数据库来使用,数据清单形成的二维表属于关系型数据库,见表 6-9。因此可以简单地认为,一个工作表中的数据清单就是一个数据库。在一个工作簿中可以存放多个数据库,而一个数据库只能存储在一个工作表中,例如,可以将表 6-9 中的数据存储在 zg-gz.xlsx 工作簿的"职工档案管理"工作表中。

Excel 基本操作/数据清单

由于数据清单是作为数据库来使用的,所以有必要简单了解一些数据库技术中的名词术语。

(1) 字段、字段名

数据库的每一列称为一个字段,对应的数据为字段值,同列的字段值具有相同的数据类型,给字段起的名称为字段名,即列标志。列标志在数据库的第一行。数据库中所有字段的集合称为数据库结构。

表 6-9 职工档案管理

| 姓 名 | 出生日期 | 性 别 | 工 作 日 期 | 籍 贯 | 职 称 | 工 资 | 奖 金 |
|---|---|---|---|---|---|---|---|
| 张楷华 | 1966 年 11 月 4 日 | 男 | 1984 年 1 月 2 日 | 承德市 | 副教授 | 6 599.96 | 2 000 |
| 郭白桦 | 1968 年 3 月 8 日 | 女 | 1990 年 3 月 15 日 | 天津市 | 副教授 | 6 618.49 | 2 000 |

续表

| 姓　名 | 出生日期 | 性别 | 工作日期 | 籍贯 | 职称 | 工资 | 奖金 |
|---|---|---|---|---|---|---|---|
| 唐　虎 | 1970年2月3日 | 男 | 1994年7月1日 | 唐山市 | 讲师 | 6 400.29 | 1 500 |
| 赵思亮 | 1971年8月20日 | 男 | 1995年7月1日 | 保定市 | 讲师 | 6 460.24 | 1 200 |
| 宋大康 | 1965年2月18日 | 男 | 1983年9月2日 | 天津市 | 教授 | 6 686.71 | 3 000 |
| 王　林 | 1970年6月19日 | 女 | 1994年6月15日 | 唐山市 | 教授 | 6 830.65 | 3 000 |
| 武　进 | 1960年9月11日 | 男 | 1978年2月23日 | 唐山市 | 教授 | 6 956.49 | 3 000 |

（2）记录

字段值的一个组合为一个记录。在Excel中，一个记录存放在同一行中。

**2. 创建数据清单**

创建一个数据清单就是要建立一个数据库，首先要定义字段个数及字段名，即数据库结构，然后再创建数据库工作表。下面根据表6-9的数据，创建一个"职工档案管理"数据清单。具体操作步骤如下：

① 打开一个空白工作表，将工作表名改为"职工档案管理"。

② 在工作表的第一行中输入字段名"姓名""出生日期""性别"等。

至此就建立好了数据库的结构，下面即可输入数据库记录，记录的输入方法有两种：

一种方法是直接在单元格中输入数据，这种方法与单元格输入数据的方法相同，在此不再赘述。

另一种方法是通过记录单输入数据。默认情况下，"记录单"按钮不显示在功能区中，可将其添加到快速访问工具栏中以方便使用。具体操作步骤如下：

① 单击快速访问工具栏右侧的"自定义快速访问工具栏"按钮，从打开的下拉菜单中选择"其他命令"命令，打开"Excel 选项"对话框，如图6-44所示。

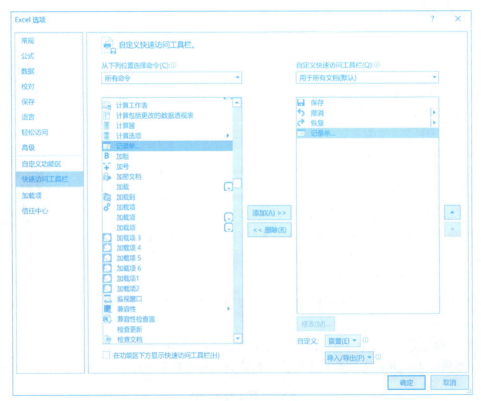

图6-44 "Excel 选项"对话框

② 在"Excel 选项"对话框的左窗格中选择"快速访问工具栏"选项，从"从下列位置选择命令"下拉列表框中选择"所有命令"选项，然后在打开的下拉列表框中找到"记录单"选项。单击"添加"按钮，再单击"确

定"按钮,即可将"记录单"命令添加到快速访问工具栏中。

使用记录单添加输入数据的具体操作步骤如下:

① 单击快速访问工具栏中的"记录单"按钮,打开图6-45所示的"职工档案管理"记录单。

② 单击第一个字段名旁边的文本框,输入相应的字段值;按【Tab】键或单击下一字段名旁边的文本框,使光标移到下一字段名对应的文本框中,输入字段值,直到一条记录输入完毕。

③ 按【Enter】键,准备输入下一条记录。

④ 重复步骤②、③操作,直到数据库所有记录输入完毕,最后形成图6-46所示的"职工档案管理"数据清单。

图6-45 "职工档案管理"记录单　　　　图6-46 "职工档案管理"数据清单

### 3. 数据清单的编辑

数据清单建立后,可继续对其进行编辑,包括对数据库结构的编辑(增加或删除字段)和数据库记录的编辑(修改、增加与删除等操作)。

数据库结构的编辑可通过插入列、删除列的方法实现;而编辑数据库记录可直接在数据清单中编辑相应的单元格,也可通过记录单对话框完成对记录的编辑。

## 6.5.2 数据排序

在数据清单中,可根据字段内容按升序或降序对记录进行排序,通过排序,可以使数据有序地排列,便于管理。对于数字的排序,可以使其按大小顺序排列;对于英文文本项的排序,可以使其按字母先后顺序排列;而对于汉字文本的排序,其主要的目的是使相同的项目排列在一起。

### 1. 单字段排序

排序之前,先在待排序字段中单击任一单元格,然后排序。排序的方法有以下两种:

◎ Excel 数据处理/排序

① 单击"数据"选项卡"排序和筛选"选项组中的"升序"按钮 或"降序"按钮 ,即可对该字段内容进行排序操作。

② 单击"数据"选项卡"排序和筛选"选项组中的"排序"按钮 ,打开"排序"对话框,如图6-47(a)所示。在对话框的"列"栏下的"主要关键字"下拉列表框中,选择某一字段名作为排序的主关键字,如职称。在"排序依据"下选择排序类型,若要按文本、数字或日期和时间进行排序,可选择"单元格值"选项,若要按格式进行排序,可选择"单元格颜色"、"字体颜色"或"条件格式图标"选项。在"次序"栏的下拉列表框中选择"升序"或"降序"选项以指明记录按升序或降序排列。单击"确定"按钮,完成排序。

### 2. 多字段排序

如果要对多个字段排序,则应使用"排序"对话框来完成。在"排序"对话框中首先选择"主要关键字",指定排序依据和次序;然后单击"添加条件"按钮,此时在"列"栏下则增加了"次要关键字"及其排序依据和次序,如图 6-47(b)所示,可根据需要依次进行选择。若还有其他关键字,可再次单击"添加条件"按钮进行添加。在多字段排序时,首先按主要关键字排序,若主关键字的数值相同,则按次要关键字进行排序,若次要关键字的数值相同,则按第三关键字排序,依此类推。

(a)单字段排序

(b)多字段排序

图 6-47 "排序"对话框

在图 6-47 所示的"排序"对话框中单击"选项"按钮,可打开"排序选项"对话框(见图 6-48)。在该对话框中,还可设置是否区分大小写,按行、列排序,按字母、笔画排序等选项。

### 3. 自定义排序

在实际的应用中,有时需要按照特定的顺序排列数据清单中的数据,特别是在对一些汉字信息进行排列时,就会有这样的要求。例如,对图 6-46 所示数据清单的"职称"列进行降序排序时,Excel 给出的排序顺序是"教授—讲师—副教授",如果用户需要按照"教授—副教授—讲师"的顺序排列,就要用到自定义排序功能。

(1) 按列自定义排序

具体操作步骤如下:

① 打开图 6-46 所示的"职工档案管理"工作表,并将光标置于数据清单的一个单元格中。

② 选择"文件"→"选项"命令,在打开的"Excel 选项"对话框的左窗格中选择"高级"选项,在右窗格中单击"常规"选项组中的"编辑自定义列表"按钮,打开"自定义序列"对话框,如图 6-49 所示。在"自定义序列"列表框中选择"新序列"选项,在"输入序列"列表框中输入自定义的序列"教授""副教授""讲师"。输入的每个项目之间要用英文逗号隔开,或者每输入一个项目就按一次【Enter】键。

图 6-48 "排序选项"对话框

图 6-49 "自定义序列"对话框

③ 单击"添加"按钮,则该序列被添加到"自定义序列"列表框中,单击"确定"按钮,返回到"Excel 选项"对话框,再次单击"确定"按钮,则可返回到工作表中。

④ 单击"数据"选项卡"排序和筛选"选项组中的"排序"按钮,在打开的"排序"对话框中单击"次序"下拉按钮,从中选择"自定义序列"选项,打开"自定义序列"对话框。

⑤ 在"自定义序列"列表框中选择刚刚添加的排序序列,单击"确定"按钮,返回到"排序"对话框中。此时,在"次序"下拉列表框中显示为"教授,副教授,讲师",同时,在"次序"下拉列表框中有"教授,副教授,讲师"和"讲师,副教授,教授"两个选项,分别表示降序和升序,如图 6-50 所示。

图 6-50 "排序"对话框

⑥ 选择"教授,副教授,讲师"选项,单击"确定"按钮,记录就按照自定义的排序次序进行排列,如图 6-51 所示。

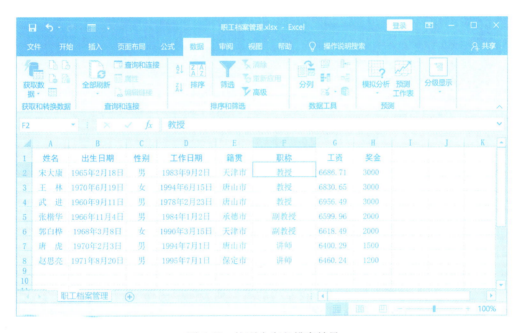

图 6-51 按列自定义排序结果

(2) 按行自定义排序

按行自定义排序的操作过程和按列自定义排序的操作过程基本相同。在图 6-48 所示的"排序选项"对话框的"方向"选项组中,选中"按行排序"单选按钮即可。

### 6.5.3 数据筛选

数据筛选可使用户快速而方便地从大量的数据中查询到所需要的信息。Excel 提供两种筛选方法:自动筛选和高级筛选。

**1. 自动筛选**

自动筛选是将不满足条件的记录暂时隐藏起来,屏幕上只显示满足条件的记录。

(1) 筛选方法

① 单击"数据"选项卡"排序和筛选"选项组中的"筛选"按钮,则在各字段名的右侧增加了下拉按钮。

○ Excel 数据处理/自动筛选

② 单击某字段名右侧的下拉按钮,如"工资"字段,则显示有关该字段的下拉列表,如图6-52(a)所示。在该列表的底部列出了当前字段所有的数据值,可通过清除"(全选)"复选框,然后选择其中要作为筛选依据的值。选择"数字筛选"命令,可打开其级联菜单,如图6-52(b)所示,其中列出了一些比较运算符命令,如"等于""不等于""大于""小于"等选项。还可选择"自定义筛选"命令,在打开的"自定义自动筛选方式"对话框中进行其他的条件设置。

③ 如果要使用基于另一列中数值的附加条件,则在另一列中重复步骤②。若对某一字段进行了自动筛选,则该字段名后面的按钮显示为 。

 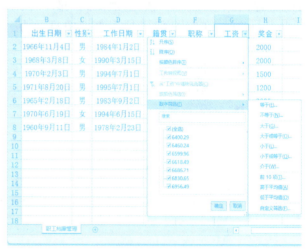

(a) 下拉列表　　　　　　　　　　　　　　　(b) 级联菜单

图6-52　选择"自动筛选"命令

(2) 自动筛选的筛选条件

下面以图6-46"职工档案管理"数据清单为例,说明选定筛选条件的方法。

【例6-1】筛选"职称"为"讲师"的记录。

【解】　单击"职称"字段后的下拉按钮,在其下拉列表中取消"(全选)"复选框,然后选择"讲师"选项。

【例6-2】筛选"工资"最高的前5个记录。

【解】　单击"工资"字段后的下拉按钮,在其下拉列表中选择"数字筛选"→"10个最大的值"命令,打开"自动筛选前10个"对话框,如图6-53所示。在左边的下拉列表框中选择"最大"选项,在右边的下拉列表框中选择"项"选项,在中间的数字微调框中选择"5"。

【例6-3】筛选"工资"小于或等于6 900、大于或等于6 500的记录。

【解】　单击"工资"字段后的下拉按钮,在其下拉列表中选择"数字筛选"→"介于"或"自定义筛选"命令,打开"自定义自动筛选方式"对话框,在左边的下拉列表框中选择与该数据之间的关系,如"大于""等于"等,在右边的下拉列表框中输入数据。"与""或"选项表示上、下两个条件的关系。筛选条件的设置如图6-54所示。

图6-53　"自动筛选前10个"对话框　　　　图6-54　"自定义自动筛选方式"对话框

**注意：**

① 自动筛选后只显示满足条件的记录，它是数据清单记录的子集，一次只能对工作表中的一个数据清单使用自动筛选命令。

② 使用"自动筛选"命令，对一列数据最多可以应用两个条件。

③ 对一列数据进行筛选后，可对其他数据列进行双重筛选，但可筛选的记录只能是前一次筛选后数据清单中显示的记录。

例如，筛选"职称"为"教授"、"工资"大于6 800的记录。可先通过自动筛选，筛选出"职称"为"教授"的记录，再对筛选出的记录进行二次自动筛选，筛选出"工资"大于6 800的记录即可。

④ 在进行自动筛选时，单击字段名后的下拉按钮，在打开的下拉列表中根据字段值类型的不同将显示不同的命令，如若字段值为数值型，则显示"数字筛选"；若类型为文本，则显示"文本筛选"；若类型为日期型，则显示"日期筛选"。

(3) 自动筛选的清除

执行完自动筛选后，不满足条件的记录将被隐藏，若希望将所有记录重新显示出来，可通过对筛选列的清除来实现。例若要清除对"职称"列的筛选，可单击"职称"名后的"筛选"按钮 ，在打开的下拉列表中选择"从职称中清除筛选"命令。

若希望清除工作表中的所有筛选并重新显示所有行，可单击"数据"选项卡"排序和筛选"选项组中的"清除"按钮。

若希望清除各个字段名后的下拉按钮，则可再次单击"数据"选项卡"排序和筛选"选项组中的"筛选"按钮。

**2. 高级筛选**

如果通过自动筛选还不能满足筛选需要，就要用到高级筛选功能。高级筛选可以设定多个条件对数据进行筛选，还可以保留原数据清单的显示，而将筛选结果显示到工作表的其他区域。

◎ Excel 数据处理/高级筛选

进行高级筛选时，首先要在数据清单以外的区域输入筛选条件，然后通过"高级筛选"对话框对筛选数据的区域、条件区域及筛选结果放置的区域进行设置，进而实现筛选操作。下面首先对如何表示筛选条件进行说明，然后结合一个具体实例说明高级筛选的操作方法。

(1) 筛选条件的表示

① 单一条件：在输入条件时，首先要输入筛选条件涉及字段的字段名，然后将该字段的条件写到字段名下面的单元格中，图6-55所示为单一条件的例子，其中图6-55(a)表示"职称为教授"的条件，图6-55(b)表示"工资大于6 600"的条件。

② 复合条件：Excel在表示复合条件时，遵循这样的原则：在同一行表示的条件为"与"关系；在不同行表示的条件为"或"关系。图6-56所示为复合条件的例子，其中：

- 图6-56(a)表示"职称是讲师且性别为男"的条件；
- 图6-56(b)表示"工资大于6 600且小于6 900"的条件；
- 图6-56(c)表示"职称是教授或者是副教授"的条件；
- 图6-56(d)表示"职称是讲师或者工资大于6 600"的条件；
- 图6-56(e)表示"职称是教授同时工资大于6 800，或者职称是副教授同时工资大于6 600"的条件。

(a) 职称为教授

(b) 工资大于6 600

图6-55 单一条件筛选

(2) 高级筛选举例

**【例6-4】** 针对图6-46"职工档案管理"数据清单，筛选出"职称是教授同时工资大于6 800，和职称是副教授同时工资大于 600"的记录。要求条件区域为 C10:D12,将筛选的结果放到 A15 起始单元格中。

（a）复合条件1

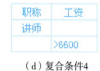
（b）复合条件2

（c）复合条件3　　（d）复合条件4　　（e）复合条件5

ⓒ Excel 数据处理/高级筛选示例

图 6-56　复合条件筛选

具体操作步骤如下：

① 在 C10:D12 单元格区域中输入条件。

② 将光标置于数据清单区中,然后单击"数据"选项卡"排序和筛选"选项组中的"高级"按钮,打开图 6-57 所示的"高级筛选"对话框。

③ 在对话框的"列表区域"文本框中,Excel 已经自动选中了数据清单的区域,如需要重新选择,单击右侧的折叠按钮,然后用鼠标拖动选择数据清单的数据区域。

④ 在对话框的"条件区域"中输入条件区域的引用,也可以单击右侧的折叠按钮,然后用鼠标拖动选择条件的单元格区域 C10:D12。

⑤ 在对话框的"方式"选项组中选中"将筛选结果复制到其他位置"单选按钮,然后在"复制到"文本框中输入需要复制到的起始单元格 A15 的引用,也可以单击右侧的折叠按钮,然后用鼠标选中需要复制到的起始单元格 A15。

图 6-57　"高级筛选"对话框

⑥ 单击"确定"按钮,完成高级筛选操作,如图 6-58 所示。

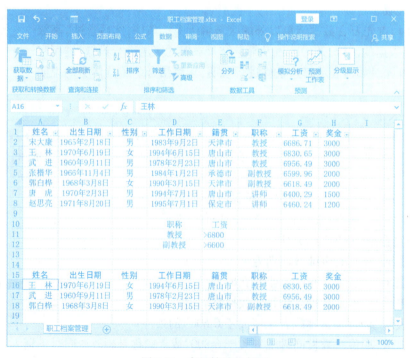

图 6-58　高级筛选的例子

### 6.5.4 数据分类汇总

分类汇总是按照某一字段的字段值对记录进行分类(排序),然后对记录的数值字段进行统计操作。

对数据进行分类汇总,首先要对分类字段进行分类排序,使相同的项目排列在一起,这样汇总才有意义。因此,在进行分类汇总操作时,一定要先按照分类项排序,再进行汇总操作。下面通过实际例子说明分类汇总的操作。

◎Excel 数据处理/分类汇总

【例 6-5】针对图 6-46 "职工档案管理"数据清单,按"职称"汇总"工资""奖金"字段的平均值,即统计出不同职称的职工的工资和奖金平均值。

具体操作步骤如下:

① 按"职称"进行排序操作(假定为升序)。打开"职工档案管理"数据清单,选中"职称"列中的任一单元格,单击"数据"选项卡"排序和筛选"选项组中的"升序"按钮,则对该数据清单的"职称"字段进行了升序排序。

② 单击"数据"选项卡"分级显示"选项组中的"分类汇总"按钮,打开"分类汇总"对话框,如图 6-59 所示。

③ 在"分类字段"下拉列表框中选择"职称"选项,确定要分类汇总的列,在"汇总方式"列表框中选择"平均值"选项,在"选定汇总项"列表框中选中"工资"和"奖金"复选框。

④ 如果需要在每个分类汇总后有一个自动分页符,则选中"每组数据分页"复选框;如果需要分类汇总结果显示在数据下方,则选中"汇总结果显示在数据下方"复选框。

图 6-59 "分类汇总"对话框

⑤ 设置完成后单击"确定"按钮,分类汇总后的结果如图 6-60 所示。

图 6-60 按职称分类汇总的结果

当分类字段是多个时,可先按一个字段进行分类汇总,之后再将更小分组的分类汇总插入到现有的分类汇总组中,实现多个分类字段的分类汇总。

从图 6-60 中可以看到,分类汇总的左上角有一排数字按钮。1 为第一层,代表总的汇总结果范围;按钮 2 为第二层,可以显示第一、二层的记录;依此类推。+ 按钮用于显示明细数据;- 按钮则用于隐藏明细数据。

如果进行分类汇总操作后,想要回到原始的数据清单状态,可以删除当前的分类汇总,只要再次打开

"分类汇总"对话框,并单击"全部删除"按钮即可(见图6-59)。

### 6.5.5 数据透视表和数据透视图

数据透视表是一种对大量数据快速汇总和建立交叉列表的交互式表格。可以转换行以查看源数据的不同汇总结果,也可以显示不同页面以筛选数据,还可以根据需要显示区域中的明细数据。而数据透视图则是通过图表的方式显示和分析数据。

◎Excel 数据处理/数据透视表

**1. 数据透视表有关概念**

数据透视表一般由七部分组成:页字段、页字段项、数据字段、数据项、行字段、列字段、数据区域。图 6-61 所示为一个数据透视表,该数据透视表分别统计了不同性别及不同职称的职工的工资之和。

图 6-61  数据透视表

① 页字段:页字段是数据透视表中指定为页方向的源数据清单或数据库中的字段。
② 页字段项:源数据清单或数据库中的每个字段、列条目或数值都将成为页字段列表中的一项。
③ 数据字段:含有数据的源数据清单或数据库中的字段项称为数据字段。
④ 数据项:数据项是数据透视表字段中的分类。
⑤ 行字段:行字段是在数据透视表中指定行方向的源数据清单或数据库中的字段。
⑥ 列字段:列字段是在数据透视表中指定列方向的源数据清单或数据库中的字段。
⑦ 数据区域:是含有汇总数据的数据透视表中的一部分。

**2. 数据透视表的创建**

下面以图 6-62 所示小家电订货单为例说明具体操作步骤:

① 打开"小家电订货单.xlsx"工作簿的"订货单"工作表,单击"插入"选项卡"表格"选项组中的"数据透视表"按钮,打开"创建数据透视表"对话框,如图 6-63 所示。

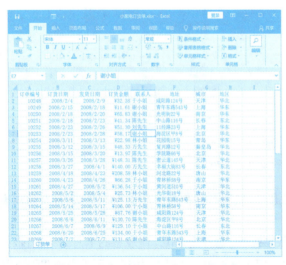

图 6-62  小家电订货信息

图 6-63  "创建数据透视表"对话框

② 在该对话框中可确定数据源区域和数据透视表的位置。在"请选择要分析的数据"选项组中选中"选择一个表或区域"单选按钮,在"表/区域"文本框中输入或使用鼠标选取数据区域。一般情况下 Excel 会自动识别数据源所在的单元格区域,如果需要重新选定,可单击右侧的折叠按钮,然后用鼠标拖动选取数据源区域即可。在"选择放置数据透视表的位置"选项组中可选择将数据透视表创建在一个新工作表中还是在当前工作表,这里选中"新工作表"单选按钮。

③ 单击"确定"按钮,则将一个空的数据透视表添加到新工作表中,并在右侧窗格中显示数据透视表字段列表,如图 6-64 所示。

图 6-64　数据透视表字段列表

④ 选择相应的页、行、列标签和数值计算项后,即可得到数据透视表的结果。本例中单击"地区"字段并将其拖动到"筛选"区域,单击"城市"字段并将其拖动到"行"区域,单击"订货日期"字段并将其拖动到"列"区域,单击"订货金额"字段并将其拖动到"值"区域,生成的最终结果如图 6-65 所示。

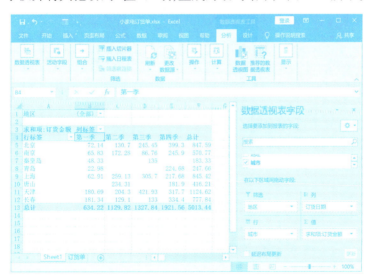

图 6-65　创建完成的数据透视表

至此,制作完成了一个数据透视表,用户可以自由地操作它来查看不同的数据项目。

数据透视表创建好后,还可以根据需要对其进行分组或格式的设置,以便得到用户关注的信息。例如,要创建订货单的月报表、季度报表或者年报表,可以在数据透视表中选中某个订货日期,选择"数据透视表工具"的"分析"选项卡,单击"组合"选项组中的"分组选择"按钮,或右击订货日期字段,在弹出的快捷菜单中选择"组合"命令,均可打开"组合"对话框,如图 6-66 所示。在"起始于"和"终止于"文本框中输入一个时间间隔,然后在"步长"列表框中选择"季度"选项,即要对 2008 年的销售金额按照季度的方式查阅(如果想生成月报表,就选择"月";想生成年报表,就选择"年")。这样,数据透视表又有了另外一种布局,如图 6-67 所示。

如果想查看某个地区、某个城市的明细数据,只需单击页字段、行字段和列字段右侧的下拉按钮▼,选择相关字段即可。如单击"地区"下拉按钮,选择其下拉列表中的"华北"选项,单击"城市"下拉按钮,只选其下拉列表中的"天津"选项,再将"联系人"拖入行区域内,工作表就会变成图 6-68 所示的样子。

图 6-66 "组合"对话框

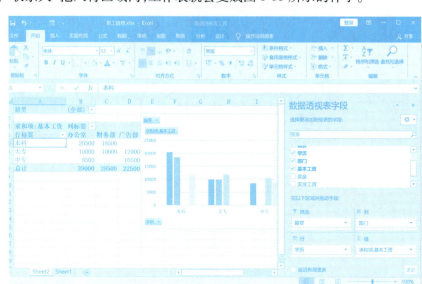

图 6-67 改变布局后的职工信息报表

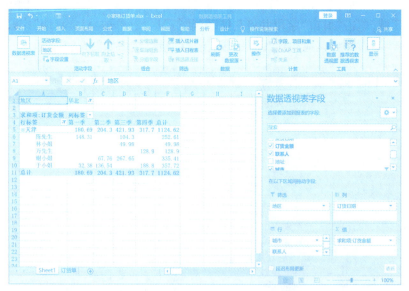

图 6-68 改变布局后的小家电订货信息报表

**3. 数据透视表数据的更新**

对于建立了数据透视表的数据清单,其数据的修改并不影响数据透视表,即数据透视表中的数据不随其数据源中的数据发生变化,这时必须更新数据透视表数据。其操作方法为:将活动单元格放在数据区的任一单元格中,选择"数据透视表工具"的"分析"选项卡,单击"数据"选项组中的"刷新"按钮,完成对数据透视表的更新。

**4. 数据透视表中字段的添加或删除**

在建立好的数据透视表中可以添加或删除字段。其操作方法为：单击建立的数据透视表中的任一单元格，在窗口右侧显示"数据透视表字段"窗格。若要添加字段，则将相应的字段按钮拖动到相应的行、列区域或数值区域内；若要删除某一字段，则将相应字段按钮从行、列区域或数值区域内拖出即可。应注意，在删除某个字段后，与这个字段相连的数据也将从数据透视表中删除。

**5. 数据透视表中分类汇总方式的修改**

使用数据透视表对数据表进行分类汇总时，可以根据需要设置分类汇总方式。在 Excel 中，默认的汇总方式为求和汇总。若要在已有的数据透视表中修改汇总方式，则可采用以下方法：

在"值"区域内单击汇总项，在打开的快捷菜单中选择"值字段设置"命令，可打开如图 6-69 所示的对话框，在"计算类型"列表框中选择所需的汇总方式，单击"数字格式"按钮还可对数值的格式进行设置。

图 6-69 "值字段设置"对话框

**6. 数据透视图的创建**

数据透视表用表格来显示和分析数据，而数据透视图则通过图表的方式显示和分析数据。创建数据透视图的操作步骤与创建数据透视表类似，单击"插入"选项卡"图表"选项组中"数据透视图"按钮即可。

# 第 7 章　演示文稿制作软件 PowerPoint 2016

　　PowerPoint 2016 是办公自动化软件 Microsoft Office 2016 家族中的一员,主要用于设计、制作广告宣传、产品展示和课堂教学课件等电子版幻灯片,制作的演示文稿可以通过计算机屏幕或大屏幕投影仪播放,是人们在各种场合下进行信息交流的重要工具,也是计算机办公软件的重要组成部分。
　　本章主要介绍 PowerPoint 2016 的基本操作方法,以及如何使用 PowerPoint 2016 来制作演示文稿。

**学习目标**

- 了解 PowerPoint 的基本知识,包括基本概念及术语、PowerPoint 2016 的工作环境及演示文稿的创建。
- 掌握演示文稿的编辑与格式化。
- 掌握幻灯片的放映设置,包括设置动画效果、切换效果、超链接以及幻灯片中多媒体技术的运用。
- 掌握演示文稿的放映。

## 7.1　PowerPoint 基本知识

### 7.1.1　PowerPoint 的基本概念及术语

　　在制作 PowerPoint 电子演示文稿的过程中,涉及一些 PowerPoint 中的基本概念和术语,下面对其进行介绍。

**1. 演示文稿**

　　把所有为某一个演示而制作的幻灯片单独存放在一个 PowerPoint 文件中,这个文件就称为演示文稿。演示文稿由演示时用的幻灯片、发言者备注、概要、通报、录音等组成,以文件形式存放在 PowerPoint 的文件中,该类文件的扩展名是 .pptx。

◎PowerPoint 基本概念/术语

**2. 幻灯片**

　　在 PowerPoint 演示文稿中创建和编辑的单页称为幻灯片。演示文稿由若干张幻灯片组成,制作演示文稿就是制作其中的每一张幻灯片。

**3. 对象**

　　演示文稿中的每一张幻灯片是由若干对象组成的,对象是幻灯片重要的组成元素。插入幻灯片中的文字、图表、组织结构图及其他可插入元素,都是以一个个的对象的形式出现在幻灯片中。用户可以选择对象,修改对象的内容或大小,移动、复制或删除对象;还可以改变对象的属性,如颜色、阴影、边框等。所以,制作一张幻灯片的过程,实际上是编辑其中每一个对象的过程。

**4. 版式**

　　版式指幻灯片上对象的布局,包含了要在幻灯片上显示的全部内容,如标题、文本、图片、表格等的格式设置、位置和占位符。PowerPoint 中包含 9 种内置幻灯片版式,如标题幻灯片、标题与内容、两栏内容等,默认为标题幻灯片。这些版式中基本都包含有占位符("空白"版式除外),每种版式预定了幻灯片的布局形式,不同版式的占位符是不同的。每种对象的占位符用虚线框表示,并且包含有提示文字,可以根据这些提示在占位符中插入标题、文本、图片、图表、组织结构图等内容。

### 5. 占位符

顾名思义,占位符就是预先占住一个固定的位置,等待用户输入内容。绝大部分幻灯片版式中都有这种占位符,它在幻灯片上表现为一种虚线框,框内往往有"单击此处添加标题"或"单击此处添加文本"之类的提示语,一旦用鼠标单击虚线框内部之后,这些提示语就会自动消失。

占位符相当于版式中的容器,可容纳如文本(包括正文文本、项目符号列表和标题)、表格、图表、SmartArt 图形、影片、声音、图片及剪贴画等内容。占位符是由程序自动添加的,具有很多特殊的功能,例如在母版中设定的格式可以自动应用到占位符中;在对占位符进行缩放时,其中的文字大小会随占位符的大小进行自动调整等。

### 6. 母版

母版是指一张具有特殊用途的幻灯片,其中已经设置了幻灯片的标题和文本的格式与位置,其作用是统一文稿中包含的幻灯片的版式。因此,对母版的修改会影响到所有基于该母版的幻灯片。

### 7. 模板

模板是指一个演示文稿整体上的外观设计方案,它包含版式、主题颜色、主题字体、主题效果及幻灯片背景图案等。PowerPoint 所提供的模板都表达了某种风格和寓意,适用于某方面的演讲内容。PowerPoint 的模板以文件的形式被保存在指定的文件夹中,其扩展名为 .potx。

## 7.1.2 PowerPoint 2016 的窗口与视图

### 1. 窗口

图 7-1 所示为 PowerPoint 2016 的窗口界面,与其他 Office 2016 组件的窗口基本相同,窗口主要包括了一些基本操作工具,如标题栏、快速访问工具栏、"文件"选项卡、功能区、状态栏等。此外,窗口中还包括了 PowerPoint 所独有的部分,如幻灯片编辑窗格、备注窗格、任务窗格等。下面对这些 PowerPoint 独有的部分进行简单介绍。

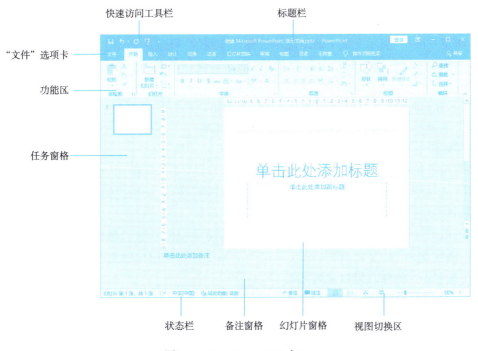

图 7-1　PowerPoint 2016 窗口

(1) 幻灯片窗格

幻灯片窗格位于工作窗口中间,其主要任务是进行幻灯片的制作、编辑和添加各种效果,还可以查看每张幻灯片的整体效果。它所显示的文本内容和大纲视图中的文本是相同的。

(2) 任务窗格

任务窗格位于幻灯片编辑窗格的左侧,幻灯片在任务窗格中以缩略图的形式显示,此时可以很方便地对幻灯片进行浏览、复制、删除、移动、插入等编辑操作。例如,通过选取幻灯片来实现幻灯片间的切换,用鼠标拖动幻灯片以改变幻灯片的顺序,但是不可对幻灯片的文字内容直接进行编辑。

(3) 备注窗格

备注窗格位于幻灯片编辑窗格的下方,主要用于给每张幻灯片添加备注,为演讲者提供信息。在备注窗格中不能插入、显示图片等对象。

(4) 视图方式按钮

视图方式按钮提供了四个视图切换按钮,分别为"普通视图"按钮、"幻灯片浏览"按钮、"阅读视图"按钮和"幻灯片放映"按钮。用户通过单击这些按钮可在不同的视图模式中预览演示文稿。

**2. 视图**

为使演示文稿便于浏览和编辑,PowerPoint 2016 根据不同的需要提供了多种视图方式来显示演示文稿的内容。

◎PowerPoint 基础知识/视图方式

(1) 普通视图

普通视图是创建演示文稿的默认视图,实际上是阅读视图、幻灯片视图和备注页视图三种模式的综合,是最基本的视图模式。它将工作区分为三个窗格,在窗口左侧显示的是任务窗格,右侧上面显示的是幻灯片窗格,下面显示的是备注窗格,用户可根据需要调整窗口大小比例。

在普通视图下,用户可以方便地在幻灯片窗格中对幻灯片进行各种操作,因此大多数情况下都选择普通视图。

若要切换到普通视图,可单击视图方式按钮中的"普通视图"按钮▣,也可单击"视图"选项卡"演示文稿视图"选项组中的"普通"按钮。

(2) 幻灯片浏览视图

在幻灯片浏览视图中,演示文稿中的幻灯片是整齐排列的,可以从整体上对幻灯片进行浏览,对幻灯片的顺序进行排列和组织。并可对幻灯片的背景、配色方案进行调整,还可同时对多个幻灯片进行移动、复制、删除等操作。

若要切换到幻灯片浏览视图,可单击视图方式按钮中的"幻灯片浏览"按钮▦,也可单击"视图"选项卡"演示文稿视图"选项组中的"幻灯片浏览"按钮。

(3) 备注页视图

备注页视图用于显示和编辑备注页,在该视图下,既可插入文本内容,也可插入图片等对象信息。

单击"视图"选项卡"演示文稿视图"选项组中的"备注页"按钮,可切换到备注页视图。

(4) 母版视图

母版视图包括幻灯片母版视图、讲义母版视图和备注母版视图。它们是存储有关演示文稿信息的主要幻灯片,其中包括背景、颜色、字体、效果、占位符的大小和位置。使用母版视图可以对与演示文稿关联的每张幻灯片、备注页或讲义的样式进行全局更改。

单击"视图"选项卡"母版视图"选项组中的相应按钮,可在不同母版视图间切换。

(5) 幻灯片放映视图

幻灯片放映视图显示的是演示文稿的放映效果,是制作演示文稿的最终目的。在这种全屏幕视图中,可以看到图形、时间、影片、动画等元素以及对象的动画效果和幻灯片的切换效果。

单击视图方式按钮中的"幻灯片放映"按钮,或按快捷键【Shift+F5】均可从当前编辑的幻灯片开始放映,即进入幻灯片放映视图。

(6)阅读视图

阅读视图用于在方便审阅的窗口中查看演示文稿,而不使用全屏的幻灯片放映视图。

若要切换到阅读视图,可单击视图方式按钮中的"阅读视图"按钮,也可单击"视图"选项卡"演示文稿视图"选项组中的"阅读视图"按钮。

### 7.1.3 演示文稿的创建

**1. 创建空演示文稿**

启动 PowerPoint 2016 后,程序默认会新建一个空白的演示文稿,该演示文稿只包含一张幻灯片,采用默认的设计模板,版式为"标题幻灯片",文件名为演示文稿1.pptx,如图7-1所示。

若 PowerPoint 应用程序已启动,选择"文件"→"新建"命令,在右侧窗格中选择"空白演示文稿"选项,如图7-2所示,即可创建一个新的空白演示文稿。

创建空白演示文稿具有较大程度的灵活性,用户可以使用颜色、版式和一些样式特性,充分发挥自己的创造力。

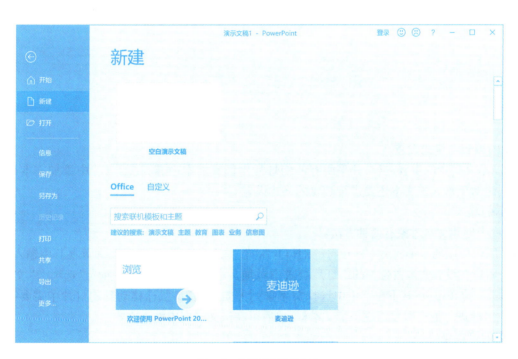

图 7-2 "新建"任务窗格

**2. 根据模板创建演示文稿**

PowerPoint 2016 提供了丰富多彩的设计模板,使用模板创建演示文稿非常方便、快捷。用户可以根据系统提供的内置模板创建新的演示文稿,也可以从 Office.com 模板网站上下载所需的模板进行创建。

(1)使用内置模板

具体操作步骤为:选择"文件"→"新建"命令,在右侧窗格中"Office"下显示了模板列表,如图7-3所示,从中选择合适的模板,然后单击"创建"按钮,即可创建一个基于该模板的演示文稿。

(2)使用 Office.com 模板网站上的模板

Office.com 的模板网站提供了许多模板,如贺卡、信封、日历等。选择"文件"→"新建"命令,在右侧窗格的"搜索联机模板和主题"文本框中可输入感兴趣的模板或主题,然后单击"开始搜索"按钮或按【Enter】键,即可进行联机搜索。

图 7-3　内置模板列表

## 7.2　演示文稿的编辑与格式化

### 7.2.1　幻灯片的基本操作

**1. 文本的编辑与格式设置**

文本是演示文稿中的重要内容,几乎所有的幻灯片中都有文本内容,在幻灯片中添加文本是制作幻灯片的基础,同时对于输入的文本还要进行必要的格式设置。

(1) 文本的输入

在幻灯片中创建文本对象有两种方法:

① 如果用户使用的是带有文本占位符的幻灯片版式,单击文本占位符位置,即可在其中输入文本。

② 如果用户在没有文本占位符的幻灯片版式中添加文本对象,可以单击"插入"选项卡"文本"选项组中的"文本框"下拉按钮,在其下拉菜单中选择文字排列方向,然后将鼠标移动到幻灯片中需要插入文本框的位置,按住鼠标进行拖动即可创建一个文本框,然后可在该文本框中输入文本。

(2) 文本的格式化

所谓文本的格式化是指对文本的字体、字号、样式及颜色进行必要的设置。通常文本的字体、字号、样式及颜色由当前模板或主题设置和定义,模板或主题作用于每个文本对象或占位符。

在格式化文本之前,必须先选择该文本。若格式化文本对象中的所有文本,先单击文本对象的边框选择文本对象本身及其所包含的全部文本。若格式化某些内容的格式,先拖动鼠标指针选择要修改的文字,然后执行所需的格式化命令。

利用"开始"选项卡"字体"选项组中的相关按钮可以进行文字的格式设置,包括字体、字号、字形、颜色等,还可以单击"字体"选项组右下角的 按钮,打开"字体"对话框进行设置,如图 7-4 所示。

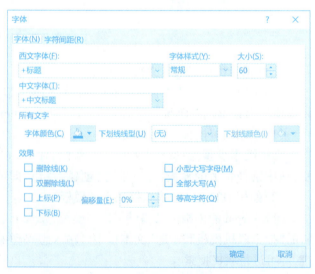

图 7-4　"字体"对话框

（3）段落的格式化

段落的格式化包括以下几种：

① 段落对齐设置：演示文稿均在文本框中输入文字，设置段落的对齐方式，主要是调整文本在文本框中的排列方式。首先选择文本框或文本框中的某段文字，然后单击"开始"选项卡"段落"选项组中的有关文本对齐按钮进行设置。

② 行距和段落间距的设置：单击"开始"选项卡"段落"选项组右下角的 按钮，在打开的"段落"对话框中可进行段前、段后及行距的设置，如图7-5所示。

③ 项目符号的设置：默认情况下，在幻灯片各层次小标题的开头位置上会显示项目符号，为增加或删除项目符号或编号，可单击"开始"选项卡"段落"选项组中的"项目符号"或"编号"按钮。若需要重新设置，可单击"项目符号"或"编号"下拉按钮，在打开的下拉列表中选择"项目符号和编号"命令，打开"项目符号和编号"对话框，如图7-6所示，从中可重新对项目符号或编号进行设置。

图7-5 "段落"对话框

图7-6 "项目符号和编号"对话框

## 2. 对象及其操作

对象是幻灯片中的基本成分，幻灯片中的对象包括文本对象（标题、项目列表、文字说明等）、可视化对象（图片、剪贴画、图表等）和多媒体对象（视频、声音剪辑等）三类，各种对象的操作一般都在幻灯片视图下进行，操作方法也基本相同。

（1）选择或取消对象

对象的选择方法是用鼠标单击对象，对象被选中后四周将显示一个方框，方框上有8个控点。选择对象后，其所有的内容被看作一个整体处理。

当在被选择对象区域外单击，或选择其他对象时，先选择的对象将被自动取消。

（2）插入对象

为了使幻灯片的内容更加丰富多彩，可以在幻灯片上增加一个或多个对象。这些对象可以是文本、图形和图片、声音和影片、艺术字、组织结构图、Word表格、Excel图表等。

① 插入文本框：单击"插入"选项卡"文本"选项组中的"文本框"按钮，可在幻灯片合适位置上按住鼠标左键拖动添加一个文本框。

◎幻灯片设计/文本框

◎幻灯片设计/图片与形状

② 插入图片：单击"插入"选项卡"图像"选项组中的"图片"按钮，在打开的下拉列表中选择"此设备"，则打开"插入图片"对话框，如图7-7所示，在该对话框中选择所需的图片，然后单击"插入"按钮，即可将选中的图片插入到当前幻灯片中。

③ 插入自选图形：单击"插入"选项卡"插图"选项组中的"形状"按钮，打开如图 7-8 所示的下拉列表，从中选择合适的形状，然后在当前幻灯片中拖动鼠标绘制图形。

图 7-7 "插入图片"对话框

图 7-8 "形状"下拉列表

选中绘制好的图形后右击，在弹出的快捷菜单中选择"设置形状格式"命令，在右侧窗格中打开"设置形状格式"选项，从中可对图形的填充颜色、线条颜色等效果进行设置。

④ 插入艺术字：单击"插入"选项卡"文本"选项组中的"艺术字"按钮，从打开的下拉列表中选择合适的艺术字样式即可。

⑤ 插入表格和图表：在演示文稿中还可以插入表格和图表，使数据更加直观。

单击"插入"选项卡"表格"选项组中的"表格"按钮，在打开的下拉列表中可设置插入表格的行、列数，也可以插入 Excel 电子表格。

单击"插入"选项卡"插图"选项组中的"图表"按钮，在打开的"插入图表"对话框中选择所需的图表类型，然后单击"确定"按钮。

◎幻灯片设计/艺术字

⑥插入音频和视频：这部分内容详见 7.3.4。

（3）设置对象的格式

插入对象后，还可以对其进行格式设置。设置方法为：选中需要设置格式的对象，则功能区上增加"图片工具"的"格式"选项卡或"绘图工具"的"格式"选项卡，从中可对对象的大小、样式等格式进行设置。

**3. 幻灯片的操作**

（1）选择幻灯片

在对幻灯片编辑之前，首先要选择进行操作的幻灯片。在幻灯片浏览视图中可很方便地选择幻灯片，如果是选择单张幻灯片，用鼠标单击它即可。如果希望选择连续的多张幻灯片，先选中第一张，再按住【Shift】键，单击要选中的最后一张，即可完成多张连续幻灯片的选择。如果希望选择不连续的多张幻灯片，可先选中第一张，然后按住【Ctrl】键分别单击其他不连续的幻灯片即可。

另外，在普通视图中的任务窗格中也可以很方便地实现幻灯片的选择，其操作方法与在幻灯片浏览视图中的操作方法相同。

（2）添加与插入幻灯片

当建立一个演示文稿后，常常需要添加幻灯片。所谓"添加"是把新增加的幻灯片都排在已有幻灯片的最后面；而"插入"操作的结果是新增加的幻灯片位于当前幻灯片之后。具体操作步骤如下：

◎幻灯片编辑/插入、删除、复制、移动

① 选择一张幻灯片,即被选中的幻灯片为当前幻灯片。

② 单击"开始"选项卡"幻灯片"选项组中的"新建幻灯片"按钮,则在当前幻灯片后插入了一张新的幻灯片,该幻灯片具有与之前幻灯片相同的版式。若单击"新建幻灯片"按钮旁的下拉按钮,则可在打开的下拉列表中为新增幻灯片选择新的版式。

(3) 重用幻灯片

可将已有的其他演示文稿中的幻灯片插入到当前演示文稿中。具体操作步骤如下:

① 在当前演示文稿中选定一张幻灯片,则其他幻灯片将插入到该幻灯片之后。

② 单击"开始"选项卡"幻灯片"选项组中的"新建幻灯片"下拉按钮,在打开的下拉列表中选择"重用幻灯片"命令,打开"重用幻灯片"任务窗格,如图7-9(a)所示。

③ 单击"浏览"按钮,则打开"浏览"对话框,从中选择要使用的文件,然后单击"打开"按钮,这时"重用幻灯片"窗格中列出了该文件中的所有幻灯片,如图7-9(b)所示。单击要使用的幻灯片,即可将该幻灯片插入到当前幻灯片之后。若选中"保留源格式"复选框,则插入的幻灯片保留其原有格式。

(a) 打开任务窗格　　(b) 打开所选幻灯片文件

图7-9　"重用幻灯片"任务窗格

(4) 删除幻灯片

选中待删除的幻灯片,直接按【Delete】键,或右击,在弹出的快捷菜单中选择"删除幻灯片"命令,该幻灯片即被删除,后面的幻灯片会自动向前排列。

(5) 复制幻灯片

幻灯片的复制有三种方法,在复制之前,首先需选定待复制的幻灯片。

① 使用"复制"和"粘贴"命令复制幻灯片。

② 单击"插入"选项卡"幻灯片"选项组中的"新建幻灯片"下拉按钮,在打开的下拉列表中选择"复制选定幻灯片"命令即可。

③ 使用鼠标拖放复制幻灯片:选中要复制的幻灯片,按住【Ctrl】键同时按住鼠标左键拖动,移动到指定位置后释放鼠标再释放【Ctrl】键,即可将选中的幻灯片复制到新的位置。

(6) 重新排列幻灯片的次序

在幻灯片浏览视图中或普通视图的"幻灯片"选项卡中,单击要改变次序的幻灯片,该幻灯片的外框出现一个粗的边框,用鼠标拖动该幻灯片到新位置,释放鼠标,就把幻灯片移动到新的位置上了。此外,也可以利用"剪切"和"粘贴"命令来移动幻灯片。

### 7.2.2　幻灯片的外观设计

演示文稿的所有幻灯片可以具有一致的外观,控制幻灯片外观的方法有四种:母版、主题、背景及幻灯片版式。

**1. 使用母版**

母版用于设置演示文稿中每张幻灯片的预设格式,这些格式包括每张幻灯片的标题及正文文字的位置和大小、项目符号的样式、背景图案等。

母版可以分成三类:幻灯片母版、讲义母版和备注母版。

(1) 幻灯片母版

幻灯片母版是所有母版的基础,控制演示文稿中所有幻灯片的默认外观。单击"视图"选项卡"母版视图"选项组中的"幻灯片母版"按钮,进入"幻灯片母版"视图,如图7-10所示。在左侧窗格中,幻灯片母版以缩略图的方式显示,下面列出了与上面的幻灯片母版相关联的幻灯片版式,对幻灯片母版上的文本格式进行编辑会影响这些版式中的占位符格式。

幻灯片设计/母版

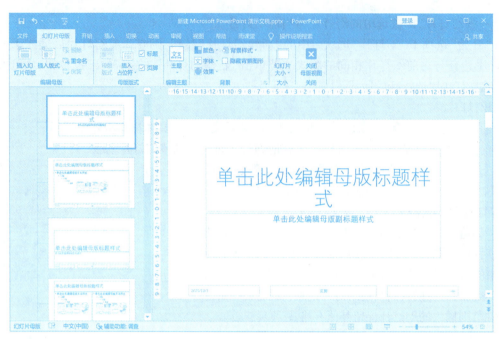

图 7-10 "幻灯片母版"视图

幻灯片母版中有五个占位符:标题区、文本区、日期区、页脚区、编号区,修改占位符可以影响所有基于该母版的幻灯片。对幻灯片母版的编辑包括以下几个方面:

① 编辑母版标题样式:在幻灯片母版中选择对应的标题占位符或文本占位符,可以设置字体格式、段落格式、项目符号与编号等。

② 设置页眉、页脚和幻灯片编号:如果要对页脚占位符进行修改,可以在幻灯片母版状态选择"插入"选项卡"文本"选项组中的"页眉页脚"按钮,这时打开"页眉和页脚"对话框,如图 7-11 所示,在"幻灯片"选项卡中选中"日期和时间"复选框,表示在幻灯片的"日期"区显示日期和时间;若选中"自动更新"单选按钮,则时间域会随着制作日期和时间的变化而改变。选中"幻灯片编号"复选框,则每张幻灯片上将增加编号。选中"页脚"复选框,并在页脚区输入内容,可作为每一页的注释。

图 7-11 "页眉和页脚"对话框

③ 向母版插入对象:要使每一张幻灯片都出现某个对象,可以向母版中插入该对象。例如,在某个演示文稿的幻灯片母版中插入一个图片,则每一张幻灯片(除了标题幻灯片外)都会自动拥有该对象。

完成对幻灯片母版的编辑后,单击"幻灯片母版"选项卡"关闭"选项组中的"关闭母版视图"按钮,则可返回原视图方式。

(2)讲义母版和备注母版

除了幻灯片母版外,PowerPoint 的母版还有讲义母版和备注母版。讲义母版用于控制幻灯片以讲义形式打印的格式,如页面设置、讲义方向、幻灯片方向、每页幻灯片数量等,还可增加日期、页码(并非幻灯片编号)、页眉、页脚等。

备注母版用来格式化演示者备注页面,以控制备注页的版式和文字的格式。

## 2. 应用主题

应用主题可以使演示文稿中的每一张幻灯片都具有统一的风格,例如色调、字体格式及效果等。在 PowerPoint 中提供了多种内置的主题,用户可以直接进行选择,还可以根据需要分别设置不同的主题颜色、主题字体和主题效果等。

(1)应用内置主题效果

具体操作步骤为:在"设计"选项卡"主题"选项组中列出了一部分主题效果,单击"其他"按钮,打开图 7-12 所示的列表。在"Office"栏中列出了 PowerPoint 提供的所有主题,从中选择一种主题,即可将其应用到当前演示文稿中。

◎幻灯片设计/主题

(2)自定义主题效果

除 PowerPoint 内置的主题效果外,用户还可根据需要对主题的颜色、字体、效果进行更改。例如,若要对主题的颜色进行修改,具体操作步骤为:

① 单击"设计"选项卡"变体"选项组中的 按钮,在打开的下拉列表中选择"颜色"命令,则可列出各个主题效果的配色方案及名称,如图 7-13 所示。这些配色方案是用于演示文稿的 8 种协调色的集合,包括文本、背景、填充、强调文字所用的颜色等。方案中的每种颜色都会自动用于幻灯片上的不同组件。

图 7-12 主题效果

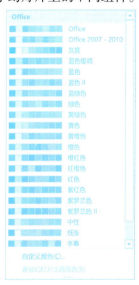

图 7-13 "颜色"下拉列表

② 选择"自定义颜色"命令,打开"新建主题颜色"对话框,如图 7-14 所示。其中,主题颜色包含 12 种颜色方案,前 4 种颜色用于文本和背景,后面 6 种为强调文字颜色,最后 2 种颜色为超链接和已访问的超链接。

③ 单击需要修改的颜色块后的下拉按钮,可对该颜色进行更改。然后在"名称"文本框中输入主题颜色的名称,单击"保存"按钮,可对该自定义配色方案进行保存,同时将该配色方案应用到演示文稿中。这样,当再次选择"颜色"命令时,已保存过的主题颜色名称就会出现在其下拉列表中。

## 3. 设置幻灯片背景

利用 PowerPoint 的"背景格式"功能,可自己设计幻灯片背景颜色或填充效果,并将其应用于演示文稿中指定或所有的幻灯片。

◎幻灯片设计/背景

图 7-14 "新建主题颜色"对话框

为幻灯片设置背景颜色的具体操作步骤如下：

① 选中需要设置背景颜色的一张或多张幻灯片。

② 单击"设计"选项卡"自定义"选项组中的"设置背景格式"按钮，或者单击"变体"选项组右下角的 按钮，选择"背景样式"→"设置背景格式"命令，或者在要设置背景颜色的幻灯片中任意位置（占位符除外）右击，在弹出的快捷菜单中选择"设置背景格式"命令。不论采用哪种方法，都将打开"设置背景格式"窗格，如图7-15所示。

③ 单击"填充"选项组中的不同选项单选按钮，即可进行背景的设置，如选中"渐变填充"单选按钮，则可以进行预设效果的设置。选中"图片或纹理填充"单选按钮，可为幻灯片设置纹理效果或将某一图片文件作为背景。

④ 完成上述操作后，只将背景格式应用于当前选定的幻灯片；如果单击"应用到全部"按钮，则将背景格式应用于演示文稿中的所有幻灯片。

**4. 使用幻灯片版式**

在创建新幻灯片时，可以使用幻灯片的自动版式，在创建幻灯片后，如果发现版式不合适，还可以更改该版式。更改幻灯片版式的方法为：选中需要修改版式的幻灯片，然后单击"开始"选项卡"幻灯片"选项组中的"版式"按钮，打开"Office 主题"下拉列表，如图7-16所示，从中选择想要的版式即可。或者在需要修改版式的幻灯片上右击，在弹出的快捷菜单中选择"版式"命令，在其级联菜单中列出了图7-16所示的版式列表。

◎幻灯片设计/版式

图7-15 "设置背景格式"窗格

图7-16 "Office 主题"列表

## 7.3 幻灯片的放映设置

幻灯片的放映设置包括设置动画效果、切换效果、放映时间等。在放映幻灯片时设置动画效果或切换效果，不仅可以吸引观众的注意力，突出重点，而且如果使用得当，动画效果将带来典雅、趣味和惊奇。

### 7.3.1 设置动画效果

PowerPoint 提供了动画功能，利用动画可为幻灯片上的文本、图片或其他对象设置出现的方式、先后顺序及声音效果等。

**1. 为对象设置动画效果**

使用"动画"选项卡可对幻灯片上的对象应用、更改或删除动画。具体操作步骤如下：

① 在幻灯片中选定要设置动画效果的对象，选择"动画"选项卡，在"动画"选项组中列出了多种动画效果，单击 按钮，在打开的列表中列出了更多的动画选项，

◎幻灯片动画设置/实例

如图7-17所示。其中包括"进入""强调""退出""动作路径"四类,每类中又包含了不同的效果。

"进入"指使对象以某种效果进入幻灯片放映演示文稿;"强调"指为已出现在幻灯片上的对象添加某种效果进行强调;"退出"即为对象添加某种效果,以使其在某一时刻以该种效果离开幻灯片;"动作路径"指为对象添加某种效果,以使其按照指定的路径移动。

若选择"更多进入效果""更多强调效果"等命令,则可以得到更多不同类型的效果,图7-18所示为选择"更多进入效果"命令后打开的对话框,其中包括"基本""细微""温和""华丽"等效果。对同一个对象不仅可同时设置上述四类动画效果,而且还可对其设置多种不同的"强调"效果。

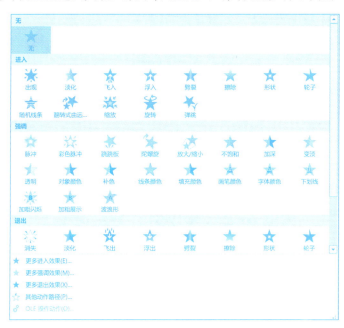

图 7-17　动画效果

图 7-18　"更改进入效果"对话框

② 在幻灯片中选定一个对象,单击"动画"选项组中的"效果选项"按钮,可设置动画进入的方向。注意"效果选项"下拉列表中的内容会随着添加的动画效果的不同而变化,如添加的动画效果是"进入"中的"随机线条",则"效果选项"中显示为"垂直"和"水平"。

③ 在"动画"选项卡"计时"选项组中的"开始"下拉列表框中可以选择开始播放动画的方式。"开始"下拉列表框中有三种选项:

- 单击时:当鼠标单击时开始播放该动画效果。
- 与上一动画同时:在上一项动画开始的同时自动播放该动画效果。
- 上一动画之后:在上一项动画结束后自动开始播放该动画效果。

用户可根据幻灯片中的对象数量和放映方式选择动画效果开始的时间。

在"持续时间"数值框中可指定动画的长度,在"延迟"数值框中指定经过几秒后播放动画。

④ 单击"动画"选项卡"预览"选项组中的"预览"按钮,则设置的动画效果将在幻灯片窗格中自动播放,用来观察设置的效果。

**2. 效果列表和效果标号**

当对一张幻灯片中的多个对象设置了动画效果后,有时需要重新设置动画的出现顺序,此时可利用"动画窗格"实现。

单击"动画"选项卡"高级动画"选项组中的"动画窗格"按钮,则会出现"动画窗格"任务窗格,如图7-19所示。

在"动画窗格"中有该幻灯片中的所有对象的动画效果列表,各个对象按添加动画的顺序从上到下依次列出,并显示有标号。通常该标号从1开始,但当第一个添加动画效果的对象的开始效果设置为"与上一动画同时"或"上一动画之后"时,则该标号从0开始。设置了动画效果的对象也会在幻灯片上标注出非打印编号标记,该标记位于对象的左上方,对应于列表中的效果标号。注意,在幻灯片放映视图中并不显示该标记。

**3. 设置效果选项**

单击动画效果列表中任意一项,则在该效果的右端会出现一个下拉按钮,单击该按钮会出现一个下拉菜单,如图 7-20 所示。该菜单的前三项对应于"计时"选项组中"开始"下拉列表中的三项。可以选择"单击开始"、"从上一项开始"或者"从上一项之后开始"。对于包含多个段落的占位符,该选项将作用于所有的子段落。在菜单中选择"效果选项"命令,则会打开一个含有"效果""计时""文本动画"三个选项卡的对话框,在对话框中可以对效果的各项进行详细设置。由于不同的动画效果具体的设置是不同的,所以选择不同的效果打开的对话框也不一样。另外,单击"动画"选项组右下角的 按钮,也可打开相同的对话框。

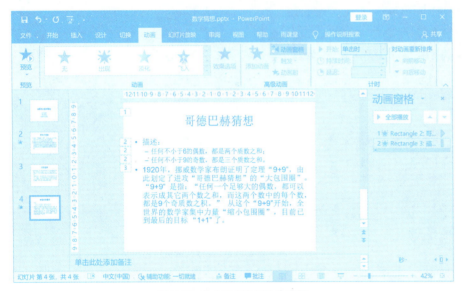
图 7-19 "动画窗格"任务窗格

图 7-20 设置效果选项

### 7.3.2 设置切换效果

幻灯片间的切换效果是指演示文稿播放过程中,幻灯片进入和离开屏幕时产生的视觉效果,也就是让幻灯片以动画方式放映的特殊效果。PowerPoint 提供了多种切换效果,在演示文稿制作过程中,可以为每一张幻灯片设计不同的切换效果,也可以为一组幻灯片设计相同的切换效果。具体操作步骤如下:

① 在演示文稿中选定要设置切换效果的幻灯片。

② 单击"切换"选项卡"切换到此幻灯片"选项组右侧的"其他"按钮 ,可打开图 7-21 所示的下拉列表,其中列出了各种不同类型的切换效果。

图 7-21 幻灯片切换效果列表

③ 在幻灯片切换效果列表中选择一种切换效果,如"华丽"中的"百叶窗"。

④ 单击"效果选项"按钮,可从中选择切换的效果,如"垂直"或"水平"。

⑤ 在"计时"选项组中可设置换片方式,即一张幻灯片切换到下一张幻灯片的方式。选中"单击鼠标时"复选框,则单击时出现下一张幻灯片;选中"设置自动换片时间"复选框,则在一定时间后自动出现下一张幻灯片。另外,在"声音"下拉列表框中选择幻灯片切换时播放的声音效果。

⑥ 单击"应用到全部"按钮,即可将设置的切换效果应用于演示文稿中的所有幻灯片。否则,只应用于当前选定的幻灯片。

◎幻灯片切换/实例

### 7.3.3 演示文稿中的超链接

PowerPoint 中提供了"超链接"功能,可在制作演示文稿时为幻灯片对象创建超链接,并将链接目的地指向其他地方。超链接不仅支持在同一演示文稿中的各幻灯片间进行跳转,还可以跳转到其他演示文稿、Word 文档、Excel 电子表格、某个 URL 地址等。利用超链接功能,可以使幻灯片的放映更加灵活,内容更加丰富。

◎超链接/概念

◎超链接/连接到其他幻灯片

**1. 为幻灯片中的对象设置超链接**

为幻灯片中的对象设置超链接的操作步骤如下:

① 在幻灯片中选择要设置超链接的对象,然后单击"插入"选项卡"链接"选项组中的"链接"按钮,打开"插入超链接"对话框,如图 7-22 所示。

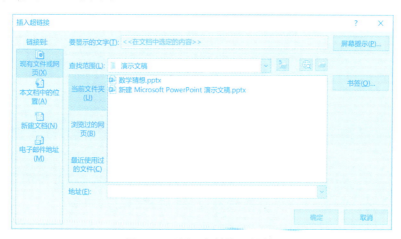

图 7-22 "插入超链接"对话框

② 若要链接到某个文件或网页,可在"链接到"列表框中选择"现有文件或网页"选项,然后在"地址"文本框中输入超链接的目标地址;若要链接到本文件内的某一张幻灯片,可在"链接到"列表框中选择"本文档中的位置"选项,然后选择文档中的目标幻灯片;若要链接到某一电子邮件地址,可在"链接到"列表框中选择"电子邮件地址"选项,然后在右侧窗格的"电子邮件地址"文本框中输入邮件地址即可。

③ 单击"确定"按钮完成超链接设置。在幻灯片放映视图中,当用鼠标单击该对象时,则会链接到目标地址。

**2. 编辑和删除超链接**

用户可对已有的超链接进行编辑修改,如改变超链接的目标地址,也可以删除超链接。

编辑修改或删除超链接的操作方式同上,如需修改超链接,只要重新选择超链接的目标地址即可;如需删除超链接,则只要在"插入超链接"对话框中单击"删除链接"按钮,或右击对象后,在弹出的快捷菜单中选择"删除链接"命令即可。

◎超链接/网址与邮件地址

**3. 动作按钮的使用**

PowerPoint 2016 提供了一组代表一定含义的动作按钮,为使演示文稿的交互界面更加友好,用户可以在幻灯片上插入各式各样的交互按钮,并像其他对象一样为这些按钮设置超链接。这样,在幻灯片放映过程中,可以通过这些按钮在不同的幻灯片间跳转,也可以播放图像、声音等文件,还可以用它启动应用程序或链接到 Internet 上。

◎超链接/动作按钮

在幻灯片上插入动作按钮的具体操作步骤为:

① 选择需要插入动作按钮的幻灯片。

② 单击"插入"选项卡"插图"选项组中的"形状"按钮,在打开的下拉列表的"动作按钮"栏中单击所需的按钮,将鼠标移到幻灯片中要放置该动作按钮的位置,按住鼠标左键并拖动鼠标,直到动作按钮的大小符合要求为止,此时系统自动打开"操作设置"对话框,如图 7-23 所示。

③ 该对话框中有"单击鼠标"选项卡和"鼠标悬停"选项卡。"单击鼠标"选项卡设置的超链接是通过单击动作按钮时发生跳转;而"鼠标悬停"选项卡设置的超链接则是通过鼠标移过动作按钮时跳转的,一般鼠标移过方式适用于提示、播放声音或影片。

④ 无论在哪个选项卡中,当选中"超链接到"单选按钮后,都可以在其下拉列表框中选择跳转目的地,如图 7-24 所示。选择的跳转目的地既可以是当前演示文稿中的其他幻灯片,也可以是其他演示文稿或其他文件,或是某一个 URL 地址。选中"播放声音"复选框,在其下拉列表中可选择对应的声音效果。

图 7-23 "操作设置"对话框

图 7-24 超链接

⑤ 单击"确定"按钮。

如果给文本对象设置了超链接,代表超链接的文本会自动添加下画线,并显示成所选主题颜色所指定的颜色。需要说明的是,超链接只在"幻灯片放映"时才会起作用,在其他视图中处理演示文稿时不会起作用。

**4. 为对象设置动作**

除了可以对动作按钮设置动作外,还可以对幻灯片上的其他对象进行动作设置。为对象设置动作后,当鼠标单击或移过该对象时,可以像动作按钮一样执行指定的动作。

设置方法为:首先选择幻灯片,然后在幻灯片中选定要设置动作的对象,单击"插入"选项卡"链接"选项组中的"动作"按钮,则打开如图 7-23 所示的"操作设置"对话框,从中可进行类似动作按钮的设置。

### 7.3.4 在幻灯片中运用多媒体技术

在幻灯片中不仅可以插入图片、图像等,还可以插入音频或视频等媒体对象。在放映幻灯片时,可以将媒体对象设置为在显示幻灯片时自动开始播放、在单击鼠标时开始播放或播放演示文稿中的所有幻灯片，甚至可以循环连续播放媒体直至停止播放。

**1. 在幻灯片中插入视频**

幻灯片中的视频可以来自网络或当前计算机中。具体操作步骤如下：

① 单击"插入"选项卡"媒体"选项组中的"视频"按钮，在其下拉菜单中选择"联机视频"命令，则打开图 7-25(a)所示的对话框。在"输入联机视频的地址"文本框中输入视频地址，然后单击"插入"按钮，即可将其插入到当前幻灯片中。

② 单击"插入"选项卡"媒体"选项组中的"视频"按钮，在其下拉菜单中选择"此设备"命令，打开"插入视频文件"对话框，如图 7-25(b)所示。从中选择要插入的影片文件，然后单击"插入"按钮，即可在当前幻灯片中插入视频对象。

（a）插入联机视频对话框

（b）"插入视频文件"对话框

图 7-25　插入视频

选中插入的视频对象，则功能区将显示"视频工具"的"格式"和"播放"选项卡。选择"播放"选项卡，可在"视频选项"选项组中设置"音量""开始"方式等，当放映幻灯片时，会按照已设置的方式来播放该视频对象。

**2. 在幻灯片中插入音频**

同样，在幻灯片中也可插入音频对象，音频可以来自文件中的音频，也可以录入音频。例如，要在幻灯片中插入来自文件的音频文件，具体操作步骤如下：

① 单击"插入"选项卡"媒体"选项组中的"音频"按钮，在其下拉菜单中选择"PC 上的音频"命令，打开"插入音频"对话框。

② 在该对话框中选择要插入的音频文件，然后单击"插入"按钮。

③ 选择"音频工具"的"播放"选项卡，在"音频选项"选项组中可根据需要设置"音量""开始"方式等选项。例如，选中"循环播放，直到停止"复选框，则音乐循环播放，直到幻灯片停止放映。

插入音频的幻灯片上将显示音频剪辑图标，单击该图标，还可在幻灯片上预览音频对象。

**3. 设置幻灯片放映时播放音频或视频的效果**

声音或动画插入幻灯片后，如果需要，可以更改幻灯片放映时音频或视频的播放效果，播放计时以及音频或视频的设置。以设置视频效果为例，具体操作步骤如下：

① 选中幻灯片中要设置效果选项的视频对象。

② 选择"动画"选项卡，此时在"动画"选项组中增加了"播放""暂停""停止"等按钮，单击"播放"按钮，然后单击"动画"选项组右下角的按钮，则打开"播放视频"对话框，如图 7-26 所示。单击"暂停"按钮，然后单击按钮，则打开"暂停视频"对话框，如图 7-27 所示。

图 7-26 "播放视频"对话框

图 7-27 "暂停视频"对话框

③ 在"效果"选项卡中，可以设置包括如何开始播放、何时停止播放及声音增强方式等；在"计时"选项卡中，可以设置"开始""延迟"等。在"视频工具"的"播放"选项卡"视频选项"选项组中，还可以设置是否全屏播放、幻灯片放映时是否隐藏图标等。

## 7.4 演示文稿的放映

随着计算机应用水平的日益发展，电子幻灯片已经逐渐取代了传统的 35 mm 幻灯片。电子幻灯片放映最大的特点在于为幻灯片设置了各种各样的切换方式、动画效果，根据演示文稿的性质不同，设置的放映方式也可以不同，并且由于在演示文稿中加入了视频、音频等效果，使演示文稿更加美妙动人，更能吸引观众的注意力。

### 7.4.1 设置放映方式

在幻灯片放映前可以根据使用者的不同，通过设置放映方式满足各自的需要。单击"幻灯片放映"选项卡"设置"选项组中的"设置幻灯片放映"按钮，就可以打开"设置放映方式"对话框，如图 7-28 所示。

在对话框的"放映类型"选项组中，有三种放映方式：

① 演讲者放映（全屏幕）：以全屏幕形式显示，可以通过快捷菜单或【PageDown】键、【PageUp】键显示不同的幻灯片；提供了绘图笔进行勾画。

② 观众自行浏览（窗口）：以窗口形式显示，可以利用状态栏上的"上一张"或"下一张"按钮进行浏览，或单击"菜单"按钮，在打开的菜单中浏览所需幻灯片；还可以利用该菜单中的"复制幻灯片"命令，将当前幻灯片复制到 Windows 的剪贴板上。

③ 在展台浏览（全屏幕）：以全屏形式在展台上做演示，在放映过程中，除了保留鼠标指针用于选择屏幕对象外，其余功能全部失效（终止放映需要按【Esc】键），因为此时不需要现场修改，也不需要提供额外功能，以免破坏演示画面。

图 7-28 "设置放映方式"对话框

在对话框的"放映选项"选项组中,也提供了四种放映选项:

① 循环放映,按【Esc】键终止:在放映过程中,当最后一张幻灯片放映结束后,会自动跳转到第一张幻灯片继续播放,按【Esc】键则终止放映。

② 放映时不加旁白:在放映幻灯片的过程中不播放任何旁白。

③ 放映时不加动画:在放映幻灯片的过程中,先前设定的动画效果将不起作用。

④ 禁用硬件图形加速:不使用硬件图形加速功能。

### 7.4.2 设置放映时间

除了利用"切换"选项卡"计时"选项组中的"设置自动换片时间"复选框右侧的微调框设置幻灯片的放映时间外,还可以通过"幻灯片放映"选项卡"设置"选项组中的"排练计时"按钮来设置幻灯片的放映时间。具体操作步骤如下:

① 在演示文稿中选定要设置放映时间的幻灯片。

② 单击选项卡"设置"选项组中的"排练计时"按钮,系统自动切换到幻灯片放映视图,同时打开"录制"工具栏,如图 7-29 所示。

③ 用户按照自己总体的放映规划和需求,依次放映演示文稿中的幻灯片,在放映过程中,"录制"工具栏对每一个幻灯片的放映时间和总放映时间进行自动计时。

④ 当放映结束后,弹出预演时间的提示框,并提示是否保留幻灯片的排练时间,如图 7-30 所示,单击"是"按钮。

图 7-29　"录制"工具栏

图 7-30　提示是否保留排练时间对话框

⑤ 此时自动切换到浏览窗格视图,并在每个幻灯片图标的左下角给出幻灯片的放映时间。

至此,演示文稿的放映时间设置完成,以后再放映该演示文稿时,将按照这次的设置自动放映。

### 7.4.3 使用画笔

在演示文稿放映与讲解的过程中,对于文稿中的一些重点内容,有时需要勾画一下,以突出重点,引起观看者的注意。为此,PowerPoint 提供了"画笔"功能,方便用户在放映过程中随意在屏幕上勾画、标注重点内容。

在放映的幻灯片上右击,在弹出的快捷菜单上选择"指针选项"命令,弹出图 7-31 所示的级联菜单,其常用命令如下:

① 选择"笔"命令,可以画出较细的线条。

② 选择"荧光笔"命令,可以为文字涂上荧光底色,加强和突出该段文字。

③ 选择"橡皮擦"命令,可以将所画线条擦除。

④ 选择"擦除幻灯片上的所有墨迹"命令,可以清除当前幻灯片上的所有画线墨迹等,使幻灯片恢复清洁。

⑤ 选择"墨迹颜色"命令,可以为画笔设置一种新的颜色。

### 7.4.4 演示文稿放映和打包

**1. 演示文稿放映**

打开演示文稿后,启动幻灯片放映常用以下三种方法:

图 7-31　"画笔"功能

① 单击视图切换按钮中的"幻灯片放映"按钮。

② 单击"幻灯片放映"选项卡"开始放映幻灯片"选项组中的"从头开始"或"从当前幻灯片开始"按钮。

③ 按【F5】键从第一张开始放映,按【Shift+F5】组合键从当前幻灯片开始放映。

**2. 打包演示文稿**

制作好的演示文稿可以复制到需要演示的计算机中进行放映,但是要保证演示的计算机安装有 PowerPoint 环境。如果需要脱离 PowerPoint 环境放映演示文稿,可以将演示文稿打包后再放映。

(1) 打包演示文稿

打包演示文稿的操作步骤如下:

① 打开需要打包的演示文稿。

② 选择"文件"→"导出"命令,在打开的右侧窗格中选择"将演示文稿打包成 CD"命令,单击"打包成 CD"按钮,打开图 7-32 所示的"打包成 CD"对话框。

③ 单击"选项"按钮,打开图 7-33 所示的"选项"对话框。

图 7-32 "打包成 CD"对话框

图 7-33 "选项"对话框

在"包含这些文件"选项组中,根据需要选中相应的复选框。

- 如果选中"链接的文件"复选框,则在打包的演示文稿中含有链接关系的文件。
- 如果选中"嵌入的 TrueType 字体"复选框,则在打包演示文稿时,可以确保在其他计算机上看到正确的字体。如果需要对打包的演示文稿进行密码保护,可以在"打开每个演示文稿时所用密码"文本框中输入密码,用来保护文件。

④ 单击"确定"按钮,返回到"打包成 CD"对话框。

⑤ 单击"复制到文件夹"按钮,可以将打包文件保存到指定的文件夹中;单击"复制到 CD"按钮,则直接将演示文稿打包到光盘中。

(2) 运行打包文件

要想运行打包文件,只要在光盘或打包所在的文件夹中双击 play.bat 文件即可。

# 第8章　计算机网络

计算机网络是计算机技术和通信技术紧密结合的产物,计算机网络在社会和经济发展中起着非常重要的作用,网络已经渗透到人们生活的各个角落,影响着人们的日常生活。因此在现代社会中,了解计算机网络的基本知识,掌握计算机网络的基本应用就变得非常重要。

本章首先介绍计算机网络的基本概念和基本知识,然后讲解了网络协议、网络的硬件设备、因特网的基本技术和因特网的基本应用等计算机网络的相关知识,之后介绍在因特网基础上发展起来的最新的网络技术和应用——移动互联网、云计算和大数据以及物联网的相关知识。

学习目标

- 了解计算机网络的发展,了解计算机网络的组成与分类、功能与特点。
- 了解网络协议和计算机网络体系结构的基本知识。
- 了解组成计算机网络的硬件设备。
- 学习因特网的基本概念,掌握 TCP/IP、IP 地址与域名地址等知识。
- 掌握因特网的基本应用。
- 了解移动互联网的相关知识。
- 了解云计算和大数据的相关知识。
- 了解物联网的相关知识。

## 8.1　计算机网络概述

### 8.1.1　计算机网络的发展

计算机网络属于多机系统的范畴,是计算机与通信这两大现代技术相结合的产物,它代表着当前计算机体系结构发展的重要方向。计算机网络的出现与发展不但极大地提高了工作效率,使人们从日常繁杂的事务性工作中解脱出来,而且已经成为现代生活中不可缺少的工具。可以说没有计算机网络,就没有现代化,就没有信息时代。

**1. 计算机网络的定义**

所谓计算机网络就是利用通信线路,用一定的连接方法,把分散的具有独立功能的多台计算机相互连接在一起,按照网络协议进行数据通信,实现资源共享的计算机的集合。具体地说,就是用通信线路将分散的计算机及通信设备连接起来,在功能完善的网络软件的管理与控制下,使网络中的所有计算机都可以访问网络中的文件、程序、打印机和其他各种服务(统称为资源),从而实现网络中资源的共享和信息的相互传递。

从上面定义可以看出,计算机网络由三部分组成:网络设备(包括计算机)、通信线路和网络软件。网络可大可小,但都由这三部分组成,缺一不可。

在计算机网络中,提供信息和服务能力的计算机是网络资源,索取信息和请求服务的计算机是网络用户。由于网络资源与网络用户之间的连接方式、服务方式及连接范围的不同,形成了不同的网络结构及网络系统。

**2. 计算机网络的演变与发展**

计算机网络的发展历史不长,但发展速度很快,其演变过程大致可概括为以下四个阶段:

(1)具有通信功能的单机系统阶段

该系统又称终端-计算机网络,是早期计算机网络的主要形式。它是将一台主计算机(host)经通信线路与若干个地理上分散的终端(terminal)相连,主计算机一般称为主机,它具有独立处理数据的能力,而所有的终端设备均无独立处理数据的能力。在通信软件的控制下,每个用户在自己的终端分时轮流地使用主机系统的资源。

(2)具有通信功能的多机系统阶段

上述简单的"终端-通信线路-计算机"系统存在以下两个问题:

① 因为主机既要进行数据的处理工作,又要承担多终端系统的通信控制,随着所连远程终端数目的增加,主机的负荷加重,系统效率下降。

② 由于终端设备的速率低,操作时间长,尤其在远距离时,每个终端独占一条通信线路,线路利用率低,费用也较高。

为了解决这个问题,20 世纪 60 年代出现了把数据处理和数据通信分开的工作方式,主机专门进行数据处理,而在主机和通信线路之间设置一台功能简单的计算机,专门负责处理网络中的数据通信、传输和控制。这种负责通信的计算机称为通信控制处理机(communication control processor,CCP)或称为前端处理机(front end processor,FEP)。此外,在终端聚集处设置多路器或集中器。集中器与前端处理机功能类似,它的一端通过多条低速线路与各个终端相连,另一端通过高速线路与主机相连,这样也降低了通信线路的费用。由于前端机和集中器在当时一般选用小型机担任,因此这种结构称为具有通信功能的多计算机系统。

不论是单机系统还是多机系统,它们都是以单个计算机(主机)为中心的联机终端网络,它们都属于第一代计算机网络。

(3)以共享资源为主的"计算机-计算机"通信阶段

20 世纪 60 年代中期,随着计算机技术和通信技术的进步,人们开始将若干个联机系统中的主机互连,以达到资源共享的目的,或者联合起来完成某项任务。此时的计算机网络呈现出多处理中心的特点,即利用通信线路将多台计算机(主机)连接起来,实现了计算机之间的通信,由此也开创了"计算机-计算机"通信的时代,计算机网络的发展进入到第二个时代。

第二代计算机网络与第一代计算机网络的区别在于多台主机都具有自主处理能力,它们之间不存在主从关系。第二代计算机网络的典型代表是 Internet 的前身 ARPANet。

ARPANet 是美国国防部高级研究计划署(ARPA)现在称为 DARPA(Defense Advanced Research Project Agency)提出设想,并与许多大学和公司共同研究发展起来的。它的主要目标是借助于通信系统,使网内各计算机系统间能够共享资源。ARPANet 是一个具有两级结构的计算机网络,主机不是直接通过通信线路互连,而是通过接口信息处理机(interface message processor,IMP)连接。当用户访问远地主机时,主机将信息送至本地 IMP,经过通信线路沿着适当的路径传送至远地 IMP,最后送入目标主机。计算机网络中 IMP 和通信线路组成通信子网,专门用于处理主机之间的通信业务和信息传递,以期减轻主机负担,使主机完全用于承担诸如数据计算和数据处理的任务。

ARPANet 是一个成功的系统,它是第一个完善地实现分布式资源共享的网络,它标志着网络的结构日趋成熟,并在概念、结构和网络设计方面都为今后计算机网络的发展奠定了基础。ARPANet 也是最早将计算机网络分为资源子网和通信子网两部分的网络。

(4)以局域网络及其互连为主要支撑环境的分布式计算机阶段

进入 20 世纪 70 年代,局域网技术得到了迅速发展。特别是到了 20 世纪 80 年代,随着硬件价格的下降和微型计算机的广泛应用,一个单位或部门拥有微型计算机的数量越来越多,各机关、企业迫切要求将自己拥有的为数众多的微型计算机、工作站、小型机等连接起来,从而达到资源共享和互相传递信息的目的。局域网联网费用低、传输速率快,因此局域网的发展对网络的普及起到了重要作用。

局域网的发展也导致了计算模式的变革。早期的计算机网络是以主计算机为中心的,计算机网络控制和管理功能都是集中式的,也称为集中式计算机模式。随着个人计算机(PC)功能的增强,用户一个人就可以在微型计算机上完成所需要的作业。PC 方式呈现出的计算机能力已发展成为独立的平台,这就导致了一种新的计算结构——分布式计算模式的诞生。

局域网的发展及其网络的互连还促成了网络体系结构标准的建立。由于各大计算机公司均制定有自己的网络技术标准,这些不同的标准在早期的以主计算机为中心的计算机网络中不会有大的影响。但是,随着网络互连需求的出现,这些不同的标准为网络互连设置了障碍,最终促成了国际标准的制定。20 世纪 70 年代末,国际标准化组织(ISO)成立了专门的工作组来研究计算机网络的标准,制定了开放系统互连参考模型(OSI),旨在便于多种计算机互连,构成网络。进入 20 世纪 90 年代,网络通信相关的协议、规范基本确立,网络开始向大众化普及。随着网络用户的逐渐增多,对网络传输效率及网络传输质量的要求进一步增强,因而使最新的网络技术迅速得以普及应用。而技术的更新与普及、网络速度的提高,以及大型网络及复杂拓扑的应用,也使得各种新的高速网络介质、高性能网络交互设备及大型网络协议开始得到越来越多的应用。此时,局域网成为计算机网络结构的基本单元,网络间互连的要求越来越强,真正达到了资源共享、数据通信和分布处理的目标。

可以看出,这一阶段计算机网络发展的特点是:互连、高速、智能与更为广泛的应用。当今覆盖全球的 Internet 就是这样一个互连的网络,可以利用 Internet 实现全球范围的电子邮件、电子传输、信息查询、语音与图像通信等服务功能。实际上 Internet 是一个用路由器(router)实现多个远程网和局域网互连的网际网。

现在网络已经成为人们生活中的一部分,已渗透到人们生活、娱乐、交流、沟通等各个方面,成为生产、管理、市场、金融等各方面必不可少的部分。对于网络的研究,管理也逐渐成为一类学科,并衍生出各种新的二级学科或相关学科,如网络安全、网络质量(QoS)等。而网络也开始向多面化发展,出现了很多新的应用,网络的发展已成为经济及社会生产力发展的重要支柱。

#### 8.1.2 计算机网络的组成与分类

**1. 计算机网络的组成**

计算机网络是一个十分复杂的系统,一般可以从两方面对计算机网络的组成进行描述。

(1) 从数据处理与数据通信的角度进行划分

在逻辑上可以将计算机网络分为完成数据通信的通信子网和进行数据处理的资源子网两部分。

① 通信子网提供网络通信功能,能完成网络主机之间的数据传输、交换、通信控制和信号变换等通信处理工作,由通信控制处理机(CCP)、通信线路和其他通信设备组成数据通信系统。广域网的通信子网通常租用电话线或铺设专线。为了避免不同部门对通信子网重复投资,一般都租用邮电部门的公用数字通信网作为各种网络的公用通信子网。

② 资源子网为用户提供了访问网络的能力,它由主机系统、终端控制器、请求服务的用户终端、通信子网的接口设备、提供共享的软件资源和数据资源(如数据库和应用程序)构成。它负责网络的数据处理业务,向网络用户提供各种网络资源和网络服务。

(2) 从系统组成的角度进行划分

从系统组成的角度,一个计算机网络由三部分内容组成:计算机及智能性外围设备(服务器、工作站等);网络接口卡及通信介质(网卡、通信电缆等);网络操作系统及网管系统。其中,前两部分构成了计算机网络的硬件部分,第三部分构成了计算机网络的软件部分,其中网络操作系统对网络中的所有资源进行管理和控制。

**2. 计算机网络的分类**

计算机网络的分类方法有很多种,下面仅介绍几种常见的分类方法。

(1) 按网络的连接范围分类

根据计算机网络所覆盖的地理范围、信息的传递速率及其应用目的,计算机网络通常分为局域网(local

area network,LAN)、城域网(metropolitan area network,MAN)和广域网(wide area network,WAN)。

① 局域网:指在有限的地理区域内构成的计算机网络。它具有很高的传输速率(几十至上百兆比特每秒),其覆盖范围一般不超过 10 km,通常将一座大楼或一个校园内分散的计算机连接起来构成局域网。局域网具有组建方便、灵活等特点,其采用的通信线路一般为双绞线或同轴电缆。

② 城域网:城域网的范围比局域网的大,通常可覆盖一个城市或一个地区。城域网中可包含若干个彼此互连的局域网。城域网通常采用光纤或微波作为网络的主干通道。

③ 广域网:广域网可以将相处遥远的两个城域网连接在一起,也可以把世界各地的局域网连接在一起。广域网通过微波、光纤、卫星等介质传送信息,Internet 就是最典型的广域网。

(2)按网络的拓扑结构分类

所谓网络拓扑结构是地理位置上分散的各个网络结点互连的几何逻辑布局。网络的拓扑结构决定了网络的工作原理及信息的传输方式,拓扑结构一旦选定必定要选择一种适合于这种拓扑结构的工作方式与信息传输方式。网络的拓扑结构不同,网络的工作原理及信息的传输方式也不同。按拓扑结构分类计算机网络系统有五种形式:总线型、星形、环形、树形和网形。将两种单一拓扑结构混合起来,还可以构成混合型拓扑,如将星形和总线型或星形和环形混合起来,取两者的优点,就构成了星形-总线型拓扑结构或星形-环形拓扑结构,如图 8-1 所示。

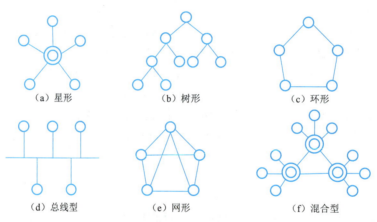

图 8-1 网络拓扑结构

① 星形结构是一种辐射状结构,以中央结点为中心,将若干个外围结点连接起来。中央结点是整个网络的主控计算机,任何两个结点的通信都必须经过中央结点。其优点是结构简单,易于实现和管理。缺点是中央结点是网络可靠性的瓶颈,如果外围结点过多,会使得中央结点负担过重,而且一旦中央结点出现故障,将会导致整个网络崩溃。

② 树形结构的结点是按层次进行连接,信息的交换主要是在上、下结点之间进行的。其优点是结构简单,故障容易分离处理;缺点是整个网络对根结点的依赖性很强,一旦根结点出现故障,网络系统将不能正常工作。

③ 环形结构的结点通过点对点的通信线路连接成一个闭合环路,环中数据只能沿一个方向逐结点传送。其优点是结构简单,传输时延确定,适合于长距离通信;由于各结点地位和作用相同,容易实现分布式控制,因此环形拓扑结构被广泛应用到分布式处理中。

④ 总线型结构的所有结点通过相应的网络接口卡直接连接到一条作为公共传输介质的总线上,总线通常采用同轴电缆或双绞线作为传输介质。总线型结构是目前局域网中使用最多的一种拓扑结构。其优点是连接简单,扩充或删除一个结点比较容易;由于结点都连接在一根总线上,共用一个数据通道,因此信道利用率高,资源共享能力强。

⑤ 网形结构中各结点的连接是任意的,无规律可循。其优点是可靠性高;缺点是结构复杂。

(3)按网络的传输介质分类

根据通信介质的不同,网络可划分为有线网和无线网两种。

① 有线网:采用诸如同轴电缆、双绞线、光纤等物理介质来传输数据的网络。

② 无线网:采用卫星、微波等无线形式来传输数据的网络。

(4) 按照交换方式分类

根据交换方式,计算机网络分为线路交换网络、存储转发交换网络。存储转发交换又可以分为报文交换和分组交换。

① 线路交换(circuit switching)最早出现在电话系统中,数字信号需要变换成模拟信号才可以在线路上传输,早期的计算机网络就是通过此种方式传输数据的。

② 报文交换(message switching)是一种数字化网络,当通信开始时,源主机发出的一个报文被存储在交换设备中,交换设备根据报文的目的地址选择合适的路径转发报文,这种方式又称存储–转发方式。报文交换方式中报文的长度是不固定的。

③ 分组交换(packet switching)也采用报文传输,它将一个长的报文划分为许多定长的报文分组,以分组作为基本的传输单位。这不仅大大简化了对计算机存储器的管理,也加速了信息在网络中的传输速率。目前,分组交换方式是计算机网络的主流。

(5) 按服务方式分类

按网络系统的服务方式,可以分为集中式系统和分布式系统。

① 集中式系统:由一台计算机管理所有网络用户并向每个用户提供服务,多用于局域网。

② 分布式系统:由多台计算机共同提供服务,每台计算机既可以向别人提供服务也可以接受别人的服务,如 Internet 的服务器系统。

(6) 按网络数据传输与交换系统的所有权分类

根据网络的数据传输与交换系统的所有权可以分为公用网与专用网。

① 公用网(public network):指由国家电信部门组建、控制和管理,为全社会提供服务的公共数据网络,用户需要交纳规定的费用才可以使用。

② 专用网(private network):指某一部门或企业因为特殊业务需要而组建、控制和管理的计算机网络,一般只能由特定用户使用。

(7) 按传输方式和传输带宽分类

按照网络能够传输的信号带宽,可以分为基带网和宽带网。

① 基带网:由计算机或者终端产生的一连串的数字脉冲信号,未经调制所占用的频率范围称为基本频带,简称基带,在信道中直接传输这类基带信号是最简单的一种传输方式,这种网络称为基带网。基带网通常适用于近距离的网络。

② 宽带网:在远距离通信时,由发送端通过调制器(modulator)将数字信号调制成模拟信号在信道中传输,再在接收端通过解调器(demodulator)还原成数字信号,所使用的信道是普通的电话通信信道,这种传输方式叫作频带传输。在频带传输中,经调制器调制而成的模拟信号比音频范围(200～3 400 Hz)要宽,因而通常被称为宽带传输。使用这种技术的网络称为宽带网。

### 8.1.3 计算机网络的功能与特点

**1. 计算机网络的功能**

计算机网络具有以下的主要功能:

① 资源共享:这是计算机网络的重要功能,也被认为是最具吸引力的一点。所谓共享就是指网络中各种资源可以相互通用,这种共享可以突破地域范围的限制,而且可共享的资源包括硬件、软件和数据资源。

● 硬件资源有超大型存储器、提速的外围设备,以及大型、巨型机的 CPU 处理能力等。这些硬件资源通过网络向网络用户开放,可以大大提高资源的利用率,加强数据处理能力,还能节约开销。

● 软件资源有各种语言处理程序、服务程序和各种应用程序等。例如,把某一系统软件装在网内的某一台计算机中,就可以供其他用户调用,或者处理其他用户送来的数据,然后把处理结果送回给那个用户。

● 数据资源有各种数据文件、各种数据库等。由于数据产生源在地理上是分散的,用户无法用投资改变这种状况,因此共享数据资源是计算机网络最重要的目的。

② 数据通信:这是计算机网络的最基本的功能,它用来快速传递计算机与终端、计算机与计算机之间的各种数据,包括文字信件、新闻消息、咨询信息、图片资料、报纸版面等。随着因特网在世界各地的普及,传统电话、电报、邮递等通信方式受到很大冲击,电子邮件已被人们广泛接受,网上电话、视频会议等各种通信方式正在大力发展。

③ 分布式处理:分布式处理是计算机网络研究的重点课题,对于一些复杂的、综合型的大任务,可以通过计算机网络采用适当的算法,将大任务分散到网络中的各计算机上进行分布式处理,由网络上各计算机分别承担其中一部分任务,同时运作,共同完成,从而使整个系统的效能大幅加强;也可以通过计算机网络用各地的计算机资源共同协作,进行重大科研项目的联合开发和研究。

④ 提高计算机的可靠性和可用性:计算机网络中的各台计算机可以通过网络互为后备机,设置了后备机,一旦某计算机出现故障,网络中其他计算机可代为继续执行,这样可以避免整个系统瘫痪,从而提高计算机的可靠性;如果网络中某台计算机任务太重,网络可将该计算机上的部分任务转交给其他较空闲的计算机,以达到均衡计算机负载,提高网络中计算机可用性的目的。

⑤ 综合信息服务:网络的一个主要发展趋势就是多维化,即在同一套系统上提供继承的信息服务,包括来自政治、经济、科技、军事等各方面的资源。同时,还要为用户提供图像、语音、动画等多媒体信息。在多维化发展的趋势下,许多网络应用的新形式也在不断涌现,如电子邮件、网上交易、视频点播、联机会议等。这些技术能够为用户提供更多、更好的服务。

**2. 计算机网络的特点**

计算机网络具有以下特点:

① 它是计算机及相关外围设备组成的一个群体,计算机是网络中信息处理的主体。

② 这些计算机及相关外围设备通过通信介质互连在一起,彼此之间交换信息。

③ 网络系统中的每一台计算机都是独立的,任意两台计算机之间不存在主从关系。

④ 在计算机网络系统中,有各种类型的计算机,不同类型的计算机之间进行通信必须有共同的约定,这些约定就是通信双方必须遵守相关的协议。因此,计算机之间的通信是通过通信协议实现的。

## 8.2 计算机网络的通信协议

### 8.2.1 网络协议

**1. 网络协议简介**

当网络中的两台设备需要通信时,双方必须有一些约定,并遵守共同的约定来进行通信。例如,数据的格式是怎样的,以什么样的控制信号联系,具体的传送方式是什么,发送方怎样保证数据的完整性、正确性,接收方如何应答等。为此,人们为网络上的两个结点之间如何进行通信制定了规则和过程,它规定了网络通信功能的层次构成,以及各层次的通信协议规范和相邻层的接口协议规范,称这些规范的集合模型为网络协议。概括地说,网络协议就是计算机网络中任意两结点间的通信规则。网络协议是由一组程序模块组成的,又称协议堆栈,每一个程序模块在网络通信中有序地完成各自的功能。

在制定网络协议时,要对通信的内容、怎样通信,以及何时通信等几方面进行约定,这些约定和规则的集合就构成了协议的内容。网络协议是由语法、语义和定时规则(变换规则)三个要素组成的。

① 语法部分:指数据与控制信息的结构或格式,用于决定对话双方的格式。

② 语义部分:由通信过程的说明构成,用于决定对话双方的类型。

③ 定时(变换)规则:确定事件的顺序和速度匹配,用于决定通信双方的应答关系。

由于结点之间的联系可能是很复杂的,因此,在制定协议时,一般是把复杂成分分解成一些简单的成分,再将它们复合起来。最常用的复合方式是层次方式,即上一层可以调用下一层,而与再下一层不发生关系。通信协议的分层是这样规定的:把用户应用程序作为最高层,把物理通信线路作为最底层,将其间的协议处理分为若干层,规定每层处理的任务,也规定各层之间的接口标准。

## 2. 国际标准化组织

一般来说,同一种体系结构的计算机网络之间的互连比较容易实现,不同体系结构的计算机网络之间要实现互连就存在许多问题。为此,国际上的一些标准化组织制定了相关的标准,为生产厂商、供应商、政府机构和其他服务提供者提供实现互连的指导方针,使得产品或设备相互兼容。这些标准化组织制定的标准,为网络的发展作出了重要贡献:

- 国际标准化组织(International Standards Organization,ISO)。
- 联合国的国际电信联盟(International Telecommunication Unions,ITU)。
- 美国国家标准化协会(American National Standards Institute,ANSI)。
- 电气电子工程师学会(Institute of Electrical and Electronics Engineers,IEEE)。
- 电子工业协会(Electronic Industries Association/Telecomm unications Industries Association,EIA/TIA)。

### 8.2.2 计算机网络体系结构

由于计算机网络涉及不同的计算机、软件、操作系统、传输介质等,要实现它们之间相互通信是非常复杂的。为了实现这样复杂的计算机网络,人们提出了网络层次的概念,即通过网络分层将庞大而复杂的问题转化为若干简单的局部问题,以便于处理和解决。

在这种分层的网络结构中,网络的每一层都具有其相应的层间协议。将计算机网络的各层定义和层间协议的集合称为计算机网络体系结构,它是关于计算机网络系统应设置多少层,每个层能提供哪些功能,以及层之间的关系和如何联系在一起的一个精确定义。

由于系统被分解为相对简单的若干层,因此易于实现和维护。各层功能明确,相对独立,下层为上层提供服务,上层通过接口调用下层功能,而不必关心下层所提供服务的具体实现细节,这就是层次间的无关性。因为有了这种无关性,当某一层的功能需要更新或被替代时,只要它和上、下层的接口服务关系不变,则相邻层都不受影响,因此灵活性好,这有利于技术进步和模型的改进。现代计算机网络都采用了层次化体系结构,最典型的代表就是 OSI 和 TCP/IP 网络体系结构。

### 1. OSI/RM 参考模型

计算机联网是随着用户的不同需要而发展起来的,不同的开发者可能会使用不同的方式满足用户的需求,由此产生了不同的网络系统和网络协议。在同一网络系统中网络协议是一致的,结点间的通信是方便的。但在不同的网络系统中网络协议很可能是不一致的,这种不一致给网络连接和网络之间结点的通信造成了很大的不方便。

为了解决这个问题,国际标准化组织于 1981 年推出了"开放系统互连参考模型"(open systems interconnection reference model,OSI/RM)标准,简称 OSI 标准。该标准的目的是希望所有的网络系统都向此标准靠拢,消除系统之间因协议不同而造成的通信障碍,使得在互联网范围内,不同的网络系统可以不需要专门的转换装置就能进行通信。

图 8-2 所示为 OSI 参考模型的体系结构。OSI 将通信系统分为七层,每一层均分别负责数据在网络中传输的某一特定步骤。其中,低四层完成传送服务,上面三层则面向应用。与各层相对,每层都有自己的协议,网络用户在进行通信时,必须遵循七个层次的协议,经过七个层协议所规定的处理后,才能在通信线路上进行传输。

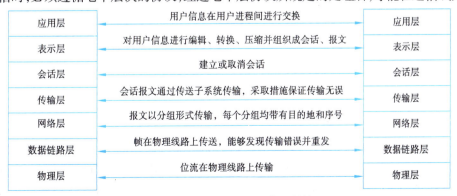

图 8-2 OSI 参考模型的体系结构

OSI 参考模型七层的具体含义如下：

① 物理层:其作用是通过物理介质进行比特数据流的传输。

② 数据链路层:提供网络相邻结点间的可靠通信,用来传输以帧为单位的数据包,向网络层提供正确无误的信息包的发送和接收服务。

③ 网络层:其功能包括提供分组传输服务,进行路由选择以及拥塞控制。

④ 传输层:其功能是在通信用户进程之间提供端到端的可靠的通信。

⑤ 会话层:其功能是在传输层服务的基础上增加控制、协调会话的机制,建立、组织和协调应用进程之间的交互。

⑥ 表示层:其保证所传输的信息传输到目的计算机后其意义不发生改变。

⑦ 应用层:其直接面向用户,为用户提供应用服务。

在信息的实际传输过程中,发送端是从高层向低层传递,而在接收端则相反,是由低层向高层逆向传递。发送时,每经过一层,都会对上层的信息附加一个本层的信息头,信息头包含了控制信息,供接收方同层次分析及处理用,这个过程称为封装。在接收方去掉该层的附加信息头后,再向上层传递,即解封。可以看出,采用 OSI 模型,用户在网络传递数据时,只需下达指令而不必考虑下层信号如何传递及通信协议等问题,即用户在上层作业时,可完全不必理会低层的运作,这样可以使用户更方便地使用网络。

需要说明的是,OSI 不是一个实际的物理模型,而是一个将网络协议规范化了的逻辑参考模型。OSI 虽然根据逻辑功能将网络系统分为七层,并对每一层规定了功能、要求、技术特性等,但并没有规定具体的实现方法,因此,OSI 仅仅是一个标准,而不是特定的系统或协议。网络开发者可以根据这个标准开发网络系统,制定网络协议;网络用户可以用这个标准来考察网络系统,分析网络协议。

OSI 模型所定义的网络体系结构虽然从理论上比较完整,是国际公认的标准,但是由于其实现起来过分复杂,运行效率很低,且标准制定周期太长,导致世界上几乎没有哪个厂家能生产出符合 OSI 标准的商品化产品。20 世纪 90 年代初期,OSI 还在制定期间,Internet 已经逐渐流行,并得到了广泛的支持和应用。而 Internet 所采用的体系结构是 TCP/IP 模型,这使得 TCP/IP 已经成为事实上的工业标准。

**2. TCP/IP 模型**

TCP/IP 是一种网际互连通信协议,其目的在于通过它实现网际间各种异构网络和异种计算机的互连通信。TCP/IP 同样适用于在一个局域网内实现异种机的互连通信。在任何一台计算机或者其他类型的终端,无论运行的是何种操作系统,只要安装了 TCP/IP 协议,就能够相互连接、通信并接入 Internet。

TCP/IP 也采用层次结构,但与国际标准化组织公布的 OSI/RM 七层参考模型不同,它分为四个层次,从上往下依次是应用层、传输层、网际层和网络接口层,如图 8-3 所示。TCP/IP 模型与 OSI 模型的对应关系见表 8-1。TCP/IP 模型各层的具体含义如下。

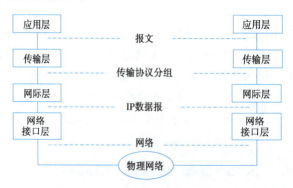

图 8-3 TCP/IP 层次结构

① 网络接口层:对应于 OSI 的数据链路层和物理层,负责将网际层的 IP 数据报通过物理网络发送,或从物理网络接收数据帧,抽出 IP 数据报上交网际层。TCP/IP 没有规定这两层的协议,在实际的应用中根据主机与网络拓扑结构的不同,局域网主要采用 IEEE 802 系列协议,如 IEEE 802.3 以太网协议、IEEE 802.5

令牌环网协议。广域网常采用 HDLC、帧中继、X.25 等。

② 网际层:对应于 OSI 的网络层,提供无连接的数据报传输服务,该层最主要的协议就是无连接的互联网协议(IP)。

③ 传输层:对应于 OSI 的传输层,提供一个应用程序到另一个应用程序的通信,由面向连接的传输控制协议(TCP)和无链接的用户数据报协议(UDP)实现。TCP 提供了一种可靠的数据传输服务,具有流量控制、拥塞控制、按序递交等特点。而 UDP 是不可靠的,但其协议开销小,在流媒体系统中使用较多。

④ 应用层:对应于 OSI 的最高 3 层,包括很多面向应用的协议,如文件传输协议(FTP)、远程登录协议(Telnet)、域名系统(DNS)、超文本传输协议(HTTP)和简单邮件传输协议(SMTP)等。

表 8-1　TCP/IP 模型与 OSI 模型的对应关系

| OSI 模型 | TCP/IP 模型 | TCP/IP 簇 |
| --- | --- | --- |
| 应用层 | 应用层 | HTTP、FTP、TFTP、SMTP、SNMP、Telnet、RPC、DNS、Ping… |
| 表示层 | | |
| 会话层 | | |
| 传输层 | 传输层 | TCP、UDP… |
| 网络层 | 网际层 | IP、ARP、RARP、ICMP、IGMP… |
| 数据链路层 | 网络接口层 | Ethernet、ATM、FDDI、X.25、PPP、Token-Ring… |
| 物理层 | | |

## 8.3　计算机网络的硬件设备

计算机网络的硬件包括计算机设备、网络传输介质、网络互连设备等。

### 8.3.1　计算机设备

网络中的计算机设备包括服务器、工作站、网卡和网络共享设备等。

**1. 服务器**

服务器通常是一台速度快、存储量大的专用或多用途计算机,它是网络的核心设备,负责网络资源管理和用户服务。在局域网中,服务器对工作站进行管理并提供服务,是局域网系统的核心;在因特网中,服务器之间互通信息,相互提供服务,每台服务器的地位都是同等的。通常,服务器需要专门的技术人员对其进行管理和维护,以保证整个网络的正常运行。根据所承担的任务与服务的不同,服务器可分为文件服务器、远程访问服务器、数据库服务器和打印服务器等。

**2. 工作站**

工作站是一台台具有独立处理能力的个人计算机,它是用户向服务器申请服务的终端设备,用户可以在工作站上处理日常工作,并随时向服务器索取各种信息及数据,请求服务器提供各种服务(如传输文件、打印文件等)。

**3. 网卡**

网卡也称为网络适配器或网络接口卡(network interface card,NIC),它是安装在计算机主板上的电路板插卡,如图 8-4 所示。一般情况下,无论是服务器还是工作站都应安装网卡。网卡的作用是将计算机与通信设施相连接,将计算机的数字信号转换成通信线路能够传送的信号。

网卡按照和传输介质接口形式的不同可以分为连接双绞线的 RJ-45 接口网卡和连接同轴电缆的 BNC 接口网卡等;按照连接速度的不同,网卡可以分为 10 Mbit/s、100 Mbit/s、(10/100) Mbit/s 自适应网卡,以及 1 000 Mbit/s 网卡等;按照与计算机接口的不同可以分为 ISA、PCI、PCMCIA 网卡等。

图 8-4　网卡

**4. 共享设备**

共享设备是指为众多用户共享的高速打印机、大容量磁盘等公用设备。

### 8.3.2 网络传输介质

传输介质是数据传输系统中发送装置和接收装置的物理媒体,是决定网络传输速率、网络段最大长度、传输可靠性的重要因素。传输介质可以分为有线传输介质和无线传输介质。

**1. 有线传输介质**

(1) 双绞线

双绞线(twisted pair cable)价格便宜且易于安装使用,是使用最广泛的传输介质。双绞线可分为非屏蔽双绞线(unshielded twisted pair,UTP)和屏蔽双绞线(shielded twisted pair,STP)两大类。UTP 成本较低,但易受各种电信号的干扰;STP 外面环绕一圈保护层,可大大提高抗干扰能力,但增加了成本。电话系统使用的双绞线一般是一对双绞线,而计算机网络使用的双绞线一般是 4 对。双绞线和 RJ-45 插头如图 8-5 所示。

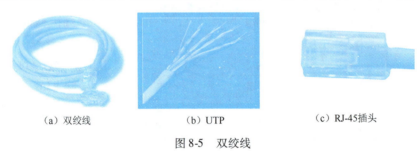

(a) 双绞线　　　　(b) UTP　　　　(c) RJ-45插头

图 8-5　双绞线

双绞线按传输质量分为 1～5 类(表示为 UTP-1～UTP-5),局域网中常用的为 3 类(UTP-3)和 5 类(UTP-5)双绞线。由于工艺的进步和用户对传输带宽要求的提高,现在普遍使用的是高质量的 UTP,称为超 5 类线 UTP。它在 2000 年作为标准正式颁布,称为 Cat 5e,它能支持高达 200 Mbit/s 的传输速率,是常规 5 类线容量的 2 倍,也是目前使用最多的一种电缆。

UTP 连接到网络设备(hub、switch)的连接器,是类似电话插口的咬接式插头,称为 RJ-45,俗称水晶头。

双绞线电缆主要用于星形网络拓扑结构,即以集线器或网络交换机为中心,各计算机均用一根双绞线与之连接。这种拓扑结构非常适用于结构化综合布线系统,可靠性较高。任一连线发生故障时,均不会影响到网络中的其他计算机。

(2) 同轴电缆

同轴电缆(coaxial cable)中心是实心或多芯铜线电缆,包上一根圆柱形的绝缘皮,外导体为硬金属或金属网,它既作为屏蔽层又作为导体的一部分来形成一个完整的回路,如图 8-6 所示。外导体外还有一层绝缘体,最外面是一层塑料皮包裹。由于外导体屏蔽层的作用,同轴电缆具有较高的抗干扰能力。同轴电缆能够传输比双绞线更宽频率范围的信号。

计算机网络中使用的同轴电缆有两种规格:一种是粗缆;另一种是细缆。无论是粗缆还是细缆均用于总线拓扑结构,即一根线缆上连接多台计算机。

由同轴电缆构造的网络现在基本上已很少见,因为网络中很小的变化,都可能会要改动电缆。另外,这是一种单总线结构,只要有一处连接出现故障,将会造成整个网络的瘫痪,在双绞线以太网出现以后这种传输介质基本上就被淘汰。

(3) 光纤

光导纤维简称为光纤(optical fiber),它是发展最为迅速的传输介质。光纤通信是利用光纤传递光脉冲信号实现的,由多条光纤组成的传输线就是光缆,如图 8-7 所示。光缆与普通电缆不同,它是用光信号而不是用电信号来传输信息的,它一般不受外界电场和磁场的干扰,不受带宽的限制,现代的生产工艺可以制造出超低损耗的光纤,光信号在不使用中继器的情况下,传输距离能达几十公里,而且基本上没有什么损耗。这也是光纤通信得到飞速发展的关键因素。目前,在大型网络系统的主干或多媒体网络应用系统中,都会采用光纤作为网络传输介质。

图8-6 同轴电缆

图8-7 多根光纤组成的光缆

与其他传输介质相比,低损耗、高带宽和高抗干扰性是光纤最主要的优点。目前,单根光导纤维的数据传输速率能达几千兆比特每秒。2023年6月,中国科学家将最大光纤传输距离从404 km提高到508 km。2024年4月,中国电信研究院携手中兴通讯和长飞公司,创下普通单模光纤实时传输速率新的世界纪录,单根光纤单个方向传输速率超过120 Tbit/s,相当于每秒可支持数百部4K高清电影或数个AI模型训练数据的传输。近年来,我国大力推动安全、绿色的宽带网络环境,基本实现了"城市光纤到楼到户,农村宽带进乡入村"。

**2. 无线传输介质**

(1)微波

微波通信(microwave communication)是使用波长在0.1 mm~1 m的电磁波——微波,进行的通信。微波通信不需要固体介质,当两点间直线距离内无障碍时就可以使用微波传送。利用微波进行通信具有容量大、质量好并可传至很远的距离,因此是国家通信网的一种重要通信手段,也普遍适用于各种专用通信网。微波沿直线传输,不能绕射,所以适用于海洋、空中或两个不同建筑物之间的通信。微波通信塔如图8-8所示。

(2)卫星

卫星通信是通过地球同步卫星作为中继系统来转发微波信号。一个同步地球卫星可以覆盖地球1/3以上的地区,三个同步地球卫星就可以覆盖地球上全部通信区域,如图8-9所示。通过卫星地面站可以实现地球上任意两点间的通信。卫星通信的优点是信道容量大、传输距离远、覆盖面积大;缺点是成本高、传输时延长。

图8-8 微波通信塔

图8-9 卫星通信

除了微波和卫星通信,红外线、无线电、激光也是常用的无线介质。带宽大、传输距离长、使用方便是无线介质最主要的优点,而容易受到障碍物、天气和外部环境的影响则是它的不足。无线介质和相关传输技术也是网络的重要发展方向之一。

### 8.3.3 网络互连设备

网络互连是指通过采用合适的技术和设备,将不同地理位置的计算机网络连接起来,形成一个范围、规模更大的网络系统,实现更大范围内的资源共享和数据通信。

**1. 中继器**

中继器(repeater)可以扩大局域网的传输距离,它可以连接两个以上的网络段,通常用于同一幢楼里的局域网之间的互连。在IEEE 802.3中,MAC协议的属性允许电缆可以长达2 500 m,但是传输线路仅能提供传输500 m的能量,因此在必要时使用中继器来延伸电缆的长度。用中继器连接起来的各个网段仍属于一个网络整体,各网段不单独配置文件服务器,它们可以共享一个文件服务器。中继器仅有信号放大和再生的功能,它不需要智能和算法的支持,只是将一端的信号转发到另一端,或者是将来自一个端口的信号转发到多个端口。

### 2. 集线器

集线器(hub)可以说是一种特殊的中继器,它作为网络传输介质的中央结点,是信号再生转发的设备。它使多个用户通过集线器端口用双绞线与网络设备连接,一个集线器通常具有 8 个以上的连接端口,这种连接也可以认为是带有集线器的总线结构。集线器上的每个端口互相独立,一个端口的故障不会影响其他端口的状态。集线器分为普通型和交换型,交换型集线器的传输效率比较高,目前用得较多。

集线器根据工作方式的不同可以分为无源集线器(passive hub)、有源集线器(active hub)和智能集线器。

### 3. 网桥

网桥(network bridge)是用来连接两个具有相同操作系统的局域网络的设备。网桥的作用是扩展网络的距离,减轻网络的负载。在局域网中每一条通信线路的长度和连接的设备数都是有最大限度的,如果超载就会降低网络的工作性能。对于较大的局域网可以采用网桥将负担过重的网络分成多个网络段,每个网段的冲突不会被传播到相邻网段,从而达到减轻网络负担的目的。由网桥隔开的网络段仍属于同一局域网。网桥的另外一个作用是自动过滤数据包,根据包的目的地址决定是否转发该包到其他网段。网桥有内桥和外桥两种,内桥由文件服务器兼任,外桥是用专门的一台服务器来做两个网络的连接设备。

### 4. 路由器

路由器(router)实际上是一台用于网络互连的计算机。在用于网络互连的计算机上运行的网络软件需要知道每台计算机连在哪个网络上,才能决定向什么地方发送数据的分组。选择向哪个网络发送数据分组的过程叫作路由选择,完成网络互连、路由选择任务的专用计算机就是路由器。路由器不仅具有网桥的全部功能,而且还可以根据传输费用、网络拥塞情况,以及信息源与目的地的距离远近等不同情况自动选择最佳路径来传送数据。

### 5. 网关

当需要将采用不同网络操作系统的计算机网络互相连接时,就需要使用网关(gateway)来完成不同网络之间的转换,因此网关也称为网间协议转换器,如图 8-10 所示。网关工作于 OSI 的高三层(会话层、表示层和应用层),用来实现不同类型网络间协议的转换,从而为用户和高层协议提供一个统一的访问界面。网关的功能既可以由硬件实现,也可以由软件实现。网关可以设在服务器、微型计算机或大型机上。

### 6. 交换机

交换机(switch)主要用来组建局域网和局域网的互连。交换机的功能类似于集线器,它是一种低价位、高性能的多端口网络设备,除了具有集线器的全部特性外,还具有自动寻址、数据交换等功能。它将传统的共享带宽方式转变为独占方式,每个结点都可以拥有和上游结点相同的带宽。交换机如图 8-11 所示。

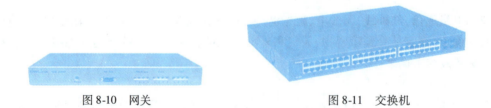

图 8-10　网关　　　　　　　　图 8-11　交换机

## 8.4　因特网的基本技术

### 8.4.1　因特网的概念与特点

#### 1. 因特网的概念

因特网(Internet)是全球性的最具有影响力的计算机互联网,也是世界范围内的信息资源库。因特网最初是一项由美国开发的互联网络工程,但是目前,Internet 已经成为覆盖全球的基础信息设施之一。

Internet 本身不是一种具体的物理网络技术,将其称为网络是网络专家为了便于理解而给它加上的一种"虚拟"的概念。实际上因特网是把全世界各个地方已有的各种网络,如计算机网络、数据通信网及公用电话交换网等互连起来,组成一个跨越国界范围的庞大的互联网,因此它又称为网络的网络。从本质上讲,因特网是一个开放的、互连的、遍及全世界的计算机网络系统,它遵从 TCP/IP 协议,是一个使世界上不同类型的计算机能够交换各类数据的通信媒介,为人们打开了通往世界的信息大门。

### 2. Internet 的基本结构

从 Internet 结构的角度看,它是一个利用路由器将分布在世界各地数以万计的规模不一的计算机互连起来的网际网。Internet 的逻辑结构如图 8-12 所示。

从 Internet 用户的角度看,Internet 是由大量计算机连接在一个巨大的通信系统平台上形成的一个全球范围的信息资源网。接入 Internet 的主机既可以是信息资源及服务的提供者,也可以是信息资源及服务的使用者。Internet 的用户不必关心 Internet 的内部结构,他们面对的只是 Internet 所提供的信息资源及服务。

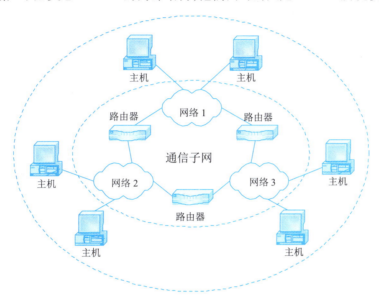

图 8-12  Internet 的逻辑结构

### 3. Internet 的发展

Internet 的前身是美国国防部高级计划研究署在 1969 年作为军事实验网络而建立的 ARPANet,建立的最初只有 4 台主机,采用网络控制协议(network control protocol,NCP)作为主机之间的通信协议。随着计算机数量的增多和应用逐步民用化。

20 世纪 80 年代初期,用于异构网络的 TCP/IP 协议研制成功并投入使用。1985 年,美国国家科学基金会(National Science Foundation,NSF)用高速通信线路把分布在全国的 6 个超级计算机中心连接起来构成 NSFNet 并与 ARPANet 相连,形成了一个支持科研、教育、金融等各方面应用的广域网。此后几年 NSFNet 逐步取代 ARPANet 成为 Internet 的主干网,到了 1990 年 ARPANet 被完全淘汰。随着网络技术的不断发展,网络速度不断提高,接入的结点不断增多,从而形成了现在的 Internet。

1992 年以前,NSFNet 主要用于教育和科研方面。以后,随着万维网的发展,计算机网络迅速扩展到了金融和商业部门。1992 年,Internet 的网络技术、网络产品、网络管理和网络应用都已趋于成熟,开始步入了实际应用阶段。这个阶段最主要的标志有两个:一是它的全面应用和商业化趋势的发展;二是它已迅速发展成全球性网络。此时,美国已无法提供巨资资助 Internet 主干网。1995 年 4 月,NSFNet 完成其历史使命,不再作为 Internet 主干网,替代它的是若干商业公司建立的主干网。

随着 Internet 技术和网络的成熟,Internet 的应用很快地从教育科研、政府军事等领域扩展到商业领域,并获得迅速发展。Internet 上的众多服务器提供大量的商业信息供用户查询,如企业介绍、产品价格、技术数据等。在 Internet 上不少网站知名度越来越高,查询极为频繁,再加上广告的交互式特点,吸引了越来越多的厂家在网上登载广告。

Internet 发展极为迅速,现在已经成为一个全球性的网络。从 1983 年开始,接入 Internet 的计算机数量每年大致增长一倍,呈指数增长。现在 Internet 已延伸到世界的各个角落,据国际电信联盟的统计,截至 2023 年底,全球上网人数超过 53 亿,超过全球人口的 66%。

随着全球信息高速公路的建设,我国政府也开始推进中国信息基础设施(China Information Infrastructure,CII)的建设。到目前为止,Internet 在我国已得到极大的发展,我国网民规模在 2000 年还只有 2 000 多万,截至 2023 年 6 月,我国的互联网用户数量已经达到 10.79 亿,为世界第一,互联网普及率达到了 76% 以上,较全球数据高出约 10 个百分点。我国的互联网发展迅速,在诸多领域已超越其他国家,成为领先者。回顾我国 Internet 的发展,可以分为两个阶段。

第一个阶段是与 Internet 电子邮件的连通。1988 年 9 月,中国学术网络(China Academic Network,CANET)向世界发送了第一封电子邮件,标志着我国开始进入 Internet。CANET 是中国第一个与国外合作的网络,使用 X.25 技术,通过德国 Karlruhe 大学的一个网络接口与 Internet 交换 E-mail;CANET 在 InterNic 中注册了中国国家最高域名 CN。1990 年,中国研究网络(China Research Network,CRN)建成,该网络同样使用 X.25 技术通过 RARE 与国外交换信息,并连接了十多个研究机构。

第二个阶段是与 Internet 实现全功能的 TCP/IP 连接。1989 年,原中国国家计划委员会和世界银行开始支持一个称为国家计算设施(National Computing Facilities of China,NCFC)的项目,该项目包括 1 个超级计算机中心和 3 个院校网络,即中国科学院网络(CASnet)、清华大学校园网(TUnet)和北京大学校园网(PUnet)。1993 年年底,这 3 个院校网络分别建成。1994 年 3 月,开通了一个 64 kbit/s 的国际线路,连到美国。1994 年 4 月,路由器开通,使 CASnet、Tunet 和 Punet 用户可对 Internet 进行全方位访问,这标志着我国正式接入了 Internet,并于同年开始建立运行自己的域名体系。此后,Internet 在我国如雨后春笋般迅速发展起来。

目前,在国内已经建成了具有相当规模和高水平的 Internet 主干网,其中中国公用计算机互联网(CHINANet)覆盖了国内 20 多个省市的 200 多个城市;中国教育与科研计算机网(CERNet)把全国的 240 多所大专院校互连,使全国的大学教师与学生通过校园网便可畅游 Internet;中国科学技术网(CSTNet)连接了中国大部分的科研机构;中国金桥信息网(CHINAGBN)把中国的经济信息以最快的速度展示给全世界;中国联通网(UNINet)与中国网通网(CNCNet)是近几年开始建设的 Internet 主干网,它们依托最新的通信技术对公众进行多样化的服务。

1997 年 6 月 3 日,中国互联网信息中心(CNNIC)在北京成立,并开始管理我国的 Internet 主干网。CNNIC 的主要职责是为我国互联网用户提供域名注册、IP 地址分配、用户培训资料等信息服务;提供网络技术资料、政策与法规、入网方法、用户培训资料等信息服务,以及网络通信目录、主页目录与各种信息库等目录。

**4. Internet 的特点**

Internet 之所以能在很短的时间内风靡全世界,而且还在以越来越快的速度向前发展,这与它所具有的显著特点是分不开的。

① TCP/IP 是 Internet 的基础和核心。网络互连离不开通信协议,Internet 的核心就是 TCP/IP,正是依靠着 TCP/IP,Internet 实现了各种网络的互连。

② Internet 实现了与公用电话交换网的互连,从而使全世界众多的个人用户可以方便地入网。任何用户,只要有一条电话线、一台计算机和一个 Modem,就可以连入 Internet,这是 Internet 得以迅速普及的重要原因之一。

③ Internet 是用户自己的网络。由于 Internet 上的通信没有统一的管理机构,因此,网上的许多服务和功能都是由用户自己进行开发、经营和管理的,如著名的 WWW 软件就是由欧洲核子物理实验室开发出来交给公众使用的。因此,从经营管理的角度来说,Internet 是一个用户自己的网络。

### 8.4.2 TCP/IP 协议簇

**1. TCP/IP**

通信协议是计算机之间交换信息所使用的一种公共语言的规范和约定,Internet 的通信协议包含 100 多个相互关联的协议,由于 TCP 和 IP 是其中两个最核心的关键协议,故把 Internet 协议簇称为 TCP/IP 协议簇。

(1) IP(internet protocol,互联网协议)

IP 非常详细地定义了计算机通信应该遵循规则的具体细节。它准确地定义了分组的组成和路由器如何将一个分组传递到目的地。

IP 将数据分成一个个很小的数据包(IP 数据包)来发送。源主机在发送数据之前,要将 IP 源地址、IP 目的地址与数据封装在 IP 数据包中。IP 地址保证了 IP 数据包的正确传送,其作用类似于日常生活中使用的信封上的地址。源主机在发送 IP 数据包时只需要指明第一个路由器,该路由器根据数据包中的目的 IP 地址决定它在 Internet 中的传输路径,在经过路由器的多次转发后将数据包交给目的主机。数据包沿哪一条路径从源主机发送到目的主机,用户不必参与,完全由通信子网独立完成。

(2) TCP(transmission control protocol,传输控制协议)

TCP 解决了 Internet 分组交换通道中数据流量超载和传输拥塞的问题,使得 Internet 上的数据传输和通信更加可靠。具体来说,TCP 解决了在分组交换中可能出现的几个问题。

① 当经过路由器的数据包过多而超载时,可能会导致一些数据包丢失。这种情况下,TCP 能自动地检测到丢失的数据包并加以恢复。

② 由于 Internet 的结构非常复杂,一个数据包可以经由多条路径传送到目的地。由于传输路径的多变性,一些数据包到达目的地的顺序会与数据包发送时的顺序不同。此时,TCP 能自动检测数据包到来的顺序并将它们按原来的顺序调整过来。

③ 由于网络硬件的故障有时会导致数据重复传送,使得一个数据包的多个副本到达目的地。此时,TCP 能自动检测出重复的数据包并接收最先到达的数据包。

虽然 TCP 和 IP 也可以单独使用,但事实上它们经常是协同工作相互补充的。IP 提供了将数据分组从源主机传送到目的主机的方法,TCP 提供了解决数据在 Internet 中传送丢失数据包、重复传送数据包和数据包失序的方法,从而保证了数据传输的可靠性。

TCP 和 IP 的协同工作,实现了将信息分割成很小的 IP 数据包来发送,这些 IP 数据包并不需要按一定顺序到达目的地,甚至不需要按同一传输线路来传送。而这些信息无论怎样分割,无论走哪条路径,最终都在目的地完整无缺地组合起来。

**2. TCP/IP 包中主要协议介绍**

TCP/IP 实际上是一个协议包,它含有 100 多个相互关联的协议。表 8-2 所示为 TCP/IP 各层中主要的协议。

表 8-2 TCP/IP 各层主要协议

| TCP/IP 模型 | 主 要 协 议 |
|---|---|
| 应用层 | DNS、SMTP、FTP、Telnet、Gopher、HTTP、WAIS… |
| 传输层 | TCP、UDP、DVP… |
| 网际层 | IP、ICMP、ARP、RARP… |
| 接口层 | Ethernet、ARPANet、PDN… |

① DNS(domain name system,域名系统):DNS 实现域名到 IP 地址之间的解析。

② FTP(file transfer protocol,文件传输协议):FTP 实现主机之间相互交换文件的协议。

③ Telnet(telecommunication network,远程登录的虚拟终端协议):Telnet 支持用户从本地主机通过远程登录程序向远程服务器登录和访问的协议。

④ HTTP(hyper text transfer protocol,超文本传输协议):HTTP 是在浏览器上查看 Web 服务器上超文本信息的协议。

⑤ SMTP(simple mail transfer protocol,简单邮件传送协议):SMTP 是用于服务器端电子邮件服务程序与客户机端电子邮件客户程序共同遵守和使用的协议,用于在 Internet 上发送电子邮件。

### 8.4.3 IP 地址与域名地址

为了实现 Internet 上不同计算机之间的通信,每台计算机都必须有一个不与其他计算机重复的地址,它相当于通信时每台计算机的名字。在使用 Internet 的过程中,遇到的地址有 IP 地址、域名地址和电子邮件地址等。

**1. IP 地址**

不论网络拓扑形式如何,也不论网络规模的大小,只要使用的是 TIC/IP,就必须为每台计算机配置 IP 地址。IP 地址是连入 Internet 设备的唯一标识,这些设备可以是计算机、手机、家用电器、仪器等,Internet 上使用 IP 地址来唯一确定通信的双方。

IP 地址体系目前有广泛应用的 IPv4 体系和目前正在建设的 IPv6 体系。

(1) IPv4 地址表示

IP 地址由网络地址和主机地址两部分组成,如图 8-13 所示。其中,网络地址用来表示一个逻辑网络;主机地址用来标识该网络中的一台主机。

图 8-13 IP 地址的结构

在 IPv4 体系中,每个 IP 地址均由长度为 32 位(4 字节)的二进制数组成,每 8 位(1 字节)之间用圆点分开,如 11001010.01110001.01111101.00000011。

用二进制数表示的 IP 地址难于书写和记忆,通常将 32 位的二进制地址写成 4 个十进制数字字段,书写形式为×××.×××.×××.×××,其中,每个字段×××都在 0~255 之间取值。例如,上述二进制 IP 地址转换成相应的十进制表示形式为 202.113.125.3。

在 IPv4 体系中,IP 地址通常可以分成 A、B、C 三大类。

① A 类地址(用于大型网络):第 1 个字节标识网络地址,后 3 个字节标识主机地址;A 类地址中第 1 个字节的首位总为 0,其余 7 位表示网络标识,所以 A 类地址是一个形如 0~127.×××.×××.×××的数。对于 A 类地址,它可以容纳的网络数量为 $2^7=128$;而对于每一个网络来说,能够容纳的主机数量为 $2^{24}$。A 类地址用于大型网络,如图 8-14 所示。

图 8-14 A 类地址

② B 类地址(用于中型网络):前 2 个字节标识网络地址,后 2 个字节标识主机地址;B 类地址中第 1 个字节的前 2 位为 10,余下 6 位和第 2 个字节的 8 位共 14 位表示网络标识,因此,B 类地址是一个形如 128~191.×××.×××.×××的数。对于 B 类地址,它可以容纳的网络数量为 $2^{14}$;而对于每一个网络来说,能够容纳的主机数量为 $2^{16}$。B 类地址用于中型网络,如图 8-15 所示。

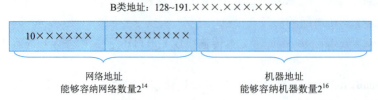

图 8-15 B 类地址

③ C类地址(用于小型网络):前3个字节标识网络地址,后1个字节标识主机地址;C类地址中第1个字节的前3位为110,余下5位和第2、3个字节的共21位表示网络标识,因此,C类地址是一个形如192~223.×××.×××.×××的数。对于C类地址,它可以容纳的网络数量为$2^{21}$;而对于每一个网络来说,能够容纳的主机数量为$2^8$。C类地址用于小型网络,如图8-16所示。

图8-16　C类地址

例如:IP地址为166.111.8.248,表示一个B类地址;IP地址为202.112.0.36,表示一个C类地址;而IP地址为18.181.0.21,表示一个A类地址。

此外,IP地址还有另外两个类别,即组广播地址和保留地址,分别分配给Internet体系结构委员会和实验性网络使用,称为D类和E类。

④ 当IP地址的机器部分全为1时,组合出的IP地址称为广播地址,向此IP发送数据报,此网络内所有机器都会接收到。

大量发送广播数据包会严重干扰网络的正常运行(广播风暴),因而目前的交换机和路由器都会禁止此类数据包进入Internet,只在本网络内传播。

⑤ IP地址保留了两个特殊的网段用于进行试验,这两个网段称为保留地址,或者叫作私有地址,路由器不会转发目的是保留地址的数据包,这些IP地址只在本LAN内有效。

- 10.×.×.×——适合大型试验网络。
- 192.168.×.×——适合小型试验网络。

(2) IP地址的分配

在互联网中,IP地址的分配是有一定规则的,由Internet网络协会负责网络地址分配的委员会进行登记和管理。目前,全世界有3个大的网络信息中心,其中INTERNIC主要负责美国,RIPE-NIC主要负责欧洲地区,APNIC负责亚太地区。它的下一级为Internet的网络管理信息中心,每个网点组成一个自治系统。网络信息中心只给申请成为新网点的组织分配IP地址的网络号,主机地址则由申请的组织自己来分配和管理。这种分层管理的方法能够有效防止IP地址冲突。

(3) 子网与子网掩码

使用子网是为了减少IP的浪费。因为随着互联网的发展,越来越多的网络产生,有的网络多则几百台计算机,有的只有区区几台计算机,这样就浪费了很多IP地址,所以要划分子网。

子网掩码是一个32位地址,是与IP地址结合使用的一种技术。它的主要作用有两个:一是用于屏蔽IP地址的一部分以区别网络标识和主机标识,并说明该IP地址是在局域网上,还是在远程网上;二是用于将一个大的IP网络划分为若干小的子网络。

通过IP地址的二进制与子网掩码的二进制进行"与"运算,确定某个设备的网络地址和主机号,也就是说通过子网掩码分辨一个网络的网络部分和主机部分。例如,一台机器的IP是202.113.125.125,子网掩码是255.255.255.0,两者相"与"即可得到网络的地址为202.113.125.0。

利用子网掩码,还可以将一个LAN划分为更小的LAN,从而方便进行管理。例如,对于一个C类网络的网段202.113.116.0,需要分割为4个小网络,每个网络容纳64台机器。此时,可以使用最后一个8位中前两位来表示网络号码,这样,可以有$2^2$个网络,后6位表示机器即可。这时,对应的子网掩码为:

- 255.255.255.0:表示的IP范围是202.113.116.0~63。
- 255.255.255.64:表示的IP范围是202.113.116.64~127。

- 255.255.255.128：表示的 IP 范围是 202.113.116.128～191。
- 255.255.255.192：表示的 IP 范围是 202.113.116.192～255。

(4) IP 地址匮乏问题

随着 Internet 接入设备的增多，IPv4 体系的 IP 地址已经所剩无几，加上美国占据了大部分的 IP 地址，严重阻碍了其他国家连入 Internet，所以解决 IP 地址匮乏成为目前待解决的首要问题。目前的措施有两种：通过网络地址转换(NAT)及转换到 IPv6 体系。

① NAT 的方案。网络地址转换(network address translation,NAT)属于接入广域网(WAN)技术，是一种将私有(保留)地址转化为合法 IP 地址的转换技术，它被广泛应用于各种类型的 Internet 接入方式和各种类型的网络中。NAT 不仅完美地解决了 IP 地址不足的问题，而且还能够有效地避免来自网络外部的攻击，隐藏并保护网络内部的计算机。

在本网络内使用保留地址来组建自己的 LAN，通过一个公共的公有有效 IP 来连入 Internet，这样，LAN 内所有的计算机在 Internet 上呈现为一台计算机，但不影响本网络内计算机的服务和通信，前提是必须有进行转换的设备，此设备负责将内网数据包发送到 Internet，并将 Internet 上接收到的数据包转发给对应的内网计算机。此设备可以使用软件模拟，也可以使用硬件设备。

② 转换到 IPv6 体系。IPv6 是能够无限制地增加 IP 网址数量、拥有巨大网址空间和卓越网络安全性能等特点的新一代互联网协议。IPv6 具有如下技术特点：

- 地址空间巨大：IPv6 地址空间由 IPv4 的 32 位扩大到 128 位，2 的 128 幂形成了一个巨大的地址空间。采用 IPv6 地址后，未来的移动电话、冰箱等信息家电都可以拥有自己的 IP 地址。
- 灵活的 IP 报文头部格式：使用一系列固定格式的扩展头部取代了 IPv4 中可变长度的选项字段。IPv6 中选项部分的出现方式也有所变化，使路由器可以简单路过选项而不做任何处理，加快了报文处理速度。
- IPv6 简化了报文头部格式，字段只有 7 个，加快了报文转发，提高了吞吐量。
- 提高安全性。身份认证和隐私权是 IPv6 的关键特性。
- 支持更多的服务类型。
- 允许协议继续演变，增加新的功能，使之适应未来技术的发展。

IPv6 正处在不断发展和完善的过程中，在不久的将来它将取代目前被广泛使用的 IPv4。每个人将拥有更多的 IP 地址。

**2. 域名地址**

由于用数字描述的 IP 地址不形象、没有规律，因此难于记忆，使用不便。为此，人们又研制出用字符描述的地址，称为域名(domain name)地址。

Internet 的域名系统是为方便解释机器的 IP 地址而设立的，域名系统采用层次结构，按地理域或机构域进行分层。一个域名最多由 25 个子域名组成，每个子域名之间用圆点隔开，域名从右往左分别为最高域名、次高域名……逐级降低，最左边的一个字段为主机名。

通常一个主机域名地址由四部分组成：主机名、主机所属单位名、网络名和最高域名。例如，一台主机的域名为 www.hebut.edu.cn，就是一个由四部分组成的主机域名。

① 最高域名在 Internet 中是标准化的，代表主机所在的国家或地区，由两个字符构成。例如，CN 代表中国；JP 代表日本；US 代表美国（通常省略）等。

② 网络名是第二级域名，反映组织机构的性质，常见的代码有 EDU(教育机构)、COM(营利性商业实体)、GOV(政府部门)、MIL(军队)、NET(网络资源或组织)、INT(国际性机构)、WEB(与 WWW 有关的实体)、ORG(非营利性组织机构)。

③ 主机所属单位名一般表示主机所属域或单位。例如，tsinghua 表示清华大学；hebut 表示河北工业大学等。主机名可以根据需要由网络管理员自行定义。

在最新的域名体系中，允许用户申请不包括网络名的域名，如 www.hebut.cn。

域名与 IP 地址都是用来表示网络中的计算机的。域名是为人们便于记忆而被使用，IP 地址是计算机实际的地址,计算机之间进行通信连接时是通过 IP 地址进行的。在 Internet 的每个子网上,有一个服务器称为域名服务器,它负责将域名地址转换(翻译)成 IP 地址。

**3. 电子邮件地址**

电子邮件地址是 Internet 上每个用户所拥有的、不与他人重复的唯一地址。对于同一台主机,可以有很多用户在其上注册,因此,电子邮件地址由用户名和主机名两部分构成,中间用@ 隔开,如 username@ hostname。其中,username 是用户在注册时由接收机构确定的,如果是个人用户,用户名常用姓名,单位用户常用单位名称。hostname 是该主机的 IP 地址或域名,一般使用域名。

例如,user1@ mail. hebut. edu. cn 表示一个在河北工业大学的邮件服务器上注册的用户电子邮件地址。

## 8.5 因特网应用

### 8.5.1 因特网信息浏览

**1. 因特网信息浏览的基本概念**

在因特网中通过采用 WWW 方式浏览信息,WWW 是 World Wide Web 的缩写,它是因特网上最早出现的应用方式,也是因特网上应用最广泛的一种信息发布及查询服务。WWW 以超文本的形式组织信息,下面介绍有关 WWW 的基本概念。

(1) Web 网站与网页

WWW 实际上就是一个庞大的文件集合体,这些文件称为网页或 Web 页,存储在因特网上的成千上万台计算机上。提供网页的计算机称为 Web 服务器,或叫作网站、站点。

(2) 超文本与超链接

一个网页会有许多带下画线的文字、图形或图片等,称为超链接。当单击超链接时,浏览器就会显示出与该超链接相关的网页。这样的链接不但可以链接网页,还可以链接声音、动画、影片等其他类型的网络资源。具有超链接的文本就为超文本,除文本信息以外,还有语音、图像和视频(或称动态图像)等,在这些多媒体的信息浏览中引入超文本的概念,就是超媒体。

(3) 超文本标记语言

超文本标记语言(hypertext markup language,HTML)是为服务器制作信息资源(超文本文档)和客户浏览器显示这些信息而约定的格式化语言。可以说所有的网页都是基于超文本标记语言编写出来的,使用这种语言,可以对网页中的文字、图形等元素的各种属性进行设置,如大小、位置、颜色、背景等,还可以将它们设置成超链接,用于连向其他的相关网站。

(4) 统一资源定位符

利用 WWW 获取信息时要标明资源所在地。在 WWW 中用统一资源定位符(uniform resource locator,URL)定义资源所在地。URL 的地址格式为:

应用协议类型://信息资源所在主机名(域名或 IP 地址)/路径名/…/文件名

例如,地址 http://www. edu. cn/,表示用 HTTP 协议访问主机名为 www. edu. cn 的 Web 服务器的主页;地址 http://www. hebut. edu. cn/services/china. htm,表示用 HTTP 协议访问主机名为 www. hebut. edu. cn 的一个 HTML 文件。

利用 WWW 浏览器,还可以包含其他服务功能,如可以采用文件传输协议(FTP)访问 FTP 服务器。例如,ftp://ftp. hebut. edu. cn 表示以协议 FTP 访问主机名为 ftp. hebut. edu. cn 的 FTP 服务器。在 URL 中,常用的应用协议有 HTTP(Web 资源)、FTP(FTP 资源)、Telnet(远程登录)及 FILE(用户机器上的文件)等。

(5) 超文本传输协议

为了将网页的内容准确无误地传送到用户的计算机上,在 Web 服务器和用户计算机间必须使用一种特殊的语言进行交流,这就是超文本传输协议(HTTP)。

用户在阅读网页内容时使用一种称为浏览器的客户端软件,这类软件使用 HTTP 协议向 Web 服务器发出请求,将网站上的信息资源下载到本地计算机上,再按照一定的规则显示到屏幕上,成为图文并茂的网页。

**2. 浏览器的使用**

用户在因特网中进行网页浏览查询时,需要在本地计算机中运行浏览器应用程序。目前,使用比较广泛的浏览器有微软公司的 Internet Explorer(简称 IE)、360 浏览器、傲游浏览器(Maxthon)、火狐浏览器(Firefox)、谷歌浏览器等。图 8-17 所示为 IE 浏览器窗口的组成。

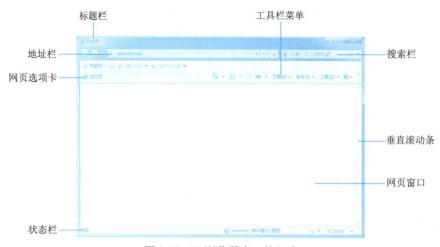

图 8-17　IE 浏览器窗口的组成

**3. 浏览器的设置**

通过设置浏览器能够解决很多实际的问题,如打开某一网页时一些视频或 Flash 文件打不开、打开一些网页发现部分控件无法使用等,这些都可能与浏览器的设置有关。在浏览器的"工具"菜单中选择"Internet 选项"命令,打开"Internet 选项"对话框。

在"常规"选项卡可以设置浏览器的起始页,删除临时文件、清理历史记录等,还可以管理搜索选项设置、选项卡设置,以及外观设置功能。其他的选项卡一般应用较少,其中"安全"选项卡可以针对浏览器浏览不同网页时设置不同的安全等级;"高级"选项卡中可以设置浏览器的常规选项,也可以针对浏览器的安全做相应的设置。

**4. 保存或收藏网页**

在浏览网页时,经常会发现有值得反复访问的页面,此时可以将该网页保存到收藏夹中,也可以将网页保存成文件,或将网页中的文字或图片复制保存下来。

① 收藏网页:单击"地址栏"下方的"收藏夹"图标,在打开的收藏夹中选择"添加到收藏夹",可以将当前浏览的网页保存到"收藏夹"中。

② 将网页保存为文件:在"页面"中选择"另存为"命令,可以将当前浏览的网页保存为文件。在将网页保存为文件时,可以根据需要选择将文件保存为网页类型或文本类型。

③ 保存部分文本信息:如果只需保存网页的一部分文字信息,可以在浏览器窗口的网页上用鼠标拖动选取一块文本,然后按【Ctrl+C】组合键将选取的文本块复制到剪贴板中,然后在其他软件(如 Word)中把剪贴板中的文字粘贴进来并进行保存处理。

④ 保存网页图片:在网页图片上右击,在弹出的快捷菜单中选择"图片另存为"命令,可以将指定图片保存到磁盘中。

### 8.5.2　网上信息的检索

**1. 搜索引擎**

为了充分利用网上资源,需要能迅速地找到所需的信息,为此出现了搜索引擎这种独特的网站。搜索引擎本身并不提供信息,而是致力于组织和整理网上的信息资源,创建信息的分类目录,用户连接上这些站点后通过一定的索引规则,可以方便地查找到所需信息的存放位置。常见的搜索引擎有百度 Baidu、谷歌、

360搜索、搜狗Sogou、腾讯Soso、网易Youdao等。

早期搜索引擎的查询功能不强,信息归类还需要手工维护,随着因特网技术的不断发展,现在著名的搜索引擎都提供了具有各种特色的查询功能,能自动检索和整理网上的信息资源。这些功能强大的搜索引擎成为访问因特网信息的最有效手段,用户访问频率极高,许多搜索引擎已经不是单纯地提供查询和导航服务,而是开始全方位地提供因特网信息服务。

**2. 专用搜索引擎**

目前常用的搜索引擎的查询功能都非常全面,几乎可以查询到全球各个角落的任何信息,常称它们为通用搜索引擎。但是当用户想要精确找到某一特定资源时,可能还会感到力不从心,用户有时并不希望把所有搜索结果逐一打开,而是需要很精准地找到自己所需的内容,即希望可以找到专门针对某些信息的网站。这时就需要一些特别的搜索引擎,这些搜索引擎在功能上比较单一,但各具特色,这就是专用搜索引擎。

专用搜索引擎(也称垂直搜索)是搜索引擎的发展方向,现在很多网站已经划分好了各自的应用范围,它们专注于某一个领域的专门信息,如旅游信息搜索、美食网站搜索、阅读网站搜索、交友信息搜索、公交信息查询、房产信息查询、健康网搜索等。由于术业有专攻,这些网站做出了自己的特点后,会使用户形成某种条件反射,一旦提到某个领域就会想到这些搜索引擎,由此也形成了专用的搜索引擎。

### 8.5.3 利用FTP进行文件传输

文件传输是指将一台计算机上的文件传送到另一台计算机上。在因特网上通过文件传输协议(FTP)实现文件传输,故通常用FTP来表示文件传输这种服务。

**1. 文件传输概述**

在实际应用中经常需要将文件、资料发布到因特网上,或从网上下载文件到本地,这种文件传输方式与浏览WWW网页的信息下载有很大区别,HTTP协议不能满足用户的这种双向信息传递要求,为此必须使用支持文件传输的协议,即FTP。使用FTP传送的文件称为FTP文件,提供文件传输服务的服务器称为FTP服务器。FTP文件可以是任意格式的文件,如压缩文件、可执行文件、Word文档等。

为了保证在FTP服务器和用户计算机之间准确无误地传输文件,必须在双方分别装有FTP服务器软件和FTP客户软件。进行文件传输的用户计算机要运行FTP客户软件,并且要拥有想要登录的FTP服务器的注册名和账户。用户启动FTP客户软件后,给出FTP服务器的地址,并根据提示输入注册名和密码,与FTP服务器建立连接,即登录到FTP服务器上。登录成功后,就可以开始文件的搜索,查找到需要的文件后就可以把它下载到计算机上,称为下载文件(download);也可以把本地的文件发送到FTP服务器上,供所有的网上用户共享,称为上传文件(upload)。

由于大量的上传文件会造成FTP服务器上文件的拥挤和混乱,所以一般情况下,Internet上的FTP服务器限制用户进行上传文件的操作。事实上,大多数操作还是从FTP服务器上获取文件备份,即下载文件。

因特网上的FTP服务器数不胜数,它们为用户提供了极为宝贵而又丰富的信息资源。在FTP服务器上通常提供共享软件、自由软件和试用软件三类软件。

**2. 从FTP网站下载文件**

目前,流行的浏览器软件中都内置了对FTP协议的支持,用户可以在浏览器窗口中方便地完成下载工作。通常的方法是在浏览器的地址栏中先输入"ftp://",然后填写FTP服务器的网址,这样就可以匿名访问一个FTP服务器。如果使用特定的用户名和密码登录服务器,则可以直接使用的格式为ftp://username:password@ftpservername,其中username和password为用户在此服务器上的用户名和密码。

进入FTP网页后,窗口中显示所有最高一层的文件夹列表。FTP目录结构与硬盘上的文件夹类似,每一项均包含文件或目录的名称,以及文件大小、日期等信息。用户可以像操作本地文件夹一样,单击目录名称进入子目录。在FTP的某个文件目录中,选中要下载的文件,选择"复制"命令,然后在本地需要下载到的文件夹中,选择"粘贴"命令,此时,文件即可从FTP服务器上复制(下载)到指定的文件夹中。

**3. 从WWW网站下载文件**

为方便因特网用户下载软件,有许多WWW网站专门搜索最新的软件,并把这些软件分类整理,并附上软件的必要说明,如软件的大小、运行环境、功能简介、出品公司及其主页地址等,用户能在许多功能相近的软件中寻找适合自己需求的软件并进行下载。

在提供下载软件的站点中,一般都包含了许多共享软件、自由软件和试用软件。在这些软件的下载站点中,软件通常都按照功能进行分类,用户只需要按部就班找到软件所在的位置,然后单击相应的下载链接,系统就会打开下载对话框。

#### 4. 使用专用工具传输文件

除了浏览器提供的 FTP 文件传输功能外,还有许多使用灵活、功能独特的专用 FTP 工具,如 Thunder(迅雷)、FlashGet、eMule(电驴)等,用户可以在不少网站免费下载这类 FTP 客户软件。通常这类专用 FTP 工具都有着非常友好的用户界面,它将本地计算机和 FTP 服务器的信息全部显示在同一个窗口中,通过鼠标快捷菜单就能完成 FTP 的全部功能,操作简单,使用方便。

专用 FTP 工具还有一个很重要的特点,支持断点续传。在软件的下载过程中,无论是由于外界因素(如断电、电话线断线),还是人为因素,都会打断软件的下载,使下载工作前功尽弃。而断点续传软件可以使用户在断点处继续下载,不必重新开始。这样,不必担心下载过程被打断,也可以轻松安排下载时间,把大软件的下载工作化整为零。

#### 5. 文件的压缩与解压缩

在 Internet 上传输文件,如果文件比较大,则需要花费大量的时间来传输。为了节约通信资源,通常在传输之前进行压缩操作,下载完后再进行解压缩操作。在要操作的文件比较多的时候,也可以利用压缩软件将其压缩成一个文件,以方便转移和复制等。从 Internet 上下载的软件大多数是经过压缩的,扩展名通常为 .zip、.rar、.tar、.gz、.img、.bz2 等。

目前,常用的压缩和解压缩软件有 WinZip 和 WinRAR。其中,WinZip 是一款强大而易用的压缩软件,几乎在所有计算机中都可以看到它的影子;WinRAR 则后来居上,利用其强大的压缩、解压缩能力和对多种压缩格式的支持成为目前压缩软件的首选。

### 8.5.4 电子邮件的使用

#### 1. 电子邮件概述

电子邮件(E-mail)是基于计算机网络的通信功能而实现通信的技术,它是因特网上使用最多的一种服务,是网上交流信息的一种重要工具,它逐渐成为现代生活交往中越来越重要的通信工具。

在因特网上提供电子邮件服务的服务器称为邮件服务器。当用户在邮件服务器上申请邮箱时,邮件服务器就会为这个用户分配一块存储区域,用于对该用户的信件进行处理,这块存储区域就称作信箱。一个邮件服务器上有很多这样一块一块的存储区域,即信箱,分别对应不同的用户,这些信箱都有自己的信箱地址,即 E-mail 地址,用户通过自己的 E-mail 地址访问邮件服务器自己的信箱并处理信件。

邮件服务器一般分为通用和专用两大类。通用邮件服务器允许世界各地的任何人进行申请,如果用户接受它的协议条款,就可以在该邮件服务器上申请到免费的电子邮箱,这类服务器中比较著名的有网易、新浪、Hotmail 等。如果需要享受更好的服务,也可以申请付费的电子邮箱。专用服务器一般是一些学校、企业、集团内部所使用的专用于内部员工交流、办公使用的,它一般不对外提供任意的申请。

收发电子邮件主要有以下两种方式:

① Web 方式收发电子邮件(也称在线收发邮件):通过浏览器直接登录邮件服务器的网页,在网页上输入用户名和密码后,进入自己的邮箱进行邮件的处理。大部分用户采用这种方式进行邮件的操作。

② 利用电子邮件应用程序收发电子邮件(也称离线方式):在本地运行电子邮件应用程序,通过该程序进行邮件收发的工作。收信时先通过电子邮件应用程序登录邮箱服务器,将服务器上的邮件转到本地计算机上,在本地计算机上进行阅读;发信时先利用电子邮件应用程序来组织编辑邮件,然后通过电子邮件应用程序连接邮件服务器,并把写好的邮件发送出去。可以看出,采用这种方式,只在收信和发信时才连接上网,其他时间都不用连接上网。这种方式的优点很多,也是一种常用的工作方式。

#### 2. 电子邮件的操作

对于大部分用户来说,一般都采用 Web 方式收发电子邮件,通常 Web 方式收发电子邮件的操作包括以下几项：

① 申请邮箱：用户可以根据自己的喜好，在合适的网站（邮件服务器）申请邮箱。虽然各网站的申请页面各有不同，但申请的过程大同小异，基本上都是遵守如下流程：登录网站→单击"注册"按钮→阅读并同意服务条款→设置用户名和密码→完成注册→申请成功。

② 写邮件和发邮件的操作：单击"写信"按钮，打开写邮件界面，"收件人"处写上对方的 E-mail 地址、"主题"处写清信件的主题、在邮件内容编辑区输入并编辑邮件的内容。如果用户想发邮件给多人，可以在收件人处依次写上地址，或通过抄送，将邮件抄送给某人。

③ 对收到的邮件进行处理：在"收件箱"中选择需要阅读的邮件并单击邮件的主题，即可打开邮件，阅读邮件后可以将邮件回复、转发，也可以删除邮件。

**3. 电子邮件附件操作**

附件是电子邮件的重要特色。它可以把计算机中的文件（如文档、图片、文章、声音、动画、程序等）放在附件中进行发送，对方收到邮件也就收到了你发送的附件，这对于文件交流是很方便、快捷的。

① 在邮件中插入附件：在写邮件窗口中单击"添加附件"，然后选定需要发送的文件，即可将文件作为附件插入邮件中。如果需要插入的附件不止一个，可以继续单击"添加附件"，然后依次将需要发送的文件插入到邮件中。实际上，如果需要传送多个文件，合理的操作是使用压缩文件，将多个文件压缩为一个压缩文件，这样就不必进行反复添加附件的操作。

② 从接收到的邮件中下载附件：如果收到的邮件带有附件，则在"收件箱"的邮件列表中，该邮件标题后面带有"回形针"标记，打开该邮件的阅读窗口，在邮件内容的最后有附件的图标。用鼠标指向附件的图标，会出现"下载""打开""预览""存网盘"的提示，单击"下载"按钮，即可将附件下载到本地计算机。

## 8.6 移动互联网

移动互联网是 PC 互联网发展的必然产物，它将移动通信和互联网二者结合起来，成为一体。它既继承了移动通信随时、随地、随身的特点，又充分发挥了互联网开放、分享、互动的优势，它是互联网的技术、平台、商业模式和应用与移动通信技术结合并实践的活动的总称。

移动互联网是一个全国性的、以宽带 IP 为技术核心的，可同时提供话音、传真、数据、图像、多媒体等高品质电信服务的新一代开放的电信基础网络，由运营商提供无线接入，互联网企业提供各种成熟的应用。

### 8.6.1 移动互联网的概念

移动互联网相对于互联网而言是新鲜的事物，移动互联网的定义有广义和狭义之分。广义的移动互联网是指用户可以使用手机、笔记本等移动终端通过协议接入互联网；狭义的移动互联网则是指用户使用手机终端通过无线通信的方式访问采用 WAP 的网站。

通过移动互联网，人们可以使用手机、平板电脑等移动终端设备浏览新闻，还可以使用各种移动互联网应用，例如在线搜索、在线聊天、移动网游、手机电视、在线阅读、网络社区、收听及下载音乐等。目前，移动互联网正逐渐渗透到人们生活、工作的各个领域，微信、支付宝、位置服务等丰富多彩的移动互联网应用迅猛发展，正在深刻改变信息时代的社会生活，近几年，更是实现了 3G 经 4G 到 5G 的跨越式发展。全球覆盖的网络信号，使得身处大洋和沙漠中的用户，仍可随时随地保持与世界的联系。

移动互联网的核心内涵就是依托电子信息技术的发展，将网络技术与移动通信技术结合在一起，而无线通信技术也能够借助客户端的智能化实现各项网络信息的获取，这也是作为一种新型业务模式所存在的，涉及应用、软件以及终端的各项内容。在结合现代移动通信技术的发展特点的前提之下，将移动互联网的各项内容加以融合，实现平台以及运营模式的一体化应用。移动网络技术的迅猛发展在推动社会发展的同时也使得固定式的网络呈现出发展的饱满度，使得移动网络在近年中的发展一度处于迅猛的状态。

### 8.6.2 移动互联网的发展历程

随着移动通信网络的全面覆盖,移动互联网伴随着移动网络通信基础设施的升级换代快速发展。在我国,2009年开始大规模部署3G移动通信网络,2014年又开始大规模部署4G移动通信网络。2019年6月,工信部正式向中国电信、中国移动、中国联通、中国广电发放5G商用牌照,同年11月1日三大运营商正式上线5G商用套餐。几次移动通信基础设施的升级换代,有力地促进了我国移动互联网快速发展,服务模式和商业模式也随之大规模创新与发展。

整个移动互联网发展历史可以归纳为萌芽、培育成长、高速发展和全面发展等几个阶段,而随着5G技术的成熟和商用,一个新的5G的时代也正在开启。

**1. 萌芽阶段**(2000—2007年)

萌芽阶段的移动应用终端主要是基于WAP(无线应用协议)的应用模式。该时期由于受限于移动2G网速和手机智能化程度,中国移动互联网发展处在一个简单WAP应用期。WAP应用把Internet上HTML的信息转换成用WML描述的信息,显示在移动电话的显示屏上。由于WAP只要求移动电话和WAP代理服务器的支持,而不要求现有的移动通信网络协议做任何改动,因而被广泛地应用于GSM、CDMA、TDMA等多种网络中。在移动互联网萌芽期,利用手机自带的支持WAP协议的浏览器访问企业WAP门户网站是当时移动互联网发展的主要形式。

**2. 培育成长阶段**(2008—2011年)

2009年我国开启了3G时代,3G移动网络建设掀开了中国移动互联网发展新篇章。随着3G移动网络的部署和智能手机的出现,移动网速的大幅提升初步破解了手机上网带宽瓶颈,移动智能终端丰富的应用软件让移动上网的娱乐性得到大幅提升。同时,我国在3G移动通信协议中制定的TD SCDMA协议得到了国际的认可和应用。

在成长培育阶段,各大互联网公司都在摸索如何抢占移动互联网入口,一些大型互联网公司企图推出手机浏览器来抢占移动互联网入口,还有一些互联网公司则是通过与手机制造商合作,在智能手机出厂的时候,就把企业服务应用(如微博视频播放器等应用)预安装在手机中。

**3. 高速发展阶段**(2012—2013年)

随着手机操作系统生态圈的全面发展,智能手机规模化应用促进移动互联网快速发展,具有触摸屏功能的智能手机的大规模普及应用解决了传统键盘机上网众多不便,安卓智能手机操作系统的普遍安装和手机应用程序商店的出现极大地丰富了手机上网功能,移动互联网应用呈现了爆发式增长。进入2012年之后,由于移动上网需求大增,安卓智能操作系统的大规模商业化应用,传统功能手机进入了一个全面升级换代期,传统手机厂商纷纷效仿苹果模式,普遍推出了触摸屏智能手机和手机应用商店,由于触摸屏智能手机上网浏览方便,移动应用丰富,受到了市场极大欢迎。同时,手机厂商之间竞争激烈,智能手机价格快速下降,千元以下的智能手机大规模量产,推动了智能手机在中低收入人群的大规模普及应用。

**4. 全面发展阶段**(2014—2020年)

2013年12月4日工信部正式向中国移动、中国电信和中国联通三大运营商发放了TD-LTE4G牌照,中国4G网络正式大规模铺开。由于网速、上网便捷性、手机应用等移动互联网发展的外在环境基本得到解决,移动互联网应用开始全面发展。桌面互联网时代,门户网站是企业开展业务的标配;移动互联网时代,手机App应用是企业开展业务的标配,4G网络催生了许多公司利用移动互联网开展业务。特别是由于4G网速大大提高,促进了实时性要求较高、流量较大、需求较大类型的移动应用快速发展,许多手机应用开始大力推广移动视频应用。

2016年1月,中国5G技术研发试验正式启动。2018年12月10日,工信部正式对外公布,已向中国电信、中国移动、中国联通发放了5G系统中低频段试验频率使用许可,这意味着各基础电信运营企业开展5G系统试验所必须使用的频率资源得到保障,向产业界发出了明确信号,进一步推动我国5G产业链的成熟与发展。

2019年我国5G发展取得明显成效,已具备商用的产业基础。2019年6月6日,工信部正式向中国电信、中国移动、中国联通、中国广电发放5G商用牌照,中国正式进入5G商用元年。2019年11月1日,三大运营商正式上线5G商用套餐。2020年3月24日,工信部发布关于推动5G加快发展的通知,全力推进5G网络建设、应用推广、技术发展和安全保障,特别提出支持基础电信企业以5G独立组网为目标加快推进主要城市的网络建设,并向有条件的重点县镇逐步延伸覆盖。

截至2023年7月底,中国累计建成5G基站305.5万个,占移动基站总数的26.9%。中国5G移动电话用户达6.95亿户,占移动电话用户总数的40.6%;千兆宽带接入用户达1.34亿户,占用户总数的21.7%。截至2024年2月末,中国移动互联网累计流量达487.6亿GB。

**5. 开启5G时代**(2020年至今)

5G是第五代移动通信技术,是4G之后的延伸,它对移动通信提出了更高的要求。随着高速移动时代的开始,互联网的发展也从移动互联网进入智能互联网时代。

随着AR、VR、物联网等技术的诞生普及,对于移动网络的要求也越来越高。国际电联将5G应用场景划分为移动互联网和物联网两大类,除了支持移动互联网的发展,还将解决机器海量无线通信的需求,这也极大促进了车联网、工业互联网等领域的发展。5G网络不仅传输速率更高,而且在传输中呈现出低时延、高可靠、低功耗的特点,也能更好地支持物联网应用。

放眼全球,5G网络建设速度最快,质量最高的国家非中国莫属,无论是拥有5G标准专利数、5G网络规模、连接5G的终端设备数,我国都遥遥领先。目前,我国开通的5G基站数量占到了全球基站总数的七成左右,排名世界第一;5G网络用户数已经占到全球5G用户总数的80%以上。而考虑到其他国家5G网络建设速度相对较慢,中国与其他国家的5G建设差距有望进一步拉大。

目前世界正经历着百年来未有之大变局,社会经济环境发生了相当复杂的变化,信息通信产业正在形成新的格局,数智化时代即将到来。而我国借助5G技术优势,已经在新时代赛道上占得了先机。

### 8.6.3 移动互联网的组成

相对传统互联网而言,移动互联网强调可以随时随地,并且可以在高速移动的状态中接入互联网并使用应用服务。一般来说,移动互联网与无线互联网并不完全等同,移动互联网强调使用蜂窝移动通信网接入互联网,因此常常特指手机终端采用移动通信网接入互联网并使用互联网业务;而无线互联网强调接入互联网的方式是无线接入,除了蜂窝网外还包括各种无线接入技术。

图8-18是移动互联网的结构图,从图可以看出,移动互联网的组成可以归纳为移动通信网络、移动互联网终端设备、移动互联网应用和移动互联网相关技术四大部分。

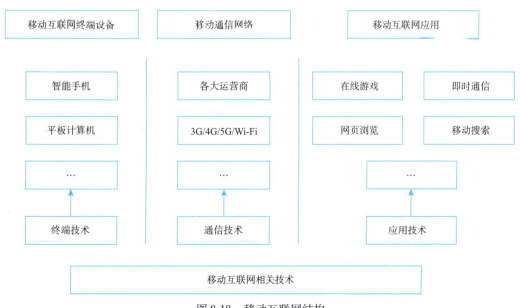

图8-18 移动互联网结构

**1. 移动通信网络**

移动互联网时代无须连接各终端、节点所需要的网线,它是指移动通信技术通过无线网络将网络信号覆盖延伸到每个角落,让人们能随时随地接入所需的移动应用服务。

**2. 移动互联终端设备**

无线网络技术只是移动互联网蓬勃发展的动力之一,移动互联网终端设备的兴起才是移动互联网发展的重要助推器。移动互联网发展到今天,成为全球互联网革命的新浪潮航标,受到来自全球高新科技跨国企业的强烈关注,并迅速在世界范围内火爆开来,移动互联终端设备在其中的作用功不可没。

**3. 移动互联网应用**

当我们随时随地接入移动网络时,运用最多的就是移动互联网应用程序。大量新奇的应用,逐渐渗透到人们生活、工作的各个领域,进一步推动着移动互联网的蓬勃发展。移动音乐、手机游戏、视频应用、手机支付、位置服务等丰富多彩的移动互联网应用发展迅猛,正在深刻改变信息时代的社会生活,移动互联网正在迎来新的发展浪潮。主要的移动互联网应用有电子阅读、手机游戏、移动视听、移动搜索、移动社区、移动商务、移动支付等。

**4. 移动互联网相关技术**

移动互联网相关技术总体上分成三大部分,分别是移动互联网终端技术、移动互联网通信技术和移动互联网应用技术。

移动互联网终端技术包括硬件设备的设计和智能操作系统的开发技术。无论对于智能手机还是平板计算机来说,都需要移动操作系统的支持。在移动互联网时代,用户体验已经逐渐成为终端操作系统发展的至高追求。

移动互联网通信技术包括通信标准与各种协议、移动通信网络技术和中段距离无线通信技术。在过去的十年中,全球移动通信发生了巨大的变化,移动通信特别是蜂窝网络技术的迅速发展,使用户彻底摆脱终端设备的束缚、实现完整的个人移动性、可靠的传输手段和接续方式。

移动互联网应用技术包括服务器端技术、浏览器技术和移动互联网安全技术。目前,支持不同平台、操作系统的移动互联网应用很多。

### 8.6.4 移动互联网的主要特征

移动互联网是在传统互联网基础上发展起来的,因此二者具有很多共性,但由于移动通信技术和移动终端发展不同,它又具备许多传统互联网没有的新特性。

**1. 交互性**

用户可以随身携带和随时使用移动终端,在移动状态下接入和使用移动互联网应用服务。现在,从智能手机到平板计算机,随处可见这些终端发挥强大功能的身影。当人们需要沟通交流的时候,随时随地可以用语音、图文或者视频解决,大大提高了用户与移动互联网的交互性。

**2. 便携性**

相对于 PC,由于移动终端小巧轻便、可随身携带两个特点,人们可以装入随身携带的书包和手袋中,并使得用户可以在任意场合接入网络。这个特点决定了使用移动终端设备上网,可以带来 PC 上网无可比拟的优越性,即沟通与资讯的获取远比 PC 设备方便。用户能够随时随地获取娱乐、生活、商务相关的信息,进行支付、查找周边位置等操作,使得移动应用可以进入人们的日常生活,满足衣食住行、吃喝玩乐等需求。

**3. 隐私性**

移动终端设备的隐私性远高于 PC 的要求。由于移动性和便携性的特点,移动互联网的信息保护程度较高。通常不需要考虑通信运营商与设备商在技术上如何实现它,高隐私性决定了移动互联网终端应用的特点,数据共享时既要保障认证客户的有效性,也要保证信息的安全性。这不同于传统互联网公开透明开放的特点。传统互联网下,PC 端系统的用户信息是容易被搜集的。而移动互联网用户因为无须共享自己设备上的信息,从而确保了移动互联网的隐私性。

**4. 定位性**

移动互联网有别于传统互联网的典型应用是位置服务应用。它具有以下几个服务:位置签到、位置分享及基于位置的社交应用;基于位置围栏的用户监控及消息通知服务;生活导航及优惠券集成服务;基于位置的娱乐和电子商务应用;基于位置的用户换机上下文感知及信息服务。

**5. 娱乐性**

移动互联网上的丰富应用,如图片分享、视频播放、音乐欣赏、电子邮件等,为用户的工作、生活带来更多的便利和乐趣。

**6. 局限性**

移动互联网应用服务在便捷的同时,也受到了来自网络能力和终端硬件能力的限制。在网络能力方面,受到无线网络传输环境、技术能力等因素限制;在终端硬件能力方面,受到终端大小、处理能力、电池容量等的限制。移动互联网各个部分相互联系,相互作用并制约发展,任何一部分的滞后都会延缓移动互联网发展的步伐。

**7. 强关联性**

由于移动互联网业务受到了网络及终端能力的限制,因此,其业务内容和形式也需要匹配特定的网络技术规格和终端类型,具有强关联性。移动互联网通信技术与移动应用平台的发展有着紧密联系,没有足够的带宽就会影响在线视频、视频电话、移动网游等应用的扩展。同时,根据移动终端设备的特点,也有其与之对应的移动互联网应用服务,这是区别于传统互联网而存在的。

**8. 身份统一性**

这种身份统一是指移动互联用户自然身份、社会身份、交易身份、支付身份通过移动互联网平台得以统一。信息本来是分散到各处的,互联网逐渐发展、基础平台逐渐完善之后,各处的身份信息将得到统一。例如,在网银里绑定手机号和银行卡,支付的时候验证了手机号就直接从银行卡扣钱。

### 8.6.5 移动互联网的应用领域

**1. 通信业**

通信行业为移动互联网的繁荣提供了必要的硬件支撑,传统的通信业,"开路收费"模式,如寄信、通话等都是为你"开路"然后收钱。移动互联网的出现却完全无视这些规则,要求人与人更紧密地连接,都可以以最低成本随时随地联系得到。

**2. 医疗行业**

受移动互联网的影响,目前的医疗行业已经开始做出改变,比如在线就医、在线预约、远程医疗合作和在线支付等方面。

从患者角度来说:

① 各个医院以及医师的口碑评价会在互联网上一目了然。当人们看完病就可以马上对该医生进行评价,并让所有人知道。

② 用户的生病大数据会跟随电子病历永久保存直至寿终。

③ 未来物联网世界会将一切信息全部联网。例如,你何时吃过什么饭,何时做过什么事,当天的卡路里消耗都会上传到云端;医生根据病人作息饮食规律即可更加精准地判断病情。

④ 更多时候患者可以选择无须医院就医,基于大数据的可靠性,可以直接远程解决。

**3. 移动电子商务**

移动电子商务可以为用户随时随地提供所需的服务、应用、信息和娱乐,利用手机终端方便、便捷地选择及购买商品和服务;多种支付方式,使用方便。移动支付平台不仅支持各种银行卡通过网上进行支付,还支持手机、电话等多种终端操作,符合网上消费者追求个性化、多样化的需求。

**4. AR**

增强现实(AR)通过计算机技术,将虚拟的信息应用到真实世界,真实的环境和虚拟的物体实时地叠加到了同一个画面或空间同时存在。增强现实提供了在一般情况下,不同于人类可以感知的信息。它不但展现了真实世界的信息,而且将虚拟的信息同时显示出来,两种信息相互补充叠加。

**5. 移动电子政务**

在信息技术快速变革的情况下,国家的政府单位也紧跟时代发展步伐,开始广泛地使用移动电子政务。

这种方便快捷的办公模式迅速拉近了政府与群众的距离,让党和政府的方针政策利用这种现代化的办公手段迅速落实到广大的人民群众。这样的办公模式取消了中央、地方和群众之间的隔阂,让政务信息更加公开化、快捷化、透明化,也让人民群众直接感受到政府就在身边。移动电子政务,就是互联网技术支撑下,政府利用5G技术的移动办公模式,创设的移动电子办公模式,这种模式在政府中的推广,被广泛地称为"移动电子政务"。

## 8.7 云计算与大数据

### 8.7.1 云计算

云计算(cloud computing),可以将巨大的系统池连接在一起以提供各种IT服务。云计算使得超级计算能力通过互联网自由流通成为可能,企业与个人用户无须再投入昂贵的硬件购置成本,只需要通过互联网来购买租赁计算力。

**1. 云计算定义**

狭义云计算是指IT基础设施的交付和使用模式,指通过网络以按需、易扩展的方式获得所需的资源(硬件、平台、软件)。提供资源的网络被称为"云","云"中的资源在使用者看来是可以无限扩展的,并且可以随时获取,按需使用,随时扩展,按使用付费。

广义云计算是指服务的交付和使用模式,指通过网络以按需、易扩展的方式获得所需的服务。这种服务可以是IT和软件、互联网相关的,也可以是任意其他的服务。

云计算经常与并行计算(parallel computing)、分布式计算(distributed computing)和网格计算(grid computing)相混淆。云计算是网格计算、分布式计算、并行计算、效用计算(utility computing)、网络存储(network storage technologies)、虚拟化(virtualization)、负载均衡(load balance)等传统计算机技术和网络技术发展融合的产物,它旨在通过网络把多个成本相对较低的计算实体整合成一个具有强大计算能力的完美系统,并借助SaaS、PaaS、IaaS、MSP等先进的商业模式把这种强大的计算能力分布到终端用户手中。云计算的一个核心理念就是通过不断提高"云"的处理能力,进而减少用户终端的处理负担,最终使用户终端简化成一个单纯的输入/输出设备,并能按需享受"云"的强大计算处理能力。

**2. 云计算特点**

(1)超大规模

"云"具有相当的规模,企业私有云一般拥有数百上千台服务器,例如谷歌的云计算已经拥有100多万台服务器。"云"能赋予用户前所未有的计算能力。

(2)虚拟化

云计算支持用户在任意位置、使用各种终端获取应用服务。所请求的资源来自"云",而不是固定的有形的实体。应用在"云"中某处运行,但实际上用户无须了解、也不用担心应用运行的具体位置。用户只需要一台笔记本计算机或者一部手机,就可以通过网络服务来实现需要的一切,甚至包括超级计算这样的任务。

(3)高可靠性

"云"使用了多种技术措施来保障服务的高可靠性,使用云计算比使用本地计算机更可靠。

(4)通用性

云计算不针对特定的应用,在"云"的支撑下可以构造出千变万化的应用,同一个"云"可以同时支撑不同的应用运行。

(5)高可扩展性

"云"的规模可以动态伸缩,满足应用和用户规模增长的需要。

(6)按需服务

"云"是一个庞大的资源池,用户按需购买。云可以像自来水、电、煤气那样计费。

(7) 极其廉价

由于"云"的特殊容错措施,因此可以采用极其廉价的节点来构成云;"云"的自动化集中式管理使大量企业无须负担日益高昂的数据中心管理成本;"云"的通用性使资源的利用率较之传统系统大幅提升。因此用户可以充分享受"云"的低成本优势。

**3. 云计算发展**

云计算是一种新兴的商业计算模型。它将计算任务分布在大量计算机构成的资源池上,使各种应用系统能够根据需要获取计算能力、存储空间和各种软件服务。

这种资源池称为"云"。"云"是一些可以自我维护和管理的虚拟计算资源,通常为一些大型服务器集群,包括计算服务器、存储服务器、宽带资源等。云计算将所有的计算资源集中起来,并由软件实现自动管理,无须人为参与,这使得应用提供者无须为烦琐的细节而烦恼,能够更加专注于自己的业务,有利于创新和降低成本。

之所以称为"云",是因为它在某些方面具有现实中云的特征:云一般都较大;云的规模可以动态伸缩,它的边界是模糊的;云在空中飘忽不定,人们无法也无须确定它的具体位置,但它确实存在于某处。

早在20世纪60年代麦卡锡(John McCarthy)就提出了把计算能力作为一种像水和电一样的公用事业提供给用户。云计算的第一个里程碑是1999年Salesforce.com提出的通过一个网站向企业提供企业级的应用的概念;另一个重要进展是2002年亚马逊(Amazon)提供一组包括存储空间,计算能力甚至人力智能等资源服务的Web Service。2005年,亚马逊又提出了弹性计算云(elastic compute cloud),也称亚马逊EC2的Web Service,允许小企业和私人租用亚马逊的计算机来运行他们自己的应用。

之所以称为"云",还因为云计算的鼻祖之一亚马逊公司将网格计算取了一个新名称"弹性计算云"(EC2),并取得了商业上的成功。

**4. 云计算的基本原理**

云计算是分布式处理(distributed computing)、并行处理(parallel computing)和网格计算(grid computing)的发展,或者说是这些计算机科学概念的商业实现。

云计算的基本原理是,通过使计算分布在大量的分布式计算机上,而非本地计算机或远程服务器中,企业数据中心的运行将更与互联网相似。这使得企业能够将资源切换到需要的应用上,根据需求访问计算机和存储系统。这是一种革命性的举措,它意味着计算能力也可以作为一种商品进行流通,就像煤气、水电一样,取用方便,费用低廉。最大的不同在于,它是通过互联网进行传输的。云计算的应用包含这样的一种思想,把力量联合起来,给其中的每一个成员使用。目前谷歌、IBM这样的专业网络公司已经搭建了计算机存储、运算中心,用户通过一根网线借助浏览器就可以很方便地访问。云计算目前已经发展出了云安全和云存储两大领域,如国内的瑞星和趋势科技就已开始提供云安全的产品,而微软、谷歌等国际巨头更多的是涉足云存储领域。

**5. 云计算的三种主要应用形式**

根据现在最常用,也是比较权威的 NIST(National Institute of Standards and Technology,美国国家标准技术研究院)定义,云计算主要分为三种服务模式:SaaS、PaaS 和 IaaS。对普通用户而言,他们主要面对的是 SaaS 这种服务模式,而且几乎所有的云计算服务最终的呈现形式都是 SaaS。

(1) SaaS

SaaS 是 software as a service(软件即服务)的简称,它是一种通过 Internet 提供软件的模式,用户无须购买软件,而是向提供商租用基于 Web 的软件来管理企业经营活动。相对于传统的软件,SaaS 解决方案有明显的优势,包括较低的前期成本、便于维护及便于快速展开使用。随着企业 IT 预算持续受到严格的审查和企业减少雇用技术人员,目前市场对 SaaS 解决方案有明显的需求。

(2) PaaS

PaaS(platform as a service)提供的是服务器平台或者开发环境的服务模式。所谓 PaaS 实际上是指将软件研发的平台(计世资讯定义为业务基础平台)作为一种服务,以 SaaS 的模式提交给用户。因此,PaaS 也是 SaaS 模式的一种应用。但是,PaaS 的出现可以加快 SaaS 的发展,尤其是加快 SaaS 应用的开发速度,从某种意义上说,PaaS 是 SaaS 的源泉。

在云计算应用的大环境下,PaaS 具有以下的优势:

① 开发简单。因为开发人员能限定应用自带的操作系统,中间件和数据库等软件的版本,这样将非常有效缩小开发和测试的范围,从而极大地降低开发测试的难度和复杂度。

② 部署简单。首先,如果使用虚拟器件方式部署,能将本来需要几天的工作缩短到几分钟,能将本来几十步操作精简到轻轻一击。其次,能非常简单地将应用部署或者迁移到公有云上,以应对突发情况。

③ 维护简单。因为整个虚拟器件都是来自同一个 ISV(independent software vendors,独立软件开发商),所以任何软件升级和技术支持,都只要和一个 ISV 联系就可以了,不仅避免了常见的扯皮现象,而且简化了相关流程。

(3) IaaS

IaaS(infrastructure as a service)基础设施即服务。消费者通过 Internet 可以从完善的计算机基础设施获得服务。这类服务称为基础设施即服务 IaaS。基于 Internet 的服务(如存储和数据库)是 IaaS 的一部分。

IaaS 最大优势在于它允许用户动态申请或释放节点,按使用量计费。运行 IaaS 的服务器规模达到几十万台之多,因而可以认为用户能够申请的资源几乎是无限的。而 IaaS 是由公众共享的,因而具有更高的资源使用效率。

**6. 云计算的发展前景**

云计算被视为科技业的下一次革命,它将带来工作方式和商业模式的根本性改变。

首先,对中小企业和创业者来说,云计算意味着巨大的商业机遇,他们可以借助云计算在更高的层面上和大企业竞争。自 1989 年微软推出 Office 办公软件以来,我们的工作方式已经发生了极大变化,而云计算则带来了云端的办公室——更强的计算能力,但无须购买软件,省却本地安装和维护,节省了大量资金。

其次,从某种意义上说,云计算意味着硬件被弃用。至少,那些对计算需求量越来越大的中小企业,不再试图去买价格高昂的硬件,而是从云计算供应商那里租用计算能力。在避免了硬件投资的同时,公司的技术部门也无须为忙乱不堪的技术维护而头痛,节省下来的时间可以进行更多的业务创新。

云计算对商业模式的影响体现在对市场空间的创新上。云计算意味着从 PC 时代重返大型机时代。"在 PC 时代,PC 提供了很多很好的功能和应用,现在又回到大型机时代。现在的大型机看不见,摸不着,不过确确实实就摆在那里,它们在云里,在天空里。"

当前计算机的计算能力不受本地硬件的限制,尺寸更小,重量更轻,能进行更强劲处理的移动终端唾手可得。我们完全可以在纸样轻薄的笔记本计算机上照样运行最苛刻要求的网络游戏,也完全可以在手机上通过访问 Photoshop 在线来编辑处理照片。

更为诱人的是,企业可以以极低的成本投入获得极高的计算能力,不用再投资购买昂贵的硬件设备,负担频繁的保养与升级。云计算的妙处之一,即是按需分配的计算方式能够充分发挥大型计算机群的性能。如果只需使用 5% 的资源,就只需付出 5% 的价格,而不必像以前那样,为 100% 的设备买单。

### 8.7.2 大数据

**1. 大数据相关理论**

(1) 大数据的定义与特征

大数据是一个宽泛的概念,很多机构和科学家都给出了定义,如麦肯锡(美国著名的咨询公司)给出的大数据定义是:大小超出常规的数据库工具获取、存储、管理和分析能力的数据集。但它同时强调,并不是说一定要超过特定 TB 值的数据集才能算是大数据。而亚马逊(全球最大的电子商务公司)的大数据科学家 John Rauser 给出了一个简单的定义是:大数据是任何超过了一台计算机处理能力的数据量。

简单地说,大数据是指无法在一定时间内用常规软件工具对其内容进行抓取、管理和处理的数据集合,它具有四个基本特征:一是数据体量巨大,从 TB 级别跃升到 PB 级别(1PB = 1 024 TB)、EB 级别(1 EB = 1 024 TB)或 ZB 级别(1 ZB = 1 024 EB);二是数据类型多样,现在的数据类型不仅是文本形式,更多的是图片、视频、音频、地理位置信息等多类型的数据,个性化数据占绝对多数;三是处理速度快,数据处理遵循"1 秒定律",可从各种类型的数据中快速获得高价值的信息;四是价值密度低,商业价值高。以视频为例,连续不间断监控过程中,可能有用的数据仅仅有一两秒。业界将这四个特征归纳为 4 个"V"——Volume(大量)、Variety(多样)、Velocity(高速)、Value(价值)。

在上面几个定义,无一例外地突出了大数据的"大"字。诚然"大"是大数据的一个重要特征,但远远不是全部。与大数据本身的"大"相比,更重要的其实是蕴含在大数据中的价值。因此,在大数据时代已经到来的时候要用大数据思维去发掘大数据的潜在价值,以及在多样的或者大量数据中,迅速获取信息的能力,是更为重要的。大数据的核心能力就是发现规律和预测未来。

(2)大数据的价值

大数据的价值是什么?在投资者眼里就是这些数据所体现的资产。比如,某社交网站上市时,评估机构评定的有效资产中大部分都是其社交网站上的数据。因此,如果把大数据比作一种产业,那么这种产业实现盈利的关键,在于提高对数据的"加工能力",通过"加工"实现数据的"增值"。从大数据的价值链条来分析,存在三种模式:

① 手握大数据,但是没有利用好:比较典型的是金融机构、电信行业、政府机构等。

② 没有数据,但是知道如何帮助有数据的人利用它:比较典型的是 IT 咨询和服务企业,如 IBM、Oracle 等。

③ 既有数据,又有大数据思维:比较典型的是谷歌、亚马逊等。

未来在大数据领域最具有价值的是两种事物:一种是拥有大数据思维的人,这种人可以将大数据的潜在价值转化为实际利益;另一种是还未有被大数据触及过的业务领域,这些是还未被挖掘的油井、金矿,是所谓的蓝海。

(3)大数据的现在和未来

大数据在当下已经在很多方面有着杰出的表现,如大数据帮助政府实现市场经济调控、公共卫生安全防范、灾难预警、社会舆论监督;大数据帮助城市预防犯罪,实现智慧交通,提升紧急应急能力;大数据帮助医疗机构建立患者的疾病风险跟踪机制;大数据帮助航空公司节省运营成本,帮助电信企业实现售后服务质量提升,帮助保险企业识别欺诈骗保行为,帮助快递公司监测分析运输车辆的故障险情以提前预警维修,帮助电力公司有效识别预警即将发生故障的设备;大数据帮助电商公司向用户推荐商品和服务,帮助旅游网站为旅游者提供心仪的旅游路线,帮助二手市场的买卖双方找到最合适的交易目标;大数据帮助企业提升营销的针对性,降低物流和库存的成本,减少投资的风险,以及帮助企业提升广告投放精准度;大数据帮助娱乐行业预测歌手、歌曲、电影、电视剧的受欢迎程度;大数据帮助社交网站提供更准确的好友推荐,为用户提供更精准的企业招聘信息,向用户推荐可能喜欢的游戏以及适合购买的商品。

其实,这些还远远不够,未来大数据的身影将无处不在,而当物联网发展到达一定规模时,借助条形码、二维码、RFID 等能够唯一标识产品,传感器、可穿戴设备、智能感知、视频采集、增强现实等技术可实现实时的信息采集和分析,这些数据能够支撑智慧城市、智慧交通、智慧能源、智慧医疗、智慧环保的理念需要,这些都将是大数据的采集数据来源和服务范围。

未来的大数据除了将更好地解决社会问题,商业营销问题,科学技术问题,还有一个可预见的趋势是以人为本的大数据方针。比如,建立个人的数据中心,将每个人的日常生活习惯、身体体征、社会网络、知识能力、爱好性情、疾病嗜好、情绪波动等都存储下来,这些数据可以被充分地利用:医疗机构将实时监测用户的身体健康状况;教育机构更有针对地制定用户喜欢的教育培训计划;服务行业为用户提供即时健康的符合用户生活习惯的食物和其他服务;社交网络能为用户提供合适的交友对象,并为志同道合的人群组织各种聚会活动;金融机构能帮助用户进行有效的理财管理,为用户的资金提供更有效的使用建议和规划;道路交通、汽车租赁及运输行业可以为用户提供更合适的出行线路和路途服务安排。

(4) 大数据隐私

用户隐私问题一直是大数据应用难以绕开的一个问题,当在不同的网站上注册了个人信息后,可能这些信息已经被扩散出去;当用户莫名其妙地接到各种邮件、电话、短信的滋扰时,不会想到自己的电话号码、邮箱、生日、购买记录、收入水平、家庭住址、亲朋好友等私人信息早就被各种商业机构非法存储或贱卖给其他任何有需要的企业或个人。更可怕的是,这些信息用户永远无法删除,它们永远存在于互联网的某些人们不知道的角落。

很多互联网企业也意识到隐私对于用户的重要性,为了继续得到用户的信任,他们会采取相应的一些办法,比如一些网络服务商承诺仅保留用户的搜索记录若干个月,浏览器厂商提供了无痕上网模式,社交网站拒绝公共搜索引擎的"爬虫"进入,并将提供出去的数据全部采取匿名方式处理等。

目前,我国并没有专门的法律法规来界定用户隐私,处理相关问题时多采用其他相关法规条例来解释。但随着民众隐私意识的日益增强,合法合规地获取数据、分析数据和应用数据,是进行大数据分析时必须遵循的原则。

**2. 大数据相关的技术**

(1) 云技术

大数据常和云计算联系到一起,因为实时的大型数据集分析需要分布式处理框架来向数十、数百或甚至数万的计算机分配工作。可以说,云计算提供了基础架构平台,而大数据则应用运行在这个平台上。这两者的关系是,没有大数据的信息积淀,则云计算的计算能力再强大,也难以找到用武之地;而没有云计算的处理能力,则大数据的信息积淀再丰富,也终究只是镜花水月。大数据需要的云计算技术包括:虚拟化技术、分布式处理技术、海量数据的存储和管理技术、NoSQL、实时流数据处理、智能分析技术(类似模式识别以及自然语言理解)等。

(2) 分布式处理技术

分布式处理系统可以将不同地点的或具有不同功能的或拥有不同数据的多台计算机用通信网络连接起来,在控制系统的统一管理控制下,协调地完成信息处理任务。

Hadoop 是在分布式服务器集群上存储海量数据并运行分布式分析应用的一种方法。Hadoop 是 Apache 软件基金会管理的开源软件平台,Apache Hadoop 软件库是一个框架,允许在集群服务器上使用简单的编程模型对大数据集进行分布式处理。Hadoop 被设计成能够从单台服务器扩展到数以千计的服务器,每台服务器都有本地的计算和存储资源。Hadoop 的高可用性并不依赖硬件,其代码库自身就能在应用层侦测并处理硬件故障,因此能基于服务器集群提供高可用性的服务。

Hadoop 系统的健壮性非常好,即使某台服务器甚至集群停机,运行其上的大数据分析应用也不会中断。此外,Hadoop 的效率也很高,它几乎完全是模块化的,这意味着可以用其他软件工具抽换掉 Hadoop 的模块。这使得 Hadoop 的架构异常灵活,同时又不牺牲其可靠性和高效率。

Hadoop 的另外一个独特之处是:所有的功能都是分布式的,而不是传统数据库的集中式系统。

Hadoop 的特性是可靠的、高效的,因为它以并行的方式工作,通过并行处理加快处理速度。Hadoop 还是可伸缩的,能够处理 PB 级数据。此外,Hadoop 依赖于社区服务器,因此它的成本比较低,任何人都可以使用。

(3) 存储技术

大数据存储致力于研发可以扩展至 PB 甚至 EB 级别的数据存储平台。著名的摩尔定律提出:每 18 个月集成电路的复杂性就增加一倍。所以,存储器的成本大约每 18~24 个月就下降一半。成本的不断下降也造就了大数据的可存储性。比如,谷歌大约管理着超过 50 万台服务器和 100 万块硬盘,而且谷歌还在不断地扩大计算能力和存储能力,其中很多的扩展都是基于在廉价服务器和普通存储硬盘的基础上进行的,这大大降低了其服务成本,因此可以将更多的资金投入到技术的研发当中。

(4) 感知技术

大数据的采集和感知技术的发展是紧密联系的。以传感器技术、指纹识别技术、RFID 技术、坐标定位技术等为基础的感知能力提升同样是物联网发展的基石。全世界的工业设备、汽车、电表上有着无数的数码传感器,随时测量和传递着有关位置、运动、震动、温度、湿度乃至空气中化学物质的变化,都会产生海量的数据信息。

而随着智能手机的普及,感知技术可谓迎来了发展的高峰期,除了地理位置信息被广泛地应用外,一些新的感知手段也开始登上舞台,很多与感知相关的技术革新让我们耳目一新,其实,这些感知被逐渐捕获的过程就是世界被数据化的过程,一旦世界被完全数据化了,那么世界的本质也就是信息了。

**3. 大数据的实践**

(1) 互联网的大数据

互联网上的数据每年增长50%,每两年便翻一番,而目前世界上90%以上的数据是最近几年才产生的。

互联网大数据的典型代表性包括:用户行为数据、用户消费数据、用户地理位置数据、互联网金融数据、用户社交等用户生成内容的数据(也称 user generated content,UGC)。例如,百度拥有两种类型的大数据:用户搜索表征的需求数据、爬虫和阿拉丁获取的公共 Web 数据;阿里巴巴拥有交易数据和信用数据,除此之外,阿里巴巴还通过投资等方式掌握了部分社交数据、移动数据;腾讯拥有用户关系数据和基于此产生的社交数据。这些数据可以分析人们的生活和行为,从中可以挖掘出政治、社会、文化、商业、健康等领域的信息,甚至预测未来。

在信息技术更为发达的美国,除了行业知名的类似谷歌等网站外,已经涌现了很多大数据类型的公司,它们专门经营数据产品。据统计,到2020年全球已总共拥有约35 ZB 的数据量。互联网是大数据发展的前哨阵地,目前人们已经习惯了将自己的生活通过网络进行数据化,方便分享、记录并回忆。

(2) 政府的大数据

在美国,奥巴马政府(2012年)曾宣布投资2亿美元拉动大数据相关产业发展,将"大数据战略"上升为国家意志。奥巴马政府将数据定义为"未来的新石油",并表示一个国家拥有数据的规模、活性及解释运用的能力将成为综合国力的重要组成部分,未来,对数据的占有和控制甚至将成为陆权、海权、空权之外的另一种国家核心资产。

在我国,政府各个部门都握有构成社会基础的原始数据,比如气象数据、金融数据、信用数据、电力数据、煤气数据、自来水数据、道路交通数据、客运数据、安全刑事案件数据、住房数据、海关数据、出入境数据、旅游数据、医疗数据、教育数据、环保数据等。这些数据在每个政府部门看起来是单一的、静态的。但是,如果可以将这些数据关联起来,并对这些数据进行有效的关联分析和统一管理,这些数据必定将获得新生,其价值是无法估量的。

(3) 企业的大数据

作为企业来说,最关注的是数据背后能有怎样的信息,企业该做怎样的决策,这一切都需要通过数据来传递和支撑。大数据可以改变公司的影响力,带来竞争差异、节省费用、增加利润、将潜在客户转化为客户、增加吸引力、打败竞争对手、开拓用户群并创造市场。

对于企业的大数据,随着数据逐渐成为企业的一种资产,数据产业会向传统企业的供应链模式发展,最终形成"数据供应链"。对于提供大数据服务的企业来说,他们等待的是合作机会。

(4) 个人的大数据

简单来说,个人的大数据就是与个人相关联的各种有价值数据信息被有效采集后,可由本人授权提供第三方进行处理和使用,并获得第三方提供的数据服务。

未来,每个用户可以在互联网上注册个人的数据中心,以存储个人的大数据信息。用户可确定哪些个人数据可被采集,并通过可穿戴设备或植入芯片等感知技术来采集捕获个人的大数据,比如牙齿监控数据、心率数据、体温数据、视力数据、记忆能力、地理位置信息、社会关系数据、运动数据、饮食数据、购物数据等。用户可以将这些数据分别授权给相应的机构,由他们监控和使用这些数据,进而为用户制订有针对性的服务计划。以个人为中心的大数据有如下一些特性:

① 数据仅留存在个人中心,其他第三方机构只被授权使用(数据有一定的使用期限),且必须接受用后即焚的监管。

② 采集个人数据应该明确分类,除了国家立法明确要求接受监控的数据外,其他类型的数据都由用户自己决定是否被采集。

③ 数据的使用将只能由用户进行授权,数据中心可帮助监控个人数据的整个生命周期。

## 8.8 物联网

### 8.8.1 物联网的基本概念

**1. 物联网的定义**

物联网(internet of things,IoT)的概念是在1999年提出的,顾名思义,就是"物物相连的互联网"。这有两层意思:第一,物联网的核心和基础仍然是互联网,是在互联网基础上的延伸和扩展的网络;第二,其用户端延伸和扩展到了任何物品与物品之间,进行信息交换和通信。严格而言,物联网的定义是:通过射频识别(RFID)、红外感应器、全球定位系统、激光扫描器等信息传感设备,按约定的协议,把任何物品与互联网连接起来,进行信息交换和通信,以实现智能化识别、定位、跟踪、监控和管理的一种网络。

物联网把新一代IT技术充分运用在各行各业之中,具体地说,就是把感应器嵌入和装备到电网、铁路、桥梁、隧道、公路、建筑、供水系统、大坝、油气管道等各种物体中,然后将"物联网"与现有的互联网整合起来,实现人类社会与物理系统的整合,在这个整合的网络当中,存在能力超强的中心计算机群,能够对整合网络内的人员、机器、设备和基础设施实施实时的管理和控制,在此基础上,人类可以更加精细和动态的方式管理生产和生活,达到"智慧"状态,提高资源利用率和生产力水平,改善人与自然间的关系。

物联网中非常重要的技术是RFID电子标签技术。以简单RFID系统为基础,结合已有的网络技术、数据库技术、中间件技术等,构筑一个由大量联网的阅读器和无数移动的标签组成的,比Internet更为庞大的物联网,成为RFID技术发展的趋势。物联网用途广泛,遍及智能交通、环境保护、政府工作、公共安全、平安家居、智能消防、工业监测、老人护理、个人健康等多个领域。物联网是继计算机、互联网与移动通信网之后的又一次信息产业浪潮,近年来,伴随着移动通信技术、网络技术及传感技术的不断发展,物联网已成为新一代信息技术的重要组成部分,其在智能电网、智慧交通、智慧医疗、智慧工业等垂直应用领域都取得了规模化的产业发展。随着智能化普及,全球物联网终端数量将实现快速增长。据测算,到2030年,全球工业物联网市场规模将从2022年的3 928亿美元增长到17 428亿美元;预计2025年全球工业物联网连接数将达到约138亿,而中国的这一数字将达到41亿,约为全球的三分之一,彼时工业物联网连接数亦将超过消费物联网,成为物联网领域的主要经济增长点。

**2. 物联网的特征**

和传统的互联网相比,物联网有其鲜明的特征。

(1)它是各种感知技术的广泛应用

物联网上部署了海量的多种类型传感器,每个传感器都是一个信息源,不同类别的传感器所捕获的信息内容和信息格式不同。传感器获得的数据具有实时性,按一定的频率周期性地采集环境信息,不断更新数据。

(2)它是一种建立在互联网上的泛在网络

物联网技术的重要基础和核心仍旧是互联网,通过各种有线和无线网络与互联网融合,将物体的信息实时准确地传递出去。在物联网上的传感器定时采集的信息需要通过网络传输,由于其数量极其庞大,形成了海量信息。在传输过程中,为了保障数据的正确性和及时性,必须适应各种异构网络和协议。

(3)物联网具有智能处理的能力,能够对物体实施智能控制

物联网不仅提供了传感器的连接,其本身也具有智能处理的能力,能够对物体实施智能控制。物联网将传感器和智能处理相结合,利用云计算、模式识别等各种智能技术,扩充其应用领域。从传感器获得的海量信息中分析、加工和处理出有意义的数据,以适应不同用户的不同需求,发现新的应用领域和应用模式。

**3. 物联网的产生与发展**

早在1999年,在美国召开的移动计算和网络国际会议就提出:传感网是21世纪人类面临的又一个发展机遇。在这次会议上首次提出了物联网的概念。2003年,美国《技术评论》提出传感网络技术将是未来改变

人们生活的十大技术之首。2005年,在突尼斯举行的信息社会世界峰会(WSIS)上,国际电信联盟(ITU)发布了《ITU互联网报告2005:物联网》,正式提出了"物联网"的概念。报告指出,无所不在的"物联网"通信时代即将来临,世界上所有的物体从轮胎到牙刷、从房屋到纸巾都可以通过因特网主动进行交换。射频识别技术(RFID)、传感器技术、纳米技术、智能嵌入技术将到更加广泛的应用。

  2008年后,为了促进科技发展,寻找经济新的增长点,各国政府开始重视下一代的技术规划,将目光放在了物联网上。2008年11月IBM首次提出"智慧地球"的概念,建议美国政府投资新一代的智慧型基础设施。当年,美国将新能源和物联网列为振兴经济的两大重点。

  2009年2月24日,在2009 IBM论坛上,IBM中国地区首席执行官公布了名为"智慧的地球"的最新策略。IBM认为,IT产业下一阶段的任务是把新一代IT技术充分运用在各行各业之中,具体地说,就是把感应器嵌入和装备到电网、铁路、桥梁、隧道、公路、建筑、供水系统、大坝、油气管道等各种物体中,并且被普遍连接,形成物联网。"智慧的地球"这一概念一经提出,即得到美国各界的高度关注,甚至有分析认为,IBM公司的这一构想极有可能上升至美国的国家战略,并在世界范围内引起轰动。"智慧地球"战略被不少美国人认为与当年的"信息高速公路"有许多相似之处,同样被他们认为是振兴经济、确立竞争优势的关键战略。该战略能否掀起如当年互联网革命一样的科技和经济浪潮,不仅为美国关注,更为世界所关注。

  国内物联网产业的发展经历了学习研究、政府推动以及业界应用推广阶段。2009年时任国务院总理温家宝提出"感知中国"以来,中央和地方政府对物联网行业在资金和政策上均给予了大量的支持。2012年工业和信息化部制定了《物联网"十二五"发展规划》,2012年也因此成为中国物联网整体实施的元年。之后的若干年间,我国物联网产业迎来了快速发展的良好机遇,目前已初步形成以北京、上海、深圳、重庆为核心的环渤海、长三角、珠三角、中西部地区四大物联网产业集聚区的空间格局。物联网在中国受到了全社会极大的关注,其受关注程度甚至超过了美国、欧盟及其他各国。我国移动物联网的良好发展态势,主要得益于以下三方面因素:

  一是国家高度重视移动物联网发展。党的二十大报告指出,加快发展物联网,建设高效顺畅的流通体系,降低物流成本。加快发展数字经济,促进数字经济和实体经济深度融合,打造具有国际竞争力的数字产业集群。工业和信息化部通过《关于全面推进移动物联网(NB-IoT)建设发展的通知》《关于深入推进移动物联网全面发展的通知》等政策文件加强顶层设计,为移动物联网发展构建良好政策环境,推动应用创新,提升产业活力,促进移动物联网产业生态加快发展。

  二是各行各业为移动物联网发展提供了广泛的应用场景。经过多年努力,我国已建成世界上最为完整的产业体系,是全世界唯一拥有联合国产业分类中全部工业门类的国家。各行各业在数字化转型过程中,加快与移动物联网结合,产业界形成了丰富的应用实践,推动了移动物联网连接数的快速增长。

  三是覆盖广泛的移动通信网络为移动物联网业务的发展提供了坚实的网络底座。目前,我国建成了全球规模最大的移动通信网络,覆盖广度和深度持续提升,初步形成窄带物联网(NB-IoT)、4G和5G多网协同发展的格局,能够提供不同速率等级的连接能力,满足各行业物联网业务和应用场景要求。

### 8.8.2 物联网的原理与应用

**1. 物联网的原理**

  物联网是在计算机互联网的基础上,利用RFID、无线数据通信等技术,构造一个覆盖世界上万事万物的网络。在这个网络中,物品(商品)能够彼此进行"交流",而无须人的干预。其实质是利用RFID技术,通过计算机互联网实现物品(商品)的自动识别和信息的互联与共享。

  而RFID,正是能够让物品"开口说话"的一种技术。在物联网的构想中,RFID标签中存储着规范而具有互用性的信息,通过无线数据通信网络把它们自动采集到中央信息系统,实现物品(商品)的识别,进而通过开放性的计算机网络实现信息交换和共享,实现对物品的"透明"管理。

**2. 物联网的技术构架**

  从技术架构上来看,物联网可分为三层:感知层、网络层和应用层。

(1) 感知层

感知层由各种传感器以及传感器网关构成,包括二氧化碳浓度传感器、温度传感器、湿度传感器、二维码标签、RFID 标签和读写器、摄像头、GPS 等感知终端。感知层的作用相当于人的眼耳鼻喉和皮肤等神经末梢,它是物联网识别物体、采集信息的来源,其主要功能是识别物体、采集信息。

(2) 网络层

网络层由各种私有网络、互联网、有线和无线通信网、网络管理系统和云计算平台等组成,相当于人的神经中枢和大脑,负责传递和处理感知层获取的信息。

(3) 应用层

应用层是物联网和用户(包括人、组织和其他系统)的接口,它与行业需求结合,实现物联网的智能应用。

物联网概念的问世,打破了之前的传统思维。过去的思路一直是将物理基础设施和 IT 基础设施分开:一方面是机场、公路、建筑物;另一方面是数据中心、个人计算机、宽带等。而在物联网时代,钢筋混凝土、电缆将与芯片、宽带整合为统一的基础设施,在此意义上,基础设施更像是一块新的地球工地,世界的运转就在它上面进行,其中包括经济管理、生产运行、社会管理乃至个人生活。

**3. 物联网的实施步骤**

在实施物联网的过程中一般要经历如下三个步骤:

① 对物体属性进行标识。属性包括静态和动态的属性,静态属性可以直接存储在标签中,动态属性需要先由传感器实时探测。

② 需要识别设备完成对物体属性的读取,并将信息转换为适合网络传输的数据格式。

③ 将物体的信息通过网络传输到信息处理中心,由处理中心完成物体通信的相关计算。

**4. 物联网的应用模式**

物联网根据其实质用途可以归结为三种基本应用模式:

(1) 对象的智能标签

通过二维码、RFID 等技术标识特定的对象,用于区分对象个体。例如,在生活中人们使用的各种智能卡、条码标签的基本用途就是用来获得对象的识别信息;此外,通过智能标签还可以用于获得对象物品所包含的扩展信息,例如智能卡上的余额、二维码中所包含的网址和名称等。

(2) 环境监控和对象跟踪

利用多种类型的传感器和分布广泛的传感器网络,可以实现对某个对象的实时状态的获取和特定对象行为的监控。例如,使用分布在市区的各个噪声探头监测噪声污染;通过二氧化碳传感器监控大气中二氧化碳的浓度;通过 GPS 标签跟踪车辆位置;通过交通路口的摄像头捕捉实时交通流量等。

(3) 对象的智能控制

物联网基于云计算平台和智能网络,可以依据传感器网络用获取的数据进行决策,改变对象的行为进行控制和反馈。例如,根据光线的强弱调整路灯的亮度;根据车辆的流量自动调整红绿灯间隔等。

### 8.8.3 物联网的典型应用

**1. 物联网在智能交通方面的应用**

智能交通系统(intelligent transportation system,ITS)是将信息技术、通信技术、传感技术及微处理技术等有效地集成运用于交通运输领域的综合管理系统。目标是将道路、驾乘人员和交通工具有机结合在一起,建立三者间的动态联系,使驾驶员能实时地了解道路交通以及车辆情况,减少交通事故、降低环境污染、优化行车路线,以安全和经济的方式到达目的地;同时管理人员通过对车辆、驾驶员和道路信息的实时采集来提高管理效率,更好地发挥交通基础设施效能,提高交通运输系统的运行效率和服务水平,为人们提供高效、安全、便捷、舒适的出行服务。共享单车、快速公交、电子不停车收费系统(ETC)、汽车防碰撞预警系统等,都属于智能交通方面的应用。

**2. 物联网在智能物流方面的应用**

智能物流系统(intelligent logistics system,ILS)是在智能交通系统相关信息技术的基础上,以电子商务方式运作的现代物流服务体系,通过相关信息技术完成物流作业的实时信息采集,并在一个集成环境下对采集的信息进行分析和处理。ILS通过在各个物流环节中的信息传输,为物流服务提供商和客户提供详尽的信息和咨询服务。

### 3. 物联网在智能家居方面的应用

智能家居又称为智能住宅,是以家庭住宅为平台,利用综合布线技术、网络通信技术、安全防范技术、自动控制技术、音频和视频技术,将与家居生活有关的设施集成,构建高效的住宅设施与家庭日程事务的管理,提升家居的安全性、便利性、舒适性,并营造环保节能的居住环境。

### 4. 物联网在智能农业方面的应用

智能农业是指在相对可控的环境条件下采用工业化生产,实现集约、高效、可持续发展的现代农业生产方式。智能农业集科研、生产、加工、销售于一体,实现周年性、全天候、反季节的企业化规模生产;集成现代化生物技术、农业工程、农用新材料等学科相关技术,以现代化农业设施为依托,实现科技含量高、产品附加值高、土地产出率高和劳动生产率高的目标。

### 5. 物联网在医疗健康方面的应用

智能医疗是物联网利用传感器等信息识别技术,通过无线网络实现患者与医务人员、医疗机构、医疗设备的互动。致力于构建以病人为中心的医疗服务体系,可在服务成本、服务质量方面取得一个良好的平衡。建设智能医疗体系能够解决当前看病难、病例记录丢失、重复诊断、疾病控制滞后、医疗数据无法共享、资源浪费等问题,实现快捷、协作、经济、可靠的医疗服务。

### 6. 物联网在智慧城市方面的应用

智慧城市是智慧地球的重要组成部分,指充分利用物联网、传感网,涉及智能楼宇、智能家居、路网监控、智能医院、城市生命线管理、食品药品管理、票证管理、家庭护理、个人健康与数字生活等诸多领域,把握新一轮科技创新和信息产业浪潮的重大机遇,充分发挥信息通信产业发达、RFID相关技术领先、电信业务及信息化基础设施优良等优势,通过建设信息通信基础设施、认证、安全等平台和示范工程,加快产业关键技术攻关,构建城市发展的智慧环境,形成基于海量信息和智能过滤处理的新的生活、产业发展、社会管理等模式,让城市中各个功能彼此协调运作,为企业提供优质的发展空间,为人们提供更高的生活品质。

智慧城市的概念最早由IBM公司在2008年提出,经过多年的探索,中国的智慧城市建设已进入新阶段,一座座更高效、可持续发展的城市正在应运而生。推进城市智慧化发展、数字化转型,是面向未来构筑城市竞争新优势的关键之举,也是推动城市治理体系和治理能力现代化的必然要求。预计到2030年,我国城市全域数字化转型全面突破,人民群众的获得感、幸福感、安全感全面提升,涌现一批数字文明时代具有全球竞争力的中国式现代化城市。

### 7. 物联网在智能旅游方面的应用

智能旅游是利用物联网的先进技术,通过互联网或移动互联网,借助便携式终端上网设备,主动感知旅游资源、旅游活动等方面的信息,便于游客及时安排和调整旅游计划,达到对各类旅游信息的智能感知和方便使用的效果。

### 8. 物联网在智能工业方面的应用

智能工业是通过物联网与服务联网的融合来改变当前的工业生产与服务模式,将各个生产单元全面联网,实现物与物、人与物的实时信息交互与无缝连接,使生产系统按不断变化的环境与需求进行自我调整,从而大幅提升生产制造效率、提高产品质量、降低产品成本和资源消耗,将传统工业提升到智能工业的新阶段。

# 第 9 章　人工智能基础知识

近年来,不论是计算机的专业期刊,还是一般的新闻报道,关于人工智能的文章和话题大量涌现,人工智能技术开始逐渐渗入人们生活的每一个角落,并正在成为推动全球经济和社会发展的新引擎。人工智能时代已悄然而至,人工智能技术的飞速发展正以颠覆性的力量改变着人类社会和世界的面貌,我们也迎来一次自互联网诞生以来计算机时代的最大变革。我国政府及时发现了这一未来科技发展的趋势,近年来陆续颁布了多项人工智能发展规划,在2024年的政府工作报告中更是提出了"人工智能+"行动,标志着对未来科技发展趋势的深刻洞察,以及对国家战略布局的前瞻性规划。"人工智能+"行动不仅是对人工智能技术发展的一个强调,更是一个全面推进科技与经济深度融合的行动计划,旨在通过科技创新引领产业升级,推动经济结构优化,加速构建现代化经济体系,体现了国家层面对于科技创新尤其是人工智能技术发展的高度重视。在这样一个大的时代背景下,作为当代大学生必须对人工智能有所了解并学习人工智能相关的知识,这是时代发展对大学生的基本要求。本章将针对人工智能的基本概念、应用领域和关键技术进行讲解。

**学习目标**

- 了解人工智能的基本知识和人工智能的发展历程。
- 了解人工智能主要的应用技术。
- 了解机器学习与深度学习的相关知识。
- 了解人工智能在行业与产品中的应用。
- 了解人工智能的最新技术和应用。

## 9.1　人工智能概述

### 9.1.1　人类智能与人工智能

人工智能是计算机学科的一个分支,自20世纪70年代以来被称为世界三大尖端技术(空间技术、能源技术、人工智能)之一,也被认为是21世纪三大尖端技术(基因工程、纳米科学、人工智能)之一。人工智能是在计算机科学、控制论、信息论、神经心理学、哲学、语言学等多种学科研究的基础之上发展起来的综合性学科,近30年来获得了迅速的发展,在很多学科领域都获得了广泛应用,并取得了丰硕的成果。

从字面上来理解,"人工智能"的意思就是"人工的智能",也可以说是"人造的智能"。所谓"人造"即人类通过模仿自然而创造出来的事物。例如,人类模仿鸟类制造了飞机、模仿蝙蝠发明了声呐和雷达、模仿鱼类和海豚建造了潜艇等。与此类似,既然"人工智能"是人类通过模仿创造出来的人造智能,那么它模仿的对象就是人类的智能。

人类智能是人类所具有的认识、理解客观事物并运用知识、经验等解决问题的能力,包括记忆、观察、想象、思考、判断等。人类智能是人类在漫长的进化过程中发展起来的,是人类认识世界和改造世界的关键。既然人工智能是模仿人类智能创造的,那么人工智能也应该具有上述特征,即能够认识事物并且运用知识和经验解决问题。

人类智能的核心是人的大脑,那么人工智能的"大脑"又是什么呢?实际上,人工智能的"大脑"是由一段段计算机算法构成的,人工智能思考的过程也就是计算程序执行的过程。人类依靠思考获得解决问题的方法,而人工智能则依靠程序运行结果获得解决问题的方法。

人类创造人工智能的目的就是让机器能够像人一样会思考,代替人类去解决部分问题,那么什么样的机器才算是智能的呢?早在人工智能学科还未正式诞生之前的1950年,计算机科学创始人之一的英国数学家阿兰·图灵(Alan Turing)就发表了一篇名为《计算机器与智能》的论文,提出了一个"模拟游戏"来测试和评定机器智能,这个模拟游戏被后人称为图灵测试。在图灵测试中,一位人类测试员会使用电传设备,通过文字与密室里的一台机器和一个人自由对话。如果测试员无法分辨与之对话的两个对象谁是机器、谁是人,则参与对话的机器就被认为具有智能(会思考)。在1952年,图灵还提出了更具体的测试标准:如果一台机器能在5分钟之内骗过30%以上的测试者,不能辨别其机器的身份,就可以判定它通过了图灵测试。

虽然图灵测试的科学性受到过质疑,但是它在过去数十年一直被广泛认为是测试机器智能的重要标准,对人工智能的发展产生了极为深远的影响,图灵测试常被认为是判断机器是否能够思考的标志性试验。图灵首次对于"机器"和"思考"的含义进行了探索,从而为后来的人工智能科学提供了一种创造性的思考方法。在图灵的这篇论文中,图灵还对人工智能的发展给出了非常有益的建议。他认为,与其去研制模拟成人思维的计算机,不如去试着制造更简单的系统,如类似于一个幼儿智能的人工系统,然后再让这个系统不断地学习。这种思路正是今天用机器学习方法来求解人工智能问题的核心指导思想。

### 9.1.2 人工智能的定义

#### 1. 人工智能的诞生

在人工智能的发展史上,图灵让人工智能从0走到1,而在人工智能从1扩展到无限大的过程中,则包含了无数科学家共同的努力。图灵提出了让机器思考的问题,也描述了智能系统的雏形,但他并没有明确提出"人工智能"这一概念。一般认为现代人工智能(Artificial Intelligence,AI)起源于1956年夏季在美国达特茅斯学院召开的一场学术研讨会。

参加研讨会的学者共有十余位,主要包括会议的召集者、时任达特茅斯学院数学系助理教授的约翰·麦卡锡(John McCarthy)、马文·明斯基(Marvin Minsky)、克劳德·香农(Claude Shannon)、赫伯特·西蒙(Herbert. Simon)和艾伦·纽厄尔(Allen Newell)等。会议上,大家交流了各自的研究内容和研究进展,约翰·麦卡锡首次提出了Artificial Intelligence一词。当时的参会人员大部分还只是名不见经传的青年学者,虽然在年龄上这些人显得十分稚嫩,但在学术上他们却有着很深的造诣,可以称得上是人工智能领域的先驱。后来,马文·明斯基创建了麻省理工学院人工智能实验室,并于1969年获得图灵奖,成为人工智能领域获此殊荣的第一人;约翰·麦卡锡协助建立了斯坦福大学人工智能实验室,并于1971年获得图灵奖;赫伯特·西蒙和艾伦·纽厄尔于1975年获得图灵奖,提出了"物理符号系统假说",成为人工智能中影响最大的符号主义学派的创始人。正因如此,达特茅斯会议才被认为是人工智能发展史上的一个重要节点。自此之后,人工智能进入了一个大步向前发展的时代。

#### 2. 人工智能的定义

人工智能是一个以计算机科学为基础,由哲学、数学、经济学、神经科学、心理学、计算机工程、控制论、语言学等多学科交叉融合的交叉学科和新兴学科。人工智能试图了解智能的实质,并生产出一种新的能以人类智能相似的方式做出反应的智能机器。

虽然在达特茅斯会议上就提出了人工智能一词,但并没有给出精确的定义,作为一门前沿交叉学科,人工智能的定义一直存有不同的观点。《人工智能:一种现代的方法》是非常权威和经典的人工智能教材,作者是罗素(Stuart J. Russell)和诺维格(Peter Norvig),该书目前已被全世界100多个国家的1200多所大学所选用。书中将已有的一些人工智能定义分为四类:像人一样思考的系统、像人一样行动的系统、理性地思考的系统、理性地行动的系统。学术界曾将人工智能定义为"人工智能就是机器展现出的智能",即只要是某种机器,具有某种或某些"智能"的特征或表现,都应该算作"人工智能"。大英百科全书则限定人工智能是数字计算机或者数字计算机控制的机器人在执行智能生物体才有的一些任务上的能力。百度百科定义人工智能是"研究、开发用于模拟、延伸和扩展人的智能的理论、方法、技术及应用系统的一门新的技术科学",将其视为计算机科学的一个分支,指出其研究包括机器人、语言识别、图像识别、自然语言处理和专家系统等。

目前我国科研单位普遍的共识认为,人工智能是利用数字计算机或者数字计算机控制的机器模拟、延伸和扩展人的智能,感知环境、获取知识并使用知识获得最佳结果的理论、方法、技术及应用系统。

可以看出,人工智能的定义可以分为两部分,即"人工"和"智能"。人工智能就是研究人类智能活动的规律,构造具有一定智能的人工系统,研究如何让计算机去完成以往需要人的智力才能胜任的工作,也就是研究如何应用计算机的软硬件来模拟人类某些智能行为的基本理论、方法和技术。

**3. 人工智能的分类**

人工智能业界普遍的观点,把人工智能划分为三类:弱人工智能(artificial narrow intelligence, ANI)、强人工智能(artificial general intelligence, AGI)和超人工智能(artificial super intelligence, ASI)。简单地说,弱人工智能不具备意识,强人工智能具备初级意识,而超人工智能、意识等同或超过人类。现阶段实现的人工智能属于最低级的人工智能,也就是弱人工智能。

(1)弱人工智能

弱人工智能指的是专心于且只能处理特定领域问题的人工智能。毫无疑问,目前所见的所有人工智能算法和应用都归于弱人工智能的领域,它是迄今为止唯一成功实现的人工智能类型。

弱人工智能是面向目标的,旨在执行单个任务(例如面部识别、语音识别/语音助手、汽车驾驶或互联网搜索),其在完成一些特定任务时可以表现得非常聪明,即这些机器看起来非常智能,但它们还是在有限的约束和限制下运行的,因此被称为弱人工智能。弱人工智能不会模仿或复制人类的智能,它只是基于参数等已有信息来模拟人类的行为。弱人工智能只不过看起来像是智能的,它并不真正拥有智能,也不会有自主意识。

(2)强人工智能

强人工智能又称通用人工智能或完全人工智能,指的是可以胜任人类所有工作的人工智能。人可以做什么,强人工智能就可以做什么。强人工智能观点认为有可能制造出真正能推理和解决问题的智能机器,并且,这样的机器将被认为是有知觉的、有自我意识的、可以独立思考问题并制定解决问题的最优方案。它会有自己的价值观和世界观体系,有和生物一样的各种本能,比如生存和安全需求。强人工智能与弱人工智能的最大差别就是在于否拥有意识,在某种意义上可以看作一种新的文明。

在强人工智能的定义里,存在一个要害的争议性问题:强人工智能是否有必要具有人类的"认识"(consciousness)。有些研究者认为,只有具有人类认识的人工智能才能够叫强人工智能。另一些研究者则说,强人工智能只需要具有担任人类所有工作的才能就够了,未必需要人类的认识。也就是说,由于牵涉"认识",强人工智能的定义和评估规范就会变得反常复杂,而人们关于强人工智能的忧虑也正来源于此。不难设想,一旦强人工智能程序具有人类的认识,人类就必然需要像对待一个有健全人格的人那样对待一台机器,那时,人与机器的联系就绝非东西使用者与东西本身这么简单。具有认识的机器会不会甘愿为人类服务?机器会不会由于某种集体的诉求而联合起来站在人类的对立面?一旦具有认识的强人工智能得以完成,这些问题将直接成为人类面临的现实挑战。

(3)超人工智能

超人工智能是一种假想的人工智能,假定计算机程序通过不断发展,能够比世界上最聪明、最有天赋的人类还聪明,那么,由此产生的人工智能系统称为超人工智能。这种超人工智能除了可以复制人类的多方面智慧之外,理论上它可以比人类能做的每一件事都做得更好,比如数学、科学、体育、艺术、医学、业余爱好、情感关系等。因此,超人工智能的决策和解决问题的能力将远胜于人类。

与弱人工智能、强人工智能相比,超人工智能的定义最为含糊,目前没人知道,逾越人类最高水平的才智到底会表现为何种才能。如果说关于强人工智能,人们还存在从技能视点进行讨论的可能性,那么,关于超人工智能,今日的人类大多就只能从哲学或科幻的视点加以解析。显然,对今日的人们来说,这只是一种存在于科幻电影中的幻想场景。

目前所能达到的仅仅是弱人工智能水平,而更高阶段的强人工智能和超人工智能尚未触及。但可以肯定的是,当前正处于人工智能时代,并且随着人工智能技术的不断发展,再辅以基础理论的不断进步,强人工智能甚至超人工智能会在不远的未来有着更加清晰的轮廓。

### 9.1.3 人工智能三大学派

若从1956年正式提出人工智能学科算起,人工智能的研究发展已有60多年的历史。这期间,不同学科或学科背景的学者对人工智能给出了各自的理解,提出了不同的观点,由此产生了不同的学术流派。其中对人工智能研究影响较大的主要有符号主义、联结主义和行为主义三大学派。

**1. 符号主义**

符号主义(symbolism)是一种基于逻辑推理的智能模拟方法,又称逻辑主义(logicism)、心理学派(psychlogism)或计算机学派(computerism),其原理主要为物理符号系统假设和有限合理性原理,长期以来,一直在人工智能中处于主导地位。

符号主义学派认为人工智能源于数理逻辑。数理逻辑从19世纪末起就获得迅速发展,到20世纪30年代开始用于描述智能行为。计算机出现后,又在计算机上实现了逻辑演绎系统。该学派认为人类认知和思维的基本单元是符号,而认知过程就是在符号表示上的一种运算。符号主义致力于用计算机的符号操作来模拟人的认知过程,其实质就是模拟人的左脑抽象逻辑思维,通过研究人类认知系统的功能机理,用某种符号来描述人类的认知过程,并把这种符号输入到能处理符号的计算机中,从而模拟人类的认知过程,实现人工智能。

符号主义学派代表性的成果为启发式程序LT逻辑理论家,它证明了38条数学定理,表明了可以应用计算机研究人的思维过程,模拟人类智能活动。正是这些符号主义者,早在1956年首先采用"人工智能"这个术语。后来又发展了启发式算法、专家系统、知识工程理论与技术,并在20世纪80年代取得很大发展。符号主义曾长期一枝独秀,为人工智能的发展做出重要贡献,尤其是专家系统的成功开发与应用,对人工智能走向工程应用和实现理论联系实际具有特别重要的意义。在人工智能的其他学派出现之后,符号主义仍然是人工智能的主流派别。这个学派的代表人物有纽厄尔(Newell)、西蒙(Simon)和尼尔逊(Nilsson)等。

**2. 联结主义**

联结主义(connectionism)又称仿生学派(bionicsism)或生理学派(physiologism),是一种基于神经网络及网络间的连接机制与学习算法的智能模拟方法。其原理主要为神经网络和网络间的连接机制和学习算法。这一学派认为人工智能源于仿生学,特别是人脑模型的研究。

联结主义学派从神经生理学和认知科学的研究成果出发,把人的智能归结为人脑的高层活动的结果,强调智能活动是由大量简单的单元通过复杂的相互连接后并行运行的结果。其中,人工神经网络就是其典型代表性技术。该代表性成果是1943年由生理学家麦卡洛克(McCulloch)和数理逻辑学家皮茨(Pitts)创立的脑模型,即MP模型,开创了用电子装置模仿人脑结构和功能的新途径。它从神经元开始进而研究神经网络模型和脑模型,开辟了人工智能的又一发展道路。20世纪60~70年代,联结主义对以感知机(perceptron)为代表的脑模型的研究出现过热潮,由于受到当时的理论模型、生物原型和技术条件的限制,脑模型研究在20世纪70年代后期至80年代初期落入低潮。直到霍普菲尔德(Hopfield)教授在1982年和1984年发表两篇重要论文,提出用硬件模拟神经网络以后,联结主义才又重新获得重视。1986年,鲁梅尔哈特(Rumelhart)等人提出多层网络中的反向传播(BP)算法。此后,联结主义势头大振,从模型到算法,从理论分析到工程实现,为神经网络计算机走向市场打下基础。

**3. 行为主义**

行为主义又称进化主义(evolutionism)或控制论学派(cyberneticsism),是一种基于"感知—行动"的行为智能模拟方法。

行为主义最早来源于20世纪初的一个心理学流派,认为行为是有机体用以适应环境变化的各种身体反应的组合,它的理论目标在于预见和控制行为。维纳(Wiener)和麦克洛克(McCulloch)等人提出的控制论和自组织系统以及钱学森等人提出的工程控制论和生物控制论,影响了许多领域。控制论把神经系统的工作原理与信息理论、控制理论、逻辑以及计算机联系起来。早期的研究工作重点是模拟人在控制过程中的智能行为和作用,对自寻优、自适应、自校正、自镇定、自组织和自学习等控制论系统的研究,并进行"控制动物"的研制。到 20 世纪 60~70 年代,上述这些控制论系统的研究取得一定进展,播下智能控制和智能机器人的种子,并在 20 世纪 80 年代诞生了智能控制和智能机器人系统。行为主义是 20 世纪末才以人工智能新学派的面孔出现的,引起许多人的兴趣。这一学派的代表作者首推布鲁克斯(Brooks)的六足行走机器人,它被看作是新一代的"控制论动物",是一个基于"感知—动作"模式模拟昆虫行为的控制系统。

人工智能研究进程中的这三种假设和研究范式推动了人工智能的发展。就人工智能三大学派的历史发展来看,符号主义认为认知过程在本体上就是一种符号处理过程,人类思维过程总可以用某种符号来进行描述,其研究是以静态、顺序、串行的数字计算模型来处理智能,寻求知识的符号表征和计算,它的特点是自上而下。而联结主义则是模拟发生在人类神经系统中的认知过程,提供一种完全不同于符号处理模型的认知神经研究范式。主张认知是相互连接的神经元的相互作用。行为主义与前两者均不相同。认为智能是系统与环境的交互行为,是对外界复杂环境的一种适应。这些理论与范式在实践之中都形成了自己特有的问题解决方法体系,并在不同时期都有成功的实践范例。而就解决问题而言,符号主义有从定理机器证明、归结方法到非单调推理理论等一系列成就。而联结主义有归纳学习,行为主义有反馈控制模式及广义遗传算法等解题方法。它们在人工智能的发展中始终保持着一种经验积累及实践选择的证伪状态。

### 9.1.4 人工智能的发展历史

自 20 世纪 50 年代以来,人工智能经历了漫长的发展历程,涌现出了许多具有里程碑意义的理论和技术。下面简要回顾人工智能的发展史,梳理人工智能的发展脉络。

**1. 起源期**(20 世纪 50 年代)

人工智能的概念最早可以追溯到古希腊哲学家亚里士多德和中国古代哲学家墨子,他们探讨过关于人造机器和智能的可能性,但真正意义上的人工智能起源于 20 世纪。20 世纪 40 年代和 50 年代,计算机科学的发展为人工智能的研究奠定了基础。随着计算机技术的进步,人们开始尝试使用机器来模拟人类思维和解决问题的能力。1950 年,英国数学家阿兰·图灵提出了著名的图灵测试,即通过判断一个机器是否能够展现出与人类不可区分的智能行为来定义人工智能。这一定义奠定了人工智能研究的基础。图灵测试不仅是一个思想实验,更是人工智能领域的第一块基石,是第一次有人尝试定义机器智能的标准。这个时期的标志性成果之一是 1956 年的达特茅斯会议,在这个旨在探讨人工智能这一新兴领域的会议上,麦卡锡首次提出了"人工智能"这一术语,并将其定义为"制造智能机器的科学与工程"。这一年也因此被称为"人工智能元年"。另一个标志性成果是符号主义与逻辑推理。20 世纪 50 年代,人工智能研究主要集中在符号主义方法上。符号主义认为,智能行为可以通过逻辑推理和符号操作来实现。纽厄尔和西蒙开发了一个名为"逻辑理论家"的程序,该程序能够证明数学定理。此后,他们又开发了"通用问题求解器",用于解决各种问题。1952 年,美国的计算机游戏和人工智能领域先驱塞缪尔开发了第一个计算机下棋程序,被认为是最早的机器学习程序之一。塞缪尔还在 1959 年首创"机器学习"一词。同年,麦卡锡和明斯基牵头在麻省理工大学成立了最早的人工智能实验室。

**2. 起步期**(20 世纪 60 年代)

人工智能概念提出后,人工智能迎来了发展史上的第一个小高峰,研究者层出不穷,相继取得了一批令人瞩目的研究成果。20 世纪 60 年代,人工智能开始从理论走向实践。研究人员开始关注如何让计算机自己学习,并尝试使用自然语言处理技术来让计算机理解人类语言。

这个时期的标志性成果之一是自然语言处理。20 世纪 60 年代,人工智能研究开始关注自然语言处理。美国计算机科学家约瑟夫·魏泽堡开发了一个名为艾丽莎(ELIZA)的聊天机器人,能够模拟医生与患者之间的对话。尽管 ELIZA 的功能有限,但它开启了自然语言处理研究的新篇章。

第二个标志性成果是专家系统。其间,人工智能研究开始关注知识表示和专家系统。知识表示研究如何将人类知识转化为计算机可以处理的形式,而专家系统则是一种模拟人类专家解决问题能力的计算机程序,它通过集成特定领域的知识库和推理引擎,来模拟专家的决策过程,从而在复杂问题上提供专业建议或解决方案。这些系统通常依赖于规则和事实的集合,以及逻辑推理方法,以模拟专家的思考方式,解决特定领域的问题。其中,费根鲍姆领导的团队开发了第一个成功的专家系统。

第三个标志性成果是感知机与神经网络。20 世纪 60 年代,神经网络研究取得了重要进展。神经网络是一种模仿人脑神经元结构的计算模型,用于识别模式和处理复杂的数据。它由大量的节点(又称"神经元")组成,这些节点通过连接权重相互交流信息。神经网络通过学习输入数据与期望输出之间的关系,自动调整连接权重,从而能够对新的输入数据进行分类、识别或预测。这种学习过程通常涉及一个称为"训练"的迭代过程,其中网络不断优化其性能,直到达到一定的准确度或性能标准。美国心理学家弗兰克·罗森布拉特提出了感知机模型,感知机是一种简单的人工神经网络,能模拟生物神经元的功能,是最早的机器学习模型之一,虽然它在处理复杂问题上存在局限性,但为后续更复杂的神经网络的发展奠定了基础。在当时的条件下,由于感知机在处理非线性问题时存在局限,导致神经网络研究陷入低谷。

**3. 暗淡期**(20世纪70年代至80年代)

20世纪60年代人工智能的快速发展大大提升了人们对人工智能的期望,很多研究者开始过于乐观,提出了一些不切实际的研发目标。然而,人工智能的道路并非一帆风顺,20世纪70年代人工智能研究遇到了瓶颈。由于计算机硬件性能的限制、数据不足和算法的局限性,使得人工智能在很多领域的研究进展缓慢,导致公众对人工智能的期望过高而失望。许多研究项目无法取得预期的成果,导致资金和人才的流失。这一时期被称为"人工智能的寒冬"。尽管如此,这个时期的挑战也为后来的突破奠定了基础。

**4. 复苏期**(20世纪80年代至21世纪初)

20世纪80年代,人工智能进入第二次发展高潮。随着计算机技术的进步和数据的积累,人工智能迎来了第二次春天。机器学习的概念开始流行,神经网络的研究也重获关注。其间出现了很多经典的人工智能程序和算法。人工智能技术开始从实验室走向市场,许多公司开始投资人工智能产品和服务。

这一时期的标志性成果之一就是机器学习的兴起。机器学习是人工智能的一个分支,它使计算机系统能够通过经验自我改进,而无须进行明确地编程。机器学习涉及的算法和统计模型能够从数据中学习,并根据学到的信息作出决策或预测。简而言之,机器学习让计算机通过分析和理解大量数据,自动学习并提高其执行特定任务的能力。20世纪80年代和90年代,机器学习技术的发展推动了专家系统的复兴,专家系统在医疗、金融、地质勘探等领域得到了广泛应用,成为人工智能技术的一个重要分支,使人工智能研究重新焕发生机。人们还利用数据来训练机器学习模型,使其能够自动学习和改进。IBM的"深蓝"在1997年战胜了国际象棋世界冠军,这是AI在复杂策略游戏中的一次重大胜利。

另一个标志性成果是神经网络研究的逐渐复苏。反向传播算法(backpropagation,BP)的提出,使得多层神经网络得以训练,为深度学习的发展铺平了道路。联结主义方法的兴起,也为神经网络研究提供了新的理论基础。BP算法是一种在神经网络中用于训练权重和偏置参数的高效算法。它通过计算网络输出与实际目标值之间的误差来调整网络中的参数,使得误差最小化。BP算法是深度学习和神经网络领域的基础,使得复杂的神经网络模型训练成为可能,从而推动了人工智能在图像识别、语音识别、自然语言处理等多个领域的应用和发展。

**5. 加速期**(21世纪初至2020年)

20世纪90年代,互联网的普及为人工智能研究提供了丰富的数据资源。大数据技术的发展,使得计算机可以处理和分析海量数据,为人工智能研究提供了新的机遇。

这个时期的标志性成果之一就是深度学习与神经网络。深度学习是机器学习的一个子领域,它通过使用多层(深层)的神经网络来模拟人脑处理数据的方式,从而实现复杂的模式识别和决策。这种学习方式特别擅长从原始数据如图像、声音和文本中自动学习高级特征。自我监督学习则是机器学习中的另一种学习方法。在自我监督学习中,模型通常被训练来预测数据中的某些未标记部分,或者执行一些任务,如排序、填充缺失值或识别数据中的异常模式。这种方法利用了数据的内在规律性,使得模型能够在没有显式监督信号的情况下学习有用的表示,进而可以应用于各种下游任务。深度学习技术的出现,使神经网络研究取得了突破性进展。深度学习通过构建多层神经网络,实现对复杂数据的抽象表示,从而在图像识别、语音识别等领域取得了显著成果。其间人工智能发展的里程碑事件包括人脸识别技术的普及应用、AlphaGo战胜人类围棋冠军等。

另一个标志性成果是人工智能技术在各个领域的应用不断拓展,自动驾驶、智能家居、智能医疗、金融科技等新兴领域纷纷涌现,人工智能逐渐成为推动社会进步的重要力量。

**6. 暴发期**(2020年至今)

随着计算能力的飞速提升和数据集的大规模增长,人工智能领域经历了前所未有的增长和创新,迎来了一个前所未有的爆发期。大模型的概念开始引领AI的发展,它们凭借庞大的参数数量和复杂的网络结构,在多个领域取得了突破性的进展。这个时期的标志性成果之一是大模型的兴起。大模型(large models)指的是具有大量参数的人工智能模型,特别是在深度学习领域,这些模型通常由数十亿甚至数万亿个权重组成。这些模型之所以被称为"大",是因为它们能够捕捉和学习数据中的复杂模式和关系,从而在各种任务上实现卓越的性能,如自然语言处理、图像识别和语音识别等。大模型通常需要大量的数据和计算资源来训练,但它们能够处理复杂的决策过程,提供更加精准和细致的预测。如OpenAI的GPT系列和谷歌的BERT模型,它们通过数十亿甚至数千亿的参数,能够捕捉到语言的微妙细节,极大地推动了自然语言处理(NLP)的发展。这些模型在文本生成、机器翻译、问答系统等方面展现出了惊人的能力。大模型的出现不仅推动了技术的进步,也带来了新的挑战和机遇。这些模型的强大能力正在逐步改变人们与技术的互动方式,从智能助手到自动化决策系统,AI正成为我们日常生活和工作中不可或缺的一部分。

第二个标志性成果是预训练和微调。预训练是一种在机器学习和深度学习中常用的技术,是在特定任务上训练模型之前,先在大量数据上训练模型以学习通用特征。这个过程使得模型能够捕捉到数据的一般性规律,从而在后续的特定任务训练中更快地收敛,并提高最终任务的性能。预训练模型(如BERT、GPT)通过在大规模数据集上学习语言的通用表示,然后通过微调(fine-tuning)来适应特定任务,已成为提高AI性能的重要策略。这种方法使得模型能够快速适应新任务,且性能更加稳定。第三个标志性成果是多模态学习。多模态学习的一个关键挑战是设计能够有效融合不同模态信息的算法,以便模型能够从每种模态中提取有用的特征,并将它们结合起来进行更深层次的分析。通过多模态学习,AI模型开始跨越单一数据类型的界限,通过整合视觉、语言和声音等多种信息源,实现了更为全面的理解能力。例如,CLIP(contrastive language-image pre-training)模型能够理解图像和相关描述之间的关系,从而在图像识别和视觉问答等任务上取得了显著成果。人工智能发展史是一部充满挑战与创新的历程。从最初的逻辑推理、专家系统,到如今的深度学习、大数据,人工智能技术不断突破传统边界,为人类社会带来了前所未有的变革。然而,人工智能的发展也面临着伦理、法律和政策等多方面的挑战。各国政府也开始关注人工智能政策,以引导和规范人工智能技术的发展。未来人工智能研究将继续致力于解决这些挑战,为人类创造更加美好的未来。

### 9.1.5 各国人工智能的发展计划

人工智能作为最具颠覆性和变革性的技术,正不断渗透社会生产生活的各个方面,对国家政治、经济、文化等方面带来极为深远的影响,持续引发全球政界、产业界和学术界的高度关注。目前,人工智能已上升到国家层面的激烈博弈,越来越多的国家争相制定发展战略与规划,主要国家进入了全面推进人工智能发展的全新战略时代,人工智能竞争日益趋向白热化。

在这场全球人工智能发展的竞争中,每个国家或地区都在根据其自身的社会价值观、经济发展需求和技术优势,制定相应的政策。

**1. 美国**

美国对人工智能的研究一直处于世界前沿,一方面得益于联邦研究基金的支持,另一方面得到了政府的高度重视。对人工智能领域,美国政府采取轻干预、重投资政策。美国政府通过《国家人工智能研究和发展战略》等文件,强调了人工智能在国家安全、经济增长和科技创新中的重要性,将人工智能上升到了国家战略层面,为其发展制定了宏伟计划和发展蓝图。美国的政策侧重于推动人工智能技术的研究与开发,同时注重保护知识产权和促进商业化,还成立了人工智能特别委员会,以改善联邦政府在人工智能领域的投入,努力消除创新与监管障碍,提高人工智能创新自由度与灵活性。

美国重点布局互联网、芯片与操作系统等计算机软硬件、金融领域、军事及能源等领域,目的是保持其全球的技术领先地位。美国在整体的人工智能规划中,力图探讨人工智能驱动的自动化对经济的预期影响,研究人工智能给社会就业带来的机遇和挑战,进而提出相应计划与措施应对相关影响。

美国在人工智能领域采取的较为开放和市场驱动的政策,使其更侧重于行业自我调节和非强制性的规范,这也导致了其在AI治理上相对滞后。然而,随着公众对AI治理关注的增加,美国开始采取更具实质性的行动来应对 AI 的风险和挑战,并在人工智能伦理、隐私保护和数据安全方面也有较为成熟的法规和标准。

**2. 欧盟**

欧盟是科技创新的传统重镇,作为拥有欧洲 27 个成员国的大联盟,近年来也积极谋划人工智能发展蓝图。欧盟在 AI 政策上主要注重伦理和隐私保护,这在欧盟人工智能法案中也有所体现。欧盟试图通过更加友好的创新监管体系和更加积极的国家 AI 战略,提升其在 AI 领域的竞争力。

相对于美国主张技术发展的战略而言,欧盟更加注重人工智能对人类社会的影响,其研究内容涉及数据保护、网络安全、人工智能伦理等社会科学方面,目前也投入了大量精力与资金开展数字技术培训和电子政务相关研究。在应用领域,欧盟十分关注人工智能基础研究,以及人工智能在金融经济、数字社会、教育等领域的应用。总体而言,在技术和产业不占特别优势的情况下,欧盟人工智能战略更加注重伦理和法律框架的建立,他们将重点放在了人工智能价值观上,强调人工智能伦理、道德、法律体系研究。欧盟发布的《人工智能战略》旨在确保人工智能的发展与欧盟的价值观和法律体系相一致。其政策强调透明度、可解释性和公平性,要求人工智能系统在设计和应用过程中遵循严格的伦理准则。此外,欧盟还提出了《通用数据保护条例》(GDPR),对数据保护提出了高标准要求。

**3. 日本**

日本政府和企业界非常重视人工智能的发展,不仅将物联网、人工智能和机器人作为第四次产业革命的核心,还在国家层面建立了相对完整的研发促进机制。

日本政府将人工智能视为国家战略,将 2017 年确定为日本人工智能元年,并通过大力发展人工智能,保持并扩大其在汽车、机器人等领域的技术优势,通过人工智能技术逐步解决人口老龄化、劳动力短缺、医疗及养老等社会问题。日本的 AI 政策聚焦于推动社会解决方案和国家战略性的技术发展,希望通过鼓励研发和应用 AI 技术,促进人工智能在医疗、护理、教育等领域的应用,以及推动制造业的智能化升级,提升国家竞争力和社会福祉。日本还注重国际合作,积极参与全球人工智能治理。

目前,日本人工智能研发重点聚焦于日本的汽车、机器人、医疗等产业强项领域,并以老龄化社会对智能机器人的迫切需求,以及超智能社会 5.0 建设等为主要拉动力,突出以硬件带动软件、以创新社会需求带动产业发展等特点,在产业布局方面具有非常显著的目标性和针对性。

**4. 其他国家**

其他国家如韩国、加拿大、澳大利亚等也在积极布局人工智能领域。这些国家通常结合自身产业特点,制定相应的人工智能政策,如韩国强调在半导体和电子领域的人工智能应用,加拿大则侧重于人工智能在医疗和金融服务领域的创新。

**5. 中国**

作为全球第二大经济体,我国政府高度重视人工智能的技术进步与产业发展,人工智能已上升为国家战略,在各国紧锣密鼓地制定人工智能发展战略的时刻,中国已向世人宣告了引领全球 AI 理论、技术和应用的雄心。

我国政府在人工智能领域一直采取着积极推动的策略,2016 年就明确提出人工智能作为发展新一代信息技术的主要方向,并在 2017 年国务院颁布的《新一代人工智能发展规划》中提出,到 2030 年成为世界主要人工智能创新中心的目标。2024 年的政府工作报告中提出"人工智能+"行动,则标志着对未来科技发展趋势的深刻洞察,以及对国家战略布局的前瞻性规划。政府工作报告中对"人工智能+"的高度重视,体现了国家对科技驱动经济发展模式的坚定信念。期望通过实施"人工智能+"行动计划加速科技成果的转化和应用,通过科技创新引领社会各领域的全面进步,为公众带来更多福祉,为社会发展注入新的活力,为国际社会的发展贡献中国智慧和中国方案。

我国在推动 AI 治理方面采取了较为前瞻性和制约性的法律法规。如我国对最近非常火热的生成式 AI 技术的发展施加了限制,但同时也批准了主要科技公司继续部署其会话 AI 服务,显示了在新的伦理框架内促进增长的意图。这也体现了我国政府平衡发展与安全、促进公平与共享的理念。随着人工智能技术的深入应用,数据安全和隐私保护等问题日益凸显。在政府报告中也明确提出,将建立健全的数据管理体系和隐私保护法律法规,确保技术发展不会侵害公民的权益,实现科技发展和社会伦理的和谐统一。

### 9.1.6 人工智能产业链

人工智能 AI 从诞生以来,理论和技术日益成熟,应用领域也不断扩大,目前,人工智能全产业链基本形成。从提高生产力的角度来看,AI 为交通、医疗、教育、工业等行业的各层级提供深度融通,ICT(信息与通信技术)供给能力产生质的飞跃;从相关消费/商业市场的角度来看,AI 加持下,实体经济数字化、网络化、智能化转型升级步伐加快;从 AI 创新的活跃度来看,科研机构和企业都在加快人工智能研究和创新,相关专利数指数型增长;从规模来看,语音、视觉等 AI 技术已经步入实用和商用,智能音箱、智能安防等新兴市场备受追捧。

人工智能产业链结构分为基础层(计算基础设施)、技术层(软件算法及平台)与应用层(行业应用及产品)。

**1. 基础层**

基础层是人工智能产业的基础,主要是研发硬件及软件,如 AI 芯片、数据资源、云计算平台等,为人工智能提供数据及算力支撑。主要包括计算硬件(AI 芯片)、计算系统技术(大数据、云计算和 5G 通信)和数据(数据采集、标注和分析),如图 9-1 所示。

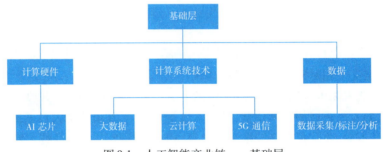

图 9-1 人工智能产业链——基础层

AI 芯片也称为 AI 加速器或计算卡,即专门用于处理人工智能应用中的大量计算任务的模块(其他非计算任务仍由 CPU 负责),AI 芯片主要分为 GPU、DSP、FPGA、ASIC 以及类脑芯片等。作为 AI 产业的核心硬件,目前 AI 芯片创新频繁,支撑云侧、端侧 AI 计算的需求,带动 AI 计算产业快速发展,尤其是云端深度学习计算平台的需求正在快速释放。有分析认为,未来几年 AI 芯片市场规模将达到数百亿美元,占全球人工智能市场规模将超过 10%。

除了计算硬件的支持,全球数据流量的快速增长也为 AI 的深度学习提供了良好基础,公共数据集为创新创业和行业竞赛提供优质数据,给初创企业带来必不可少的资源。有这样一种说法:深度学习是人工智能这台火箭的发动机,燃料是大数据,云计算是引擎。

**2. 技术层**

技术层是人工智能产业的核心,以模拟人的智能相关特征为出发点,研究各类感知技术与深度学习技术,并构建技术路径,即基于研究成果实现人工智能的商业化构建。技术层主要包括算法理论(机器学习)、开发平台(基础开源框架、技术开放平台)和应用技术(计算机视觉、机器视觉、智能语音、自然语音理解),如图 9-2 所示。

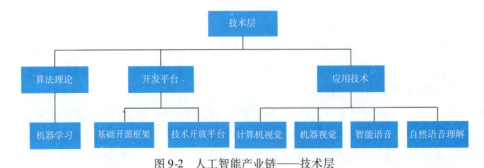

图 9-2 人工智能产业链——技术层

其中,开发平台云集各路巨头,以平台为核心既能纵向打通全产业,又能以业务为导向抢滩重点产业,拓展基础技术,因此各路厂商巨头无不加大投入。在基础开源框架方面,优势企业如谷歌、亚马逊等加快部署机器学习、深度学习底层平台,建立产业事实标准。目前,业内已有近 40 个各类 AI 学习框架,生态竞争异常激烈;而技术开放平台方面,典型企业如科大讯飞、商汤科技利用技术优势建设开放技术平台,为开发者提供 AI 开发环境,建设上层应用生态。

在应用技术方面,以语音识别、机器视觉为代表的人工智能技术快速成熟,达到实用化水平。鉴于语音识别、机器视觉的成熟化,机器视觉、智能语音成为 AI 产业化水平最高的人工智能领域,企业数量和初创企业快速增长。

**3. 应用层**

应用层是人工智能产业的延伸,集成一类或多类人工智能基础应用技术,面向特定应用场景需求而形成软硬件产品或解决方案,即将各类人工智能技术应用到实际细分领域,实现向各传统行业的渗透,满足人们生产生活的具体需求。应用层主要包括行业应用和产品应用(智能汽车、机器人、智能家居、可穿戴设备等)两大类,如图 9-3 所示。

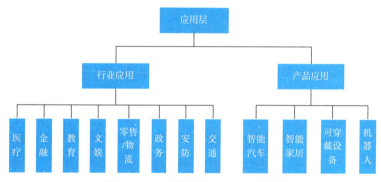

图 9-3　人工智能产业链——应用层

行业应用,主要就是"AI + 传统行业",覆盖了安防、交通、医疗、教育、金融、文娱、零售/物流等诸多垂直领域。对于安防产业,AI 指向了智能化检测预警与控制,将带来行业变革;对于交通,驾驶模式、交通优化等 AI 方案将提高城市通行效率,改变人们的出行模式;对于产品应用,智能音箱、智能家居等多通道交互产品将改变用户模式,催生新的 O2O 平台;AI 指向的工业机器人,甚至无人工厂将改善作业环境,提升生产力,降低成本。

下面将沿着技术层的应用技术(计算机视觉、机器视觉、智能语音、自然语言理解)、算法理论(机器学习)、开发平台(基础开源框架、技术开放平台)和应用层的各个应用方向,介绍人工智能的相关知识。

## 9.2　人工智能主要应用技术

### 9.2.1　计算机视觉

**1. 计算机视觉的概念**

计算机视觉(computer vision)是一门研究如何使机器"看"的科学,属于人工智能中的视觉感知智能范畴。参照人类的视觉系统,摄像机等成像设备是机器的"眼睛",计算机视觉的作用就是要模拟人的大脑的视觉能力。从工程应用的角度来看,计算机视觉就是将从成像设备中获得的图像或者视频进行处理、分析和理解。由于人类获取的信息 83% 来自视觉,因此在计算机视觉上的理论研究与应用也成为人工智能最热门的方向之一。

计算机视觉主要是研究图像分类、语义分割、实例分割、目标检测、目标跟踪等技术。计算机视觉的应用广泛,在医学方面,可以进行医疗成像分析,用来提高疾病的预测、诊断效率和治疗效果;在安防及监控领域,人脸识别的应用可用来指认嫌疑人;在购物方面,消费者现在可以用智能手机拍摄下产品以获得更多信息。在未来,计算机视觉有望进入自主理解、分析决策的高级阶段,真正赋予机器"看"的能力,在无人车、智能家居等场景发挥更大的价值。

机器视觉也属于计算机视觉的范畴,但在实现原理及应用场景上还是有很大的不同,机器视觉更多地应用在工业领域。机器视觉检测系统通过图像摄取装置将被检测的目标转换成图像信号,对这些信号进行各种运算来抽取目标的特征,实现自动识别的功能。机器视觉广泛应用于食品和饮料、化妆品、建材和化工、金属加工、电子制造、包装、汽车制造等行业,特别在半导体及电子行业,如印制电路板(PCB)组装技术、电子封装技术与设备等,几乎占到机器视觉应用的一半左右。

**2. 计算机视觉核心技术**

计算机视觉的基础研究包括图像分类、目标定位与跟踪、目标检测、图像语义分割四大核心技术。

(1) 图像分类

图像分类主要是基于图像的内容对图像进行标记,通常会有一组固定的标签,计算机视觉模型预测出最适合图像的标签。对于人类视觉系统来说,判别图像的类别是非常简单的,因为人类视觉系统能直接获得图像的语义信息。但对于计算机来说,它只能看到图像中的一组栅格状排列的数字,很难将数字矩阵转化为图像类别。

图像分类是计算机视觉中重要的基础问题,是物体检测、图像分割、物体跟踪、行为分析、人脸识别等其他高层视觉任务的基础。图像分类在许多领域都有着广泛的应用,如安防领域的人脸识别和智能视频分析等;交通领域的交通场景识别;互联网领域基于内容的图像检索和相册自动归类;医学领域的图像识别等。得益于深度学习的推动,当前图像分类的准确率已经得到了大幅度提升。

(2) 目标定位与跟踪

图像分类解决了是什么(What)的问题,如果还想知道图像中的目标具体在图像的什么位置(Where),就需要用到目标定位技术。

目标跟踪是指在给定场景中跟踪感兴趣的具体对象或多个对象的过程。简单来说,给出目标在跟踪视频第一帧中的初始状态(如位置、尺寸),自动估计目标物体在后续帧中的状态。在无人驾驶领域目标跟踪是很重要的研究课题。

(3) 目标检测

目标检测指的是用算法判断图片中是否包含有特定目标,并且在图片中标记出它的位置,通常用边框或红色方框把目标圈起来。例如,查找图片中有没有汽车,如果找到了就把它框起来。目标检测和图像分类不一样,图像分类可以是任意的对象,这个对象可能是物体,也可能是一些属性或者场景。目标检测则侧重于目标的搜索,而且目标检测的目标必须要有固定的形状和轮廓。

对于人类来说,目标检测是一个非常简单的任务。然而,计算机"看到"的图像只是被编码之后的数字矩阵,很难理解图像或者视频帧中出现了人或者物体这样的高层语义概念,因此很难定位目标出现在图像中的哪个区域。与此同时,目标的形态千变万化,图像或视频帧的背景也千差万别,这样诸多的因素都使得目标检测对计算机来说是一个具有挑战性的问题。

(4) 图像语义分割

图像语义是指对图像内容的理解,例如能够描绘出什么物体在哪里做了什么事情等;而分割是指对图像中的每个像素点进行标注,标注属于哪一类别。图像语义分割,顾名思义,是将图像像素按照表达的语义含义的不同进行分组/分割。图像语义分割技术近年来在无人驾驶技术的分割街景中得到了很好的应用,用以实现避让行人和车辆。此外,在医疗影像分析中的辅助诊断、摄影美颜等功能的应用中,也需要用到图像语义分割技术。

**3. 计算机视觉的应用**

(1) OCR 及其应用

OCR 是针对印刷体字符,采用光学的方式将纸质文档中的文字转换成为黑白点阵的图像文件,并通过识别软件将图像中的文字转换成文本格式,供文字处理软件进一步编辑加工。OCR 是计算机视觉中最常用的方向之一。

OCR识别不仅可以用于印刷文字、票据、身份证、银行卡等代替用户输入的场景,还能用于反作弊、街景标注、视频字幕识别、新闻标题识别等多种场景。目前,百度、阿里、科大讯飞、华为等人工智能开放平台都提供了OCR文字识别服务。

OCR常见应用领域包括金融行业的应用、广告行业应用、票据应用、教育行业应用、交通行业应用、视频行业应用、翻译词典应用等。

(2)图像识别的应用

图像识别的技术可以应用在图像猜词、识别植物、相册整理、鉴黄等领域。例如,百度图像猜词构建了世界上最大的图像识别训练集合,总共有10万类别及上亿张图片,识别精度世界领先;用手机拍照,上传植物图片,会显示出花名和对比图;还有各种相册管理兼图片处理的App,简单操作可批量管理手机内照片,具有图片瘦身、加密隐私图片、查找相似图片等人性化功能;而鉴黄的工作,以前都是通过人工来审查的,效率很低,通过图像识别技术,每天能检测百万量级色情视频和千万量级色情图片。

在图像识别应用的分类上,可以将图像识别的应用划分为图像分类、图像检测、图像分割、图像问答等领域。其中图像识别应用是让计算机代替人类说明图像的类别;图像检测应用让计算机可以识别图片里的主体,并能定位主体的位置;图像分割应用是可以使计算机能识别某一个像素点属于哪个语义区域;而图像问答的应用则是指对图片提问,计算机能识别图片中的内容和颜色等主题。

(3)人脸识别及应用

人脸检测也属于图像检测,它是对图片中的人脸进行定位,其核心技术包括:人脸关键点检测及活体验证、人脸语义分割、人脸属性分析和人脸识别。

人脸识别已经在很多领域取得了非常广泛的应用,按应用的方式来划分,可以归为以下四类。

① 人证对比:人证对比是把人脸图像和身份证上的人脸信息进行对比,来验证是否为本人,如金融核身、考勤认证、安检核身、考试验证等。

② 人脸识别:通过对人脸关键点的检测,做到快速准确地验证识别,身份验证可以做到准确无误,如人脸闸机、安防监控等。

③ 人脸验证:在系统登录、支付确认等场景,人脸验证比传统的输入密码方式更安全可靠,如人脸登录、密码找回、刷脸支付等。

④ 人脸编辑:通过人脸美化和贴纸产品,能把人脸五官的关键点检测出来,然后进行瘦脸、放大眼睛、美白皮肤等。

(4)人体及人体行为的分析及应用

人体行为分析是指通过分析图像或视频的内容,达到对人体行为进行检测和识别的目的。人体行为分析在多个领域都有重要应用,如智能视频监控、人机交互、基于内容的视频检索等。根据发生一个行为需要的人的数量,人体行为分析任务可以分类为单人行为分析、多人交互行为分析、群体行为分析等。根据行为分析的应用场合和目的的不同,人体行为分析又包括行为分类和行为检测两大类。行为分类是指将视频或图片归入某些类别;行为检测是指检索分析是否发生了某种特定动作。

人体分析是指基于深度学习的人体识别架构,准确识别图像或视频中的人体相关信息,提供人体检测与追踪、关键点定位、人流量统计、属性分析、人像分割、手势识别等能力,并对打架、斗殴、抢劫、聚众等行为设置报警规则进行报警。在安防监控、智慧零售、驾驶监测、体育娱乐方面有广泛的应用。

### 9.2.2 智能语音

语音处理是一门研究如何对语音进行理解、如何将文本转换成语音的学科,属于感知智能范畴。从人工智能的视角来看,语音处理就是要赋予机器"听"和"说"的智能。从工程的视角来看,所谓理解语音,就是用机器自动实现人类听觉系统的功能;所谓文本转换成语音,就是用机器自动实现人类发音系统的功能。类比人的听说系统,录音机等设备就是机器的"耳朵",音箱等设备就是机器的"嘴巴",语音处理的目标就是要实现人类大脑的听觉能力和说话能力。

智能语音,即智能语音技术,是实现人机语言的通信,包括语音识别技术和语音合成技术,它是研究语音发声过程、语音信号的统计特性、语音的自动识别、机器合成及语音感知等各种处理技术的总称。目前，智能语音技术已经在多个行业取得了良好的应用，包括电话外呼、医疗领域听写、语音书写、计算机系统声控、电话客服、导航等。

**1. 语音识别的概念**

语音识别是实现语音自动控制的基础，是利用计算机自动对语音信号的音素、音节或词进行识别的技术总称。

语音识别过程一般包含特征提取、声学模型、语言模型、语音解码和搜索算法四大部分。

① 特征提取是把要分析的信号从原始信号中提取出来，为声学模型提供合适的特征向量。

② 声学模型是可以识别单个音素的模型，利用声学模型可以进行语音声学参数分析，以及对语音的线性预测参数等的分析。

③ 语言模型根据语言学相关的理论，结合发音词典，计算该声音信号对应可能词组序列的概率。

声学模型和语言模型主要利用大量语料进行统计分析，进而建模得到。发音字典包含系统所能处理的单词的集合，并标明了其发音。通过发音字典得到声学模型的建模单元和语言模型建模单元间的映射关系，从而把声学模型和语言模型连接起来，组成一个搜索的状态空间，用于解码器进行解码工作。

④ 语音解码和搜索算法的主要任务是在由声学模型、发音词典和语言模型构成的搜索空间中寻找最佳路径，即构成该声音的词组序列。

与语音识别相近的概念是声纹识别。声纹识别是生物识别技术的一种，也称为说话人识别。声纹识别就是把声信号转换成电信号，再用计算机进行识别。声纹识别分为两类：一个是说话人辨认；另一个是说话人确认。前者用以判断某段语音是若干人中的哪一个所说的，是"多选一"问题；而后者用以确认某段语音是否是指定的某个人所说的，是"一对一判别"问题。在不同的应用场景下会使用不同的声纹识别技术，如缩小刑侦范围时可能需要辨认技术，而银行交易时则需要确认技术。

**2. 语音合成的概念**

语音合成，又称文语转换技术，是通过机械的、电子的方法产生人造语音的技术，能将任意文字信息实时转化为标准流畅的语音朗读出来。它涉及声学、语言学、数字信号处理、计算机科学等多个学科技术，是中文信息处理领域的一项前沿技术，解决的主要问题就是如何将文字信息转化为可听的声音信息，也即让机器像人一样开口说话。与传统的声音回放设备，如录音机通过预先录制声音然后回放来实现"让机器说话"不同，通过计算机语音合成，可以在任何时候将任意文本转换成具有高自然度的语音，从而真正实现让机器"像人一样开口说话"。

在语音合成过程中，总共有三个步骤，分别是语言处理、韵律处理、声学处理。

① 语言处理。在文语转换系统中起着重要的作用，主要模拟人对自然语言的理解过程，包括文本规整、词的切分、语法分析和语义分析，使计算机对输入的文本能完全理解，并给出后两部分所需要的各种发音提示。

② 韵律处理。为合成语音规划出音段特征，如音高、音长和音强等，使合成语音能正确表达语意，听起来更加自然。

③ 声学处理，根据前两部分处理结果的要求输出语音，即合成语音。

**3. 语音处理的应用**

（1）语音识别的应用

语音识别已经取得了广泛的应用，按照识别范围或领域来划分，可以分为封闭域识别应用和开放域识别应用。

在封闭域识别应用中，识别范围为预先指定的字词集合。也就是说，算法只在开发者预先设定的封闭域识别词的集合内进行语音识别。比如，对于简单指令交互的智能家居和电视盒子，语音控制指令一般只有"打开窗帘""打开中央台""开灯""关灯"等。其典型的应用场景为不涉及多轮交互和多种语义说法的场景，如智能家居等。

在开放域识别应用中，无须预先指定识别词集合，算法将在整个语言大集合范围中进行识别。为适应此类场景,声学模型和语音模型一般都比较大,引擎运算量相应也会很大。

(2)语音合成的应用

语音合成广泛应用于语音导航、有声读物、机器人、语音助手、自动新闻播报等场景,如当前的手机上电子阅读App,汽车导航播报类的App,银行、医院的信息播报系统,汽车导航系统及自动应答呼叫中心等。一些智能服务类产品,如智能语音机器人、智能音响应用等。还有一些特殊领域应用,如适用于视障人士的视障阅读功能;针对文娱领域的特殊虚拟人设而打造的特殊语音形象或用于特殊人设的语音表达。语音合成的应用提升了人机交互体验,提高了语音类应用的效率。

### 9.2.3　自然语言处理及应用

**1. 自然语言处理的概念**

语言是人类区别其他动物的本质特性,人类的多种智能都与语言有着密切的关系。人类的逻辑思维以语言为形式,人类的绝大部分知识也是以语言文字的形式记载和流传下来的。

自然语言是人们日常使用的语言,是人类社会约定俗成的随着人类社会发展演变而来的语言,它是人类学习、生活的重要工具。

自然语言处理是指用计算机对自然语言的形、音、义等信息进行处理,即对字、词、句、篇章的输入、输出、识别、分析、理解、生成等的操作和加工。自然语言处理是计算机科学领域与人工智能领域中的一个重要方向,它研究能实现人与计算机之间用自然语言进行有效通信的各种理论和方法。自然语言处理是一门融语言学、计算机科学、数学于一体的科学,它并不是一般地研究自然语言,而是重点关注于能有效地实现自然语言通信的计算机系统,因而它是计算机科学的一部分。自然语言处理的具体表现形式包括机器翻译、文本摘要、文本分类、文本校对、信息抽取等。自然语言处理的几个核心环节包括知识的获取与表达、自然语言理解、自然语言生成等,也相应出现了知识图谱、对话管理、机器翻译等研究方向。

实现人机间的信息交流,是人工智能界、计算机科学和语言学界所共同关注的重要问题。实现人机间自然语言通信,意味着要使计算机既能理解自然语言文本的意义,也能以自然语言文本来表达给定的意图、思想等。前者称为自然语言理解,后者称为自然语言生成。因此,自然语言处理大体包括了自然语言理解和自然语言生成两部分。

**2. 自然语言处理的一般流程**

在自然语言处理时,通常有七个步骤,分别是获取语料、语料预处理、特征工程、特征选择、模型选择、模型训练和模型评估。

① 获取语料。语料即语言材料,是构成语料库的基本单元。把一个文本集合称为语料库,当有几个这样的文本集合的时候,称为语料库集合。

② 语料预处理。可通过数据洗清、分词、词性标注、去停用词四个方面来完成语料的预处理工作。所谓数据清洗就是保留有用的数据,删除噪声数据;而分词操作是将文本分成词语。进行文本挖掘分析时,通常希望文本处理的最小单位粒度是词或者词语,所以这时就需要分词操作来将文本全部切分成词语;词性标注就是给词语标上词类标签,比如名词、动词、形容词等;去停用词是指去掉对文本特征没有任何贡献作用的字词,比如标点符号、语气、人称等。

③ 特征工程。做完语料预处理之后,接下来需要考虑如何把分词之后的字和词语表示成计算机能够计算的类型。

④ 特征选择。在一个实际问题中,构造好的特征向量,是要选择合适的、表达能力强的特征。特征选择更多地依赖于经验和专业知识,并且有很多现成的算法来进行特征的选择。

⑤ 模型选择。选择好特征后,需要进行模型选择,即选择怎样的模型进行训练。常用的模型有机器学习模型,也可以采用深度学习模型(关于机器学习与深度学习的概念在9.3中介绍)。

⑥ 模型训练。当选择好模型后,则进行模型训练。在模型训练的过程中要注意过拟合、欠拟合问题,不断提高模型的泛化能力。所谓过拟合问题指的是模型学习能力太强,以至于把噪声数据的特征也学习到了,导致模型泛化能力下降;而欠拟合问题指的是模型不能够很好地拟合数据,表现在模型过于简单。如果

使用了神经网络进行训练,要防止出现梯度消失和梯度爆炸问题。

⑦ 模型评估。为了让训练好的模型对语料具备较好的泛化能力,在模型上线之前还要进行必要的评估。模型的评价指标主要有错误率、精确度、准确率、召回率、F1值、ROC曲线、AUC曲线等。

**3. 自然语言处理中的难点**

无论是自然语言的理解,还是自然语言的生成,都要比人们想象的困难得多。从现有的理论和技术现状看,通用的、高质量的自然语言处理系统,仍然需要长期艰苦的努力。造成困难的根本原因是,自然语言文本和对话的各个层次上广泛存在各种各样的歧义性或多义性。

一个文本或一个汉字串可能有多个含义,反过来,一个相同或相近的意义同样可以用多个中文文本或多个汉字串来表示。因此,自然语言的形式(字符串)与其意义之间是一种多对多的关系,这也正是自然语言的魅力所在。但从计算机处理的角度看,必须消除歧义,即要把带有潜在歧义的自然语言输入转换成某种无歧义的计算机内部表示,这正是自然语言理解中的难点问题。

歧义现象的广泛存在使得消除它们需要大量的知识和推理,这就给基于语言学的方法、基于知识的方法带来了巨大的困难。虽然几十年来以这些方法为主流的自然语言处理研究在理论和方法方面取得了很多成就,但在处理大规模真实文本的系统研制方面,成绩并不显著。

目前存在的问题有两方面:一方面,迄今为止的语法都限于分析一个孤立的句子,对于上下文关系和谈话环境句子的约束和影响还缺乏系统的研究,因此对于歧义的问题,尚无明确规律可循;另一方面,人理解一个句子不是单凭语法,还运用了大量的有关知识,包括生活常识和专业知识,这些知识无法全部存储在计算机里。因此一个书面理解系统只能建立在有限的词汇、句型和特定的主题范围内。

译文质量是机译系统成败的关键,但上述问题成为自然语言理解在机器翻译应用中的主要难题,导致了当今机器翻译系统的译文质量离理想目标仍相差甚远。

**4. 自然语言处理的应用**

(1)机器翻译

运用机器,通过特定的计算机程序将一种书写形式或声音形式的自然语言,翻译成另一种书写形式或声音形式的自然语言。目前,文本翻译最为主流的工作方式依然是以传统的统计机器翻译和神经网络翻译为主,速度快、成本低、应用广泛是文本翻译的主要特点。与文本翻译相比,语音翻译是近几年才引起人们注意的,它主要在会议场景出现,演讲者的语音被实时转换成文本,并且进行同步翻译,低延迟显示翻译结果,其有望在将来能够取代人工同声传译,使人们以较低成本实现不同语言之间的有效交流。

(2)垃圾邮件分类

垃圾邮件过滤器是抵御垃圾邮件的第一道防线。自然语言处理通过分析邮件中的文本内容,能够相对准确地判断邮件是否为垃圾邮件,它通过学习大量的垃圾邮件和非垃圾邮件,收集邮件中的特征词以生成垃圾词库和非垃圾词库,然后根据这些词库的统计频数计算邮件属于垃圾邮件的概率,以此来进行判定。

(3)信息抽取

把文本里包含的信息进行结构化处理,变成表格一样的组织形式。信息点从各种各样的文档中被抽取出来,然后以统一的形式集成在一起,这就是信息抽取的主要任务。在互联网中,同一主题的信息通常分散存放在不同网站上,表现的形式也各不相同。利用信息抽取技术,可以从大量的文档中抽取需要的特定事实,并用结构化形式存储。一个优秀的信息抽取系统可以将互联网变成巨大的数据库。

(4)文本情感分析

文本情感分析,又称意见挖掘、倾向性分析等。简单而言,是对带有情感色彩的主观性文本进行分析、处理、归纳和推理的过程。互联网上会产生大量的用户参与的有价值的评论信息,这些评论信息表达了人们的各种情感色彩和情感倾向性,如喜、怒、哀、乐,或批评、赞扬等。基于这些因素,可以对这些主观色彩的评论进行文本情感分析,来了解大众对于某事件的看法,企业也可以分析消费者对产品的反馈信息等。

(5)智能问答

智能问答系统以一问一答形式,精确地定位网站用户所需要的提问知识,通过与网站用户进行交互,为网站用户提供个性化的信息服务。智能问答系统在回答用户问题时,首先要正确理解用户所提出的问题,抽取其中关键的信息,在已有的语料库或者知识库中进行检索、匹配,将获取的答案反馈给用户。这一过程涉及了词法、句法、语义分析的基础技术,以及信息检索、知识工程、文本生成等多项技术。

(6) 个性化推荐

根据用户的兴趣特点和购买行为,向用户推荐其感兴趣的信息和商品等,包括网站的新闻推荐、购物平台的商品推荐、直播平台的主播推荐和知乎上的话题推荐等。在电子商务方面,推荐系统依据大数据和历史行为记录,提取出用户的兴趣爱好,预测出用户对给定物品的评分或偏好,实现对用户意图的精准理解,同时对语言进行匹配计算,实现精准匹配;在新闻服务领域,通过用户阅读的内容、时长、评论等偏好,以及社交网络甚至是所使用的移动设备型号等,综合分析用户所关注的信息源及核心词汇,进行专业的细化分析,从而进行新闻推送,实现新闻的个人定制服务,最终提升用户黏性。

### 9.2.4 智能机器人

智能机器人在生活中随处可见,如扫地机器人、运货机器人、陪伴机器人等。这些机器人不管是跟人语音聊天,还是自主定位导航行走、安防监控等,都离不开人工智能技术的支持。智能机器人之所以叫智能机器人,就是因为它有相当发达的"大脑"。在"大脑"中起作用的是中央处理器,它可以完成按目的安排的动作,也正因如此,我们称其为具有智能的机器人。

**1. 智能机器人的定义**

对于智能机器人,尚未有一致的定义。国际标准化组织(ISO)对机器人的定义是:具有一定程度的自主能力,可在其环境内运动以执行预期任务的可编程执行机构。而国内部分专家的观点是,只要能对外部环境做出有意识的反应,都可以称为智能机器人,如百度的小度、苹果的 Siri 等,虽然没有人形外表,也不能到处行走,但也可以称为是智能机器人。

智能机器人是基于人工智能技术,它把计算机视觉、语音处理、自然语言处理、自动规划等技术及各种传感器进行整合,使机器人拥有判断、决策的能力,能在各种不同的环境中处理不同的任务的装置。智能机器人具备形形色色的内部信息传感器和外部信息传感器,如视觉、听觉、触觉、嗅觉。除了具有传感器,它还有效应器,作为作用于周围环境的手段,它们使手、脚、鼻子、触角等动起来。因此,智能机器人至少要具备三个要素:感觉要素,运动要素和思考要素。

(1) 感觉要素——用来认识周围环境状态

感觉要素使智能机器人感受和认识外界环境,进而与外界交流的能力。感觉要素包括能感知视觉、接近、距离等的非接触型传感器和能感知力、压觉、触觉等的接触型传感器。这些要素实质上就是相当于人的眼、鼻、耳等五官,它们的功能可以利用诸如摄像机、图像传感器、超声波传感器、激光器、导电橡胶、压电元件、气动元件、行程开关等机电元器件来实现。

(2) 运动要素——对外界做出反应性动作

运动要素使智能机器人能够对外界做出的反应性动作,完成操作者表达的命令,主要是对人类的四肢功能的模拟。对运动要素来说,智能机器人需要有一个无轨道型的移动机构,以适应诸如平地、台阶、墙壁、楼梯、坡道等不同的地理环境。它们的功能可以借助轮子、履带、支脚、吸盘、气垫等移动机构来完成。在运动过程中要对移动机构进行实时控制,这种控制不仅要包括有位置控制,而且还要有力度控制、位置与力度混合控制、伸缩率控制等。

(3) 思考要素——根据感觉要素所得到的信息,思考出采用什么样的动作

思考要素使智能机器人根据得到的信息,对下一步采用什么样的动作进行思考。智能机器人的思考要素是三个要素中的关键,是对人类大脑功能的模拟,也是人们要赋予机器人的必备要素。思考要素包括判断、逻辑分析、理解等方面的智力活动。这些智力活动实质上是一个信息处理过程,而计算机则是完成这个处理过程的主要手段。

**2. 智能机器人的分类**

由于智能机器人在各行各业都有不同的应用,很难对它们进行统一分类。可以从机器人的智能程度、

形态、使用途径等不同的角度对智能机器人进行分类。

(1) 按智能程度分类

智能机器人根据其智能程度的不同,可分为传感型、交互型、自主型智能机器人三类。

① 传感型智能机器人,又称外部受控机器人,机器人的本体上没有智能单元,只有执行机构和感应机构,它受控于外部计算机,由外部计算机发出控制指令指挥机器人动作。

② 交互型智能机器人,具有了部分处理和决策功能,能够独立地实现一些如轨迹规划、简单的避障等功能,但是还要受到外部的控制,通过计算机系统与操作员或程序员进行人机对话,实现对机器人的控制与操作。

③ 自主型机器人,其本体上具有感知、处理、决策、执行等模块,可以像一个自主的人一样独立地活动和处理问题。全自主移动机器人的最重要的特点在于它的自主性和适应性,自主性是指它可以在一定的环境中,不依赖任何外部控制,完全自主地执行一定的任务;适应性是指它可以实时识别和测量周围的物体,根据环境的变化,调节自身的参数,调整动作策略及处理紧急情况。交互性也是自主机器人的一个重要特点,机器人可以与人、与外部环境及与其他机器人之间进行信息的交流。全自主移动机器人涉及诸如驱动器控制、传感器数据融合、图像处理、模式识别、神经网络等许多方面的研究,能够综合反映一个国家在制造业和人工智能等方面的水平。因此,许多国家都非常重视全自主移动机器人的研究。

(2) 按照形态分类

根据机器人的模仿的形态,可以分为仿人智能机器人和拟物智能机器人。

① 仿人智能机器人,模仿人的形态和行为而设计制造的机器人。仿人机器人研究集机械、电子、计算机、材料、传感器、控制技术等多门科学于一体,代表着一个国家的高科技发展水平。

② 拟物智能机器人,仿照各种生物、日常使用物品、交通工具等做出的机器人,采用非智能或智能的系统来方便人类的生活,如机器宠物狗、机器昆虫、轮式、履带式机器人等。

(3) 按使用途径分类

根据机器人的使用途径,可以分为:

① 工业生产型机器人。工业机器人由操作机、控制器、伺服驱动系统和检测传感装置构成,是一种仿人操作、自动控制、可重复编程、能在三维空间完成各种作业的机电一体化自动化生产设备,特别适合于多品种、大批量的柔性生产,并且对改善劳动条件、提高产品质量、提高生产效率以及产品的快速更新换代都能起到十分重要的作用。

② 特殊灾害型机器人。主要针对各种危险、恶劣环境的情况,如核电站事故、生物化学危险品泄漏、各种自然灾害等情况而设计的远程操控机器人。

③ 医疗机器人。用于医院、诊所的医疗或辅助医疗的机器人,是一种智能型服务机器人,它能独自编制操作计划,依据实际情况确定动作程序,然后把动作变为操作机构的运动。

④ 智能人形机器人。又称仿人机器人,是具有人形的智能化机器人。通过设计优良的控制系统及自身智能编程软件,可以自动完成随音乐起舞、行走、起卧、武术表演、翻跟斗等各种高难度动作。

**3. 智能机器人关键技术**

智能机器人的核心技术包括导航与定位、人机交互和环境交互三大类,具体可以进一步划分为以下六种技术。

(1) 多传感器信息融合

机器人所用的传感器有很多种,多传感器信息融合就是指综合来自多个传感器的感知数据,以产生更可靠、更准确或更全面的信息。经过融合的多传感器系统,能够更加完善、精确地反映检测对象的特性,消除信息的不确定性,提高信息的可靠性,融合后的多传感器信息具有冗余性、互补性、实时性和低成本性等特性。

(2) 导航与定位

在机器人系统中,自主导航是一项核心技术,是机器人研究领域的重点和难点问题。导航的基本任务有三个:

① 基于环境理解的全局定位。通过环境中景物的理解,识别人为路标或具体的实物,以完成对机器人的定位,为路径规划提供素材。

② 目标识别和障碍物检测。实时对障碍物或特定目标进行检测和识别,提高控制系统的稳定性。

③ 安全保护。能对机器人工作环境中出现的障碍和移动物体做出分析并避免对机器人造成损伤。

在自主移动机器人导航中,无论是局部实时避障还是全局规划,都需要精确知道机器人或障碍物的当前状态及位置,以完成导航、避障及路径规划等任务,这就是机器人的定位问题。比较成熟的定位系统可分为被动式传感器系统和主动式传感器系统。被动式传感器系统通过码盘、加速度传感器、陀螺仪、多普勒速度传感器等感知机器人自身运动状态,经过累积计算得到定位信息。主动式传感器系统通过包括超声传感器、红外传感器、激光测距仪以及视频摄像机等主动式传感器感知机器人外部环境或人为设置的路标,与系统预先设定的模型进行匹配,从而得到当前机器人与环境或路标的相对位置,获得定位信息。

(3)路径规划

路径规划技术是机器人研究领域的一个重要分支。最优路径规划就是依据某个或某些优化准则(如工作代价最小、行走路线最短、行走时间最短等),在机器人工作空间中找到一条从起始状态到目标状态、可以避开障碍物的最优路径。

路径规划方法大致可以分为传统方法和智能方法两种。传统路径规划方法主要有"自由空间法""图搜索法""栅格解耦法""人工势场法"等,但这些方法在路径搜索效率及路径优化方面有待于进一步改善。智能路径规划方法是将遗传算法、模糊逻辑及神经网络等人工智能方法应用到路径规划中,来提高机器人路径规划的避障精度,加快规划速度,满足实际应用的需要。目前智能路径规划方法在障碍物环境已知或未知情况下均已取得一定的研究成果。

(4)机器人视觉

视觉系统是自主机器人的重要组成部分,一般由摄像机、图像采集卡和计算机组成。机器人视觉系统的工作包括图像的获取、图像的处理和分析、输出和显示,核心任务是特征提取、图像分割和图像辨识。而如何精确高效地处理视觉信息是视觉系统的关键问题。目前视觉信息处理逐步细化,包括视觉信息的压缩和滤波、环境和障碍物检测、特定环境标志的识别、三维信息感知与处理等。其中环境和障碍物检测是视觉信息处理中最重要也是最困难的过程。

机器人视觉是其智能化最重要的标志之一,对机器人智能及控制都具有非常重要的意义,目前国内外都在大力研究,并且已经有一些系统投入使用。

(5)智能控制

机器人的智能控制方法有模糊控制、神经网络控制、智能控制技术的融合等。近几年,机器人智能控制在理论和应用方面都有较大的进展。智能控制方法提高了机器人的速度及精度,但是也有其自身的局限性,例如机器人模控制中的规则库如果很庞大,推理过程的时间就会过长,而如果规则库很简单,控制的精确性又会受到限制,这些都是智能控制设计中要解决的问题。

(6)人机接口技术

智能机器人的研究目标并不是完全取代人,复杂的智能机器人系统仅仅依靠计算机来控制目前还是有一定困难的,即使可以做到,也会因为缺乏对环境的适应能力而并不实用。智能机器人系统还不能完全排斥人的作用,而是需要借助人机协调来实现系统控制。因此,设计良好的人机接口就成为智能机器人研究的重点问题之一。

人机接口技术是研究如何使人方便自然地与计算机交流。为了实现这一目标,除了要求机器人控制器有一个友好的、灵活方便的人机界面这个最基本的目标之外,还要求计算机能够看懂文字、听懂语言、说话表达,甚至能够进行不同语言之间的翻译,而这些功能的实现又依赖于知识表示方法的研究。因此,研究人机接口技术既有巨大的应用价值,又有基础理论意义。目前,人机接口技术已经取得了显著成果,文字识别、语音合成与识别、图像识别与处理、机器翻译等技术已经开始实用化。另外,人机接口装置和交互技术、监控技术、远程操作技术、通信技术等,也是人机接口技术的重要组成部分,其中远程操作技术是一个重要的研究方向。

**4. 无人驾驶汽车**

无人驾驶汽车又称自动驾驶汽车、智能驾驶汽车或轮式移动机器人,是一种在车内安装以计算机系统为主的智能驾驶仪来实现无人驾驶目的的智能汽车。无人驾驶汽车依靠人工智能、视觉计算、雷达、监控装置和全球定位系统协同合作,让计算机可以在没有任何人类的主动操作下,自动安全地操作机动车辆。利用车载传感器来感知车辆周围环境,根据感知获取的道路、车辆位置和障碍物信息,控制车辆的转向和速度,从而使车辆能够安全、可靠地在道路上行驶。

无人驾驶车辆涉及传感器、人工智能、车路协同、云计算等多个学科,近年来随着技术的创新与突破,推动着无人驾驶技术不断的发展。如传感器的性能与精度持续提升、人工智能算法与计算能力持续优化、车路协作相关标准与体系日趋完善、云计算运行速度与安全保障水平持续提升,这些研究成果都为无人驾驶汽车的安全运行提供了有力的保证。

无人驾驶车辆的应用范围正在逐步扩大,从乘用车到商用车,从公交到网约车,无人驾驶车辆正在推动城市交通朝着智能化、网联化和共享化方向发展。

在商用车自动驾驶方面,目前已开始进入商业化运营阶段;在公共交通自动驾驶方面,我国已经在多个城市或企业进行了无人公交、无人轨道交通、无人轻轨交通等不同类型的公交无人驾驶系统的实验与示范。无人驾驶车辆作为一种新兴的汽车产业发展方向,有着广阔的应用前景。但与此同时,也会面临技术、法规、安全和诚信等方面的挑战。这就要求全产业链的所有人一起努力,一方面产业各方应加大对无人驾驶技术的研究与创新,提升无人车辆的性能与可靠性。同时还应加速相关法律的制定与改进,并为无人车辆制定相关技术标准,促进无人驾驶车辆规范化、标准化,强化无人车辆的安全管理与保障,提升无人车辆的安全性与稳定性。

无人车集自动控制、体系结构、人工智能、视觉计算等众多技术于一体,是计算机科学、模式识别和智能控制技术高度发展的产物,也是衡量一个国家科研实力和工业水平的一个重要标志,在国防和国民经济领域具有广阔的应用前景。

## 9.3 机器学习与深度学习

人工智能近年在诸多领域都获得了重要进展,完成的任务已经达到甚至超越了人类的表现。2016年3月,Alphago战胜人类围棋冠军曾掀起轩然大波,一方面人们领略到了人工智能技术的巨大潜力,同时也借助人机对弈的形式让人工智能正式被世人所熟知。在后面的几年里,AI 在各个领域不断取得了巨大的发展和进步,2022年11月底更是诞生了 ChatGPT 这一全球瞩目的人工智能产品,上线仅两个月活跃用户就突破一亿,并掀起新一轮的人工智能产业浪潮,各类生成式人工智能进入应用爆发阶段。

无论是 Alphago,还是 ChatGPT,它们的技术原理都是基于神经网络和深度学习技术。可以说,近年来人工智能技术所取得的成就,除了计算能力的提高及海量数据的支撑,很大程度上得益于目前机器学习理论和技术的进步。而深度学习又从技术层面上大幅提升了人工智能水平。人工智能第三次热潮的基本技术就是机器学习,给机器学习带来进步的是"神经网络"和"深度学习"。这里关键字有3个——"机器学习""神经网络""深度学习",但要点却只有一个,即基于使用了"深度学习"构造的"神经网络"(数学模型)的"机器学习"开始在实际中得到应用。

由于深度学习在近期内取得了较大的进展,大众很容易将深度学习与人工智能画上等号。事实上,目前流行的深度学习只是机器学习中应用前景良好的一个子集,但并不能代表人工智能。图 9-4 所示为人工智能、机器学习、神经网络和深度学习之间的关系。可以看出,机器学习是人工智能诸多的核心技术与方法之一,而深度学习是机器学习方法在某些特定场景中的成功应用,也是神经网络的一个分支。

当前,在机器学习领域已经获得了巨大的技术进步,这种技术进步更多地体现在和人脑相类似的学习模型神经网络方面,也为深度学习带来了飞跃性的成果。为此,神经网络和深度学习技术获得了业界的普遍赞誉,各行各业也都在加速导入并加以实际应用。下面,就对基于神经网络的机器学习方法和深度学习进行简单的介绍。

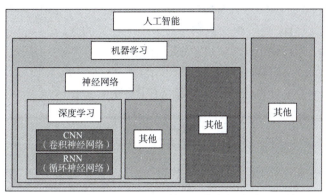

图 9-4 人工智能、机器学习、神经网络与深度学习的关系

### 9.3.1 人工神经网络

人工智能研究的方向之一,是以"专家系统"为代表的,用大量 If-Then("如果-就")规则定义的,自上而下的思路。而人工神经网络(artificial neural network),则标志着另外一种自下而上的思路。神经网络没有一个严格的正式定义,它是一种模仿动物神经网络行为特征,即通过试图模仿人类大脑的神经元之间传递、处理信息的模式,进行分布式并行信息处理的算法模型。这种网络依靠系统的复杂程度,通过调整内部大量节点之间相互连接的关系,从而达到处理信息的目的。

人工神经网络源于联结主义学派的研究,联结主义学派认为人类智能来源于大脑皮层中大量神经元互连而成的神经网络,神经元是人类思维的基本单元。为此,联结主义学派的研究者们试图建立一种能够反映人脑结构和功能的抽象数学模型,进而用计算机程序实现这个模型,来模拟人类知识表示、知识存储以及知识推理的行为。

生物神经系统是人工神经网络的模仿对象。在介绍人工神经网络之前,先来了解一下生物神经系统。

在人体内,神经元的结构形式并非完全相同,但是无论结构形式如何,神经元都是由一些基本的成分组成的。神经元的生物学解剖可以用图 9-5 所示的结构表示,从图中可以看出神经元是由细胞体、树突和轴突三部分组成。

细胞体是由很多分子形成的综合体,内部含有一个细胞核、核糖体、原生质网状结构等,它是神经元活动的能量供应地,在这里进行新陈代谢等各种生化过程。神经元也即是整个细胞。

树突:细胞体的伸延部分产生的分枝称为树突,树突是接受从其他分神经元传入的信息的入口。

轴突:细胞体突起的最长的外伸管状纤维称为轴突,轴突是把神经元的信息传出到其他分神经元的出口。

突触是一个神经元与另一个神经元之间相联系并进行信息传送的结构。突触的前成分是一个神经元的轴突末梢,突触的后成分可以是细胞体,树突或轴突。因此,突触可以看作是神经元之间的连接。

1943 年,美国心理学家麦克洛奇和数理逻辑学家皮茨基于生物神经元的功能和结构提出了一种将神经元看作二进制阈值元器件的简单模型-MP 模型,如图 9-6 所示。MP 模型是大多数人工神经网络模型的基础。

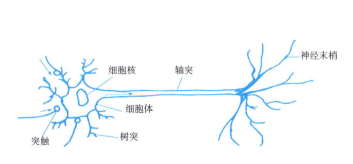

图 9-5 生物神经元示意图

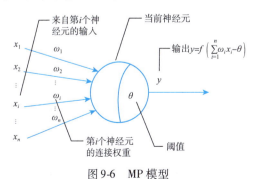

图 9-6 MP 模型

不难看出,图9-6中的人工神经元与图9-5中的生物神经元结构非常相似:模仿生物神经元的树突,人工神经元也可以有 $n$ 个输入($x_1$, $x_2$ 等);模仿生物神经元之间连接的强弱关系,每个输入端与人工神经元之间有一定的连接权值($\omega_1$, $\omega_2$ 等);模仿生物神经元的电位叠加,人工神经元接收到的总输入是对每个输入的加权求和;与生物神经元的激活过程相似,人工神经元也设有阈值($\theta$)。当人工神经元接收到的输入加权和超过其阈值 $\theta$ 时,按照如下公式计算该神经元的状态(用活跃值 $\mu$ 表示)。

人工神经元的输出 $y$ 是其状态 $\mu$ 的函数,代入 $\mu$ 的计算公式为

$$y = f(\mu) = f(\sum_{i=1}^{n} \omega_i x_i - \theta)$$

其中,$f$ 称为输出函数(也叫激励函数或激活函数)。输出函数可以是"二值函数"和"Sigmoid 函数"等多种形式,主要作用是完成该人工神经元的输入和输出之间的转换。如果采用"二值函数"作为输出函数 $f$,那么只要 $\mu > 0$ 就输出"1";只要 $\mu < 0$ 就输出"-1"。

人工神经元的模型确定之后,人工神经网络可以看成是以人工神经元为节点,用有向加权弧连接起来的有向图。其中,人工神经元是对生物神经元的模拟;有向弧是轴突-突触-树突对的模拟;有向弧的权值则表示相互连接的两个人工神经元间相互作用的强弱。一个简单的人工神经网络如图9-7所示。

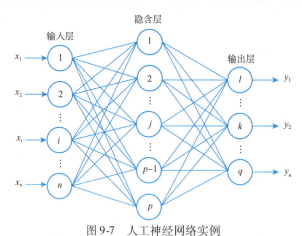

图9-7 人工神经网络实例

人工神经网络中,有向弧的权值越大表示输入的信号对神经元的影响越大。对于相同的输入信号,权值不同,每个神经元的输出信号的计算也不同。通过调整权值可以得到固定输入下特定的输出值。应用人工神经网络求解问题的过程就是针对输入给出输出的过程:输入的是已知的、与问题求解相关的知识;输出的就是问题的答案。人工神经网络求解效果的好坏依赖于人工网络的结构。在使用人工神经网络求解问题之前,通常要先调试神经网络的相关参数,即采用一些已知正确的"输入-输出"对来训练神经网络,所谓"训练"就是不断尝试调整网络中的各个权值,以保证给定输入经过神经网络处理后,能够得到与其对应的正确输出。用来训练神经网络的"输入-输出"对称为训练数据,经过训练过程的调试,能够保证绝大部分训练数据正确的连接权值就可以被确定下来,用作后续问题的求解。这个训练过程也可以称为"学习"。在人工神经网络节点众多的情况下,训练过程通常是借助算法完成的。

"学习"是人工神经网络研究的一个重要内容。人工神经网络最具有吸引力的特点就是它的学习能力,也就是说通过训练能够让它变得越来越聪明。近年来,人工神经网络的研究不断深入,各种人工神经网络模型及算法不断被提出,并且在图像识别、预测、智能控制等诸多领域得到了成功应用,表现出了良好的智能特性。

### 9.3.2 机器学习

**1. 基于神经网络的机器学习的过程**

学习是具有特定目的知识获取和能力增长的过程,其内在行为是获取知识、积累经验、发现规律等;外部表现则是改进性能、适应环境、自我完善等。学习能力是人类智能的重要体现,人类的绝大部分能力并不是与生俱来的,而是通过学习获得的。机器学习主要研究如何让计算机模拟人类的学习行为,从而利用历史经验对自身的性能进行改进和完善。前面介绍了,神经元网络通过模仿人类的脑神经回路的构造原理,

实现了让计算机能够进行与人类相似的思考,那么人是用什么方法进行学习的呢?

以婴儿识别图片为例,刚出生的婴儿并不具备最基本的认知能力,随着他的成长,逐渐学会区分事物、讲话、走路等各种能力,而每种能力的获取都与学习密不可分。比如,为了让孩子认识狗、猫、兔子等图片,家长需要不断地给他看这些动物的图片,重复"狗""猫""兔子"这些词的发音等。经过一段时间的训练以后,孩子便理解了"狗""猫""兔子"等的概念,从而能够在众多图片中分辨出狗、猫、兔子等的图片。

人类在成长、生活过程中积累了不少经验,通过对这些经验进行归纳,人类获取了一定规律,在遇到新的问题时,会根据规律对未来做出推测,如图9-8所示。

人通过大量学习变得"聪明"起来,基于神经网络的机器学习和人类根据经验进行学习积累的方法很相似。这种学习方法需要大量的样本数据,而且样本数据越多识别精度就越高。使用神经网络的机器学习中,首要的是要有大量的学习数据,即"大数据"。计算机通过"看"(解析)庞大的数据(大数据),理解"粗略特征",这样的方法就是"机器学习"。这里的"粗略特征"用专业术语描述的话,称为"特征向量"。特征向量是计算机对事物进行分析并提取出来的特征,在计算机内部表现为由多个数字组成的向量值。

图9-8 人类从经验中学习

神经网络中,提取这种特征向量的做法和人类很相似。下面通过识别图像例子,说明"基于神经网络的机器学习的过程"。

事先准备几千张狗的图像。为了告诉神经网络"狗"就是这样的,要给神经网络指定这些图像,即让神经网络读入这些图像,在行业术语中也称"喂食神经网络狗的图像"。于是,神经网络不停地对图像进行解析并抽取图像的特征。随着抽取出的特征不断累积,就可以计算出狗的"特征向量",这种特征和人对狗的认识的特征一样,最后使用这种特征向量就可以识别出图像中是否有狗的图像。

接下来将猫的图像"喂食"给神经网络,同样,计算机也不停地进行图像解析,理解猫的特征。计算机通过学习,就能建立掌握了狗和猫的特征的神经网络及其算法。这样如果再次"喂食"神经网络"狗"或"猫"的图像并下指令让其"分类",它就可以识别这张图像到底是"狗"的图像还是"猫"的图像。这就是基于神经网络的机器学习的全过程。

如果将机器学习与人类的学习成长做类似的对比,可以发现在机器学习中,通过对历史的数据进行训练,得到模型,对于新的数据,通过模型来预测未知的属性。因此,机器学习的"训练"与"预测"过程可以对应到人类的"归纳"和"推测"过程,如图9-9所示。

图9-9 基于神经网络的机器学习的基本过程

机器学习中,对于已知的数据(称为"训练数据集"),通过机器学习的算法对其进行处理(称为训练),训练得到的模型可以用于对新的数据(称为"测试数据集")进行处理(称为预测)。也即"训练"产生"模型","模型"指导"预测"。

**2. 机器学习的方法**

根据上面介绍,基于神经网络的机器学习的过程就是将大量的历史数据(训练数据集)喂食给神经网络,通过学习得到模型,进而用来对新的数据(测试数据集)进行预测。那么,计算机具体是如何学习的呢?

仍以上面识别"狗"的图像为例。在准备大量的"狗"的图像并将它们输入计算机的同时,给每张狗的图像数据打上一个标有正确答案——"狗"的标签,称这种数据为标签数据(附有正确答案的数据)。计算机分析狗的图像,理解了正确答案"狗"的"特征向量",通过分析成千张上万的图像数据,计算机将会积累大量的狗的特征向量,最终将能够对狗进行分类。

像这样让计算机大量读入标签数据进行的学习,称为"有监督学习"。实际上,根据所准备的数据中有无正确答案(是否进行了标注),机器学习可以分为"有监督学习"、"无监督学习"以及"强化学习"。

**(1)有监督学习**

有监督学习是机器学习中最为重要的一类方法。有监督学习就是采用给定的"输入-输出"训练出一个模型(函数),保证针对给定的输入,模型(函数)的输出与已知输出一致。这样,当新的输入到来时,便可以使用这个模型(函数)来进行预测。

有监督学习主要用来进行预测。以上面识别动物图像为例,要想让人工智能分辨出图像中的动物,首先需要一些用来训练机器学习模型的样本,这个例子中的样本就是一些人为事先标注好动物类别的猫、狗、兔等动物的图像。用这些标注好的动物图像进行训练,得到一个模型,接下来这个模型就能够对未知类型的动物图像进行判断,这个判断过程就是一种预测。

按照目标的不同,预测问题又可以细分为回归问题和分类问题。如果只是预测一个类别值,则称为分类问题,如动物图像识别就是一个分类问题,预测的结果是"猫""狗"等有限的几个离散值。如果要预测出一个实数,则称为回归问题,如根据一个地区的若干个房产历史交易数据(包括房屋面积、价格等),对待售房进行估价,其预测的结果不再是属于一个固定的可能集合,而是连续实数,有无限的可能性。

常见的有监督学习算法有 K 近邻算法、决策树算法、朴素贝叶斯算法、支持向量计算法、逻辑回归算法等。

(2)无监督学习

无监督学习是另外一类机器学习算法,与有监督学习不同,它的训练数据是无标签的,常常被用于在大量无标签数据中发现一些规律。

现实生活中常常会有这样的问题:由于缺乏足够的先验知识,因此难以对数据进行人工标注类别,或者进行人工类别标注的成本太高。对于这样的数据集,就要采用无监督学习的机器学习算法,直接对这组数据进行分析,在数据集内寻找规律。

可以用一个简单的例子理解无监督学习:某公司的数据库中存储了许多客户的信息,公司为了便于针对不同类型的客户采用不同的促销策略,希望能够将客户分成不同的客户群。在没有算法帮助的情况下,工作人员这些客户的特征(年龄、性别、购买时间、购买数量等)进行比较,尽量把特征相似的客户放到一类里,然后分析这类客户的特点,大致确定了三类客户"大客户"、"一般客户"和"小客户"。工作人员的这个分类过程就是一个无监督学习的过程。面临着大量客户信息,预先并不知道什么样的客户是"大客户",甚至连"大客户"这个名称都没有,工作人员的分类行为完全没有先验知识指导,他所做的仅仅是通过比对这些客户之间的特征来把客户分成三类,并尽量保证同一类里的客户之间相似、不同类的客户之间不同,然后再分析每一类的特点,并按照个人理解取了名字。工作人员的这个分类过程就可以采用无监督学习中的聚类算法来实现。

聚类算法是最典型的无监督学习算法,聚类算法的核心是根据输入数据(样本)之间的相似性对输入数据进行归类。无监督学习的另外一类典型算法是数据降维,它能在尽量保持数据内在信息和结构的同时,将一个高维向量变换到低维空间。

(3)强化学习

强化学习是一类特殊的机器学习算法,设计灵感来自心理学中的行为主义理论。强化学习的学习方法与有监督学习和无监督学习均不相同。强化学习没有训练数据,也不试图去寻找数据中的隐藏结构,而是通过不断尝试各个动作产生的结果,总结经验,并从经验中学习。

无论是人类还是动物,从与外界环境的交互中学习是必不可少的学习手段。强化学习实际上是对这种学习模式的模仿。行为主义认为如果有机体的某个行为策略导致环境正的奖赏(强化信号),那么行为体以后产生这个行为策略的趋势便会加强。行为体在环境给予的奖励或惩罚的刺激下,将逐步形成对刺激的预期,从而产生能获得最大利益的习惯性行为。

强化学习强调如何基于环境而行动,以取得最大化的预期利益。强化学习把学习看作试探评价过程,行为体选择一个动作作用于环境,环境接受该动作后状态发生变化,同时产生一个强化信号(奖或惩)反馈给行为体,行为体根据强化信号和环境当前状态再选择下一个动作,选择的原则是使受到正强化(奖)的概率增大。强化学习并不告诉行为体如何去产生正确的动作,而只是由环境提供的强化信号对行为体所产生的动作做好坏的评价,行为体必须靠自身的经历进行学习。

可以看出,强化学习就是在训练的过程中不断尝试,对了就奖励,错了就惩罚,以得到在各个状态环境当中最好的决策。这个过程非常类似于马戏团驯兽师训练动物的过程:驯兽师与动物无法通过语言沟通,大部分动物也没有足够的智力去理解驯兽师的肢体动作,驯兽师教会动物表演动作的唯一方法就是食物

(奖)和鞭子(惩)。驯兽师给出各种手势,动物做出相应的动作就会得到食物,反之就会被鞭子打一下。久而久之,动物为了得到食物且免遭鞭打,就会在驯兽师做出指示后做出相应动作,也就是大家看到的"表演"。从驯兽师的视角看,这个训练过程就是强化学习的过程。所谓"强化学习"可以理解成通过多次交互反馈,不断地加强动物的经验。然而,从动物的视角来看,它对自己在做什么却一无所知,它所做的只不过是在不断试错后,对当前"环境"所能做出的最有利于自己的行为。

与驯兽过程相似,强化学习算法就是根据当前环境状态确定一个动作来执行,然后进入下一个状态,如此反复,目标是收益最大化。探索和利用是强化学习中非常重要的两个概念。所谓探索就是尝试不同的行为,看是否会获得比之前行为更好的回报;利用则是使用过去经验中带来最大回报的行为。谷歌旗下公司DeepMind研发的围棋程序AlphaGo采用的就是融合了深度学习的强化学习技术。2016年,AlphaGo击败围棋九段高手李世石,一举成名,强化学习也随之大放异彩,成为机器学习领域的新热点。

### 9.3.3 深度学习

**1. 深度神经网络与深度学习**

深度学习是机器学习的一种,而机器学习是实现人工智能的必经路径。深度学习的概念源于人工神经网络的研究,含多个隐藏层的多层感知器就是一种深度学习结构。深度学习通过组合低层特征形成更加抽象的高层表示属性类别或特征,以发现数据的分布式特征表示。

在这一定义中,提到了感知器这一名词。为了进一步说明深度学习,我们先介绍一下感知器的相关知识。

由前面介绍我们知道,科学家参考了生物神经元的结构,建立了人工神经元模型MP。MP模型是一个包含输入、输出与计算功能的模型。输入可以类比为生物神经元的树突,而输出可以类比为轴突,计算则可以类比为细胞核。因此,神经元可以看作一个计算与存储单元。计算是神经元对其输入进行计算功能,存储是神经元会暂存计算结果,并传递到下一层。连接是神经元中最重要的一个环节,每一个连接上都有一个权重。一个神经网络的训练算法就是让权重的值调整到最佳,使得整个网络的预测效果最好。但是,MP模型中,权重的值都是预先设置的,因此不能学习。

1958年,计算科学家Rosenblatt提出了由两层神经元组成的神经网络,他给它起了一个名字——感知器(perceptron),感知器是当时首个可以学习的人工神经网络。感知器是人工神经网络中的一种典型结构,它也被称为单层的人工神经网络,以区别于较复杂的多层感知器。作为一种线性分类器,感知器可以被视为一种最简单形式的前馈式人工神经网络。尽管结构简单,但感知器能够学习并解决相当复杂的问题,它对所能解决的问题存在着收敛算法,并能从数学上严格证明,从而对神经网络研究起到了重要的推动作用。下面来说明感知器模型。

在原来MP模型的"输入"位置添加神经元节点,标志其为"输入单元"。其余不变,于是我们就有了一个单层神经网络,如图9-10所示。

在"感知器"中,有两个层次,分别是输入层和输出层。输入层是来自外部的信号入口,输入层里的"输入单元"只负责传输数据,不做计算。输出层里的"输出单元"则需要对前面一层的输入进行计算,之后将处理结果从输出层进行输出,如图9-11所示。

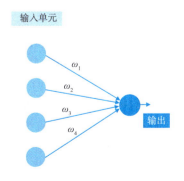

图9-10 单层神经网络

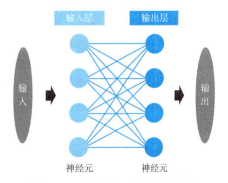

图9-11 感知器(双层神经网络)

我们把需要计算的层次称为"计算层",并把拥有一个计算层的网络称为"单层神经网络"。有一些文献会按照网络拥有的层数来命名,所以也可以把"感知器"称为两层神经网络。

对于人类来说,一个只包含输入层和输出层两层的模型,可以看作是一个感性模型。这种情况下,可以将输入层称为感觉层,输出层称为反应层。比如以人的"手指被掐"(输入信号)到人"手缩回"(输出信号)的动作为例进行说明。"手指被掐"(输入信号)的信号输入后,在输入层(感觉层)中这个信号作为信息被传送到大量的神经元中,每个神经元进行一定的处理并将信息传送(传播)给其他神经元。在输出层(反应层)中可能会出现多个反应,比如"把手缩回""呼叫""甩开被掐的手指",取其中个数较多的反应作为最好的反应动作,这样结果就是输出"把手缩回"。

仅由输入层和输出层两层组成的"简单感知器"模型对人来说是一个感性模型,如果在输入层和输出层之间放置中间层(也称为"隐藏层"),那么它就从一个感性模型变成了一个思考性模型,如图 9-12 所示。

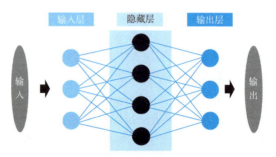

图 9-12 增加一个隐藏层的神经网络

输入层中的神经元处理输入信号并传递到隐藏层的神经元,隐藏层的神经元各自处理后传递到输出层。输出层考虑隐藏层的结果后,选择最优的输出到输出层。在脑神经模型中,一般的观点认为神经元数目越多,它会变得越智能。基于此,可以考虑通过增加隐藏层中的神经元数量来实现更高级的思维,即通过采用增加隐藏层的层数来增加神经元数量,进而达到增强神经网络处理能力的目的,图 9-13 为将隐藏层增加为四层的示例。这种将隐藏层多层化的模型称为"深度神经网络"(DNN),而使用深度神经网络进行的机器学习就称为"深度学习"(deep learning)。

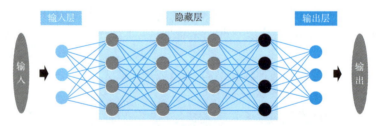

图 9-13 增加四个隐藏层的神经网络示例——深度神经网络 DNN

一般来说,典型的深度学习模型是指具有"多隐层"的神经网络,这里的"多隐层"代表有三个以上隐层,深度学习模型通常有八九层甚至更多隐层。隐层多了,相应的神经元连接权、阈值等参数就会更多。这意味着深度学习模型可以自动提取很多复杂的特征。过去在设计复杂模型时会遇到训练效率低,易陷入过拟合的问题,但随着云计算、大数据时代的到来,海量的训练数据配合逐层预训练和误差逆传播微调的方法,让模型训练效率大幅提高,同时降低了过拟合的风险。

相比而言,传统的机器学习算法很难对原始数据进行处理,通常需要人为从原始数据中提取特征。这需要系统设计者对原始的数据有相当专业的认识。在获得了比较好的特征表示后就需要设计一个对应的分类器,使用相应的特征对问题进行分类。而深度学习是一种自动提取特征的学习算法,通过多层次的非线性变换,它可以将初始的"底层"特征表示转化为"高层"特征表示后,用"简单模型"即可完成复杂的分类学习任务。

经过多年的发展,深度学习理论中包含了许多不同的深度网络模型,例如经典的深层神经网络(deep

neural network,DNN)、深层置信网络(deep belief network,DBN)、卷积神经网络(convolutional neural network,CNN)、深层玻尔兹曼机(deep boltzmann machines,DBM)、循环神经网络(recurrent neural network,RNN)等,它们都属于人工神经网络。不同结构的网络适用于处理不同的数据类型,例如卷积神经网络适用于图像处理,循环神经网络适用于语音识别等。同时,这些网络还有一些不同的变种。

**2. 深度学习的特点**

有别于传统的浅层学习,深度学习的不同在于:

① 强调了模型结构的深度,通常有5层、6层,甚至10多层的隐层节点。

② 明确了特征学习的重要性。也就是说,通过逐层特征变换,将样本在原空间的特征表示变换到一个新特征空间,从而使分类或预测更容易。与人工规则构造特征的方法相比,利用大数据来学习特征,更能够刻画数据丰富的内在信息。

通过设计建立适量的神经元计算节点和多层运算层次结构,选择合适的输入层和输出层,通过网络的学习和调优,建立起从输入到输出的函数关系,虽然不能100%找到输入与输出的函数关系,但是可以尽可能地逼近现实的关联关系。使用训练成功的网络模型,就可以实现对复杂事务处理的自动化要求。

与传统机器学习相比,深度学习有以下三个优点:

(1) 高效率

例如用传统算法去评估一个棋局的优劣,可能需要专业的棋手花大量的时间去研究影响棋局的每一个因素,还不一定准确。而利用深度学习技术只要设计好网络框架,就不需要考虑烦琐的特征提取的过程。这也是 DeepMind 公司的 AlphaGo 能够强大到轻松击败专业的人类棋手的原因,它节省了大量的特征提取的时间,使得本来不可行的事情变为可行。

(2) 可塑性

在利用传统算法去解决一个问题时,调整模型的代价可能是把代码重新写一遍,这使得改进的成本巨大。深度学习只需要调整参数,就能改变模型。这使得它具有很强的灵活性和成长性,一个程序可以持续改进,然后达到接近完美的程度。

(3) 普适性

神经网络是通过学习来解决问题,可以根据问题自动建立模型,所以能够适用于各种问题,而不是局限于某个固定的问题。

### 9.3.4 主流深度学习框架

在深度学习初始阶段,每个深度学习研究者都需要编写大量的重复代码。为了提高工作效率,这些研究者就将这些代码写成了一个框架放到网上让所有研究者一起使用。随着时间的推移,一些开源生态完善、利于开发者快速开发、给予开发者更多的灵活性和扩展性、代码简洁、能提供更多有力工具的框架,被大量的研究和开发人员使用从而流行了起来,成为主流的深度学习框架。

深度学习框架的出现降低了研究开发的入门门槛,开发人员不需要从复杂的神经网络开始编代码,而是可以根据需要选择已有的模型,通过训练得到模型参数,也可以在已有模型的基础上增加自己的层,或者是在顶端选择自己需要的分类器和优化算法(如常用的梯度下降法)。通常,深度学习框架提供一系列的深度学习的组件,如需使用新的算法,需要用户自己去定义,然后通过深度学习框架的函数接口调用用户自定义的新算法。当然,没有哪个框架是完美的,每个框架都有自己的优势,所以不同的框架适用的领域不完全一致。

目前较为流行的深度学习框架有 TensorFlow、Caffe、PyTorch、PaddlePaddle、Theano、Keras、MXNet、Torch等。这些深度学习框架被应用于计算机视觉、语音识别、自然语言处理与生物信息学等领域,并获取了极好的效果。下面主要介绍当前深度学习领域影响力比较大的几个框架。

**1. TensorFlow 简介**

TensorFlow 是一个用于研究和生产的开放源代码机器学习库,由谷歌人工智能团队谷歌大脑(Google Brain)开发和维护,拥有包括 TensorFlow Hub、TensorFlow Lite、TensorFlow Research Cloud 在内的多个项目以及各类应用程序接口(application programming interface,API)的开放源代码软件库,可供初学者和专家在桌面、移动、网络和云端环境下进行开发和进行高性能数值计算。借助其灵活的架构,用户可以轻松地将计算工作部署到各类服务器、PC 终端、网页,TenserFlow 还支持 GPU 和 TPU 高性能数值计算。

TensorFlow 是一款使用 C++ 语言开发的开源数学计算软件,使用数据流图(data flow graph)的形式进行计算。在使用 TensorFlow 时,需要首先创建一个数据流图,然后再将数据(称为张量)放在数据流图中计算。训练模型时,张量从流图的一端流动到另一端的计算过程,非常生动形象地描述了复杂数据结构在人工神经网中的流动、传输、分析和处理模式。而张量(tensor)不断地从数据流图中的一个节点流动(flow)到另一节点,即为 TensorFlow 名字的由来。

Tensorflow 最初由研究人员和 Google Brain 团队针对机器学习和深度神经网络进行研究而开发,开源之后几乎可以在各个领域适用,目前已经成为全世界使用人数最多、社区最为庞大的一个框架。谷歌公司出品后维护与更新比较频繁,并且有着 Python 和 C++ 的接口,教程也非常完善,同时很多论文复现的第一个版本都是基于 Tensorflow 写的,所以也是深度学习界框架中的翘楚。

使用 TensorFlow 的优点主要表现在以下几个方面:

① TensorFlow 有一个非常直观的构架,顾名思义,它有一个"张量流"。用户可以很容易地看到张量流动的每一个部分。

② TensorFlow 可轻松地在 CPU/GPU 上部署,进行分布式计算。

③ TensorFlow 跨平台性高,灵活性强。TensorFlow 不但可以在 Linux、Mac 和 Windows 系统下运行,甚至还可以在移动终端下工作。

当然,TensorFlow 也有不足之处,主要表现在它的代码比较底层,需要用户编写大量的代码,而且有很多相似的功能,用户还不得不"重造轮子"(软件开发用语,意为"重新实现已有的功能,以达到更高效率或稳定性")。但"瑕不掩瑜",TensorFlow 还是以雄厚技术积淀、稳定的性能,成为众多深度学习框架中使用者最多的一个。

**2. PyTorch 简介**

PyTorch 是开源的神经网络框架,其前身是 Torch。Torch 是一个经典的、对多维矩阵数据进行操作的张量库,在机器学习和其他数学密集型应用中有广泛应用。但由于 Torch 采用的编程语言 Lua 比较小众,普及程度不高,导致 Torch 一直局限在较小范围内使用。因此采用已经为许多研究人员、开发人员和数据科学家所熟悉的原始 Python 命令式编程风格开发了 PyTorch。可以说 PyTorch 是 Torch 的 Python 版。

PyTorch 的底层仍然保留了 Torch 框架,由此也继承了 Torch 的所有优点,同时,由于使用 Python 重写了很多新的内容,又使其使用起来更加灵活。PyTorch 有许多优势,如采用 Python 语言、支持动态图的机制、网络构建灵活及拥有强大的社群等。灵活、动态的编程环境和用户友好的界面,使其一经推出,很快就成为人工智能研究人员的热门选择并受到推崇;而支持动态计算图的特性,又令其在对时间序列及自然语言处理数据相关工作的学术研究者中很受欢迎。

使用 PyTorch 的优点主要表现在以下几个方面:

① 简洁:PyTorch 的设计追求最少的封装,尽量避免重复造轮子。不像 TensorFlow 中充斥着 session、graph、operation、name_scope、variable、tensor、layer 等全新的概念,PyTorch 的设计遵循 tensor→variable(autograd)→nn.Module 三个由低到高的抽象层次,分别代表高维数组(张量)、自动求导(变量)和神经网络(层/模块),而且这三个抽象之间联系紧密,可以同时进行修改和操作。简洁的设计带来的另外一个好处就是代码易于理解。PyTorch 的源码只有 TensorFlow 的十分之一左右,更少的抽象、更直观的设计使得 PyTorch 的源码十分易于阅读。

② 速度:PyTorch 的灵活性不以速度为代价,在许多评测中,PyTorch 的速度表现胜过 TensorFlow 和 Keras 等框架。

③ 易用:PyTorch 是所有的框架中面向对象设计得最优雅的一个。PyTorch 的面向对象的接口设计来源于 Torch,而 Torch 的接口设计以灵活易用而著称。PyTorch 继承了 Torch 的衣钵,尤其是 API 的设计和模块的接口都与 Torch 高度一致。PyTorch 的设计最符合人们的思维,它让用户尽可能地专注于实现自己的想法,即所思即所得,不需要考虑太多关于框架本身的束缚。

④ 活跃的社区:PyTorch 提供了完整的文档、循序渐进的指南、作者亲自维护的论坛供用户交流和求教问题。

### 3. Caffe 简介

Caffe(convolutional architecture for fast feature embedding)是一个被广泛使用的开源深度学习框架,目前由伯克利视觉学习中心(berkeley vision and learning center,BVLC)进行维护。

Caffe 的核心概念是层(Layer),每一个神经网络的模块都是一个 Layer。Layer 接收输入数据,同时经过内部计算产生输出数据。设计网络结构时,只需要把各个 Layer 拼接在一起构成完整的网络。每一个 Layer 需要定义两种运算,一种是正向(forward)的运算,即从输入数据计算输出结果,也就是模型的预测过程;另一种是反向(backward)的运算,从输出端的梯度(gradient)求解相对于输入的 gradient,即反向传播算法,也就是模型的训练过程。实现新 Layer 时,需要将正向和反向两种计算过程的函数都实现,这部分计算需要用户自己来写。正如它的名字所描述的,Caffe 最开始设计时的目标只针对图像,没有考虑文本、语音或者时间序列的数据,因此 Caffe 对卷积神经网络的支持非常好,但对时间序列 RNN、LSTM 等支持得不是特别充分。同时,基于 Layer 的模式也对 RNN 不是非常友好,定义 RNN 结构时比较麻烦。在模型结构非常复杂时,可能需要写非常冗长的配置文件才能设计好网络,而且阅读时也比较费力。

Caffe 的一大优势是拥有大量的训练好的经典模型,因为知名度较高,Caffe 被广泛地应用于前沿的工业界和学术界,许多提供源码的深度学习的论文都是使用 Caffe 来实现其模型的。在计算机视觉领域 Caffe 应用尤其多,可以用来做人脸识别、图片分类、位置检测、目标追踪等。虽然 Caffe 主要是面向学术圈和研究者的,但它的程序运行非常稳定,代码质量比较高,所以也很适合对稳定性要求严格的生产环境,可以算是第一个主流的工业级深度学习框架。因为 Caffe 的底层是基于 C++ 的,因此可以在各种硬件环境编译并具有良好的移植性,支持 Linux、Mac 和 Windows 系统,也可以编译部署到移动设备系统如 Android 和 iOS 上。和其他主流深度学习库类似,Caffe 也提供了 Python 语言和 Matlab 的接口,在接触新任务、设计新网络时可以使用其接口简化操作。

Caffe 在 GPU 上训练的性能很好,但是目前仅支持单机多 GPU 的训练,没有原生支持分布式的训练。不过现在也有很多第三方的支持,比如雅虎开源的 CaffeOnSpark,可以借助 Spark 的分布式框架实现 Caffe 的大规模分布式训练。

Caffe 的主要优势包括以下几点:

① 完全开源,并且有多个活跃社区沟通解答问题,同时提供了一个用于训练、测试等完整工具包,可以帮助使用者快速上手。

② 模块性:Caffe 以模块化原则设计,实现了对新的数据格式、网络层和损失函数的轻松扩展。

③ 表示和实现分离:Caffe 已经用谷歌的 Protocl Buffer 定义模型文件。使用特殊的文本文件 prototxt 表示网络结构,以有向非循环图形式的网络构建。

④ Python 和 Matlab 结合: Caffe 提供了 Python 和 Matlab 接口,供使用者选择熟悉的语言调用、部署算法应用。

⑤ GPU 加速:利用了 MKL、OpenBLAS、cuBLAS 等计算库,利用 GPU 实现计算加速。

### 4. PaddlePaddle

PaddlePaddle 是百度研发的开源开放的深度学习平台,是国内最早开源、也是当前唯一一个功能完备的深度学习平台。依托百度业务场景的长期锤炼,PaddlePaddle 有最全面的官方支持的工业级应用模型,涵盖自然语言处理、计算机视觉、推荐引擎等多个领域,并开放多个领先的预训练中文模型,以及多个在国际范围内取得竞赛冠军的算法模型。

PaddlePaddle 同时支持稠密参数和稀疏参数场景的超大规模深度学习并行训练,支持千亿规模参数、数百个节点的高效并行训练,也是最早提供如此强大的深度学习并行技术的框架。PaddlePaddle 拥有强大的多端部署能力,支持服务器端、移动端等多种异构硬件设备的高速推理,预测性能有显著优势。它还实现了 API 的稳定和向后兼容,具有完善的中英双语使用文档,形成了易学易用、简洁高效的技术特色。

PaddlePaddle 3.0 版本升级为全面的深度学习开发套件,除了核心框架,还开放了 VisualDL、PARL、AutoDL、EasyDL、AI Studio 等一整套的深度学习工具组件和服务平台,更好地满足不同层次的深度学习开发者的开发需求,具备了强大的支持工业级应用的能力,已经被中国企业广泛使用,也拥有了活跃的开发者社区生态。

## 9.4 人工智能在现实中的应用

### 9.4.1 人工智能的行业应用

**1. 智慧医疗**

随着 AI+医疗的进一步融合,政策和资金层面的大规模投入,AI 辅助技术也在多个医疗细分领域提供了帮助。人工智能在医疗领域的应用,意味着人们可以得到更为普惠的医疗救助,获得更好的诊断。未来人工智能在医疗领域将在至少以下五个方面影响人们的生活。

①智能诊疗。将人工智能技术应用于疾病诊疗中,计算机可以帮助医生进行病理、体检报告等的统计,通过大数据和深度挖掘等技术,对病人的医疗数据进行分析和挖掘,自动识别病人的临床变量和指标。智能诊疗是人工智能在医疗领域最重要、也最核心的应用场景。

②医学影像智能识别。AI 通过大量学习医学影像,可以帮助医生进行病灶区域定位,减少漏诊误诊问题。

③医疗机器人。机器人在医疗领域的应用非常广泛,如智能假肢、外骨骼和辅助设备等技术修复病患受损的身体,医疗保健机器人辅助医护人员的工作等。目前,关于机器人在医疗界中的应用的研究主要集中在外科手术机器人、康复机器人、护理机器人和服务机器人方面。

④药物智能研发。通过计算机模拟,人工智能可以对药物活性、安全性和副作用进行预测,找出与疾病匹配的最佳药物。这一技术将会缩短药物研发周期、降低新药成本并且提高新药的研发成功率。

⑤智能健康管理。智能设备可以监测到人们的一些基本身体特征,对身体素质进行简单的评估,提供个性的健康管理方案,及时识别疾病发生的风险,提醒用户注意自己的身体健康安全。

总之,人工智能为智慧医疗产业带来深刻的变化,让医疗产业链得以进一步优化,并让医疗行业走向更高效率与更高层次,未来更加值得期待。

**2. 智能金融**

人工智能目前在金融领域的应用已经算得上硕果累累,得益于金融领域的大容量、准确的历史数据和可量化等特点,它非常适合与人工智能技术结合。同时由于我们当前拥有强大的计算能力和方便易用的机器学习工具,从批准借贷到管理资产,再到风险评估,机器学习在金融生态体系中的作用越来越不可或缺。

①金融投资管理。"智能投顾",即智能投资顾问,又称机器人投顾,现在逐渐成为金融行业很常见的场景。所谓智能投顾,是一种机器学习算法,可以根据客户的收益目标及风险承受能力自动调整金融投资组合。不仅如此,算法还能根据客户收益目标的变动和市场行情的实时变化自动调整投资组合,始终围绕客户的收益目标为客户提供最佳投资组合。

②算法交易。算法交易,又称"自动交易系统",它利用复杂的 AI 系统能极其迅速地做出交易决策。通常算法交易系统每天可以做出几万甚至上数十万笔交易,不过机器学习目前在股票和商品期货交易方面的应用仍存在一定的局限性。

③欺诈检测。以往金融欺诈检测系统非常依赖复杂和呆板的规则,面对现今一些越来越高明金融欺诈行为时,越来越显得力不从心。但是借助机器学习,系统可以检测出异常的活动或行为,并将它们自动发送给安全团队。

④借贷/保险承销。机器学习在金融领域的借贷和保险承销领域,通过对数以百万计的消费者数据和金融借款和保险情况等信息进行训练,然后可以用训练后的算法评估潜在趋势,并不断进行分析以检测可能影响未来借贷和保险情况的趋势。由于机器学习在这一领域表现得非常出色,一些业内人士已经担忧 AI 会在承销岗位上逐渐地取代人类。

未来,人工智能在金融领域还会有更大的发展前景,如提供语音服务的客户服务;为了确保用户的安全,使用人脸识别、语音识别或其他生物识别技术;利用情感分析和新闻分析为金融投资提供服务;以更加个性化和精准化的智能应用及助手为客户进行金融产品的销售和推荐。

**3. 智慧教育**

随着人工智能技术的飞速发展,人工智能在教育领域的应用带来了革命性的变革,极大地影响了教育行业的发展。在教学过程中,人工智能为智慧教育提供了技术支撑,使教育资源内容更加丰富、教学方式更为灵活、教学效果更好,还能为学生提供个性化的学习体验,教学环节和流程也得到了优化,这些都为教师和学生带来了机遇和挑战。

①在线学习平台。AI技术为在线学习平台提供了强大的支持,使得教育资源得以更高效地分配。通过大数据分析和机器学习算法,在线学习平台可以根据学生的学习进度、能力和兴趣,为其推荐合适的学习资源和课程。此外,AI还可以实时监测学生的学习状态,为教师提供及时反馈,以便调整教学策略。

②智能辅导。智能辅导系统利用自然语言处理(NLP)和深度学习技术,为学生提供个性化的辅导服务。这类系统能够理解学生的问题,并给出相应的解答和建议。这种个性化的学习方式能够根据学生的学习风格、进度和需求进行调整,提高学习效率。同时通过算法分析学生的学习数据,为教育者提供个性化的教学建议,从而更好地满足学生的学习需求。智能辅导不仅可以减轻教师的负担,还能让学生在任何时间、任何地点都能获得帮助。

③个性化学习。通过收集、整理和分析大量的教育数据,包括学生的学习行为、表现评估、能力水平和兴趣、教学资源利用等,教育者可以更好地了解学生的需求和教学效果,并为每个学生量身定制学习计划。个性化学习不仅关注学科知识,还包括学习策略、技能培养等方面。这种个性化的学习方式有助于激发学生的学习兴趣,提高学习动力,促进更全面的知识获取。

④作业评估。AI技术可以自动批改作业和试卷,大大减轻了教师的工作负担。通过图像识别和自然语言处理技术,AI可以快速准确地识别学生的答案,并给出相应的评分。此外,AI还能分析学生的答题情况,为教师提供有针对性的教学建议。

⑤虚拟现实和增强现实。虚拟现实(VR)和增强现实(AR)技术为教育带来了沉浸式学习体验。通过VR和AR技术,学生可以在虚拟或增强的环境中进行实验、探索历史场景、进行虚拟实地考察等,提高学习的真实感和趣味性。这种技术还可以帮助学生更好地理解抽象概念,促进实践操作能力的培养。

⑥自适应教材。AI技术使得教材能够更好地适应学生的学习需求。自适应教材通过分析学生的学习数据,动态调整教材内容、难度和形式,以满足学生个体差异。这种个性化的教材设计有助于激发学生学习兴趣,提高学习效果。

⑦教育机器人。教育机器人结合了人工智能和机器人技术,为学生提供更生动、互动的学习体验。这些机器人可以用于语言教学、编程学习、STEM教育等多个领域。通过与机器人的互动,学生能够更好地理解抽象概念,培养创造性思维和解决问题的能力。

AI技术在教育领域的应用为教师和学生带来了许多机遇和挑战。通过合理利用AI技术,可以改变教学方式、提高教学效果,并为学生提供个性化的学习体验。然而,在享受AI技术带来的便利的同时,我们也要关注其可能带来的问题,并积极寻求解决方案。展望未来,AI技术不断发展和完善,必将在教育领域发挥更大的作用,为教育事业的发展注入新的活力。

**4. 智能电商**

在电子商务领域,人工智能技术已经得到了很好的应用,并已逐渐发展成为助推销量增长和优化电子商务运营的强大工具。目前,人工智能在电商领域的应用主要体现在以下几个方面:

①智能客服机器人。智能客服机器人主要功能是自动回复顾客问题,消费者可以通过文字、图片、语音与机器人进行交流。智能客服机器人可以有效降低人工成本、优化用户体验、提升服务质量、最大程度挽回夜间流量,以及帮助客服解决重复咨询的问题。

②推荐引擎。利用人工智能算法可以实现海量数据集的深度学习,分析消费者的行为,并且预测哪些产品可能会吸引消费者,从而为他们推荐商品,这有效降低了消费者的选择成本。

③图片搜索。通过计算机视觉和深度学习技术,可以让消费者轻松搜索到他们正在寻找的产品。消费者只需将商品图片上传到电商平台,人工智能能够理解商品的款式、规格、颜色、品牌及其他的特征,最后为消费者提供同类型商品的销售入口。

④库存智能预测。多渠道库存规划管理是困扰电子商务最大的问题之一。库存不足或库存过多都会

对商家的经营带来不好的影响。人工智能和深度学习算法可以通过模型计算出各种因素对周转和库存的影响,使库存的预测变得更加准确。

⑤智能分拣。智能机器人分拣不仅灵活高效还适用性很强,与人工分拣相比,在相同分拣量的情况下,货物分拣更及时、准确,分拣环节的减少让货物搬运次数相应减少,货物更有安全保障。

⑥趋势预测。根据用户浏览的图片,利用深度学习算法可以从中分析出最近某品类的流行趋势,如颜色、规格、材质、风格等,这也是电商平台与供货商进行谈判的重要依据。

⑦商品定价。传统模式下,企业需要依靠数据和自身的经验制定商品的价格。然而,在日趋激烈的市场竞争环境中,商品价格也要随着市场的变动做出及时调整。通过先进的深度学习算法,人工智能技术可以持续评估市场动态以解决商品定价问题。

目前,人工智能对电子商务中的交易、客户维系、客户满意度等方面正在产生越来越大的影响。随着时间的推移,电子商务领域在人工智能技术的不断作用下,会有更广阔的发展前景。我们有理由相信,人工智能技术必将成为电商变革的重要助推力。

**5. 智能政务**

目前人工智能技术已经逐渐在电子政务公共服务领域得到应用,这不仅提升了决策的科学性,也改善了服务的主动性和针对性,有效解决了政府公共服务领域紧张的人力资源问题,提高了公共服务的效率,同时人工智能的应用帮助公共服务透明化,改善了与用户之间的交流沟通,使人民群众有更多获得感、幸福感和安全感。

人工智能已在或正在电子公共服务的各个领域得到应用,这些领域包括身份认证、在线客服、信息检索、行政审批、主动服务、辅助决策、应急处置、态势感知、智能自助终端、服务机器人等。

人工智能研究与应用虽然取得了不少成果,但离全面推广应用还有很远距离,还有很多问题需要许多学科的共同研究。国务院发布的《新一代人工智能发展规划》提出,在智能政务领域,"开发适于政府服务与决策的人工智能平台,研制面向开放环境的决策引擎,在复杂社会问题研判、政策评估、风险预警、应急处置等重大战略决策方面推广应用。加强政务信息资源整合和公共需求精准预测,畅通政府与公众的交互渠道"。对此,人工智能技术在政务公共服务领域未来还需要在政务服务辅助决策、政民互动系统、公共服务质量管理系统、人工智能自助政务服务终端等方面开展更多的工作。

**6. 智能安防**

在安防领域,随着平安城市建设的不断推进,安防正在从传统的被动防御向主动判断、预警发展,行业也从单一的安全领域向多行业应用、提升生产效率、提高生活智能化程度方向发展,为更多的行业和人群提供可视化、智能化解决方案。随着安防领域的发展,人工智能的重要作用正逐步显现。而人工智能技术的迅猛发展,也积极推动着安防领域向着一个更智能化、更人性化的方向前进,主要体现在以下几个方面:

①在公安行业的应用。公安行业用户的迫切需求是在海量的视频信息中,发现犯罪嫌疑人的线索。人工智能在视频内容的特征提取、内容理解方面有着天然的优势。通过实时分析视频内容,检测运动对象,识别人、车属性信息,并通过网络传递到人工智能的中心数据库,再利用强大的计算能力及智能分析能力,人工智能可对嫌疑人的信息进行实时分析,给出最可能的线索建议,为案件的侦破节约宝贵的时间。其强大的交互能力,还能与办案民警进行自然语言方式的沟通,真正成为办案人员的专家助手。

②在交通行业的应用。在交通领域,利用人工智能技术,可实时分析城市交通流量,调整红绿灯间隔,缩短车辆等待时间,提升城市道路的通行效率。人工智能还可以实时掌握城市道路上通行车辆的轨迹信息、停车场的车辆信息,以及小区的停车信息,可以预测交通流量变化和停车位数量变化,合理调配资源、疏导交通,实现机场、火车站、汽车站、商圈的大规模交通联动调度,提升整个城市的运行效率,为居民的出行畅通提供保障。

③在智能楼宇的应用。在智能楼宇领域,人工智能是建筑的大脑,综合控制着建筑的安防、能耗,对于进出大厦的人、车、物实现实时的跟踪定位,区分办公人员与外来人员,监控大楼的能源消耗,使得大厦的运行效率最优化,延长大厦的使用寿命。智能楼宇的人工智能核心,汇总整个楼宇的监控信息、刷卡记录,室

内摄像机能清晰捕捉人员信息,在门禁刷卡时实时比对通行卡信息及刷卡人脸部信息,检测出盗刷卡行为。还能区分工作人员在大楼中的行动轨迹和逗留时间,发现违规探访行为,确保核心区域的安全。

④在工厂园区的应用。工业机器人由来已久,但大多数是固定在生产线上的操作型机器人。可移动巡线机器人在全封闭无人工厂中将有着广泛的应用前景。在工厂园区场所,安防摄像机主要被部署在出入口和边界,对内部边边角角的位置无法涉及,而这些地方恰恰是安全隐患的死角,利用可移动巡线机器人,定期巡逻,读取仪表数值,分析潜在的风险,保障全封闭无人工厂的可靠运行,真正推动"工业4.0"的发展。

⑤在民用安防的应用。在民用安防领域,每个用户都是极具个性化的,利用人工智能强大的计算能力及服务能力,为每个用户提供差异化的服务,提升个人用户的安全感,切实满足人们日益增长的服务需求。以家庭安防为例,当检测到家庭中没有人员时,家庭安防摄像机可自动进入布防模式,有异常时,给予闯入人员声音警告,并远程通知家庭主人。而当家庭成员回家后,又能自动撤防,保护用户隐私。夜间期间,通过一定时间的自学习,掌握家庭成员的作息规律,在主人休息时启动布防,确保夜间安全,省去人工布防的烦恼,真正实现人性化。

◎智能制造

### 9.4.2 人工智能的产品应用

**1. 智能家居**

智能家居是在互联网影响之下物联化的体现。智能家居通过物联网技术将家中的各种设备(如音视频设备、照明系统、窗帘控制、空调控制、安防系统、数字影院系统、影音服务器、影柜系统、网络家电等)连接到一起,提供家电控制、照明控制、电话远程控制、室内外遥控、防盗报警、环境监测、暖通控制、红外转发以及可编程定时控制等多种功能和手段。而对话式人工智能操作的最主要场景之一就是智能家居,它可以广泛应用于音箱、电视、手机、机器人等设备。全球范围内,人工智能在智能家居领域主要有以下几大典型应用。

(1)智能家电

通过人工智能技术丰富家用电器的功能,对家电进行智能化升级,为各种音乐类智能辅助设备提供智能服务和类型的人工智能应用模式是目前最为智能家居市场所广泛接受的。

(2)家庭安全和检测

通过应用人工智能传感器技术保障用户自身和家庭的安全,对用户自身健康、幼儿和宠物进行监测,此类型的人工智能应用模式数量最多,比如智能安防系统就属于这一类的应用。

(3)智能控制平台

通过开发完整的智能家居控制系统或控制器,使得居住者能够智能控制室内的门、窗和各种家用电子设备,此类型的人工智能应用模式是各大科技公司在智能家居领域角力的主赛场。

(4)机器人

人工智能在家居机器人中的成熟形态包括陪护、保洁、对话聊天、做家务等场景,目前市场上不少企业也开始试水功能更丰富的智能家居机器人,比如最典型的扫地机器人就属于这一类。

**2. 智能穿戴设备**

智能穿戴设备是一种直接穿在身上或整合到用户的衣服或配件的便携式智能设备,具有感知、交互、计算等功能,可以为用户提供健康管理、运动测量、社交互动、影音娱乐等多种服务。可穿戴设备不只是一种硬件设备,更能通过软件支持、数据交互和云端交互实现强大的功能,给我们的生活、感知带来重大转变。

可穿戴设备的种类繁多,根据不同的分类标准,有不同的划分方法。常见的分类标准有以下几种:

①根据佩戴部位分为头部佩戴(如智能眼镜、智能耳机)、手部佩戴(如智能手表、智能手环)、腰部佩戴(如智能腰带)、足部佩戴(如智能鞋)、全身佩戴(如智能服装)等。

②根据功能用途分为健康管理类(如心率监测、血压监测)、运动测量类(如步数计算、卡路里消耗)、社交互动类(如通话、信息推送)、休闲娱乐类(如音乐播放、视频观看)、定位导航类(如GPS定位、地图导航)、移动支付类(如扫码支付、NFC支付)等。

③根据技术水平分为基础型(如只具有数据采集和显示功能)、进阶型(如具有数据处理和传输功能)、高级型(如具有数据分析和反馈功能)等。

智能可穿戴设备发展极具潜力,随着技术更加纯熟,产品研发创新不断突破瓶颈,技术的迭代和商业上的可能性正在超越人们的想象,进入一个全新的认知领域。智能穿戴式设备时代的来临意味着人的智能化延伸,通过这些设备,人类可以更好地感知外部与自身的信息,能够在计算机、网络甚至其他人的辅助下更为高效地处理信息,实现更为无缝的交流。

### 3. 自动驾驶

自动驾驶是交通运输领域的一项前沿技术,是传感器、计算机、人工智能、通信、导航定位、模式识别、机器视觉、智能控制等多门前沿学科的综合体。自动驾驶是智能驾驶发展的较高阶段,而无人驾驶是实现完全自动化后的最高层次。无人驾驶汽车是智能汽车的最高级形态,是室外移动机器人在交通领域的重要应用。其利用信号处理技术、通信技术和计算机技术等,通过集成视觉、激光雷达、超声传感器、微波雷达、GPS、里程计、磁罗盘等多种车载传感器来感知车辆周围环境,并根据感知所获得的道路、车辆位置和障碍物信息等作出分析和判断,向主控计算机发出期望控制,控制车辆的转向和速度,从而在没有人类干预的情况下实现无人驾驶车辆依据自身意图和环境的拟人驾驶。

(1) 自动驾驶的分级

根据我国的国家标准,自动驾驶技术分为 0~5 级,共 6 个层级,L0 级完全依赖人工驾驶,L1 和 L2 级的驾驶自动化功能是辅助驾驶,L3 级及以上级别的驾驶自动化功能才真正可以称为自动驾驶,即在特定情况下能够代替驾驶员成为驾驶主体,实现驾驶员解放双手双脚的愿望。简单来说,L2 级只是在某些特定的环境下完成一定的自动辅助驾驶,如自适应巡航、自动泊车等,但仍然要求驾驶员随时进行监测与干预。从 L3 级开始,则可以分时段、分场景允许司机放开双手,让车辆自主行驶,如在高速公路上的自动驾驶,但在应急状态下,驾驶员仍然需要进行自主驾驶。只有当自动驾驶达到 L5 级时,才能实现完全的自动化驾驶,且任何情况下都无需人类接管,即真正意义上的"无人驾驶"。此外,L4 级自动驾驶只要在系统指定适用的场景下也是"无人驾驶",相当于限定场景下的 L5 级。

目前,乘用车自动驾驶正在由 L2 级向 L3 级过渡。随着硬件平台和软件算法逐步成熟,新车搭载 L2 级功能正在逐渐成为标配,而 L3 级功能也开始出现在部分高端品牌和新能源汽车上。预计未来会有更多的乘用车实现 L3 级别甚至更高级别的自动驾驶功能。

(2) 自动驾驶产业链

自动驾驶的产业链环节较长,从上游系统分拆来看,无人驾驶基本上依赖于感知、决策、执行三个环节的高效配合。感知层通过多维传感器及 GPS、北斗等在内的导航系统识别道路上的人、物及标识,并收集车身周围的实时数据;决策层通过芯片、软件/算法、特征提取等预处理,数据融合后作出评估和决策,得出相应的路径规划与决策信号,并输出给各种执行层的控制单元;最终执行层通过接收感知系统的数据及决策系统的决策信号作出相应的反馈动作,实现全套自动驾驶操作。

产业链中游主要包括汽车制造商和无人驾驶解决方案提供商,以及落地应用之前的车辆测试与评价环节。产业链下游为无人驾驶汽车应用场景,主要分为政府、企业和个人用户等不同类型。

(3) 自动驾驶行业发展状况

近年来,自动驾驶汽车领域发展迅猛,有数据显示:2023 年全球智能汽车市场规模约为 1 万亿;2023 年无人驾驶汽车创造的市场价值达到 420 亿美元;2035 年前,全球将有 1 800 万辆汽车拥有部分无人驾驶功能,1 200 万辆汽车成为完全无人驾驶汽车,而中国将是最大的智能汽车市场。

在国家产业政策的支持、技术条件逐渐成熟和下游消费需求释放的推动下,我国无人驾驶汽车行业也发展较快,智能汽车销量近年来保持持续的增长,无人驾驶汽车领域的投资金额也呈快速增长趋势。数据显示,2023 年我国智能汽车销量约为 597 万辆,2014—2023 年间我国无人驾驶汽车领域的投资金额达 2 100 多亿元。资金的大量投入催化了无人驾驶技术快速发展、市场接受程度提高,由此也推动了一批重视无人驾驶的车企快速发展。

技术进步是带动无人驾驶行业发展的核心动力。激光雷达、高清摄像头、毫米波雷达等传感器使得无人驾驶汽车能够更准确地识别道路、车辆、行人等障碍物;云计算与大数据技术的应用使得无人驾驶汽车能够实时处理和分析海量数据。随着这些关键技术的不断创新和完善,无人驾驶汽车将在未来逐步实现商业化应用,市场前景广阔。

### 9.4.3 人工智能最新成果与应用

ChatGPT 自 2022 年 11 月横空出世后掀起新一轮的人工智能产业浪潮,各类生成式人工智能进入应用爆发阶段。从文生文,到文生图(如 Midjourney),再到文生视频(如 Sora 大模型),乃至文生音乐(如 Suno V3 大模型),生成式人工智能应用迅速发展,为未来人工智能产业发展提供无限想象空间。

**1. ChatGPT**

(1) ChatGPT 是什么

ChatGPT(Chat Generative Pre-trained Transformer),是 OpenAI 研发的一款聊天机器人程序,于 2022 年 11 月 30 日发布。ChatGPT 是人工智能技术驱动的自然语言处理工具,它可以与人类进行真实的交互,就像与一个普通人一样回答问题、提供建议和支持,并且还可以根据对话的情境进行调整。ChatGPT 还能完成撰写论文、邮件、脚本、文案、翻译、代码等任务,并通过学习人类的语言和行为模式来不断改进自己的表现。

(2) ChatGPT 的技术原理

ChatGPT 的技术原理主要基于深度学习和自然语言处理技术,核心在于使用 Transformer 模型和大规模的预训练。它使用大量的自然语言文本进行训练,并通过语言模型预测下一个单词或句子的可能性。这使得 ChatGPT 能够理解并生成人类类似的响应。

①Transformer 模型:ChatGPT 主要使用了一种称为 Transformer 的神经网络架构,这种架构的核心思想是自注意力机制,它使得模型能够在输入的不同位置建立相互之间的关联性,从而更好地捕捉上下文之间的依赖关系。

②预训练和微调:ChatGPT 首先进行大规模的预训练,在无监督条件下学习语言的统计规律和上下文关系。然后,模型通过在特定任务上进行微调,以适应特定的应用场景。

③多层架构:ChatGPT 由多个堆叠的 Transformer 层组成,多层架构使得模型能够进行多次抽象和表示学习,从而更好地捕捉语言的层次结构和语义关系。

④位置编码:位置编码是一种将位置信息嵌入到输入表示中的方法,以便模型能够识别输入序列中不同位置的顺序关系。

⑤词嵌入:词嵌入可以捕捉词语之间的语义相似性和关联性,使得模型能够在连续向量空间中对词语进行计算和表示。

⑥生成对抗网络:ChatGPT 使用了一种称为"生成对抗网络"的深度学习技术,可以生成自然流畅的语言,并根据上下文生成连贯的回答。

(3) ChatGPT 的使用场景

ChatGPT 可以在各种场景下使用,包括在线客服、智能助手、语音识别、机器翻译、聊天应用程序等。无论是为个人提供服务还是为企业提供解决方案,ChatGPT 都可以为用户提供高质量的体验和服务。

(4) ChatGPT 的发展进程

ChatGPT 的发展非常快速,从 GPT-1 到 GPT-4,每次升级都会带来更好的性能和表现。在 2024 年 5 月,OpenAI 又发布了最新的 GPT-4o 多模态大模型,可实时跨文本、音频、视觉(图像与视频)进行推理。GPT-4o 的 o 代表 omni,也就是全能的意思。

与之前的 GPT-4 相比,GPT-4o 响应速度更快。例如,过去的语音模式需要先将语音转化为文本,再进行智能处理,然后将处理结果转换为语音,即调用三个模型,转写、智能和文生语音功能,所以会有延迟,一般都是一问一答的状态,在交流中需要等待好几秒。

而 GPT-4o 的表现就非常完美了,在 OpenAI 发布的展示中,相比先前版本,GPT-4o 的不同主要表现在:一是使用者可以随时打断聊天机器人,无须像从前那样等它把话说完;二是它会实时对问题作出回应,不再有两到三秒的时滞;第三,它能感知人的情绪,比如演示者呼吸急促,它会询问对方是否需要稍稍稳定下情绪。另外,GPT-4o可以生成不同风格的声音。

演示中,GPT-4o还利用其视觉和语音能力,指导演示者在纸上逐步解出一道方程题,而不是直接给出答案。它还展示了英语与意大利语互译、用自拍照片识别情绪等能力。

可以看出,无论是在文本生成、做题、问答系统还是情感分析等任务中,GPT-4o都表现出很好的能力。这种技术的突破,无疑将对国内外的相关企业产生重大影响,它不仅推动了自然语言处理技术的发展,也让人工智能在多个领域的应用变得更加广泛和深入。GPT-4o将推动人工智能在金融服务、教育、医疗、无人驾驶汽车等领域的应用,有望引领人工智能技术全面发展。

**2. Midjourney**

(1) Midjourney 的背景和概述

Midjourney是一款由同名实验室研发的人工智能程序(见图9-14),由一群来自芝加哥的艺术家和技术人员创立,致力于将人工智能技术应用于艺术和创意领域。这款软件利用了深度学习和计算机视觉技术,通过分析大量的图像数据,学习如何生成具有高度真实感和细节的图像。

Midjourney的用户界面非常简单直观,用户只需要输入文字或上传图片,软件就会自动生成相应的艺术作品,如图9-15所示。这种快速、高效、自动化的创作方式,让Midjourney在短时间内获得了广泛的关注和认可。

ChatGPT也可以生成文字的配图,以彰显主题内容,但ChatGPT并不是真正意义上帮用户生成图片,它只是找一张符合的图片上传而已。Midjourney则

图9-14  Midjouerney

不同,用户只需要清楚描述想要呈现的画面,系统就会自动生成艺术感满满的四幅作品供用户选择。Midjourney的作品不仅在艺术领域引起了轰动,也受到了大众的广泛关注,它的作品充分展示了人工智能在图像生成、风格转移等方面的能力,同时也引发了人们对AI技术之于艺术创作的影响和可能性的讨论。

图9-15  Midjourney 绘图界面

(2) Midjourney 的技术原理

Midjourney的技术原理基于深度学习的神经网络模型,这种模型经过大量的训练和学习,可以自动对图像数据进行处理和分析,从而生成高度真实感和细节的艺术作品。具体来说,Midjourney使用了名为"扩散模型"(diffusion model)的技术,可以通过逐渐添加随机噪声来模糊图像,然后将这个模糊的图像作为输入,通过反向传播算法来生成新的清晰图像。这个过程不断重复,直到生成的图像达到用户要求的质量和清晰度。

此外,Midjourney还采用了Transformer架构,可以有效地处理文本和图像数据之间的转换,使得用户可以通过文字描述来控制生成的图像内容。

(3) Midjourney 的应用场景和优势

Midjourney可以广泛应用于创意设计、广告营销、游戏开发等领域,为设计师和开发者提供全新的创作方式和工具。与传统的手工绘制或使用其他图像编辑软件相比,Midjourney具有以下优势:

①高效快速:通过人工智能技术自动处理和分析数据,快速生成高质量的图像和艺术作品,大大缩短创作周期。

②高度真实感和细节:能够通过深度学习和神经网络模型学习图像的细节和特征,使得生成的图像具有高度真实感和细节表现力。

③可视化创作过程:用户界面简单直观,便于用户通过文字或图片描述来控制生成的图像内容,并实时

预览创作过程和结果。

④创意无限：可以根据用户的描述和需求自动生成多种可能性，激发用户的创意灵感，创造出独具特色的艺术作品。

⑤跨领域应用：Midjourney不仅可以应用于传统的创意设计领域，还可以扩展到广告营销、游戏开发、虚拟现实等领域，为不同行业提供全新的创作方式和工具。

**3. Sora**

（1）Sora的诞生

2024年2月，OpenAI发布了自己的首个文生视频模型Sora（见图9-16），只要输入基础的文本指令，便可生成一段长达60 s的高清视频。Sora能够生成复杂的场景，不仅包括多个角色，还有特定的动作类型，以及对视频内容的准确细节描绘，其技术效果不仅大幅刷新行业多个指标，也颠覆了生成式AI在视频领域的全球市场格局。

（2）Sora采用的技术

Sora模型主要基于深度学习中的扩散型变换器（diffusion transformer）架构，这种架构能够将随机噪声逐渐转化为有意义的图像或视频内容。Sora模型通过训练，学会了理解和处理文本提示，将用户的描述转化为视频内容。简单来说，Sora模型首先接受用户的文本描述，然后利用扩散型变换器生成一系列潜在表示，这些潜在表示逐渐接近于真实的视频数据。在这个过程中，Sora模

图9-16　Sora

型通过不断地迭代和优化，逐渐生成出与文本描述相符合的视频内容。此外，Sora模型还采用了一种称为"时空区块"（spacetime patches）的表示方法，将视频数据分解为一系列时空区块，通过对这些时空区块进行训练和优化，能够生成具有连贯性和一致性的视频内容。

同时，Sora模型还利用了一种称为"视频压缩网络"的技术，能够将高维度的视频数据压缩为低维度的潜在表示，从而降低计算复杂度和存储成本。Sora模型在压缩的潜在空间上进行训练，并生成视频。同时，还训练了一个相应的解码器模型，将生成的潜在表示映射回像素空间，从而得到最终的视频输出。

（3）Sora的优势

相比于其他类似的视频生成模型，Sora模型具有以下几个显著的优势：

①生成视频时长更长：能够生成长达1 min的视频，而其他主流工具生成的视频通常只有5 s左右，这使得Sora模型在视频生成方面具有更强的实用性和应用价值。

②视频质量和连贯性更高：Sora模型采用的技术和算法能够更好地理解和处理文本描述，生成的视频在景物清晰度和动作连贯性方面表现优秀。

③支持多镜头一致性：可以生成具有多镜头一致性的视频，即在不同镜头之间保持动作和画面的连贯性和一致性，大大提高视频的观感和质量。

（4）Sora还不完美

尽管Sora的出现令业界震惊，并大幅领先同行，但它也远没有达到成熟水准。在Sora公开的Demo视频也有很多漏洞，比如随着时间推移，有的人物、动物或物品会消失、变形或者生出分身；或者出现一些违背物理常识的画面，比如穿过篮筐的篮球、悬浮移动的椅子等。目前，Sora可能还难以准确模拟复杂场景的物理原理，可能无法理解因果关系，可能混淆提示的空间细节，可能难以精确描述随着时间推移发生的事件，如遵循特定的相机轨迹等。

业内的一些专家认为Sora对真实世界的模拟还有很大提升空间，就目前的展示内容来看，并不意味着它已经"读懂了"物理规律；一个AI模型可以生成逼真的视频，但并不代表这个AI可以理解世界。

从技术的角度来说，与大语言模型相比，文生视频模型实现难度显然更大，在技术实现上要面临的挑战也更多，包括处理更复杂的数据、需要更多的算力资源，以及多模态融合等方面。

当然，Sora毕竟还只是最初测试版本，按照Open AI目前的训练情况和模型迭代速度，相信这些弱点不

久的将来会被攻克。Sora 展现的突破性能力无疑给大部分行业提供了降本增效的可能性,更是给远离视频行业的大众打开了一扇创造虚拟世界的大门。

(5) Vidu——我国文生视频的新突破

2024 年 4 月 27 日,在 2024 中关村论坛年会未来人工智能先锋论坛上,生数科技联合清华大学发布中国首个长时长、高一致性、高动态性视频大模型——Vidu。Vidu 不仅能够模拟真实物理世界,还拥有丰富想象力,具备多镜头生成、时空一致性高等特点,这也是自 Sora 发布之后全球率先取得重大突破的视频大模型,性能全面对标国际顶尖水平,并在加速迭代提升中。

根据现场演示的效果,Vidu 能够模拟真实的物理世界,生成细节复杂并且符合真实物理规律的场景。它还具有丰富的想象力,能够生成真实世界不存在的虚构画面,创造出具有深度和复杂性的超现实主义内容。作为中国自研视频大模型,Vidu 还能理解中国元素,能够在视频中生成例如熊猫、龙等特有的中国元素。

据了解,Vidu 的快速突破源自团队对贝叶斯机器学习和多模态大模型的长期积累和多项原创性成果。其核心技术 U-ViT 架构由团队于 2022 年 9 月提出,是全球首个模型(diffusion)扩散与 Transformer 融合的架构,完全由团队自主研发。自 2024 年 2 月 Sora 发布推出后,团队基于对 U-ViT 架构的深入理解以及长期积累的工程与数据经验,在短短两个月就突破长视频表示与处理关键技术,研发推出 Vidu 视频大模型,显著提升了视频的连贯性与动态性。

**4. Suno**

(1) Suno V3 的背景和概述

Suno V3(见图 9-17)是一个音乐生成模型,由 AI 初创公司 Suno 开发,能够在几秒钟内生成 2 min 动听的音频。这个模型被设计为一种强大的 AI 工具,能够快速创作 AI 原创音乐,包括作曲、作词和演唱。用户不需要输入很专业的提示词,甚至可以不懂乐理,新手用几十秒时间,就可以让脑中片刻的音乐灵感快速生成为有歌词、前奏、间奏、副歌的完整歌曲,因此被不少人视为"音乐界的 ChatGPT"。它不仅提高了音乐创作的效率,还让音乐创作更具灵活性和个性化。

图 9-17 Suno

(2) Suno V3 的技术原理

音频不同于文字的离散特性,它是一种连续的波动信号。由于音频的复杂性远超文字,处理高质量音频要面临巨大的挑战,需要每秒处理数以万计的数据点。曾有业内专家认为,考虑到成品的复杂性,可能需要数年时间才能出现一种通过简单的文本描述制作歌曲的工具,但 Suno 这家仅仅成立两年的初创公司已经成功实现了这一目标。由于涉及版权保护方面的问题,Suno 并未公开其训练数据的详细信息,只是强调了 Suno 的模型通过学习音乐及语音录音,能够生成极为真实的人声。从中可以看出,Suno 的技术实现相当复杂和先进,也暗示了其将继续扩展其音乐生成的能力和范围,不仅致力于捕捉音乐的精髓,也致力于理解和复制人类声音的独特特征,以此开辟一条通往更直观、高级的音乐创作界面的道路,比如通过用户自己的演唱来生成歌曲。

Suno V3 采用了与 ChatGPT 等大语言模型相同的 Transformer 构架,这些模型将人类语言分解成称为 Token 的独立片段,吸收了数以百万计的用法、风格和结构,并能按需重新构建语言。通过对大量音乐资料的学习和模拟,AI 模型能够解析出音乐的基本要素,如旋律、节奏、和弦等,并以此为基础生成新的音乐作品。Transformer 模型在处理序列数据方面的强大能力,加上扩散模型在生成连续数据(如音频波形)方面的优势,共同构成了 Suno 独特的技术基础。这种创新的技术结合不仅提高了音乐生成的质量,也增加了生成内容的多样性,从而让 Suno 能够满足广泛用户的需求和偏好。

(3) Suno V3 的应用场景和优势

Suno 有两种音乐合成模式选择,Custom Mode(自定义模式)和 Instrumental(生成纯音乐),如图 9-18 所示。在自定义模式中,用户可用 AI 生成歌词,也可以自己输入特定歌词,由 Suno 对应生成歌曲。

从短期看,Suno 最直接的应用场景是为广告和电视节目创作歌曲,特别是对于音乐制作的幕后工作会有广泛的应用可能,如录音、混音、制作、编曲、母带,这些技术含量很高的工种现在完全可以被 AI 取代。未来其应用的方向可以是为音乐作品和视频作品的创作提供付费服务,其商用的发展空间会非常广泛更大。Suno V3 具有以下优势:

图 9-18　Suno 的两种音乐合成模式

① 音频数据的分析与模拟:在音频数据的分析与模拟方面,AI 技术能够深入到音符、和弦、旋律等音乐元素的内部,通过算法处理,生成真实或新颖的音响效果。这意味着,用户不仅可以利用 AI 工具创作出符合传统音乐审美的作品,也可以探索和创造全新的音乐风格和形式。

② 音乐风格的多样化:Suno V3 Alpha 音乐生成器的另一大优势在于对多种音乐风格的熟练掌握。从古典到流行,从摇滚到电子,AI 模型能够根据用户的选择,准确地模拟出各种音乐风格的特点,并应用于音乐的生成过程中。这种能力为用户提供了无限的创意空间,使他们能够在不同的音乐风格中自由切换,创作出真正属于自己风格的作品。

(4) 音乐修复、文化遗产保护

2023 年 11 月,英国传奇摇滚乐队披头士乐队的最后一曲 Now and then 经由人工智能从老歌样带中提取约翰·列侬的声音数据,经算法处理后正式发布,在披头士乐队主唱约翰·列侬去世 43 年后,全球披头士乐迷们听到了由披头士乐队制作、约翰·列侬作词作曲并主唱的最后一曲。在披头士歌曲制作过程中展示的人工智能技术表明,未来的声音工程和修复技术将得到提升,这些方法可用于重制老唱片、保护文化遗产和提高历史内容的音频质量。它凸显了遗作合作和恢复标志性声音的潜力,使现代艺术家能够与过去的传奇人物建立联系,这会带来人工智能驱动的对经典曲目的重新演绎,以及音乐制作中的跨时代合作。

**5. 生成式人工智能**

(1) 生成式人工智能的概念

生成式人工智能(generative artificial intelligence,GAI)是人工智能领域一个重要的技术分支,它能够学习并模拟数据的内在规律和分布,生成全新的、与原始数据相似但又不完全相同的内容。2022 年末,OpenAI 推出的 ChatGPT 标志着这一技术在文本生成领域取得了显著进展,2023 年被称为生成式人工智能的突破之年。这项技术从单一的语言生成逐步向多模态、具身化快速发展。在图像生成方面,生成系统在解释提示和生成逼真输出方面取得了显著的进步。同时,视频和音频的生成技术也在迅速发展,这为虚拟现实和元宇宙的实现提供了新的途径。生成式人工智能技术在各行业、各领域都具有广泛的应用前景。

(2) 生成式人工智能的原理

生成式人工智能的核心在于其强大的学习和生成能力。它通常基于深度学习技术,特别是神经网络模型,通过训练大量数据来学习数据的内在规律和特征。生成式人工智能模型可以大致分为两类:基于概率的模型和基于神经网络的模型。

① 基于概率的模型:基于概率的生成式模型主要依赖于概率统计和概率图模型来刻画数据的生成过程。这些模型通过计算数据序列的概率分布,生成符合该分布的新数据。然而,这类模型在处理复杂数据时往往表现不佳,难以捕捉数据的深层结构和语义信息。

② 基于神经网络的模型:近年来,基于神经网络的生成式模型,如自编码器(autoencoder)、变分自编码器(VAE)、生成对抗网络(GAN)和 Transformer 等,逐渐成为主流。这些模型通过构建复杂的神经网络结构,学

习数据的深层特征表示,并生成全新的数据。其中,GAN通过构建生成器和判别器两个神经网络,进行对抗性训练,以生成更加真实、多样的数据;而Transformer则通过自注意力机制,捕捉数据中的长距离依赖关系,生成高质量的文本或图像。

(3)生成式人工智能的应用

生成式人工智能在众多领域都有着广泛的应用,以下是几个典型的例子:

①文本创作:通过训练大量的文本数据,生成式模型可以学习语言的规则和模式,生成全新的文章、诗歌、小说等作品。这种技术不仅可以帮助创作者拓展思路、提高效率,还可以为语言学习和文化传播提供新的途径。

②图像生成:生成式人工智能可以生成高质量的图像和视频内容,为图像处理和计算机视觉领域带来了革命性的变革。

③语音合成:即根据文本内容生成对应的语音信号。这种技术可以应用于语音助手、智能客服、有声读物等领域,为用户提供更加自然、流畅的语音交互体验。

④数据增强与扩充:在数据科学领域,生成式人工智能可以用于数据增强和扩充。通过生成与原始数据相似但又不完全相同的新数据,可以有效解决数据稀疏和不平衡的问题,提高机器学习模型的泛化能力。

### 6. 大模型

(1)大模型的概念

大模型是指模型具有庞大的参数规模和复杂程度的机器学习模型。在深度学习领域,大模型通常是指具有数十亿到数千亿个参数的神经网络模型。这些模型需要大量的计算资源和存储空间来训练和存储,并且往往需要进行分布式计算和特殊的硬件加速技术。

大模型的设计和训练旨在提供更强大、更准确的模型性能,以应对更复杂、更庞大的数据集成任务。大模型通常能够学习到更细微的模式和规律,在自然语言处理、图像识别和语音识别等领域,大模型表现出高度准确和广泛的泛化能力。

(2)大模型、GPT和生成式AI的联系和区别

在之前介绍GPT和生成式AI时都涉及大模型,那么它们之间有什么联系和区别呢?

生成式AI是一种基于深度学习的人工智能技术,它通过训练大规模数据集来生成文本、图像等内容。与之相关的是大模型,它为生成式AI提供了强大的计算能力和学习能力,使其在生成内容方面取得了突破性的进展。而GPT是一种基于Transformer模型架构的生成式语言模型,它属于生成式AI的一种实现方式。总结来说,大模型是一种技术手段,可以用来构建各种类型的机器学习模型,其中包括生成式语言模型如GPT;生成式AI则涵盖了各种生成式人工智能的应用和技术。

(3)生成式AI受益于大模型

①大模型带来更强的学习能力:生成式AI在创建新内容时,需要从大量的训练数据中学习,并分析这些数据中的模式和规律。大模型相比于小模型拥有更多的参数,这意味着它们能够更充分地学习数据的细节和特征,从而提高生成式AI的学习能力。通过训练大模型,生成式AI可以更好地模拟人类的创造力和想象力,生成更具独创性的内容。

②大模型提供更丰富的语义理解:生成式AI需要对输入的语义进行理解,并基于理解后的语义生成新的内容。大模型在训练过程中能够学习到更多的语义知识和语境信息,从而更好地理解文本的含义和上下文关系。这使得生成式AI能够生成更具有逻辑连贯性和语义准确性的内容,提高用户体验。

③大模型提升生成式AI的创新能力:生成式AI的另一个重要应用领域是创新和创意生成。通过训练大模型,生成式AI可以学习到更丰富的知识和信息,包括人类创造的艺术品、文学作品、科学论文等。这些知识可以被生成式AI用于创新和创意生成,为用户呈现更具创新性和独特性的作品。

④大模型提高生成式AI的输出质量:生成式AI的输出质量是衡量其性能的重要指标之一。大模型在训练过程中可以捕捉更多的数据特征和模式,从而提高生成式AI的输出质量,使其生成的内容更加准确、清晰,与人类创作的差异减小,为用户带来更高质量的体验。

(4)大模型的挑战和解决方案

然而,大模型也面临一些挑战。首先是计算资源的需求。大模型需要庞大的计算资源来训练和推理,这对于一般的计算设备来说是一项巨大的挑战。解决方案之一是利用云计算平台或分布式计算系统来提供更强大的计算能力,以满足大模型的需求。

其次是数据处理的挑战。大规模的数据集需要更多的存储空间和高效的数据处理技术。解决方案之一是利用分布式存储系统或数据分片技术,将数据分散存储在多个节点上,提高数据的处理效率和并行性。

此外,大模型的训练和优化也需要更多的时间和技术支持。解决方案之一是利用预训练模型和迁移学习的方法,通过在已有模型上进行微调,加速模型的训练和优化过程。

综上所述,生成式 AI 和大模型之间存在着紧密的关联,大模型为生成式 AI 提供了强大的计算能力和学习能力,使其在生成内容方面取得了突破性的进展。随着计算资源和技术的不断发展,生成式 AI 和大模型将在更多领域展现出巨大的应用前景。

**7. 人工智能多模态模型**

(1)多模态模型

多模态模型是 AI 的一个重要分支,它能够理解和生成多种类型的数据,如文本、图像、语音和视频等。与传统的单一模态人工智能相比,多模态人工智能能够更全面地理解和处理信息,同时考虑多种输入源的信息,使得人工智能系统能够更好地模拟人类的多感官感知和理解能力,从而提高了人工智能在各个领域的应用效果和适用范围。

多模态模型通常利用深度学习和神经网络等技术来处理不同类型的数据,这些技术可以用于将不同模态的数据融合在一起,以提供更准确和全面的理解和分析。多模态人工智能在许多领域都有广泛的应用,例如自然语言处理、计算机视觉、语音识别、智能辅助技术等。它可以用于语言翻译、情感分析、视频内容理解、医学诊断、智能交互系统等多种场景。

(2)多模态模型的应用

①在自然语言处理(natural language processing,NLP)中,多模态模型可以用于理解和生成文本。例如,一个多模态模型可能会根据用户的输入生成相应的回应,或者根据用户的描述生成相应的描述。这种能力使得多模态模型在聊天机器人、语音助手和其他 NLP 应用中非常有用。

②在计算机视觉中,多模态模型可以用于理解和生成图像。例如,一个多模态模型可能会根据一张图片的内容生成相应的描述,或者根据一张图片的内容生成相应的图像。这种能力使得多模态模型可用于图像分类、目标检测和图像生成等任务,并在自动驾驶、医学诊断等领域有着重要的应用价值。

③在音频处理中,多模态模型可以用于理解和生成音频。例如,一个多模态模型可能会根据一段音频的内容生成相应的描述,或者根据一段音频的内容生成相应的音频。这种能力使得多模态模型被广泛应用在语音识别、音乐生成和其他音频处理应用中。

(3)多模态模型未来的发展方向

多模态正在开启智能系统的新时代,它能够以更类似于人类的方式理解世界并与世界互动。从自动驾驶汽车和情感识别,到医疗保健和图像检索,多模态人工智能的应用广泛而多样,为跨行业的复杂挑战提供了变革性的解决方案。AI 多模态模型是一个充满潜力的新兴领域,让人们能够以全新的方式理解和使用数据。随着这一领域研究的不断推进,AI 多模态模型将在许多领域发挥越来越重要的作用,也会有更多的创新应用和突破。

# 第 10 章　计算机素质教育

随着信息化的全面深入，计算思维已经成为人们认识和解决问题的重要基本能力之一，它也是所有受教育者应该具备的能力，蕴含着一整套解决一般问题的方法与技术。

计算机与网络在信息社会中充当着越来越重要的角色，但是随着计算机和网络技术的迅猛发展和广泛普及，也开始暴露出网络信息安全问题，以及计算机与网络使用中道德规范的不健全与法律建设的滞后问题，这些都将对计算机与网络的发展产生负面的影响。为此要通过技术、法律等手段确保网络信息的安全，同时，要大力进行计算机和网络的道德建设，并在应用计算机与网络时遵守相应的道德规范。

本章首先介绍有关信息与信息化社会的基本知识，然后介绍计算机文化的知识和计算思维的基本内容，使读者对计算思维的概念有一个初步的认识；之后对信息安全的相关知识及计算机病毒的防范进行介绍，使读者了解信息安全的基本概念和知识，学习信息安全的主要技术；最后对在当今信息化社会中使用计算机网络的道德规范进行介绍。

学习目标

- 了解信息、信息技术及信息化社会的概念；学习信息化社会中应该具备的信息素养。
- 了解计算机文化的形成与发展，了解计算机文化的影响。
- 了解计算思维的内容，理解计算思维定义、方法与特征的相关知识。
- 理解计算思维能力培养的意义。
- 了解计算机病毒的基本知识及黑客相关知识，了解信息安全技术的知识，了解信息安全法规。
- 了解计算机伦理，学习并掌握计算机与网络道德规范。

## 10.1　信息与信息化

今天，人们不论做什么事情都非常重视信息。例如，就经营而言，过去认为人、物、钱是经营的三要素。现在认为人、物、钱、信息是经营的要素，并认为信息是主要的要素。在当今社会中，能源、材料和信息是社会发展的三大支柱，人类社会的生存和发展，时刻都离不开信息。了解信息的概念、特征及分类，对于在信息社会中更好地使用信息是十分重要的。

### 10.1.1　信息的概念和特征

**1. 信息**

信息一词来源于拉丁文 Information，其含义是情报、资料、消息、报道、知识的意思。所以，长期以来人们就把信息看作是消息的同义语，简单地把信息定义为能够带来新内容、新知识的消息。但是，后来发现信息的含义要比消息、情报的含义广泛得多，不仅消息、情报是信息，指令、代码、符号语言、文字等，一切含有内容的信号都是信息。作为日常用语，"信息"经常指音信、消息；作为科学技术用语，"信息"被理解为对预先不知道的事件或事物的报道或者指在观察中得到的数据、新闻和知识。

在信息时代,人们越来越多地在接触和使用信息,但是究竟什么是信息,迄今说法不一。信息使用的广泛性使得我们难以给它一个确切的定义。但是,一般来说,信息可以界定为由信息源(如自然界、人类社会等)发出的被使用者接受和理解的各种信号。作为一个社会概念,信息可以理解为人类共享的一切知识,或社会发展趋势,以及从客观现象中提炼出来的各种消息之和。信息并非事物本身,而是表征事物之间联系的消息、情报、指令、数据或信号。一切事物,包括自然界和人类社会,都在发出信息。每个人每时每刻都在接收信息。在人类社会中,信息往往以文字、图像、图形、语言、声音等形式出现。

科学的发展、时代的进步,必将给信息赋予新的内涵。如今"信息"的概念已经与微电子技术、计算机技术、网络通信技术、多媒体技术、信息产业、信息管理等含义紧密地联系在一起。但是,信息的本质是什么?仍然是需要进一步探讨的问题。

**2. 信息分类**

根据信息来源的不同,可以把信息分为四种类型:

① 源于书本上的信息。这类信息随着时间的推移变化不大,比较稳定。

② 源于广播、电视、报刊等信息。这类信息具有很强的时效性,经过一段时间后,这类信息的实用价值会大大降低。

③ 人与人之间各种交流活动产生的信息。这类信息只在很小的范围内流传。

④ 源于具体事物,即具体事物的信息。这类信息是最重要的,也是最难获得的信息;这类信息能增加整个社会的信息量,能给人类带来更多的财富。

**3. 信息的基本特征**

信息具有如下的基本特征:

① 可度量性:信息可采用某种度量单位进行度量,并进行信息编码,如现代计算机使用的二进制。

② 可识别性:信息可采取直观识别、比较识别和间接识别等多种方式来把握。

③ 可转换性:信息可以从一种形态转换为另一种形态,如自然信息可转换为语言、文字和图像等形态,也可转换为电磁波信号或计算机代码。

④ 可存储性:信息可以存储。大脑就是一个天然信息存储器,人类发明的文字、摄影、录音、录像,以及计算机存储器等都可以进行信息存储。

⑤ 可处理性:人脑就是最佳的信息处理器。人脑的思维功能可以进行决策、设计、研究、写作、改进、发明、创造等多种信息处理活动。计算机也具有信息处理功能。

⑥ 可传递性:信息的传递是与物质和能量的传递同时进行的。语言、表情、动作、报刊、书籍、广播、电视、电话等是人类常用的信息传递方式。

⑦ 可再生性:信息经过处理后,可以其他等方式再生成信息。输入计算机的各种数据文字等信息,可用显示、打印、绘图等方式再生成信息。

⑧ 可压缩性:信息可以进行压缩,可以用不同的信息量来描述同一事物。人们常常用尽可能少的信息量描述一件事物的主要特征。

⑨ 可利用性:信息具有一定的时效性和可利用性。

⑩ 可共享性:信息具有扩散性,因此可共享。

### 10.1.2 信息技术的概念及其发展历程

信息技术是指对信息的收集、存储、处理和利用的技术。信息技术能够延长或扩展人的信息功能。信息技术可能是机械的,也可能是激光的;可能是电子的,也可能是生物的。

**1. 信息技术的定义**

到目前为止,对于信息还没有一个统一的、公认的定义,所以对信息技术也就不可能有公认的定义。由于人们使用信息的目的、层次、环境、范围不同,因而对信息技术的表述也各不一样。

根据在"中国公众科技网"上的表述:信息技术(information technology)是指有关信息的收集、识别、提取、变换、存储、传递、处理、检索、检测、分析和利用等的技术。概括而言,信息技术是在信息科学的基本原理和方法的指导下扩展人类信息功能的技术,是人类开发和利用信息资源的所有手段的总和。信息技术既包括有关信息的产生、收集、表示、检测、处理和存储等方面的技术,也包括有关信息的传递、变换、显示、识别、提取、控制和利用等方面的技术。

在现今的信息化社会,一般来说,我们所提及的信息技术,又特指是以电子计算机和现代通信为主要手段实现信息的获取、加工、传递和利用等功能的技术总和。信息技术是一门多学科交叉综合的技术,计算机技术、通信技术和多媒体技术、网络技术互相渗透、互相作用、互相融合,将形成以智能多媒体信息服务为特征的大规模信息网。

**2. 信息技术的发展历程**

在人类发展史上,信息技术经历了五个发展阶段,即五次革命:

第一次信息技术革命是语言的使用。距今大约35 000年~50 000年前出现了语言,语言成为人类进行思想交流和信息传播不可缺少的工具。

第二次信息技术革命是文字的创造。大约在公元前3500年出现了文字。文字的出现,使人类对信息的保存和传播取得重大突破,较大地超越了时间和地域的局限。

第三次信息技术的革命是印刷术的发明和使用。大约在公元1040年,我国开始使用活字印刷技术,欧洲人则在1451年开始使用印刷技术。印刷术的发明和使用,使书籍、报刊成为重要的信息存储和传播的媒体。

第四次信息革命是电报、电话、广播和电视的发明和普及应用。使人类进入利用电磁波传播信息的时代。

第五次信息技术革命是电子计算机的普及应用,计算机与现代通信技术的有机结合及网际网络的出现。1946年第一台电子计算机问世,第五次信息技术革命的时间是从20世纪60年代电子计算机与现代技术相结合开始至今。

现在所说的信息技术一般特指的就是第五次信息技术革命,是狭义的信息技术。对于狭义的信息技术而言从其开始到现在不过几十年的时间。它经历了从计算机技术到网络技术再到计算机技术与现代通信技术相结合的过程。目前,以多媒体和网络技术为核心的信息技术掀起了新一轮的信息革命浪潮。多媒体计算机和互联网的广泛应用对社会的发展、科技进步及个人生活和学习都产生了深刻的影响。

### 10.1.3 信息化与信息化社会

**1. 信息化的概念**

信息化的概念起源于20世纪60年代的日本,首先是由一位日本学者提出来的,而后被译成英文传播到西方,西方社会普遍使用"信息社会"和"信息化"的概念是20世纪70年代后期才开始的。

关于信息化的表述,中国学术界做过较长时间的研讨。在1997年召开的首届全国信息化工作会议上,对信息化和国家信息化定义为:"信息化是指培育、发展以智能化工具为代表的新的生产力并使之造福于社会的历史过程。国家信息化就是在国家统一规划和组织下,在农业、工业、科学技术、国防及社会生活各个方面应用现代信息技术,深入开发广泛利用信息资源,加速实现国家现代化进程。"

从信息化的定义可以看出:信息化代表了一种信息技术被高度应用,信息资源被高度共享,从而使得人的智能潜力,以及社会物质资源潜力被充分发挥,个人行为、组织决策和社会运行趋于合理化的理想状态。同时,信息化也是IT产业发展与IT在社会经济各部门扩散的基础之上,不断运用IT改造传统的经济、社会结构从而通往如前所述的理想状态的一个持续的过程。

**2. 信息化社会**

信息社会与工业社会的概念没有什么原则性的区别。信息社会也称信息化社会,是脱离工业化社会以后,信息将起主要作用的社会。在农业社会和工业社会中,物质和能源是主要资源,所从事的是大规模的物质生产,而在信息社会中,信息成为比物质和能源更为重要的资源,以开发和利用信息资源为目的的信息经济活动迅速扩大,逐渐取代工业生产活动而成为国民经济活动的主要内容。信息经济在国民经济中占据主导地位,并构成社会信息化的物质基础。以计算机、微电子和通信技术为主的信息技术革命是社会信息化的动力源泉。信息技术在生产、科研教育、医疗保健、企业和政府管理以及家庭中的广泛应用对经济和社会发展产生了巨大而深刻的影响,从根本上改变了人们的生活方式、行为方式和价值观念。

### 10.1.4 信息素养

信息素养(Information Literacy)是一个内容丰富的概念。它不仅包括利用信息工具和信息资源的能力,还包括选择获取识别信息、加工、处理、传递信息并创造信息的能力。

信息素养的本质是全球信息化需要人们具备的一种基本能力,它包括能够判断什么时候需要信息,并且懂得如何去获取信息,如何去评价和有效利用所需的信息。

2003年1月,我国《普通高中信息技术课程标准》将信息素养定义为:信息的获取、加工、管理与传递的基本能力;对信息及信息活动的过程、方法、结果进行评价的能力;流畅地发表观点、交流思想、开展合作,勇于创新,并解决学习和生活中的实际问题的能力;遵守道德与法律,形成社会责任感。

可以看出,信息素养是一种基本能力,是一种对信息社会的适应能力,它涉及信息的意识、信息的能力和信息的应用。同时,信息素养也是一种综合能力,它涉及各方面的知识,是一个特殊的、涵盖面很广的能力,它包含人文的、技术的、经济的、法律的诸多因素和许多学科有着紧密的联系。

具体来说,信息素养主要包括四方面:

① 信息意识:即人的信息敏感程度,是人们对自然界和社会的各种现象、行为、理论观点等,从信息角度的理解、感受和评价。通俗地讲,面对不懂的东西,能积极主动地去寻找答案,并知道到哪里、用什么方法去寻求答案,这就是信息意识。

② 信息知识:既是信息科学技术的理论基础,又是学习信息技术的基本要求。通过掌握信息技术,才能更好地理解与应用信息知识。信息技术不仅体现着人们所具有的信息知识的丰富程度,而且还决定着人们对信息知识的进一步掌握。

③ 信息能力:包括信息系统的基本操作能力,信息的采集、传输、加工处理和应用的能力,以及对信息系统与信息进行评价的能力等。这也是信息时代重要的生存能力。

④ 信息道德:培养学生具有正确的信息伦理道德修养,要让学生学会对媒体信息进行判断和选择,自觉地选择对学习、生活有用的内容,自觉抵制不健康的内容,不组织和参与非法活动,不利用计算机网络从事危害他人信息系统和网络安全、侵犯他人合法权益的活动。

信息素养的四个要素共同构成一个不可分割的统一整体。信息意识是先导,信息知识是基础,信息能力是核心,信息道德是保证。

信息素养是信息社会人们发挥各方面能力的基础,犹如科学素养在工业化时代的基础地位一样。可以认为,信息素养是工业化时代文化素养的延伸与发展,但信息素养包含更高的驾驭全局和应对变化的能力,它的独特性是由时代特征决定的。

## 10.2 计算机文化

由于计算机的普及与发展,人类社会的生存方式已发生了根本性的变化,并由此形成了一种崭新的文化形态,即计算机文化。过去对教育对象的要求是"能写会算",即读、写、算,现在针对信息化社会的要求又提出要培养在计算机上"能写会算"的人,即计算机素养,并归纳出新的三个R,读计算机的书、写计算机程序、取得计算机实际经验,这概括了对计算机学习的基本要求。随着计算机教育的普及,计算机文化正成为人们关注的热点。

**1. 计算机文化的形成**

当今世界正在经历由原子(Atom)时代向比特(Bit)时代的变革,计算机科学与技术的进步在其中无疑起着关键性的作用。经过几十年的发展,计算机技术的应用领域几乎无所不在,成为人们工作、生活、学习不可或缺的重要组成部分,并由此形成了独特的计算机文化。这种崭新的文化形态可以体现为:

① 计算机理论及其技术对自然科学、社会科学的广泛渗透所表现的丰富文化内涵。

② 计算机的软、硬件设备,作为人类所创造的物质设备丰富了人类文化的物质设备品种。

③ 计算机应用介入人类社会的方方面面,从而创造和形成的科学思想、科学方法、科学精神、价值标准等成为一种崭新的文化观念。

计算机文化为人们带来了崭新的学习观念,面对浩瀚的知识海洋,人脑所能接受的知识是有限的,但计算机这种工具可以解放繁重的记忆性劳动,使人脑可以更多地用来完成"创造"性的劳动。计算机文化还代表了一个新的时代文化,它已经将一个人经过文化教育后所具有的能力由传统的读、写、算上升到一个新高度,即除了能读、写、算以外,还要具有计算机运用能力(信息处理能力),而这种能力可通过计算机文化的普及来实现。

**2. 计算机文化的发展**

计算机文化来源于计算机技术,正是后者的发展,孕育并推动了计算机文化的产生和成长;而计算机文化的普及,又反过来促进了计算机技术的进步与计算机应用的扩展。

当人类进入 21 世纪,又迎来了以网络为中心的信息时代。网络可以把时间和空间上的距离大大缩小,借助于网络人们能够方便地彼此交谈、交流思想、交换信息。网络最重要的特点就是人人可以处在网络的中心位置,彼此完全平等地对话。作为计算机文化的一个重要组成部分,网络文化已成为人们生活的一部分,深刻地影响着人们的生活,网络文明对人类社会进步和生活改善将起到不可估量的影响。

**3. 计算机文化的影响**

计算机的普及和计算机文化的形成及发展,对社会产生了深远的影响。网络技术的飞速发展,使互联网渗透人们工作、生活的各个领域,成为人们获取信息、享受网络服务的重要来源。

计算机文化的形成及发展,对语言也产生了深远的影响。网络语言的出现与发展就是一个很好的例子。网络语言包括拼音或者英文字母的缩写,含有某种特定意义的数字,以及形象生动的网络动画和图片,起初主要是网虫们为了提高网上聊天的效率或某种特定的需要而采取的方式,久而久之就形成了特定语言。

今天,计算机文化已成为人类现代文化的一个重要的组成部分,完整准确地理解计算科学与工程及其社会影响,已成为新时代青年人的一项重要任务。

## 10.3 计 算 思 维

### 10.3.1 计算思维的提出

计算思维不是今天才有的,从我国古代的算筹、算盘,到近代的加法器、计算器,以及现代的计算机,直至目前风靡全球的互联网和云计算,无不体现着计算思维的思想。可以说计算思维是一种早已存在的思维活动,是每一个人都具有的一种能力,它推动着人类科技的进步。然而,在相当长的时期,计算思维并没有得到系统的整理和总结,也没有得到应有的重视。

计算思维一词作为概念被提出最早见于 20 世纪 80 年代美国的一些相关的杂志上,我国学者在 20 世纪末也开始了对计算思维的关注,当时主要的计算机科学专业领域的专家学者对此进行了讨论,认为计算思维是思维过程或功能的计算模拟方法论,对计算思维的研究能够帮助人们达到人工智能的较高目标。

可见,"计算思维"这个概念在 20 世纪 90 年代和 21 世纪初就出现在领域专家、教育学者等的讨论中,但是当时并没有对这个概念进行充分的界定。直到 2006 年周以真教授发表在 *Communications of the ACM* 期刊上的 *Computational Thinking* 一文,对计算思维进行了详细的阐述和分析,这一概念获得国内外学者、教育机构、业界公司甚至政府层面的广泛关注,成为进入 21 世纪以来计算机及相关领域的讨论热点和重要研究课题之一。2010 年 10 月,中国科学技术大学陈国良院士在"第六届大学计算机课程报告论坛"倡议将计算思维引入了大学计算机基础教学,计算思维也得到了国内计算机基础教育界的广泛重视。

学者、教育者和实践者关于计算思维本质、定义和应用的大量讨论推动了计算思维在社会的普及和发展,但到目前为止,还没有一个统一的、获得广泛认可的关于计算思维的定义。所有的讨论和研究大致可分为两个方向:其一,将"计算思维"作为计算机及其相关领域中的一个专业概念,对其原理内涵等方面进行探究,称为理论研究;其二,将"计算思维"作为教育培训中的一个概念,研究其在大众教育中的意义、地位、培养方式等,称为应用研究。理论研究对应用研究起到指导和支撑的作用,应用研究是理论研究的成果转化,并丰富其体系,两者相辅相成,形成对计算思维的完整阐述。

### 10.3.2 科学方法与科学思维

科学界一般认为,科学方法分为理论科学、实验科学和计算科学三大类,它们是当今社会支持科学探索的三种重要途径。与三大科学方法相对的是三种思维形式,即理论思维(theoretical thinking)、实验思维(experimental thinking)和计算思维(computational thinking),其中理论思维以数学为基础,实验思维以物理等学科为基础,计算思维以计算机科学为基础。三大科学思维构成了科技创新的三大支柱,如图10-1所示。作为三大科学思维支柱之一,计算思维又称构造思维,它是指从具体的算法设计规范入手,通过算法过程的构造与实施来解决给定问题的一种思维方法。它以设计和构造为特征,以计算机学科为代表。计算思维就是思维过程或功能的计算模拟方法,其研究的目的是提供适当的方法,使人们能借助现代和将来的计算机,逐步实现人工智能的较高目标。计算思维具有鲜明时代特征,已经引起国家的高度重视。

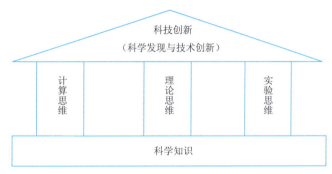

图 10-1 科技创新的三大支柱

### 10.3.3 计算思维的内容

**1. 计算思维的概念性定义**

计算思维的概念性定义主要来源于计算科学这样的专业领域,从计算科学出发,与思维或哲学学科交叉形成思维科学的新内容。计算思维的概念性定义主要包含以下两方面:

(1) 计算思维的内涵

按照周以真教授的观点,计算思维是指运用计算机科学的基础概念进行问题求解、系统设计,以及人类行为理解等涵盖计算机科学之广度的一系列思维活动。计算思维建立在计算过程的能力和限制之上,由人或机器执行。计算思维的本质是抽象(abstraction)和自动化(automation)。

计算思维中的抽象完全超越物理的时空观,并完全用符号来表示,与数学和物理科学相比,计算思维中的抽象显得更加丰富,也更加复杂。在计算思维中,所谓抽象就是要求能够对问题进行抽象表示、形式化表达(这些是计算机的本质),设计问题求解过程达到精确、可行,并通过程序(软件)作为方法和手段对求解过程予以"精确"地实现,也就是说,抽象最终结果是能够机械地一步步自动执行。

(2) 计算思维的要素

周以真认为计算思维补充并结合了数学思维和工程思维,在其研究中提出体现计算思维的重点是抽象的过程,而计算抽象包括(并不限于):算法、数法结构、状态机、语言、逻辑和语义、启发式、控制结构、通信、结构。教育部高等学校教学指导委员会(简称教指委)提出的计算思维表达体系包括计算、抽象、自动化、设计、通信、协作、记忆和评估8个核心概念。国际教育技术协会(International Society for Technology in Education,ISTE)和美国计算机科学教师协会(Computer Science Teachers Association,CSTA)研究中提出的思维要素则包括数据收集、数据分析、数据展示、问题分解、抽象、算法与程序、自动化、仿真、并行。CSTA的报告中提出了模拟和建模的概念。美国离散数学与理论计算研究中心(DIMACS)计算思维中包含了计算效率提高、选择适当的方法来表示数据、做估值、使用抽象、分解、测量和建模等因素。

以上各方从不同的角度进行的分析归纳,有利于对计算思维要素的后续研究。提炼计算思维要素进一

步展现了计算思维的内涵,其意义在于:

① 计算思维要素相较于内涵而言更易于理解,能够使人将其与自己的生活、学习经验产生有效连接。

② 计算思维要素的提出是计算思维的理论研究向应用研究转化的桥梁,使计算思维的显性教学培养成为可能。

**2. 计算思维的操作性定义**

计算思维的操作性定义来源于应用研究,主要讨论计算思维在跨学科领域中的具体表现、如何应用以及如何培养等问题。与概念性定义的学科专业特点不同,操作性定义注重的是如何将理论研究的成果进行实践推广、跨学科迁移,以产生实际的作用,使之更容易被大众理解、接受和掌握。当前国内广大师生对计算思维研究最为关注的方面,不是计算思维的系统理论,而是如何将计算思维培养落地、在各个领域中如何产生作用。通过总结分析各家之言,计算思维的操作性定义主要包括以下几方面:

(1) 计算思维是问题解决的过程

"计算思维是问题解决的过程"这一认识是对计算思维被人所掌握之后,在行动或思维过程中表现出来的形式化的描述,这一过程不仅能够体现在编程过程中,还能体现在更广泛的情境中。周以真认为计算思维是制定一个问题及其解决方案,并使之能够通过计算机(人或机器)有效地执行的思考过程。国际教育技术协会(ISTE)和美国计算机科学教师协会(CSTA)通过分析 700 多名计算科学教育工作者、研究人员和计算机领域的实践者的调研结果,于 2011 年联合发布了计算思维的操作性定义,认为计算思维作为问题解决的过程,该过程包括(不限于)以下步骤:

① 界定问题,该问题应能运用计算机及其他工具帮助解决。

② 要符合逻辑地组织和分析数据。

③ 通过抽象(例如,模型、仿真等方式)再现数据。

④ 通过算法思想(一系列有序的步骤)形成自动化解决方案。

⑤ 识别、分析和实施可能的解决方案,从而找到能有效结合过程和资源的最优方案。

⑥ 将该问题的求解过程进行推广并移植到广泛的问题中。

由此可见,作为问题解决的过程,计算思维先于任何计算技术早已被人们所掌握。在新的信息时代,计算思维能力的展示遵循最基本的问题解决过程,而这一过程需要能被人类的新工具(即计算机)所理解并能有效执行。因此,计算思维决定了人类能否更加有效地利用计算机拓展能力,是信息时代最重要的思维形式之一。

(2) 计算思维要素的具体体现

计算思维作为问题解决的过程不仅需要利用数据和大量计算科学的概念,还需要调度和整合各种有效思维要素。思维要素作为理论研究和应用研究的桥梁,提炼于理论研究,服务于应用研究。抽象的计算思维概念只有分解成具体的思维要素才能有效地指导应用研究与实践。

(3) 计算思维体现出的素质

素质是指人与生俱来的以及通过后天培养、塑造、锻炼而获得的身体上和人格上的性质特点,是对人的品质、态度、习惯等方面的综合概括。具备计算思维的人在面对问题时,除了使用计算思维能力加以解决之外,在解决过程中还表现出一定的素质。例如:

① 处理复杂情况的自信。

② 处理难题的毅力。

③ 对模糊/不确定的容忍。

④ 处理开放性问题的能力。

⑤ 与其他人一起努力达成共同目标的能力。

具备计算思维能力,能够改变或者使学习者养成某些特定的素质,从而从另一层面影响学习者在实际生活中的表现。这些素质实际上描绘了一个高度发达的信息社会中合格公民的形象,使普通人对计算思维有了更加深入和形象的理解。

以上三方面共同构成了计算思维的操作性定义。操作性定义明确了计算思维这个抽象概念在实际活动中现实而具体的体现(包括能力和品质),使这一概念可观测、可评价,从而直接为教育培养过程提供有效的参考。

**3. 计算思维的完整定义**

计算思维的理论研究与应用研究密切相关、相辅相成,共同构成了对计算思维的完整研究。理论研究的成果转化为应用研究中的理论背景给予实践支撑,应用研究的成果转化为理论研究中的研究对象和材料。计算思维的概念性定义植根于计算科学学科领域,同时与思维科学、哲学交叉,从计算科学出发形成对计算思维的理解和认识,适用于指导对计算思维本身进行的理论研究。计算思维的操作性定义适用于对计算思维能力的培养,以及计算思维的应用研究,计算思维的应用和培养是以实际问题为前提的,在实际理解和解决问题的过程中体会、发展和养成计算思维能力。因此,计算思维的概念性定义和操作性定义彼此支撑和互补,共同构成计算思维的完整定义。计算思维的完整定义指导了计算思维在计算科学学科领域及跨学科领域中的研究、发展和实践。

(1)狭义计算思维和广义计算思维

随着信息技术的发展,人类从农业社会、工业社会步入了信息社会,这不仅意味着经济、文化的发展,同时人类思维形式也发生了巨大的变化。除"计算思维"概念外,人们还提出了"网络思维""互联网思维""移动互联网思维""数据思维""大数据思维"等新的思维形式概念。如果将概念性定义和操作性定义组成的计算思维称为狭义计算思维,则由信息技术带来的更广泛的新的思维形式可被称为广义计算思维或信息思维。作为当代的大学生,除了需要具备计算机基础知识和基本操作能力以外,还应该以这些知识能力为载体,在广义和狭义的计算思维能力上得到发展。

(2)计算思维的两种表现形式

计算思维作为抽象的思维能力,不能被直接观察到,计算思维能力融合在解决问题的过程中,其具体的表现形式有如下两种:

① 运用或模拟计算机科学与技术(信息科学与技术)的基本概念、设计原理,模仿计算机专家(科学家、工程师)处理问题的思维方式,将实际问题转化(抽象)为计算机能够处理的形式(模型)进行问题求解的思维活动。

② 运用或模拟计算机科学与技术(信息科学与技术)的基本概念、设计原理,模仿计算机(系统、网络)的运行模式或工作方式,进行问题求解、创新创意的思维活动。

**4. 计算思维的方法与特征**

计算思维方法是在吸取了问题解决所采用的一般数学思维方法,现实世界中巨大复杂系统的设计与评估的一般工程思维方法,以及复杂性、智能、心理、人类行为的理解等的一般科学思维方法的基础上所形成的。周以真教授将其归纳为如下七类方法:

① 计算思维是通过约简、嵌入、转化和仿真等方法,把一个看来困难的问题重新阐释成一个人们知道问题怎样解决的思维方法。

② 计算思维是一种递归思维,是一种并行处理、把代码译成数据又能把数据译成代码、多维分析推广的类型检查方法。

③ 计算思维是一种采用抽象和分解来控制庞杂的任务或进行巨大复杂系统设计的方法,是基于关注点分离的方法(SoC方法)。

④ 计算思维是一种选择合适的方式去陈述一个问题,或对一个问题的相关方面建模使其易于处理的思维方法。

⑤ 计算思维是按照预防、保护及通过冗余、容错、纠错的方式,并从最坏情况进行系统恢复的一种思维方法。

⑥ 计算思维是利用启发式推理寻求解答,即在不确定情况下规划、学习和调度的思维方法。

⑦ 计算思维是利用海量数据来加快计算,在时间和空间之间,在处理能力和存储容量之间进行折中的

思维方法。

周以真教授以计算思维是什么和不是什么的描述形式对计算思维的特征进行了总结,见表10-1。

表10-1　计算思维的特征

| 序　号 | 计算思维是什么 | 计算思维不是什么 |
| --- | --- | --- |
| ① | 是概念化 | 不是程序化 |
| ② | 是根本的 | 不是刻板的技能 |
| ③ | 是人的思维 | 不是计算机的思维 |
| ④ | 是思想 | 不是人造物 |
| ⑤ | 是数学与工程思维的互补与融合 | 不是空穴来风 |
| ⑥ | 面向所有的人,所有的地方 | 不局限于计算学科 |

### 10.3.4　计算思维能力的培养

#### 1. 社会的发展要求培养计算思维能力

随着信息化的全面深入,计算机在生活中的应用已经无所不在并无可替代,而计算思维的提出和发展帮助人们正视人类社会这一深刻的变化,并引导人们通过借助计算机的力量来进一步提高解决问题的能力。在当今社会,计算思维成为人们认识和解决问题的重要基本能力之一,一个人若不具备计算思维的能力,将在就业竞争中处于劣势;一个国家若不使广大受教育者得到计算思维能力的培养,在激烈竞争的国际环境中将处于落后地位。计算思维,不仅是计算机专业人员应该具备的能力,而且也是所有受教育者应该具备的能力,它蕴含着一整套解决一般问题的方法与技术。为此需要大力推动计算思维观念的普及,在教育中应该提倡并注重计算思维的培养,促进在教育过程中对学生计算思维能力的培养,使学习者具备较好的计算思维能力,以此来提高在未来国际环境中的竞争力。

#### 2. 大学要重视运用计算思维解决问题的能力

当前大学开设的计算机基础课的教学目标是让学习者具备基本的计算机应用技能,因此,大学计算机基础教育的本质仍然是计算机应用的教育。为此,需要在目前的基础上强调计算思维的培养,通过计算机基础教育与计算思维相融合,在进行计算机应用教育的同时,可以培养学生的计算思维意识,帮助学习者获得更有效的应用计算机的思维方式。其目的是通过提升计算思维能力更好地解决日常问题,更好地解决本专业问题。计算思维培养的目的应该满足这一要求。

从计算思维的概念性定义和操作性定义的属性可知,计算思维在大学阶段应该正确处理计算机基础教育面向应用与计算思维的关系。对于所有接受计算机基础教育的学习者,应以计算机应用为目标,通过计算思维能力的培养更好地服务于其专业领域的研究;对于以研究计算思维为目标的学习者(如计算机专业、哲学类专业研究人员),需要更深入地进行计算思维相关理论和实践的研究。

## 10.4　信息安全与网络安全

### 10.4.1　计算机病毒及防治

计算机病毒(computer virus)是指编制或者在计算机程序中插入的破坏计算机功能或破坏数据,影响计算机使用并且能够自我复制的一组计算机指令或者程序代码。

计算机病毒和生物医学上的"病毒"一样,具有一定的传染性、破坏性、再生性。在满足一定条件时,它开始干扰计算机的正常工作,搞乱或破坏已有存储信息,甚至引起整个计算机系统不能正常工作。通常计算机病毒都具有很强的隐蔽性,有时某种新的计算机病毒出现后,现有的杀毒软件很难发现并杀除病毒,只有等待病毒库的升级和更新后,才能将其杀除。

#### 1. 计算机病毒的种类

计算机病毒的种类繁多,分类的方法也不尽相同,下面介绍常用的几种分类方法。

① 按照病毒的破坏性分类,病毒可分为良性病毒和恶性病毒。良性病毒虽然不包含对计算机系统产生

直接破坏作用的代码,但也会给正常操作带来麻烦,因此不能轻视良性病毒对计算机系统造成的损害;恶性病毒则会对系统产生直接的破坏作用,这类恶性病毒是很危险的,应当注意防范。

② 按照病毒存在的媒体进行分类,病毒可分为网络病毒、文件病毒、引导型病毒和混合型病毒。

③ 按照病毒传染的方法进行分类,病毒可分为驻留型病毒和非驻留型病毒。驻留型病毒是指病毒会驻留在内存,在计算机开机后病毒就已经运行;非驻留型病毒指得到机会激活时并不感染计算机内存或是一些病毒在内存中留有小部分,但是并不通过这一部分进行传染。

④ 按照计算机病毒特有的算法,病毒可分为伴随型病毒、"蠕虫"型病毒、寄生型病毒、诡秘型病毒、变形病毒(又称幽灵病毒)。

**2. 常见的计算机病毒**

网络的飞速发展一方面极大地丰富了普通网络用户的需求,另一方面也为计算机病毒制造者、传播者提供了更为先进的传播手段与渠道,使用户防不胜防。下面是网上常见的病毒:

① 系统病毒。这种病毒一般共有的特性是感染 Windows 操作系统的 *.exe 和 *.dll 文件,并通过这些文件进行传播。

② 蠕虫病毒。这种病毒的共有特性是通过网络或者系统漏洞进行传播,大部分蠕虫病毒都有向外发送带毒的邮件、阻塞网络的特性。

③ 木马/黑客病毒。木马病毒的共有特性是通过网络或者系统漏洞进入用户的系统并隐藏,然后向外界泄露用户的信息,而黑客病毒则有一个可视的界面,能对用户的计算机进行远程控制。木马、黑客病毒一般成对出现,木马病毒负责侵入用户的计算机,而黑客病毒通过木马病毒来进行控制。现在这两种类型都越来越趋向于整合。

④ 宏病毒。宏病毒的共有特性是能感染 Office 系列文档,然后通过 Office 通用模板进行传播。该类病毒具有传播极快、制作和变种方便、破坏性极大以及兼容性不高等特点。

⑤ 破坏性程序病毒。这类病毒的共有特性是本身具有好看的图标来诱惑用户点击,当用户点击这类图标时,病毒便会直接对用户计算机产生破坏。

**3. 常见计算机病毒的解决方案**

网络中计算机病毒越来越猖獗,不小心就有可能中招。系统感染了病毒应及时处理,下面介绍几种常用的解决方法。

① 给系统打补丁。很多计算机病毒都是利用操作系统的漏洞进行感染和传播的。用户可以在系统的正常状况下,登录微软的 Windows 网站进行有选择地更新。Windows 操作系统在连接网络的状态下,可以实现自动更新。

② 更新或升级杀毒软件及防火墙。正版的杀毒软件及防火墙都提供了在线升级的功能,将病毒库(包括程序)升级到最新,然后进行病毒搜查。

③ 访问杀毒软件网站。在各杀毒软件网站中都提供了许多病毒专杀工具,用户可免费下载。除此之外,还提供了完整的查杀病毒解决方案,用户可以参考这些方案进行查杀操作。

除了以上介绍的常用病毒解决方案外,建议用户不要访问来历不明的网站;不要随便安装来历不明的软件;在接收邮件时,不要随便打开或运行陌生人发送的邮件附件。

**4. 计算机病毒的查杀**

病毒种类繁多,并且在不断地改进自身的源代码,随之出现更多新的病毒或以前病毒的变种。因此,各种各样的杀毒软件应运而生。

杀毒软件是一种可以对病毒、木马等一切已知的对计算机有危害的程序代码进行清除的程序工具。"杀毒软件"起初是由国内反病毒软件厂商起的名字,后来由于和世界反病毒业接轨统称为"反病毒软件""安全防护软件""安全软件"。集成防火墙的"互联网安全套装""全功能安全套装"等是用于消除计算机病毒、特洛伊木马和恶意软件的一类软件,都属于杀毒软件范畴。杀毒软件通常集成监控识别、病毒扫描和清除、自动升级等功能,有的反病毒软件还带有数据恢复、防范黑客入侵、网络流量控制等功能。杀毒软件通常集成监控识别、病毒扫描和清除、自动升级病毒库、主动防御等功能,有的杀毒软件还带有数据恢复防范黑客入侵、网络流量控制等功能,是计算机防御系统(包含杀毒软件、防火墙、特洛伊木马和其他恶意软件的查杀程序和入侵预防系统等)的重要组成部分。

目前,有很多病毒查杀与防治的专业软件,如 360 安全卫士、瑞星、金山毒霸、江民、赛门铁克、卡巴斯基、迈克菲等。

**5. 保护计算机安全的常用措施**

为了保护计算机安全,可采用以下安全措施:

① 安装病毒防护软件,以确保计算机的安全。

② 及时更新防病毒软件。每天都会有新病毒或变种病毒产生,及时更新病毒库以获得最新预防方法。

③ 定期扫描。通常防病毒程序都可以设置定期扫描,一些程序还可以在用户连接至因特网时进行后台扫描。

④ 不要轻易打开陌生人的文档、EXE 及 COM 可执行程序。这些文件极有可能带有计算机病毒或黑客程序,可先将其保存至本地硬盘,待查杀无毒后再打开,以保证计算机系统不受计算机病毒的侵害。

⑤ 拒绝恶意代码。恶意代码相当于一些小程序,如果网页中加入了恶意代码,只要打开网页就会被执行。运行 IE 浏览器,设置安全级别为"高",并禁用一些不必要的 ActiveX 控件和插件,这样就能拒绝恶意代码。

⑥ 删掉不必要的协议。对于服务器和主机来说,一般只安装 TCP/IP 即可,卸载不必要的协议,尤其是 NETBIOS。

⑦ 关闭"网络的文件和打印机共享"。在不需要此功能时将其关闭,以免黑客利用该漏洞入侵。在"控制面板"的"网络和 Internet"中,选择"网络和共享中心",在其窗口中选择"更改适配器设置",之后右击"本地连接",在弹出的快捷菜单中选择"属性"命令,打开"本地连接属性"对话框,在其中取消选择"Microsoft 网络的文件和打印机共享"复选框即可。

⑧ 关闭不必要的端口。黑客在入侵时常常会扫描用户的计算机端口,可用 Norton Internet Security 关闭一些不必要的提供网页服务的端口。

### 10.4.2 黑客及黑客的防范

随着 Internet 和 Intranet/Extranet 的快速增长,其应用已对商业、工业、银行、财政、教育、政府、娱乐及人们的工作和生活产生了深远的影响。网络环境的复杂性、多变性,以及信息系统的脆弱性,决定了网络安全威胁的客观存在。如果能够了解一些关于黑客通过网络安全漏洞入侵的原理,可有利于防止黑客。下面介绍黑客常用的攻击手段和一些安全措施。

**1. 黑客常用的漏洞攻击手段**

① 非法获取密码。黑客通常利用爆破工具盗取合法用户的 Session。黑客非法获取用户账号后,利用一些专门软件强行破解用户密码,从而实现对用户的计算机攻击。

② 利用系统默认的账号进行攻击。此类攻击主要是针对系统安全意识薄弱的管理员进行的。

③ SQL 注入攻击。如果一个 Web 应用程序没有适当地进行有效性输入处理,黑客可以轻易地通过 SQL 攻击绕过认证机制获得未授权的访问,而且还对应用程序造成一定的损害。

④ 认证回放攻击。黑客利用认证设计和浏览器安全实现中的不足,在客户端浏览器中进行入侵。

⑤ 放置木马程序。木马程序是让用户计算机提供完全服务的一个服务器程序,利用该服务可以直接控制用户的计算机并进行破坏。

⑥ 钓鱼攻击。钓鱼攻击主要是利用欺骗性的 E-mail 邮件和伪造好的 Web 网站来进行诈骗活动,常用的钓鱼攻击技术主要有相似的域名、IP 地址隐藏服务器身份、欺骗性的超链接等。

⑦ 电子邮件攻击。它指的是用伪造的 IP 地址和电子邮件地址向同一个信箱发送数以千计万计,甚至无穷多次内容相同的垃圾邮件,致使受害人邮箱被"炸",严重者可能会给电子邮件服务器操作系统带来危险,甚至瘫痪。

⑧ 通过一个结点来攻击其他结点。黑客在突破一台主机后，往往以此主机作为根据地，攻击其他主机。

⑨ 寻找系统漏洞。即使是公认的最安全、最稳定的操作系统，也存在漏洞，其中一些是操作系统自身或系统安装的应用软件本身的漏洞，这些漏洞在补丁程序未被开发出来之前很难防御黑客的破坏，除非将网线拔掉。所以，建议用户在新补丁程序发布后，一定要及时下载并安装。

**2. 网络安全防范措施**

网络安全漏洞给黑客攻击网络提供了可乘之机，而产生漏洞的主要原因有：一是系统设计上的不足，如认证机制的方式选取、Session 机制的方案选择；二是没有对敏感数据进行合适处理，如敏感字符、特殊指令；三是程序员的大意，如表单提交方式不当、出错处理不当；四是用户的警觉性不高，如钓鱼攻击的伪链接。因此，网络安全应该从程序级和应用级进行防御。

程序级即从开发人员的角度，在 Session 管理机制、输入/输出有效性处理、POST 变量提交、页面缓存清除等技术上进行有效的处理，从根本上加强网络的安全性。

应用级通过安全认证技术增强 Web 应用程序的安全性，如身份认证、访问控制、一次性密码、双因子认证等技术。

### 10.4.3 信息安全技术

**1. 信息安全产品**

目前，在市场上比较流行，而又能够代表未来发展方向的安全产品大致有以下几类：

① 防火墙：防火墙在某种意义上可以说是一种访问控制产品。它在内部网络与不安全的外部网络之间设置障碍，阻止外界对内部资源的非法访问，防止内部对外部的不安全访问。主要技术包括：包过滤技术、应用网关技术、代理服务技术。防火墙能够较为有效地防止黑客利用不安全的服务对内部网络进行攻击，并且能够实现数据流的监控、过滤、记录和报告功能，较好地隔断内部网络与外部网络的连接。

② 网络安全隔离：网络隔离有两种方式，一种是采用隔离卡来实现的，另一种是采用网络安全隔离网闸实现的。隔离卡主要用于对单台计算机的隔离，网闸主要用于对于整个网络的隔离。

③ 安全路由器：由于 WAN 连接需要专用的路由器设备，因而可通过路由器来控制网络传输。通常采用访问控制列表技术来控制网络信息流。

④ 虚拟专用网（VPN）：在公共数据网络上，通过采用数据加密技术和访问控制技术，实现两个或多个可信内部网之间的互连。VPN 的构筑通常都要求采用具有加密功能的路由器或防火墙，以实现数据在公共信道上的可信传递。

⑤ 安全服务器：安全服务器主要针对一个局域网内部信息存储、传输的安全保密问题，其实现功能包括对局域网资源的管理和控制，对局域网内用户的管理，以及局域网中所有安全相关事件的审计和跟踪。

⑥ 电子签证机构——CA 和 PKI 产品：电子签证机构（CA）作为通信的第三方，为各种服务提供可信任的认证服务。CA 可向用户发行电子签证证书，为用户提供成员身份验证和密钥管理等功能。PKI 产品可以提供更多的功能和更好的服务，它将成为所有应用的计算基础结构的核心部件。

⑦ 用户认证产品：由于 IC 卡技术的日益成熟和完善，IC 卡被更为广泛地用于用户认证产品中，用来存储用户的个人私钥，并与其他技术如动态密码相结合，对用户身份进行有效的识别。同时，还可利用 IC 卡上的个人私钥与数字签名技术结合，实现数字签名机制。随着模式识别技术的发展，诸如指纹、视网膜、脸部特征等高级的身份识别技术也将投入应用，并与数字签名等现有技术结合，必将使得对于用户身份的认证和识别更趋完善。

⑧ 安全管理中心：由于网上的安全产品较多，且分布在不同的位置，这就需要建立一套集中管理的机制和设备，即安全管理中心。它用来给各网络安全设备分发密钥，监控网络安全设备的运行状态，负责收集网络安全设备的审计信息等。

⑨ 入侵检测系统（IDS）：入侵检测系统作为传统保护机制（例如访问控制、身份识别等）的有效补充，形成了信息系统中不可或缺的反馈链。

⑩ 入侵防御系统（IPS）：入侵防御系统作为 IDS 很好的补充，是信息安全发展过程中占据重要位置的计

算机网络硬件。

⑪ 安全数据库:由于大量的信息存储在计算机数据库内,有些信息是有价值的,也是敏感的,需要保护。安全数据库可以确保数据库的完整性、可靠性、有效性、机密性、可审计性及存取控制与用户身份识别等。

⑫ 安全操作系统:给系统中的关键服务器提供安全运行平台,构成安全 WWW 服务、安全 FTP 服务、安全 SMTP 服务等,并作为各类网络安全产品的坚实底座,确保这些安全产品的自身安全。

**2. 信息安全技术**

网络信息安全是一个涉及计算机技术、网络通信技术、密码技术、信息安全技术等多种技术的边缘性综合学科。信息安全技术可以分为主动的和被动的信息安全技术。其中,主动意味着特定的信息安全技术采用主动的措施,试图在出现安全破坏之前保护数据或者资源。而被动则意味着一旦检测到安全破坏,特定的信息安全技术才会采取保护措施,试图保护数据或者资源。

(1) 被动的网络信息安全技术

① 防火墙:因特网防火墙是安装在特殊配置计算机上的软件工具,作为机构内部或者信任网络和不信任网络或者因特网之间的安全屏障、过滤器或者瓶颈。个人防火墙是面向个人用户的防火墙软件,可以根据用户的要求隔断或连通用户计算机与因特网之间的连接。

② 接入控制:其目的是确保主体有足够的权力对系统执行特定的动作,主体对系统中的特定对象有不同的接入级别。对象可以是文件、目录、打印机或者进程。

③ 密码:某个人必须输入才能获得进入或者接入信息的保密字、短语或者字符序列。

④ 生物特征识别:指通过计算机利用人类自身的生理或行为特征进行身份认定的一种技术,包括指纹、虹膜、掌纹、面相、声音、视网膜和 DNA 等人体的生理特征,以及签名的动作、行走的步态、击打键盘的力度等行为特征。

⑤ 入侵检测系统:入侵检测是监控计算机系统或者网络中发生的事件,并且分析它们的入侵迹象的进程。入侵检测系统是自动实现这个监控和分析进程的软件或者硬件技术。

⑥ 登录日志:指试图搜集有关发生的特定事件信息的信息安全技术,其目的是提供检查追踪记录(在发生了安全事件之后,可以追踪它)。

⑦ 远程接入:允许某个人或者进程接入远程服务的信息安全技术。但是,接入远程服务并不总是受控的,有可能匿名接入远程服务,并造成威胁。

(2) 主动的网络信息安全技术

① 密码术:将明文变成密文和把密文变成明文的技术或科学,用于保护数据机密性和完整性。密码术包括两方面:加密是转换或者扰乱明文消息,使其变成密文消息的进程;解密是重新安排密文,将密文消息转换为明文消息的进程。

② 数字签名:数字签名是使用加密算法创建的,使用建立在公开密钥加密技术基础上的"数字签名"技术,可以在电子事务中证明用户的身份,就像兑付支票时要出示有效证件一样。用户也可以使用数字签名来加密邮件以保护个人隐私。

③ 数字证书:由信任的第三方(也称为认证机构,CA)颁发。CA 是担保 Web 上的人或者机构身份的商业组织,因此,在 Web 用户之间建立了信任网络。

④ 虚拟专用网:能够利用因特网或其他公共互联网络的基础设施为用户创建隧道,并提供与专用网络一样的安全和功能保障。VPN 支持企业通过因特网等公共互联网络与分支机构或其他公司建立连接,进行安全的通信。VPN 技术采用了隧道技术,即数据包不是公开在网上传输,而是首先进行加密以确保安全,然后由 VPN 封装成 IP 包的形式,通过隧道在网上传输,因此该技术与密码术紧密相关。但是,普通加密与VPN 之间在功能上是有区别的:只有在公共网络上传输数据时,才对数据加密,对发起主机和 VPN 主机之间传输的数据并不加密。

⑤ 漏洞扫描(VS):具有使用它们可以标识的漏洞的特征。因此,VS 其实是入侵检测的特例。因为漏洞扫描定期而不是连续扫描网络上的主机,所以也将其称为定期扫描。

⑥ 病毒扫描：计算机病毒是具有自我复制能力的并具有破坏性的恶意计算机程序，它会影响和破坏正常程序的执行和数据的安全。它不仅侵入所运行的计算机系统，而且还能不断地把自己的复制品传播到其他的程序中，以此达到破坏作用。病毒扫描试图在病毒引起严重的破坏之前扫描它们，因此，病毒软件也是主动的信息安全技术。

⑦ 安全协议：属于信息安全技术的安全协议包括 IPSec 和 Kerberos 等。这些协议使用了"规范计算机或者应用程序之间的数据传输，从而在入侵者能够截取这类信息之前保护敏感信息"的标准过程。

⑧ 安全硬件：用于执行安全任务的物理硬件设备，如硬件加密模块或者硬件路由器。安全硬件是由防止篡改的物理设备组成的，因此阻止了入侵者更换或者修改硬件设备。

⑨ 安全软件开发工具包（SDK）：用于创建安全程序的编程工具。使用 SDK 开发的各种软件安全应用程序，在潜在威胁可能出现之前保护数据。

**3. 数据加密及数据加密技术**

数据加密交换又称密码学，它是一门历史悠久的技术，目前仍是计算机系统对信息进行保护的一种最可靠的办法。它利用密码技术对信息进行交换，实现信息隐蔽，从而保护信息的安全。

所谓数据加密（data encryption）技术是指将一个信息（或称明文，plain text）经过加密钥匙（encryption key）及加密函数转换，变成无意义的密文（cipher text），而接收方则将此密文经过解密函数、解密钥匙（decryption key）还原成明文。

数据加密技术要求只有在指定的用户或网络下，才能解除密码而获得原来的数据，这就需要给数据发送方和接收方一些特殊的信息用于加解密，这就是所谓的密钥。其密钥的值是从大量的随机数中选取的。按加密算法分为专用密钥和公开密钥两种。

专用密钥又称对称密钥或单密钥，加密和解密时使用同一个密钥，即同一个算法。单密钥是最简单方式，通信双方必须交换彼此的密钥，当需给对方发信息时，用自己的加密密钥进行加密，而在接收方收到数据后，用对方所给的密钥进行解密。在对称密钥中，密钥的管理极为重要，一旦密钥丢失，密文将无密可保。这种方式在与多方通信时因为需要保存很多密钥而变得很复杂，而且密钥本身的安全就是一个问题。

对称密钥是最古老的密钥算法，由于对称密钥运算量小、速度快、安全强度高，因而目前仍广泛被采用。

公开密钥又称非对称密钥，加密和解密时使用不同的密钥，即不同的算法，虽然两者之间存在一定的关系，但不可能轻易地从一个推导出另一个。公开密钥有一把公用的加密密钥，有多把解密密钥，如 RSA 算法。非对称密钥由于两个密钥（加密密钥和解密密钥）各不相同，因而可以将一个密钥公开，而将另一个密钥保密，同样可以起到加密的作用。

公开密钥的加密机制虽提供了良好的保密性，但难以鉴别发送者，即任何得到公开密钥的人都可以生成和发送报文。数字签名机制提供了一种鉴别方法，以解决伪造、抵赖、冒充和篡改等问题。

数字签名一般采用非对称加密技术（如 RSA），通过对整个明文进行某种变换，得到一个值作为核实签名。接收者使用发送者的公开密钥对签名进行解密运算，如其结果为明文，则签名有效，证明对方的身份是真实的。数字签名普遍用于银行、电子贸易等。

数字签名不同于手写签字：数字签名随文本的变化而变化，手写签字反映某个人个性特征，是不变的；数字签名与文本信息是不可分割的，而手写签字是附加在文本之后的，与文本信息是分离的。

值得注意的是，能否切实有效地发挥加密机制的作用，关键的问题在于密钥的管理，包括密钥的生存、分发、安装、保管、使用及作废全过程。

密码技术是网络安全最有效的技术之一。一个加密网络，不但可以防止非授权用户的搭线窃听和入网，而且也是对付恶意软件的有效方法之一。

**4. SSL**

SSL（secure sockets layer，安全套接层协议层）是网景（Netscape）公司提出的基于 Web 应用的安全协议，用以保障在因特网上数据传输的安全。

SSL 协议位于 TCP/IP 与各种应用层协议（如 HTTP、Telnet、FMTP 和 FTP 等）之间，它为 TCP/IP 连接提

供数据加密、服务器认证、消息完整性,以及可选的客户机认证,即为数据通信提供安全支持。SSL 协议可分为 SSL 记录协议和 SSL 握手协议两层。SSL 记录协议(SSL record protocol)建立在可靠的传输协议(如 TCP)之上,为高层协议提供数据封装、压缩、加密等基本功能的支持。SSL 握手协议(SSL handshake protocol)建立在 SSL 记录协议之上,用于在实际的数据传输开始前,通信双方进行身份认证、协商加密算法、交换加密密钥等。SSL 协议提供的服务主要有认证用户和服务器,确保数据发送到正确的客户机和服务器;加密数据以防止数据中途被窃取;维护数据的完整性,确保数据在传输过程中不被改变。

### 10.4.4　信息安全法规

计算机网络正在改变着人们的行为方式、思维方式乃至社会结构,它对于信息资源的共享起到了无与伦比的作用,并且蕴藏着无尽的潜能。但是,网络的作用不是单一的,在它广泛的积极作用背后,也存在着陷阱,这些陷阱产生着巨大的反作用。其主要表现在:网络文化的误导,传播暴力、色情内容;诱发着不道德和犯罪行为;网络的神秘性"培养"了计算机"黑客"等。

20 世纪 90 年代以来,针对计算机网络与利用计算机网络从事刑事犯罪的数量,在许多国家都以较快的速度增长。因此,在许多国家较早就开始实行以法律手段来打击网络犯罪。到了 20 世纪 90 年代末,这方面的国际合作也迅速发展起来,各个国家也都制定了相应的法律法规,以约束人们使用计算机以及在计算机网络上的行为。

为了保障网络安全,欧盟委员会于 2000 年颁布了《网络刑事公约》(草案)。这个公约草案对非法进入计算机系统,非法窃取计算机中未公开的数据等针对计算机网络的犯罪活动,以及利用网络造假、侵害他人财产、传播有害信息等使用计算机网络从事犯罪的活动,均详细规定了罪名和相应的刑罚。

1996 年 12 月,世界知识产权组织在两个版权条约中,做出了禁止擅自破解他人数字化技术保护措施的规定。至今,绝大多数国家都把它作为一种网络安全保护,规定在本国的法律中。

无论发达国家还是发展中国家在规范与管理网络行为方面,都很注重发挥民间组织的作用,尤其是行业的作用。德国、英国、澳大利亚等国家,在学校中使用网络的"行业规范"均十分严格。很多学校会要求师生填写一份保证书,申明不从网上下载违法内容;有些学校都定有《关于数据处理与信息技术设备使用管理办法》,要求师生严格遵守。

我国对网络信息安全立法工作一直十分重视,制定了一批相关法律、法规、规章等规范性文件,涉及网络与信息系统安全、信息内容安全、信息安全系统与产品、保密及密码管理、计算机病毒与危害性程序防治等特定领域的信息安全、信息安全犯罪制裁等多个领域。

例如,我国公安部公布的《计算机信息网络国际联网安全保护管理办法》第五条中规定:任何单位和个人不得利用国际互联网制作、复制、查阅和传播下列信息:

① 煽动抗拒、破坏宪法和法律、行政法规实施的;
② 煽动颠覆国家政权,推翻社会主义制度的;
③ 煽动分裂国家、破坏国家统一的;
④ 煽动民族仇恨、民族歧视,破坏民族团结的;
⑤ 捏造或者歪曲事实,散布谣言,扰乱社会秩序的;
⑥ 宣言封建迷信、淫秽、色情、赌博、暴力、凶杀、恐怖,教唆犯罪的;
⑦ 公然侮辱他人或者捏造事实诽谤他人的;
⑧ 损害国家机关信誉的;
⑨ 其他违反宪法和法律、行政法规的。

我国法院也已经受理并审结了一批涉及信息网络安全的民事与刑事案件,虽然网络安全问题至今仍然存在,但目前的技术手段、法律手段、行政手段已初步构成一个综合防范体系。

## 10.5　计算机伦理及道德教育

计算机与网络在信息社会中充当着越来越重要的角色,但是计算机与网络和其他一切科学技术一样是一把双刃剑,它既可以为人类造福,也可以给人类带来危害。关键在于应用它的人采取什么道德态度,遵循什么行为规范。计算机与网络这个"虚拟"世界是在真实世界的基础上建立起来的,是真实世界电子意义上的延续。"虚拟"世界还有可能成为人们活动和交往的一个主要场所。为了保证网上的各成员均能维护自己的利益,保证网络活动和交往的顺利进行,确立一些规范和规则是必不可少的。同时,在使用计算机与网络的过程中,人们还要遵守一定的道德规范。

### 10.5.1 计算机伦理学

伦理学是哲学的一个分支,它被定义为规范人们生活的一整套规则和原理,包括风俗、习惯、道德规范等。简单地说,伦理学就是指人们认为什么可做,什么不可做,什么是对的,什么是错的。可以这样理解,法律是具有国家或地区强制力的行为规范,道德是控制人们行为的规则、标准、文化,而伦理学是道德的哲学,是对道德规范的讨论、建立及评价。伦理学的理论是研究道德背后的规则和原理。它可以为人们提供道德判断的理性基础,使人们能对不同的道德立场进行分类和比较,使人们能在有现成理由的情况下坚持某种立场。

应用伦理学是伦理学的一个子领域,它研究的是在现实生活领域,或者在某一学科发展中出现的伦理问题。计算机伦理学是应用伦理学的一个分支,它是在开发和使用计算机相关技术和产品、IT系统时的行为规范和道德指引。计算机伦理学的主要内容包括以下7部分。

**1. 隐私保护**

隐私保护是计算机伦理学最早的课题。传统的个人隐私包括:姓名、出生日期、身份证号码、婚姻、家庭、教育、病历、职业、财务情况等数据,现代个人隐私还包括电子邮件地址、个人域名、IP地址、手机号码,以及在各个网站登录所需的用户名和密码等信息。随着计算机信息管理系统的普及,越来越多的计算机从业者能够接触到各种各样的保密数据。这些数据不仅局限为个人信息,更多的是企业或单位用户的业务数据,它们同样是需要保护的对象。

**2. 计算机犯罪**

信息技术的发展带来了以前没有的犯罪形式,如电子资金转账诈骗、自动取款机诈骗、非法访问、设备通信线路盗用等。《中华人民共和国刑法》对计算机犯罪的界定包括:违反国家规定,侵入国家事务、国防建设、尖端科学技术领域的计算机信息系统的;违反国家规定,对计算机信息系统功能进行删除、修改、增加、干扰,造成计算机信息系统不能正常运行的;违反国家规定,对计算机信息系统中存储、处理或者传输的数据和应用程序进行删除、修改、增加的操作,后果严重的;故意制作、传播计算机病毒等破坏性程序,影响计算机系统正常运行的。

**3. 知识产权**

知识产权是指创造性智力成果的完成人或商业标志的所有人依法所享有的权利的统称。所谓剽窃,简单地说就是以自己的名义展示别人的工作成果。随着个人计算机和互联网的普及,剽窃变得轻而易举。然而不论在任何时代、任何社会环境,剽窃都是不道德的。计算机行业是一个以团队合作为基础的行业,从业者之间可以合作,他人的成果可以参考、公开利用,但是不能剽窃。

**4. 软件盗版**

软件盗版问题也是一个全球化问题,我国已于1991年宣布加入保护版权的伯尔尼国际公约,并于1992年修改了版权法,将软件盗版界定为非法行为。然而,在互联网资源极大丰富的今天,软件反盗版更多依靠的是计算机从业者和使用者的自律。

**5. 病毒扩散**

病毒、蠕虫、木马等术语已成为计算机类新闻中的常客。计算机病毒和信息扩散对社会的潜在危害远远不止网络瘫痪、系统崩溃这么简单,如果一些关键性的系统如医院、消防、飞机导航等受到影响发生故障,其后果将直接威胁人们的生命安全。

**6. 黑客**

黑客泛指擅长IT技术的人群、计算机科学家。"黑客"一词是由英语Hacker音译出来的,这个英文单词本身并没有明显的褒义或贬义。黑客们精通各种编程语言和各类操作系统,伴随着计算机和网络的发展而产生成长。黑客和某些病毒制造者的想法是类似的,他们或自娱自乐,或显示威力,或炫耀技术,以突破别人认为不可逾越的障碍为乐。黑客通常认为只要没有破坏意图,不进行导致危害的操作就不算违法。但是对于复杂系统而言,连系统设计者自己都不能够轻易下结论说什么样的修改行为不会对系统功能产生影响,更何况没有参与过系统设计和开发工作的其他人员,无意的损坏同样会导致无法挽回的损失。

#### 7. 行业行为规范

随着整个社会对计算机技术的依赖性不断增加,由计算机系统故障和软件质量问题所带来的损失和浪费是惊人的。如何提高和保证计算机系统及计算机软件的可靠性一直是科研工作者的研究课题,我们可以将其称为一种客观的手段或保障措施。而如何减少计算机从业者主观(如疏忽大意)所导致的问题,则只能由从业者自我监督和约束。

### 10.5.2 计算机与网络道德规范

#### 1. 有关知识产权

1990年9月我国颁布了《中华人民共和国著作权法》,把计算机软件列为享有著作权保护的作品;2001年12月,颁布了《计算机软件保护条例》,规定计算机软件是个人或者团体的智力产品,同专利、著作一样受法律的保护,任何未经授权的使用、复制都是非法的,按规定要受到法律的制裁。人们在使用计算机软件或数据时,应遵照国家有关法律规定,尊重其作品的版权,这是使用计算机的基本道德规范。具体要求如下:

① 应该使用正版软件,坚决抵制盗版,尊重软件作者的知识产权。
② 不对软件进行非法复制。
③ 不要为了保护自己的软件资源而制造病毒保护程序。
④ 不要擅自篡改他人计算机内的系统信息资源。

#### 2. 有关计算机安全

计算机安全是指计算机信息系统的安全。计算机信息系统是由计算机及其相关的和配套的设备、设施(包括网络)构成的,为维护计算机系统的安全,防止病毒的入侵,应该注意:

① 不要蓄意破坏和损伤他人的计算机系统设备及资源。
② 不要制造病毒程序,不要使用带病毒的软件,更不要有意传播病毒给其他计算机系统(传播带有病毒的软件)。
③ 要采取预防措施,在计算机内安装防病毒软件;要定期检查计算机系统内文件是否有病毒,如发现病毒,应及时用杀毒软件清除。
④ 维护计算机的正常运行,保护计算机系统数据的安全。
⑤ 被授权者对自己享用的资源负有保护责任,密码不得泄露给外人。

#### 3. 有关计算机与网络行为规范

在信息技术日新月异发展的今天,人们无时无刻不在享受着信息技术带来的便利与好处。然而,随着信息技术的深入发展和广泛应用,在计算机与网络的应用中已出现许多不容回避的道德与法律的问题。关于计算机与网络的道德规范,国际上的一些机构、组织都有相应的规则,如美国计算机协会(ACM)制定的伦理规则和职业行为规范中的一般道德规则包括:

① 为社会和人类做贡献。
② 避免伤害他人。
③ 诚实可靠。
④ 公正且不采取歧视行为。
⑤ 尊重财产权(包括版权和专利权),尊重知识产权。
⑥ 尊重他人的隐私,保守机密。

针对计算机专业人员,具体的行为规范还包括以下部分:

① 不论专业工作的过程还是其产品,都努力实现最高品质、效能和规格。
② 主动获得并保持专业能力。
③ 熟悉并遵守与业务有关的现有法规。
④ 接受并提供适当的专业化评判。
⑤ 对计算机系统及其效果做出全面彻底的评估,包括可能存在的风险。
⑥ 重视合同、协议以及被分配的任务。
⑦ 促进公众对计算机技术及其影响的了解。
⑧ 只在经过授权后使用计算机及通信资源。

1992年,美国的计算机伦理协会就提出了计算机伦理十诫,对计算机的使用进行了道德规范:
① 你不应当用计算机去伤害他人。
② 你不应当干扰别人的计算机工作。
③ 你不应当偷窥别人的计算机里的文件。
④ 你不应当用计算机进行偷窃。
⑤ 你不应当用计算机去作伪证。
⑥ 你不应当使用或复制你没有付过钱的软件。
⑦ 你不应当未经许可使用别人的计算机资源。
⑧ 你不应当盗用别人的智力成果。
⑨ 你应当考虑你所编制的程序和社会后果。
⑩ 你应当用审慎的态度使用计算机。

作为当代大学生,除遵守上述行为规范外,还应自觉做到:
① 加强思想道德修养,自觉按照社会主义道德的原则和要求规范自己的行为。
② 依法律己,遵守"网络文明公约",法律禁止的事坚决不做,法律提倡的积极去做。
③ 净化网络语言,坚决抵制网络有害信息和低俗之风,健康合理科学上网。
④ 严格自律,学会自我保护,自觉远离不健康的网络信息,并积极举报网络中的违法犯罪行为。

同时,对于一些网络中的不道德行为,也要坚决抵制。例如要坚决抵制下列行为:
① 利用电子邮件作广播型的宣传,这种强加于人的做法会造成别人的信箱充斥无用的信息而影响正常工作。
② 有意地造成网络通信混乱或擅自闯入网络及其相连的系统。
③ 商业性或欺骗性地利用大学计算机资源。
④ 偷窃资料、设备或智力成果。
⑤ 伪造电子邮件信息。

当然,仅仅靠制定一些法律来制约人们的所有行为是不可能的,也是不实用的。相反,社会依靠道德来规定人们普遍认可的行为规范。在使用计算机和上网时应该抱着诚实的态度、无恶意的行为,并要求自身在智力和道德意识方面取得进步。

# 参考文献

[1] 陈国良,王志强,毛睿,等. 大学计算机:计算思维视角[M]. 2版. 北京:高等教育出版社,2014.
[2] 李凤霞,陈宇峰,史树敏等. 大学计算机[M]. 2版. 北京:高等教育出版社,2021.
[3] 龚沛曾,杨志强. 大学计算机[M]. 6版. 北京:高等教育出版社,2013.
[4] 战德臣,聂兰顺. 大学计算机:计算思维导论[M]. 北京:电子工业出版社,2013.
[5] 夏耘,黄小瑜. 计算思维基础[M]. 北京:电子工业出版社,2012.
[6] 陆汉权. 计算机科学基础[M]. 北京:电子工业出版社,2011.
[7] 董卫军,邢为民,索琦. 大学计算机[M]. 北京:电子工业出版社,2014.
[8] 姜可扉,杨俊生,谭志芳. 大学计算机[M]. 北京:电子工业出版社,2014.
[9] 谭浩强. C++程序设计[M]. 北京:清华大学出版社,2004.
[10] 郑莉,董渊,何江舟. C++语言程序设计[M]. 4版. 北京:清华大学出版社,2010.
[11] 罗朝盛. Visual Basic 6.0程序设计教程[M]. 3版. 北京:人民邮电出版社,2009.
[12] 史巧硕,武优西. Visual Basic程序设计[M]. 北京:科学出版社,2011.